洮河流域综合规划环境影响研究

娄广艳　王瑞玲　单　凯　马红亮　葛　雷　著

黄河水利出版社
·郑州·

内容提要

本书在《洮河流域综合规划环境影响报告书》及相关专题成果的基础上,从合理利用水资源、维护生态系统良性循环等方面,宏观论证研究了规划实施后洮河流域生态环境的总体效益和可能产生的不利影响,提出了规划方案优化调整建议和生态环境保护措施,以协调流域生态环境保护和社会经济发展,推动流域生态环境改善,促进流域生态保护和高质量发展。

本书可供从事流域规划环境影响研究、西北区域生态环境影响研究等相关科研及专业技术人员阅读参考。

图书在版编目(CIP)数据

洮河流域综合规划环境影响研究/娄广艳等著.—郑州:黄河水利出版社,2021.9

ISBN 978-7-5509-3108-4

Ⅰ.①洮… Ⅱ.①娄… Ⅲ.①黄河流域-流域规划-环境影响-研究 Ⅳ.①TV212.4②X820.3

中国版本图书馆 CIP 数据核字(2021)第 198864 号

出 版 社:黄河水利出版社 网址:www.yrcp.com
地址:河南省郑州市顺河路黄委会综合楼 14 层 邮政编码:450003
发行单位:黄河水利出版社
发行部电话:0371-66026940、66020550、66028024、66022620(传真)
E-mail:hhslcbs@126.com
承印单位:河南新华印刷集团有限公司
开本:787 mm×1 092 mm 1/16
印张:19.25
字数:450 千字 印数:1—1 000
版次:2021 年 9 月第 1 版 印次:2021 年 9 月第 1 次印刷

定价:149.00 元

前 言

洮河是黄河上游一级支流,发源于青海省河南蒙古族自治县西倾山东麓,由西向东在岷县折向北流,至永靖县境内汇入黄河刘家峡水库,干流河道全长673 km。流域范围涉及青海省黄南藏族自治州的河南县,甘肃省甘南藏族自治州的碌曲、临潭、卓尼、夏河、合作、迭部6县(市),临夏回族自治州的和政、广河、东乡、康乐、永靖5县,定西市的岷县、渭源、临洮3县,共计15个县(市)。洮河流域总面积2.55万km^2,其中甘肃省内流域面积为2.39万km^2,占93.7%。

近年来,随着流域经济社会的快速发展,工业化和城镇化进程加快,工程性缺水、水资源利用效率低、洪水灾害频繁、水能资源无序开发、人为水土流失及水污染状况加剧等问题日益突出。为进一步合理开发利用洮河流域水资源,防治水旱灾害,加强水资源保护与管理,促进区域经济社会的协调发展,黄河水利委员会编制了《洮河流域综合规划》,在规划编制的同时,开展了洮河流域综合规划环境影响评价工作,并编制完成了《洮河流域综合规划环境影响报告书》。

本次规划环评工作贯穿于规划编制工作过程中,实现了与规划编制全过程的互动。首先,在规划过程中贯彻了"上游生态优先、中游适度开发、下游确保底线"的理念;其次,在规划编制过程中,从维持国家生态安全和黄河流域水资源安全高度、角度对洮河流域综合规划的总体布局、规划目标与各个专业规划方案提出了优化调整意见及建议,并及时反馈规划组,使得提出的优化调整意见和建议得到有效落实。为协调流域经济社会发展和资源环境保护的关系,实现规划的多目标协调发挥了积极作用。

在环境影响报告书编制过程中,得到黄河水利委员会规划计划局、黄河勘测规划设计研究院有限公司、黄河上中游管理局、甘肃省水利厅、青海省水利厅等的大力支持与帮助,在此表示衷心感谢!

由于作者水平有限,加之时间仓促,书中错漏之处在所难免,欢迎各位读者批评指正。

作 者

2021年5月

目　录

前　言
第1章　绪　论 …… (1)
1.1　背　景 …… (1)
1.2　研究目的与原则 …… (1)
1.3　研究范围 …… (3)
1.4　相关规划及区划 …… (4)
1.5　环境敏感区及环境保护目标 …… (6)
1.6　评价内容和评价重点 …… (8)
1.7　评价方法与工作程序 …… (9)
第2章　流域概况 …… (11)
2.1　流域生态地位及社会经济背景 …… (11)
2.2　自然环境概况 …… (13)
2.3　经济社会概况 …… (17)
2.4　流域已有治理开发活动概况 …… (19)
第3章　规划分析 …… (27)
3.1　规划概述 …… (27)
3.2　规划协调性分析 …… (70)
3.3　规划的不确定性分析 …… (82)
第4章　环境现状调查与评价 …… (84)
4.1　水资源量及其开发利用现状评价 …… (84)
4.2　水环境现状调查与评价 …… (91)
4.3　生态环境现状调查与评价 …… (103)
4.4　环境敏感区调查与评价 …… (122)
4.5　流域环境影响回顾性评价 …… (132)
4.6　流域环境发展趋势分析(零方案环境发展趋势分析) …… (144)
4.7　流域存在的主要生态环境问题 …… (145)
4.8　资源环境制约因素分析 …… (146)
第5章　环境影响识别与评价指标体系 …… (148)
5.1　环境影响识别与筛选 …… (148)
5.2　环境目标 …… (155)
5.3　流域“三线一单”等约束性指标 …… (155)
5.4　评价指标 …… (155)
5.5　主要评价指标计算方法与标准 …… (158)

第6章 环境影响预测与评价 …………………………………………………… (161)
6.1 水资源及水文情势影响预测与评价 ………………………………………… (161)
6.2 水环境影响预测与评价 …………………………………………………… (166)
6.3 生态影响预测与评价 ……………………………………………………… (169)
6.4 社会影响预测与评价 ……………………………………………………… (184)
6.5 重点功能区及环境敏感区影响预测与评价 ……………………………… (185)
6.6 重大水利工程引洮工程对环境的影响 …………………………………… (201)
6.7 环境风险预测与评价 ……………………………………………………… (207)
6.8 流域可持续发展影响预测与分析 ………………………………………… (208)
6.9 规划实施前后主要评价指标变化情况 …………………………………… (210)
第7章 流域"三线一单"的建议和意见 …………………………………… (212)
7.1 流域生态空间及相应管控要求 …………………………………………… (212)
7.2 水资源利用红线及重点断面生态流量控制要求 ………………………… (214)
7.3 流域环境质量底线及控制断面水质要求 ………………………………… (216)
7.4 环境准入负面清单 ………………………………………………………… (217)
第8章 规划方案环境合理性论证与优化调整建议 ………………………… (219)
8.1 国家对洮河流域生态保护定位及要求 …………………………………… (219)
8.2 规划河段治理开发任务及功能定位环境合理性 ………………………… (221)
8.3 规划目标及控制性指标环境合理性 ……………………………………… (222)
8.4 规划布局的环境合理性分析 ……………………………………………… (225)
8.5 规划方案及规模环境合理性分析 ………………………………………… (231)
8.6 规划实施时序的环境合理性分析 ………………………………………… (242)
8.7 环境目标可达性分析 ……………………………………………………… (244)
8.8 规划方案优化调整建议及规划采纳情况 ………………………………… (247)
第9章 环境保护对策措施与跟踪评价计划 ………………………………… (251)
9.1 环境影响减缓措施规划原则 ……………………………………………… (251)
9.2 水环境保护对策措施 ……………………………………………………… (251)
9.3 生态保护对策措施 ………………………………………………………… (255)
9.4 敏感环境保护目标保护措施 ……………………………………………… (257)
9.5 生态需水保障措施 ………………………………………………………… (258)
9.6 水电开发的生态保护要求及措施 ………………………………………… (259)
9.7 流域重大环境风险防范对策 ……………………………………………… (261)
9.8 环境监测与跟踪评价方案 ………………………………………………… (262)
9.9 规划具体建设项目的环境影响评价要求 ………………………………… (266)
第10章 公众参与 …………………………………………………………… (267)
10.1 公众参与的目的 ………………………………………………………… (267)
10.2 公众参与概况 …………………………………………………………… (267)
10.3 专家咨询、相关部门意见征询及审查 …………………………………… (268)

10.4 相关部门走访座谈 …… (268)
10.5 规划环评两省会商情况 …… (270)
10.6 信息公开 …… (271)
10.7 公众参与调查结论 …… (277)
第11章 执行总结及建议 …… (278)
11.1 评价内容和重点 …… (278)
11.2 评价范围与时段 …… (279)
11.3 环境保护目标 …… (279)
11.4 规划分析 …… (280)
11.5 环境现状及其主要问题 …… (282)
11.6 规划的主要环境影响 …… (285)
11.7 规划环境合理性分析及优化调整建议 …… (294)
11.8 主要环境保护对策 …… (296)
11.9 公众参与主要意见和处理结果 …… (297)
11.10 规划环评成果与规划方案的对接反馈 …… (297)
11.11 综合评价结论与建议 …… (298)
参考文献 …… (299)

第1章　绪　论

1.1　背　景

洮河是黄河的一级支流，发源于青海省河南蒙古族自治县西倾山东麓，流经甘肃省碌曲、临潭、卓尼、岷县、临洮等县，在永靖县境汇入黄河。洮河流域的开发治理具有悠久的历史，尤其是中华人民共和国成立以来，按照流域的自然特点，因地制宜地加大了对洮河流域的综合治理与开发，在重点地区布设了水利、水电工程，开渠道、修库坝，灌溉面积不断扩大，农业生产条件显著改善；建堤防、护岸坡，河道治理长度不断增加，水患灾害明显减少；修梯田、治沟壑，水土流失治理面积逐年增加，水土流失情况得到改善。总体来看，洮河流域的治理开发对促进与支撑流域的国民经济和社会发展起到了十分重要的作用。

为加强江河流域的综合治理，《国务院办公厅转发水利部关于开展流域综合规划修编工作意见的通知》（国办发〔2007〕44号）要求，力争用3年左右的时间完成长江、黄河等七条江河流域综合规划的修编工作，用5年左右的时间基本完成全国主要江河流域综合规划的编制工作，建立起较为完善的流域综合规划体系。2011年中共中央一号文件《中共中央　国务院关于加快水利改革发展的决定》提出“加快水利发展，切实增强水利支撑保障能力”，对流域治理提出了新的更高的要求。《关于支持青海等省藏区经济社会发展的若干意见》（包括青海、四川、云南、甘肃省藏区）强调，支持青海等省藏区经济社会发展，要重点抓好以下工作：一是强化生态保护和建设。二是加大扶贫开发力度，切实改善农牧区生产生活条件，增加农牧民收入。三是大力发展社会事业，提高公共服务能力。四是加强基础设施建设，提高区域发展支撑能力，加强青海等省藏区水利建设。

为贯彻落实生态文明建设，促进流域生态保护和高质量发展，解决洮河流域综合治理开发中面临的突出问题，在《黄河流域综合规划》等已有规划成果的基础上，结合现状流域治理开发存在的问题和未来流域治理开发的需求，统筹考虑洮河流域治理、开发和保护的目标及任务，编制了《洮河流域综合规划》。

根据《规划环境影响评价条例》（2009年10月1日起施行）以及国家对规划工作的相关要求，需要对规划实施后可能造成的不利环境影响进行预测评价，以协调经济发展、社会进步与环境保护之间的关系。因此，开展了洮河流域综合规划环境影响研究。

1.2　研究目的与原则

1.2.1　研究目的

洮河流域综合规划实施后，将对流域水土资源、水环境、生态环境、社会经济等产生一定影响,洮河综合规划环评的目的,是从合理利用水土资源、维护生态系统良性循环、保护环境、促进社会经济可持续发展等方面,论证规划方案环境合理性、预测规划实施影响,提出规划方案优化调整建议和生态环境保护措施。协调开发与保护关系,促进洮河流域社会经济的可持续发展和流域生态环境的良性循环。通过流域综合规划环评,推动改善流域生态环境质量,确保流域生态环境目标与开发目标同步实现。

(1)洮河流域生态环境脆弱、生态地位重要,洮河流域综合规划环评要从国家生态安全和黄河流域水资源安全等高度、角度审视洮河流域综合规划,分析本次规划与国家相关法律法规及相关规划的符合性,论证规划方案环境可行性、合理性,从生态环境保护角度提出规划方案优化调整意见与建议。

(2)系统掌握洮河流域自然环境特征、生态环境特点、社会经济背景,分析洮河流域生态环境现状及发展趋势,明确流域存在的突出环境问题及发展趋势,识别洮河流域重要保护目标及流域环境制约因子,分析规划方案可能涉及的环境问题,系统分析规划实施可能对社会经济可持续发展、水土资源可持续利用、流域生态(环境)功能发挥、生态系统完整性等产生的影响,提出预防规划实施后可能对水文水资源、生态环境、水环境造成不良影响的保护措施和对策,协调洮河流域经济发展与环境保护的关系。

(3)针对洮河流域生态地位特殊、生态环境保护目标分布多等特点,重点关注洮河流域规划实施对各类生态环境敏感区的影响途径、范围及程度,从预防、保护、修复等方面提出有针对性的环境保护对策措施。

(4)根据流域的环境特点,提出洮河的生态保护红线、水资源利用上线、水环境质量底线和环境准入负面清单。针对规划实施存在的不利影响,提出环境保护对策、措施、建议和跟踪评价计划,协调规划实施的经济效益、社会效益与环境效益的关系,为规划和环境管理提供决策依据。

1.2.2 研究原则

洮河流域位于青藏高原与黄土高原的生态过渡带,位于我国"两屏三带"生态安全战略格局的青藏高原和黄土高原—川滇两生态屏障之间,生境类型多样、生态环境脆弱、生态地位十分重要。同时,洮河流域社会经济发展相对落后,流域内居住有多个民族,尤其需要协调洮河流域经济发展、社会进步与环境保护的关系。根据规划环境影响评价的要求,结合洮河流域独有的特点,在规划编制过程中,同步介入,全过程参与,科学、客观、公正地评价规划实施后对流域环境产生的影响。在环境影响评价过程中应遵循以下原则:

(1)从维持国家生态安全和黄河流域水资源安全高度、角度审视洮河流域综合规划。

洮河流域在我国"两屏三带"生态安全战略格局中占有重要地位,洮河流域是黄河重要水源涵养区,洮河水系是中国濒危鱼类和黄河特有土著鱼类重要分布区,是中国生物多样性保护的重要组成部分。因此,洮河流域综合规划环评应从维持国家生态安全、生物多样性保护和黄河流域水资源安全等高度审视洮河流域综合规划原则、任务、规模、空间布局和实施时序的环境协调性及可行性(或可接受程度)。

(2)贯彻分区分类评价原则。

洮河流域地处甘南高原和陇西黄土高原两大地貌单元,上中下游自然环境特征迥异、水土资源分布不均、社会经济发展差异较大。规划环评应充分考虑洮河流域上中下游自然禀赋和社会背景,贯彻分区分类评价原则,根据保障国家、流域、区域生态安全及水资源安全角度,合理确定各区域开发和保护定位。

其中,洮河上游位于国家禁止开发区和限制开发区,是黄河重要水源涵养区,具有重要的生态地位,应贯彻“生态优化”开发理念,坚持保护优先、自然恢复,确保生态安全和水资源安全;中游贯彻“统筹考虑、适度开发”理念,统筹考虑经济效益和生态效益,把握好流域水土资源开发的强度、尺度,为特有土著和珍稀濒危物种保留必要栖息环境,保障重要生态功能区水源涵养功能正常发挥;下游贯彻“协调开发、确保底线”理念,坚持入黄口河段生态系统健康的底线,维护河流生态系统功能的基本完整和稳定。

(3)突出重点原则。

洮河流域规划环评涉及的规划内容多、影响范围大,影响因子、影响要素和评价体系繁杂,并涉及多样的生态系统,因此环评工作要突出重点。以流域现状与流域规划布局及工程方案相互作用为基础,突出对重大和关键环境影响问题的论证、流域重大环境问题发展趋势分析、规划主要内容实施的环境影响预测。规划方案的环境协调分析与优化及对规划重大工程的评价。

(4)与国家相关规划协调一致原则。

流域的规划目标、规划项目应符合国家相关法律法规要求,符合国家、流域国民经济发展规划、主体功能区划、生态功能区划、水功能区划等相关规划。

(5)全过程参与原则。

环境评价在规划编制开始时就同步介入,并贯穿于规划编制的全过程。在洮河流域综合规划编制的开始阶段,环评单位与规划编制单位进行了多次深入的探讨,确定了以流域水资源的合理配置、生态保护与修复为重点,统筹考虑洮河水资源开发利用与保护、防洪与河道治理、水生态保护与水能开发之间的关系,以确定洮河水量配置方案、水能开发布局等。将环境保护的要求体现在流域综合规划的整个编制中,对部分不符合环保要求的规划方案及时提出了优化调整建议并使其得到有效落实。

(6)公众参与原则。

在环境影响评价过程中,评价单位在当地进行了广泛的宣传和深入的调查,调查对象涵盖国土、规划、农业、畜牧业、林业、渔业、水利、环保、自然保护区等管理部门及流域内的一般居民等多个对象,充分考虑了各利益相关方的要求和主张。

1.3 研究范围

1.3.1 水文情势

水文情势评价范围为整个洮河干流,考虑到引洮工程对水文情势的影响较大,评价重点为洮河中下游引洮工程控制断面九甸峡断面以下河段。

1.3.2 水环境评价范围

水环境评价范围涵盖洮河流域内的干流及博拉河、冶木河、苏集河、东峪沟、广通河、科才河、括合曲等支流。考虑到引洮工程实施后，中下游引洮工程控制断面九甸峡断面以下河段径流量明显减少，可能会影响到该河段的水环境容量、水质。因此，规划重点评价河段为中下游九甸峡断面以下河段及现状水质较差的支流苏集河、广通河。

1.3.3 生态环境评价范围

陆生生态的评价范围为洮河流域（包括青海、甘肃两省 15 个县）及涵盖生态完整性的特殊区域（自然保护区、种质资源保护区、保护动物生存领域等）；水生生态的评价范围为洮河干支流水域，重点为洮河干流。

1.3.4 社会环境评价范围

社会环境评价范围为洮河流域。洮河下游人口集中、社会经济相对发达，且是引洮工程受影响区域，因此洮河下游是社会环境的评价重点。

1.4 相关规划及区划

1.4.1 全国主体功能区规划

根据《全国主体功能区规划》，洮河流域上中游大部分位于国家重点生态功能区“甘南黄河重要水源补给生态功能区”“三江源草原草甸湿地生态功能区”（见表 1.4-1），其功能定位是保障国家生态安全的重要区域，是国家限制开发区。流域内的 4 个国家级自然保护区、4 个国家森林公园等属于国家禁止开发区，其功能定位是我国保护自然资源的重要区域、珍稀动植物基因资源保护地，要根据相关法律法规规定实施强制性保护。

1.4.2 全国生态功能区划

根据《全国生态功能区划（修编版）》，洮河流域内源头区位于“三江源水源涵养重要区”，洮河流域内上中游大部分位于“甘南水源涵养重要区”（见表 1.4-2）。

1.4.3 全国重要江河湖泊水功能区划

根据《全国重要江河湖泊水功能区划（2011—2030 年）》，《甘肃省水功能区划》及《青海省水功能区划》等相关规划区划，洮河流域水功能区涉及青海省、甘肃省 2 省 14 条河流，洮河及支流共有 13 个水功能一级区，其中保护区 8 个，保留区 1 个，开发利用区 4 个；水功能二级区 11 个。

洮河流域水质总体较好，是黄河重要的清水河流，洮河流域水质安全对维持黄河流域水质安全具有重要意义。洮河干流源区及洮河上游重要支流以保护为主，与黄河流域及其他支流流域相比，洮河流域源头水保护区较多，保护区个数占一级水功能区个数的

61.5%,保护区河长占区划河流总长的42.6%。同时,洮河流域水功能区水质目标较高,主要为Ⅱ类以上,水质目标为Ⅱ类水及以上的水功能区比例为65%。

表1.4-1 洮河流域各类功能区基本情况

类型	名称(范围)	位于河段位置	功能定位	管制(保护)原则
限制开发区(国家重点生态功能区)	甘南黄河重要水源补给生态功能区(包括洮河流域碌曲、临潭、卓尼、夏河、合作、和政、康乐等县)	上中游	保证国家生态安全的重要区域	严格管制各类开发活动;开发矿产资源、发展适宜产业和建设基础设施,都要控制在尽可能小的空间范围之内;严格控制开发强度,腾出更多的空间用于维系生态系统的良性循环等
	三江源草原草甸湿地生态功能区(河南蒙古族自治县)	源区		
禁止开发区	甘肃莲花山国家级自然保护区、甘肃洮河国家级自然保护区、甘肃尕海—则岔国家级自然保护区,甘肃太子山自然保护区;甘肃松鸣岩国家森林公园、甘肃冶力关国家森林公园、甘肃大峪国家森林公园、莲花山国家森林公园	上中游	我国保护自然文化资源的重要区域,珍稀动植物基因资源保护地	依据法律法规规定和相关规划实施强制性保护,严格控制人为因素对自然生态和文化自然遗产原真性、完整性的干扰,严禁不符合主体功能定位的各类开发活动

表1.4-2 全国重要生态功能区

重要生态功能区域名称	涉及范围	生态保护主要方向
甘南水源涵养重要区	甘肃省碌曲、临潭、卓尼、夏河、合作、和政、康乐等县	(1)对重要水源涵养区建立生态功能保护区,加强对水源涵养区的保护与管理,严格保护具有重要水源涵养功能的自然植被,限制或禁止各种不利于保护生态系统水源涵养功能的经济社会活动和生产方式,如过度放牧、无序采矿、毁林开荒、开垦草地等。 (2)继续加强生态恢复与生态建设,治理土壤侵蚀,恢复与重建水源涵养区森林、草原、湿地等生态系统,提高生态系统的水源涵养功能。 (3)控制水污染,减轻水污染负荷,禁止导致水体污染的产业发展,开展生态清洁小流域的建设。 (4)严格控制载畜量,改良畜种,鼓励围栏和舍饲,开展生态产业示范,培育替代产业,减轻区内畜牧业对水源和生态系统的压力
三江源水源涵养重要区	青海省河南蒙古族自治县	

1.4.4 全国水土保持区划

依据水利部办公厅文件《全国水土保持区划》(试行)(办水保〔2012〕512号),对洮河流域进行水土保持区划。洮河流域涉及3个一级区,3个二级区和5个三级区(见表1.4-3),

洮河流域内其中若尔盖江河源高原山地区和秦巴山地地区主要位于洮河上游,甘宁青山地丘陵沟壑区主要位于洮河下游。

表 1.4-3 洮河流域水土保持区划

一级区	二级区	三级区	省	市(县)	面积(km^2)
青藏高原区	若尔盖江河源高原山地区	三江黄河源山地生态维护水源涵养区	青海	河南蒙古族自治县	1 597
		若尔盖高原生态维护水源涵养区	甘肃	合作市、碌曲县、夏河县	7 897
西南紫色土区(四川盆地及周围山地丘陵区)	秦巴山地地区	陇南山地保土减灾区	甘肃	临潭县、卓尼县、岷县	8 871
西北黄土高原区	甘宁青山地丘陵沟壑区	青东甘南丘陵沟壑蓄水保土区	甘肃	康乐县、广河县、和政县、临洮县、渭源县	5 706
		陇中丘陵沟壑蓄水保土区	甘肃	永靖县、东乡族自治县	1 456
合计					25 527

1.5 环境敏感区及环境保护目标

1.5.1 环境敏感区及重点生态功能区

根据国家及区域相关规划、区划对流域生态保护的要求,国家划定的重要生态功能区(甘南黄河重要水源补给生态功能区、三江源草原草甸湿地生态功能区)、生态脆弱区(青藏高原复合侵蚀生态脆弱区)、生物多样性优先保护区域(青藏高原高寒区)及重要水功能区等,为本次规划环评的环境保护目标。

洮河流域内的环境敏感区共有 27 处。其中,国家级自然保护区 4 处(上游分布有 2 处,均和干流有水力联系,中游分布有 1 处,和干流有水力联系,下游分布有 1 处,位于洮河支流);饮用水水源保护区 9 个(上游 3 个,中游 2 个,下游 4 个);国家水产种质资源保护区 6 处,其中上游 3 处,中游 1 处,下游 2 处;森林公园 4 处(上游分布有 2 处,中游分布有 1 处,下游分布有 1 处);国家地质公园 4 处。这些为本次规划环评的环境保护目标。洮河流域重要功能区与环境敏感区的具体情况详见第 4 章。

1.5.2 环境保护目标

根据洮河流域生态环境功能定位及环境敏感区保护要求、重大环境影响、资源环境制约因素等,充分考虑洮河流域生态环境特征及其在国家生态安全和流域水资源安全的地位和作用,依据国家和地方相关法律、法规、政策等规定,参考规划目标,针对洮河流域自然环境特点和社会经济背景,确定洮河流域环境保护目标。洮河流域环境保护目标如表1.5-1所示。

表1.5-1 洮河流域环境保护目标

环境要素		环境目标	评价指标
水资源	地表水资源	1.优化水资源配置,促进水资源可持续利用; 2.提高水资源利用效率; 3.保障入黄水量	地表水资源开发利用率
			水文变异程度
			入黄断面(红旗)水量(亿 m^3/a)
			万元工业增加值用水量(m^3/万元)
			节灌率
			农田灌溉水利用系数
	地下水资源	保持现有开采规模不增加	地下水开采量(亿 m^3/a)
水环境	地表水环境	1.满足水功能区水质要求; 2.控制水污染,改善下游部分支流水环境	水功能区水质达标率
			COD入河量(t/a)
			氨氮入河量(t/a)
生态环境	水生生态	1.维持珍稀濒危及特有土著鱼类栖息地规模及质量不下降,核心栖息地得到一定程度的修复; 2.保障重要断面生态流量; 3.保障河段生态流量	河流连通性(个/100 km)
			重要断面生态需水满足程度
			河段生态需水满足程度
			珍稀濒危及特有土著鱼类栖息地状况
	陆生生态	水源涵养功能及生物多样性保护功能不下降	林草及湿地比例
	环境敏感区	符合各环境敏感区的保护要求	保护区主体功能正常发挥
	重点生态功能区	水源涵养功能不下降(注:不因本规划实施而下降)	天然草地、湿地、林地等绿色生态空间面积不减少(注:不因本规划实施而减少)
	水土流失	防治流域水土流失	水土流失治理度
			治理面积(km^2)
社会环境		1.完善防洪体系,提高流域防洪减灾能力; 2.协调经济发展与资源环境保护的矛盾,促进社会可持续发展	干流河段防洪长度及标准
			供水量(亿 m^3)
			灌溉面积(万亩)

(1)维护洮河流域上中游水源涵养功能,确保黄河流域水资源安全。

(2)维护洮河流域生态系统的稳定性、完整性和多样性,保护珍稀濒危动植物栖息和生存条件;保持重点河段河流廊道连通性,保护珍稀濒危鱼类及特有土著重要栖息地功能及规模,维护流域生态安全。

(3)合理开发利用和保护水资源,促进水资源持续利用,提高水资源利用效率,保障洮河中下游河段生态环境需水量和入黄水量要求。

(4)合理开发和保护土地资源,尽量减少对土地资源的破坏,预防水土流失加剧。

(5)保护重要环境敏感区域及保护对象,尽可能减少对自然保护区、森林公园、种质资源保护区等环境敏感区域的直接或间接不利影响,维护环境敏感区域的结构和功能,保护敏感区域内的重点保护对象。

1.6 评价内容和评价重点

1.6.1 评价内容

(1)阐明流域综合规划任务、规划目标,并分析洮河综合规划与国家相关政策与法律法规的符合性,与国家上位规划的符合性,与流域区域地方相关规划的协调性及规划内部的协调性。

(2)在充分收集洮河流域相关资料的基础上,对洮河流域的水文水资源、水环境、生态环境、环境敏感区现状分河段分区域进行调查与评价;对流域环境影响进行回顾性评价,并对洮河流域的环境发展趋势进行分析;在以上工作基础上,识别流域主要生态环境问题,分析流域综合规划实施的资源环境制约因素。

(3)针对洮河生态地位突出,敏感区众多的特点,结合具体规划方案,对洮河流域综合规划环境影响因素进行分析,初步识别环境影响,并查阅相关标准、规划,充分考虑综合规划目标,合理设置评价指标体系。

(4)预测流域综合规划实施对水文水资源、水环境、生态环境、社会环境及环境敏感区的影响,对规划实施产生的环境风险进行识别与预测。

(5)从布局的环境合理性、规划规模的环境合理性、规划时序的合理性及环境保护目标的可达性等方面论证流域综合规划方案的合理性,并从法律制约、资源制约、生态保护制约等方面提出规划实施存在的障碍,提出规划方案的优化调整建议。

(6)在规划环境影响预测、规划方案环境合理性分析的基础上,结合洮河流域环境特点、生态地位和现状评价结果,对规划实施后的不利影响提出可行的环境保护对策措施,并制订跟踪评价计划。

(7)从环境保护角度,对流域综合规划实施的可行性做出结论,并对规划实施过程中存在的问题提出合理性建议。

1.6.2　评价重点

洮河流域具有生态环境脆弱、生态地位突出、水资源利用程度低、水环境相对较好、经济发展落后等特点，目前比较突出的问题是水电站不合理开发引起局部河段在 3 月、4 月脱流，严重影响到河流连通性，从而对河流生态系统和保护鱼类产生不利影响。根据洮河的特点及存在问题，识别出以下评价重点：

（1）规划与国家及省区相关政策、生态保护规划、社会经济发展规划、敏感区域等的符合性和协调性分析。

（2）规划已实施和正在实施环境影响回顾评价，洮河流域已有环境现状、环境问题及发展趋势分析评价。

（3）规划实施对水环境的影响，主要是水资源重新配置以后洮河流域的水资源时空分配、水文情势、水环境功能和纳污能力的影响。

（4）规划实施对生态环境的影响，主要包括水资源开发利用规划中灌区规划、水土保持规划及水资源保护规划中水生态保护规划的实施，对洮河流域陆生生态的影响；水资源开发规划中引洮工程、水能开发规划及水资源保护规划中水生态保护规划的实施对水生生态的影响。

（5）规划实施对社会环境的影响，主要是规划实施后对区域水资源配置、人群健康、流域产业布局、水资源利用格局、土地利用格局及其承载力的影响。

1.7　评价方法与工作程序

结合规划方案特点，遵照规划环境影响评价的相关技术导则，本次环境影响评价采用如下方法，见表 1.7-1。规划环评工作流程见图 1.7-1。

表 1.7-1　洮河流域综合规划环境影响评价采用的方法

评价环节	评价方法
规划分析	专家咨询法、对比分析法
环境现状调查分析	资料收集法、遥感解译法、现场勘查法、水库渔业资源调查法等
环境影响识别和评价指标	核查表法、矩阵法、列表清单法、类比分析法
环境影响预测、分析和评价	统计分析法、类比分析法、情景分析法、对比分析法、专家和公众咨询法
方案比选、环保对策措施	综合分析法、类比分析法、专家和公众咨询法
公众参与	实际调查、信息公开、座谈会、统计分析法

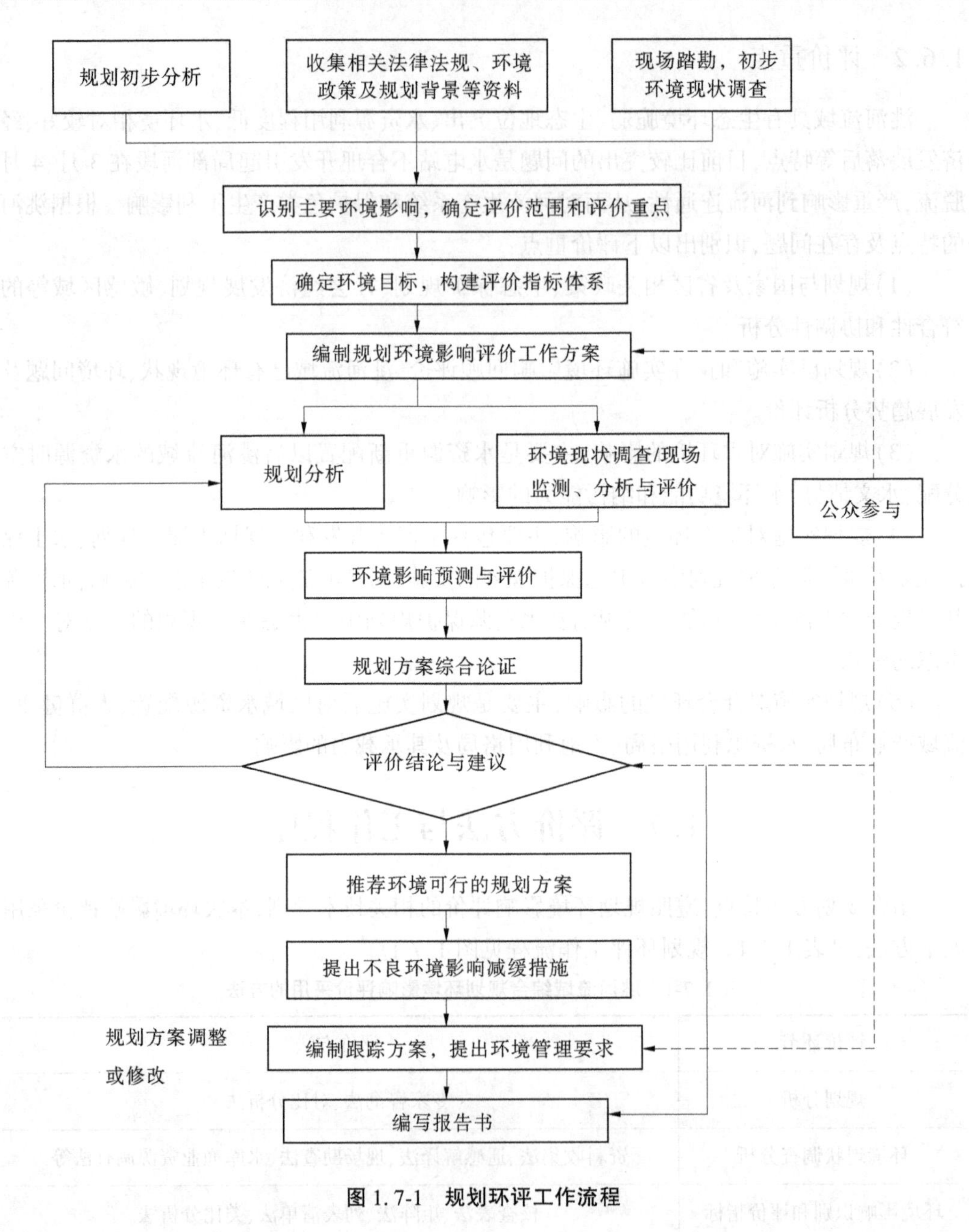

图 1.7-1　规划环评工作流程

第 2 章　流域概况

洮河是黄河上游第二大支流(仅次于湟水),发源于青海省河南蒙古族自治县西倾山,曲折东流过碌曲、临潭、卓尼县城南,至岷县茶埠急转向西北,出九甸峡与海甸峡后,穿临洮盆地,于永靖县注入刘家峡水库。干流河道全长 673 km。流域范围涉及青海省黄南藏族自治州的河南县,甘肃省甘南藏族自治州的碌曲、临潭、卓尼、夏河、合作、迭部 6 县(市),临夏回族自治州的和政、广河、东乡、康乐、永靖 5 县,定西市的岷县、渭源、临洮 3 县,共计 15 个县(市)。洮河流域总面积 2.55 万 km^2,其中甘肃省内流域面积为 2.39 万 km^2,占 93.7%。洮河流域概况如表 2.1-1 所示。

2.1　流域生态地位及社会经济背景

洮河流域位于青藏高原与黄土高原的生态过渡带,位于我国"两屏三带"生态安全战略格局的青藏高原和黄土高原—川滇两生态屏障之间,生境类型多样、生态环境脆弱、生态地位十分重要。流域水资源、水力资源、矿产资源丰富,社会经济发展水平较低,流域生态环境及社会经济特点突出。

(1)流域生态地位特殊,生态环境脆弱。

洮河上中游分布有"甘南黄河重要水源补给生态功能区""三江源草原草甸湿地生态功能区",具有不可替代的独特高原湿地水源涵养功能,在维护保障洮河下游、黄河中下游地区和国家生态安全等方面发挥着重要作用。洮河上游是我国西部多样性关键地区之一,其高寒环境构成了独特的生命存衍区,是珍稀濒危鱼类的重要栖息地,是珍贵的种质资源和高原基因库,在生物多样性维护方面具有十分重要的作用。

洮河流域由于特殊的地理环境,上游位于高寒区,气候寒冷,地表土层薄,植物生长期短,自身调节能力弱小,自我恢复能力很差,生态环境脆弱;中游位于黄土丘陵区—土石质山区—高地草原过渡区,地形差异大,局部生态环境脆弱;下游位于陇西黄土丘陵区,地形破碎,水土流失严重,生态环境脆弱。

(2)上中下游自然环境差异较大,生境类型多样。

流域地处甘南高原和陇西黄土高原两大地貌单元,地形高差大,气候有明显的垂直分带。上中下游自然环境差异较大,生境类型多样。上游为甘南高原地貌,地势坦荡,河谷开阔,两岸草原广布,林草覆盖度很高,主要植被类型为高寒草甸草原和亚高山落叶灌丛。中部地区的卓尼、岷县、临潭部分地区位于陇南山地和甘南高原、陇西黄土高原的交接地带,地形上兼有陇南山地形态的特征,高程介于甘南高原与陇西黄土高原之间,地形陡峻,山大沟深,多峡谷,干流上形成许多峡谷,植被类型多样,主要以常绿阔叶、针叶林为主。下游是陇西黄土高原。该区黄土覆盖深厚,阶地发育,地表破碎,丘陵起伏,梁峁发育,是重要的农业区,主要植被类型为温带草原。

表 2.1-1 洮河流域概况

区域	自然环境					生态环境				水土资源			社会经济布局		环境问题
	地貌类型	海拔（m）	降水量（mm）	蒸发量（mm）	气候	土壤类型	植被类型	环境特征	生态特征	水资源（亿 m^3）	水能资源	土地资源（km^2）	人口（万人）	GDP（亿元）	
上游	甘南高地草原区	>3 000	600~700	1 080~1 375	高寒湿润气候	高山草甸土、亚高山草甸土	高寒草甸、草原和亚高山落叶灌丛	海拔高，气候高寒，降水量较多，日照时数较少，人类活动少	以高寒草原植被为主，生物量较大，生产力较低；生境特殊，形成了独特的生物区系，栖息有许多青藏高原特有种；湿地资源丰富，具有重要生态意义；生态环境脆弱	27.2	已建在建：20 座	13 733	26.62	17.96	沼泽草甸湿地面积萎缩，水源涵养能力下降；部分河段河流连通性遭到破坏、鱼类生境萎缩
中游	黄土丘陵区—土石质山区—高地草原过渡区	2 500~3 000	600~700 以下	1 259.3	温带半湿润气候	山地棕壤，山地褐土	常绿阔叶、针叶林	地形陡峻，峡谷众多，气候高寒湿润，人类活动较少	植被类型多样，森林覆盖率高，以常绿阔叶、针叶林为主；生境特殊，形成了独特的生物区系，生物多样性较高；局部生态环境脆弱	11.61	已建在建：11 座	5 280	44.29	15.01	水源涵养能力下降
下游	陇西黄土丘陵区	1 900~2 500	370~450	1 340~1 690	温带半干旱气候	栗钙土、灰钙土	温带草原	气候温和，地势平坦，土质肥沃，人为干扰严重	是重要的农业区，农田生态系统特征明显，生产力较低，水土流失严重	9.59	已建在建：6 座	6 514	153.38	62	支流水质较差，部分河段河流连通性遭到破坏、鱼类生境萎缩

(3)流域水土等资源相对丰富,但分布不均。

洮河流域多年平均水资源总量为48.38亿m^3,其中地表水资源量为48.25亿m^3。流域总面积2.55万km^2,流域总人口224.29万人。上游水资源量为27.2亿m^3,土地面积为1.37万km^2,人口为22.62万人。中游水资源量为11.61亿m^3,土地面积为0.53万km^2,人口为44.29万人。下游水资源量为9.59亿m^3,土地面积为0.65万km^2,人口为153.38万人。上、中游水土资源丰富,人口稀少;下游水土资源相对短缺,人口集中。总体上,洮河流域水土资源相对丰富,但分布不均。

(4)经济发展水平低,未来发展空间较大,生态环境保护压力增大。

洮河流域属经济欠发达地区,上游为牧区,中游为农牧区,下游为农业区。2010年流域总人口224.30万人,城镇化水平较低。流域为少数民族聚居区,主要包括蒙古族、藏族、回族、东乡族、土家族、保安族等。流域内工业发展水平较低,除机械修配、农牧副产品加工外,无较大工业。未来社会经济有较大的发展空间,生态环境保护压力也将增大。

2.2 自然环境概况

(1)地形地貌。

洮河流域涉及两大地貌单元,即甘南高原和黄土高原。二者以西秦岭分支延伸山脉白石山—太子山—南屏山一线为界,以北为黄土高原,以南为青藏高原东部边缘的部分区域。流域地势整体西高东低、南高北低,地势高亢,高差大,以山地和高原为主,上下游差别明显。流域内有迭山和太子山两处高大山脉隆起。

流域上游地区(西寨以上)属甘南高原区,地形西高东低,海拔多为3 000~4 000 m,地表起伏不大,具有典型的高原景观,河流切割轻微,谷宽势平,大部分为平坦宽广的草滩。河流侵蚀甚微,地表起伏一般为40~100 m,个别山间为开阔草滩,如尕海滩、晒银滩、果芒滩等,水草丰盛,沼泽遍布,为洮河源区。

流域中游地区(西寨至海甸峡)为甘南高原东缘与陇中黄土高原及陇南山区的接壤区,是高山地区,海拔为2 500~3 000 m,主要山峰高程在3 500 m以上,地表起伏较大,地形陡峻,山大沟深,峡谷众多,干流上形成了石门峡、九甸峡、海甸峡等峡谷。

流域下游地区(海甸峡以下)属陇西黄土高原地区,海拔多为1 900~2 500 m,主要山峰高达3 500 m以上。多为沟谷和黄土梁峁地形,黄土覆盖深厚,阶地发育,地表破碎,丘陵起伏,梁峁发育,谷地宽阔;入河口区为黄土丘陵地貌,地形切割较零碎,沟谷纵横,丘陵密布,河谷与丘陵高差一般为150~300 m。

(2)河流水系。

洮河干流两岸支沟发育,水系成树枝状分布,长度大于10 km、多年平均流量大于0.1 m^3/s的大小支沟共有219条,其中一级支流97条。流域面积大于1 000 km^2的有周科河、科才河、括合曲、博拉河、车巴沟、冶木河、广通河等7条(见表2.2-1),其中周科河、括合曲、冶木河、博拉河、广通河等支流水量较大,多年平均流量均大于10 m^3/s。支流(沟)分布不均匀,上游少,中下游多,两岸不对称汇入,右岸多于左岸。

表 2. 2-1　流域面积大于 1 000 km^2 的支流基本情况

区域	河流名称	所在县(市)	流域面积(km^2)	河长(km)	多年平均径流量(亿 m^3)
上游	周科河	碌曲	1 221	82	3. 17
	科才河	夏河、碌曲	1 394	67	2. 55
	括合曲	碌曲	1 249	75	3. 52
	博拉河	夏河、合作	1 695	85	3. 82
	车巴沟	卓尼	1 076	67	2. 80
上中游	冶木河	合作、卓尼、临潭、康乐	1 330	79	3. 31
下游	广通河	和政、广河、东乡	1 523	89	3. 56

(3)气候特征。

洮河流域深处内陆,具有典型的高原大陆性气候特性,同时由于地形高差大,气候有明显的垂直分带。上游属高寒湿润气候,雨量丰沛,全年基本无夏季,春秋相连,冬季漫长;中游属温带半湿润气候,由东向西从温带半湿润气候向高寒湿润气候过渡,气候高寒阴湿,暴雨频繁;下游临洮中北部及广河、永靖、东乡属温带半干旱气候,干燥少雨,冬季较冷,夏季较暖。

流域内多年平均降水量为 300~900 mm,呈自西南向东北递减的趋势。根据 1956~2000 年 45 年系列评价,洮河流域多年平均降水量 547. 3 mm,折合降水总量 139. 70 亿 m^3。洮河流域降水量统计见表 2. 2-2、洮河流域 1956~2010 年降水量等值线见图 2. 2-1。

表 2. 2-2　洮河流域降水量统计

分区/分省	面积(km^2)	年均值(mm)	C_v	C_s/C_v	不同频率年降水量(mm)			
					20%	50%	75%	95%
河源—青甘省界	1 597	547. 1	0. 19	2	632. 1	540. 5	473. 9	388. 1
青甘省界—下巴沟	7 410	529. 2	0. 16	2	598. 8	524. 7	469. 9	398. 0
下巴沟—西寨	4 726	587. 2	0. 16	2	664. 5	582. 2	521. 4	441. 7
西寨—九甸峡	3 443	592. 6	0. 16	2	670. 6	587. 6	526. 2	445. 7
九甸峡—海甸峡	1 837	556. 8	0. 18	2	638. 9	550. 8	486. 3	402. 8
海甸峡—入黄口	6 514	512. 3	0. 17	2	583. 8	507. 4	451. 2	377. 9
青海省	1 597	547. 1	0. 19	2	632. 1	540. 5	473. 9	388. 1
甘肃省	23 930	547. 3	0. 14	2	610. 5	543. 7	493. 9	427. 7
洮河流域	25 527	547. 3	0. 14	2	610. 5	543. 7	493. 9	427. 7

流域降水分布不均匀,主要集中在 5~9 月,5 个月降水量占全年总量的 78. 6%;最大降水量出现在 7、8 月,占全年降水量的 37. 5%;冬季降水量最少,最小月降水量出现在 12

月,仅占全年降水量的0.5%。

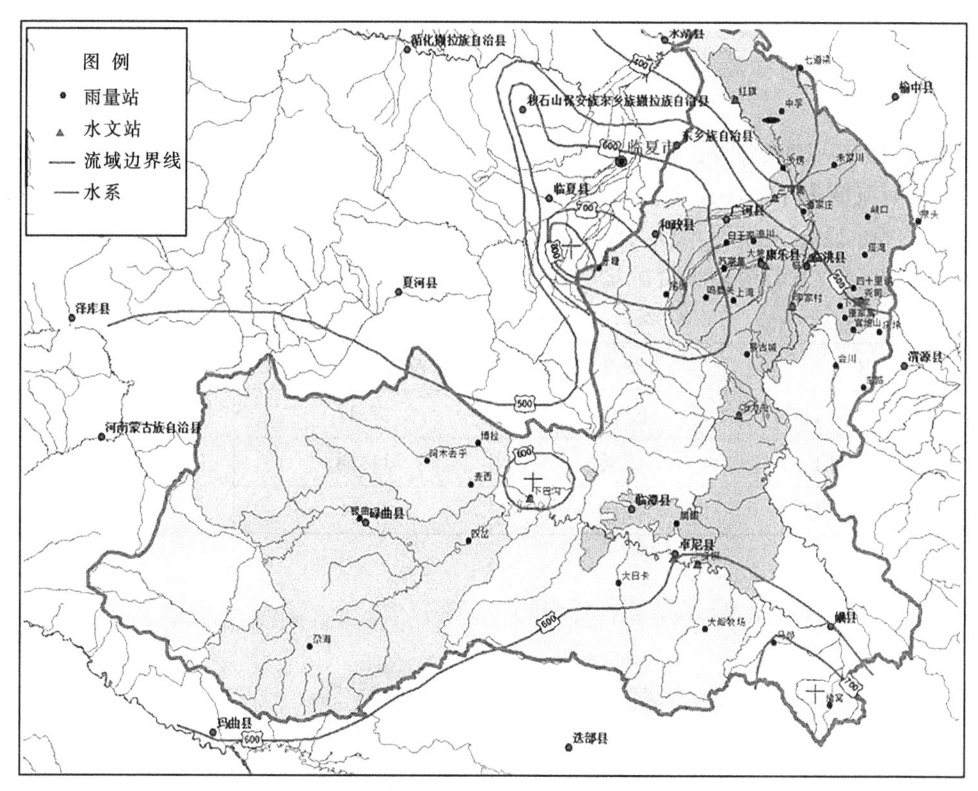

图 2.2-1 洮河流域1956~2010年降水量等值线

流域内上下游气温差异大。由上游到下游,年平均气温2.3~7.0 ℃,降水量300~900 mm,蒸发量由700 mm增至1 000 mm,无霜期46~145天。流域内绝对最高和绝对最低气温分别为34.6 ℃和-29.6 ℃。洮河流域主要气象站实测气象要素统计见表2.2-3。

表 2.2-3 洮河流域主要气象站实测气象要素统计

项目	单位	卓尼县	岷县	临洮县
多年平均气温	℃	4.5	5.7	7.0
多年平均降水量	mm	578.1	588.2	565.2
多年平均蒸发量	mm	1 238.3	1 192.2	1 259.3

(4)土壤植被。

洮河流域上游土壤类型以高山草甸土(草毡土)为主,有黑毡土、草毡土、沼泽土、草甸土等,土层厚35~45 cm,具草皮层、腐殖质层、过渡层和母质层。植被类型以高原高寒草甸、草原和亚高山落叶阔叶灌丛为主,林草覆盖率约62%。

洮河流域中游土壤类型以山地棕壤和山地褐土为主,成土母质为伟晶花岗岩、砂岩、板岩风化的坡积残积物或黄土状沉积物;剖面层次分化明显,腐殖质层有机质含量高达5.5%~7.5%,植被种类多样,以常绿阔叶、针叶林及针阔叶混交为主,林草覆盖率约

25%。

洮河流域下游土壤类型以灰钙土、黄绵土为主,植被类型为半荒漠草原植被,林草覆盖度约 11%。

(5)水资源。

根据 1956~2000 年系列水资源评价成果,洮河流域多年平均河川径流量为 48.25 亿 m^3,占黄河流域多年平均径流量的 8.32%,其中洮河上游河川径流量为 27.13 亿 m^3,占总径流量的 56.23%,上游河川径流量所占比例较大。洮河流域地表水资源量见表 2.2-4 及洮河流域上、中、下游地表水资源量所占比例见图 2.2-2。

表 2.2-4 洮河流域地表水资源量

分区	重要断面	水资源量(亿 m^3)	百分比(%)
上游(河长 384 km)	下巴沟	27.13	56.23
中游(河长 148 km)	岷县	11.58	24.00
下游(河长 141 km)	红旗	9.54	19.77

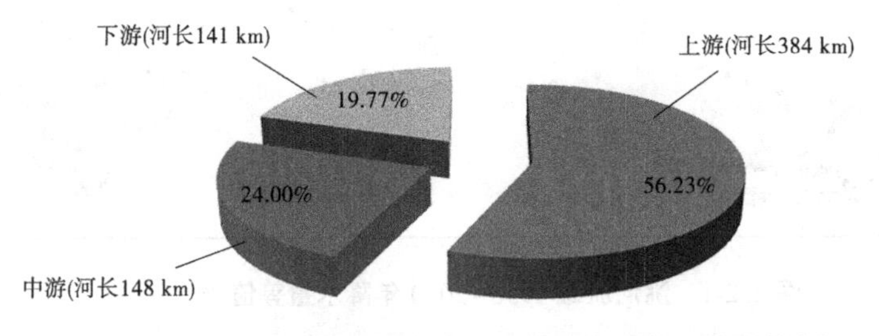

图 2.2-2 洮河流域上、中、下游地表水资源量所占比例

根据洮河流域的地形地貌特征,地下水资源分区划分为山丘区和平原区两类。经计算,多年平均地下水资源量为 20.18 亿 m^3,其中山丘区 20.16 亿 m^3,平原区 0.02 亿 m^3。

洮河流域多年平均水资源总量为 48.38 亿 m^3,其中地表水资源量为 48.25 亿 m^3,地下水与地表水的不重复量为 0.13 亿 m^3。

根据监测资料,支流东峪沟矿化度水平较高,洮河干流及其他支流矿化度水平属于较低~中等;洮河干流及支流的水质总硬度属于适度硬度。洮河干流水质状况较好,基本能满足水质目标要求;下游支流广通河三甲集断面水质出现恶化趋势,2011 年非汛期及年均水质已不能满足水质目标要求,主要污染项目氨氮已超过Ⅳ类标准。

(6)泥沙。

洮河主要泥沙来源在下游李家村断面以下,据实测资料显示,李家村站(1947 年 5 月至 2010 年 4 月)多年平均来水量为 40.74 亿 m^3,来沙量为 471.54 万 t,多年平均含沙量为 1.16 kg/m^3;红旗站(1954 年 5 月至 2010 年 4 月)多年平均来水量为 45.57 亿 m^3,来沙量为 2 215.68 万 t,多年平均含沙量为 4.86 kg/m^3。洮河中上游绝大部分地区自然植被较好,沙量较少;下游李家村至红旗断面区域有东峪沟、三岔河、广通河等 10 多条支流汇入,该区域是洮河的主要产沙区。

洮河流域来沙量主要在汛期,其中李家村站汛期来沙量占全年的 96.6%,红旗站

(1954 年 5 月至 2010 年 4 月)汛期来沙量分别占全年的 97.4%。

(7)洪水。

洮河大洪水均由大面积暴雨形成。洮河洪水出现较早,结束时间较晚。一般从 4 月下旬开始,到 10 月中旬结束。6~9 月是洪水高发期,有 85%~95%的年最大洪水发生在这一时期。洮河洪水一次洪水过程平均为 7~15 天,峰型以单峰为多,洪水具有量大峰较高的特点。

洮河上游地处阴湿草原区,汇流较慢,洪峰模数小,岷县以上河系发育,呈羽毛状,有利于洪水汇集,洪水模数增大,而岷县处的大河湾不利于汇流迅速集中,向下洪峰模数减小。洮河干流及上游区为肥胖型洪水,涨落缓慢,历时长,峰低量大,峰型平缓。下游区为尖瘦型洪水,陡涨陡落,历史短,峰高量小,峰型尖瘦,一般持续几小时至 1 天。中游区洪水介于肥胖型和尖瘦型之间,但暴雨集中时段洪峰突出。局部大暴雨洪水来势凶猛,急涨猛落,历时极短,峰高量小。

(8)水土流失。

流域土地总面积 25 527 km^2,其中水土流失面积 8 957 km^2,占流域总面积的 35%。水土流失面积中,轻度侵蚀面积 3 056 km^2,占 34.0%,中度侵蚀面积 3 546 km^2,占 39.40%,强烈~极剧烈侵蚀面积 2 355 km^2,占 26%。

流域内水土流失面积占总面积比例和水土流失强度分布不均,地带性分布明显。洮河上游河南县、夏河县、碌曲县和合作市水土流失面积占土地总面积比例小,均在 25%以下,轻度侵蚀面积占 40%左右,水土流失轻微;洮河中游岷县、临潭县和卓尼县水土流失面积占总面积的 80%左右,轻度~中度侵蚀面积占总面积的 80%左右,水土流失强度以中度为主;洮河下游永靖县、东乡族自治县、广河县、康乐县、和政县、临洮县和渭源县水土流失面积占总面积的 90%左右,中度~极剧烈侵蚀面积占总面积的 80%左右,其中永靖县、东乡族自治县和广河县强烈侵蚀面积占总面积的 50%左右,水土流失较严重。

2.3　经济社会概况

(1)人口及分布。

2013 年流域总人口 224.30 万人,其中城镇人口 24.99 万人,流域以农牧业生产为主,城镇化率为 11.1%,黄河流域为 40%,城镇化水平较低。流域为少数民族聚居区,主要包括蒙古族、藏族、回族、东乡族、土家族、保安族等,其中蒙古族主要集中在青海境内,藏族主要集中在甘南藏族自治州所辖的碌曲、夏河、合作、卓尼、临潭等县,回族主要集中在定西市的岷县及临夏回族自治州的广河、和政、康乐等县,东乡族主要集中在临夏州东乡族自治县境内,汉族主要集中在洮河下游的临洮、渭源等县。

(2)经济社会发展现状。

洮河流域位于我国的中西部地区,经济发展比较落后,整体经济实力较弱, 2013 年洮河流域国内生产总值(GDP)94.98 亿元,人均 GDP 为 0.42 万元,人均 GDP 分别是黄河流域人均值和全国人均值的 29%、14%左右。洮河流域上、中、下游社会经济发展水平差异较大,人均 GDP 分别为 0.67 万元、0.34 万元、0.40 万元。

流域工业主要位于下游地区,占流域总量的60%以上。工业经济主要依托产业、资源和区位等优势,形成以马铃薯淀粉、中药材、畜禽等为主的农副产品精深加工,以电解铝为主的金属冶炼,以洮河水资源为主的水电开发,以水泥、管材为主的建筑建材,以农业机械为主的机械制造,以生物制药为主的高新技术等主导产业。

洮河流域经济社会情况统计如表2.3-1所示。

表2.3-1　洮河流域经济社会情况统计

区域		人口(万人)	GDP(亿元)
上游	河源—青甘省界	0.74	0.9
	青甘省界—下巴沟	6.62	5.74
	下巴沟—西寨	19.26	11.32
	小计	26.62	17.96
中游	西寨—九甸峡	42.25	13.94
	九甸峡—海甸峡	2.04	1.07
	小计	44.29	15.01
下游	海甸峡—入黄口	153.38	62
合计		224.3	94.98

2013年,洮河流域农业增加值为31.91亿元,其中农业和牧业占农林牧渔总增加值的75%以上。上游地区以牧业为主,中下游以农业为主。洮河流域现有耕地面积334.04万亩,主要位于下游的临夏州和定西市,占总耕地面积的70%左右。

近年来,流域第三产业发展迅速,特别是交通运输、旅游和服务业发展较快,成为推动第三产业发展的重要组成部分,流域第三产业主要位于下游地区。

流域目前的经济水平较低,与全国平均水平和东部地区的差距较大,为减小流域与全国平均水平和东部发达地区的差距,甘肃和青海两省正把握国家西部大开发战略实施的历史机遇,充分利用流域内的矿产及丰富的旅游资源,加快基础设施建设、生态环境建设和中小城镇建设,实现国民经济的快速发展。随着流域社会经济的快速发展,流域水土资源开发和生态环境保护矛盾将日益凸显。

洮河流域水土资源丰富,但流域社会经济发展水平较低,与黄河流域及西北地区其他河流相比,水土等自然资源开发利用程度相对较低,已有流域治理开发主要集中于水资源、水能资源、水土资源等,以上开发利用活动积极推进了流域社会经济发展。但洮河流域生态环境脆弱、生态系统敏感,流域生态环境体系对水土资源开发响应强烈,流域人类社会经济活动和已有治理开发活动对流域生态环境造成不同程度的破坏。近年来,为维持国家生态安全和黄河流域水资源安全,国家先后实施了《青海三江源自然保护区生态保护和建设总体规划》《甘南黄河重要水源补给生态功能区生态保护与建设规划》等保护工作,对流域生态环境保护起到了积极作用。

2.4　流域已有治理开发活动概况

2.4.1　水资源开发利用

2.4.1.1　水利工程建设现状

流域已建水利工程集中分布于下游，主要是苏集河、广通河水系。截至 2013 年，洮河流域共建成水库 13 座（见表 2.4-1），塘堰坝 86 座，引提水工程 1 267 处；13 座水库中，九甸峡水库总库容 9.4 亿 m^3（其中调节库容 5.2 亿 m^3），其他 12 座水库的总库容 0.27 亿 m^3（其中兴利库容 0.06 亿 m^3）；地表水供水工程设计供水能力 6.64 亿 m^3，现状供水能力 4.65 亿 m^3。地下水井 4.57 万眼，现状供水能力 0.25 亿 m^3；集雨工程 10.18 万处，雨水利用量 0.07 亿 m^3。

表 2.4-1　洮河流域中小型水库统计

区域	水库位置	水库名称	所在河流	规模	总库容（万 m^3）	坝高（m）	与敏感区位置关系
下游	卓尼县、临潭县	九甸峡水库	干流中游	大型	94 300	133.0	—
	和政县	牙塘水库	柳海滩	中型	1 920.0	57.2	
		梁家寺水库	广通河上游那勒寺河	小(1)型	150.0	16.0	
		卜家庄水库	卜家庄河	小(1)型	130.0	21.4	
	东乡族自治县	王家水库	广通河的那勒寺河	小(1)型	108.0	14.0	
	康乐县	药水水库	药水河	小(1)型	190.0	33.8	
		吓滩滩水库	三岔河上游中砥河	小(2)型	27.0	14.0	
		曹家水库	流川河	小(2)型	21.0	7.0	
		姚姚沟水库	苏集河	小(2)型	15.0	10.0	
		山庄水库	流川河	小(2)型	12.0	6.5	
	广河县	许家水库	八羊沟	小(2)型	16.0	13.0	
		新民水库		小(2)型	15.0	10.0	
	临洮县	康家峡水库	中孚沟上游康家沟	小(1)型	102.0	35.5	

2.4.1.2　灌区发展现状

流域内现有耕地面积 334.04 万亩；农田有效灌溉面积 87.78 万亩，灌溉率 26.3%，农田实灌面积 61.17 万亩。流域内自流引水全为无坝引水，以中小型为主，灌溉面积主要集中在干流中下游河谷川台地及广通河、三岔河河谷川台地；提灌面积主要在干支流高阶地及少部分山坡地。

流域现有灌区 1 390 余处，其中万亩以上灌区 30 处，全部位于下游的临夏州和定西市各县；万亩以上灌区的设计灌溉面积 57.67 万亩，有效灌溉面积 53.24 万亩，2013 年实际灌溉面积 39.29 万亩。洮河流域现状万亩以上灌区基本情况见表 2.4-2。

表 2.4-2　洮河流域现状万亩以上灌区基本情况

序号	灌区名称	受益县	水源名称	设计取水流量(m^3/s)	灌溉面积(万亩)		
					设计	有效	实灌
1	洮惠渠	临洮	洮河	7.00	7.52	7.22	6.84
2	溥济渠		洮河	3.00	2.88	2.76	2.58
3	东干渠		漫坝河	2.00	2.15	2.15	2.01
4	临康渠		三岔河	1.35	1.07	1.07	0.95
5	东峪沟		东峪沟	0.50	1.20	1.10	0.60
6	民主渠		洮河	3.00	1.20	1.22	1.17
7	新民渠		洮河	3.00	1.20	1.50	1.43
8	红星渠		洮河	1.00	0.98	1.07	0.99
9	红旗渠		洮河	2.10	1.00	1.13	0.95
10	电力提灌		洮河	4.60	5.22	4.61	2.49
11	上湾渠	岷县	漫坝河	0.70	1.09	0.68	0.49
12	西川渠		洮河	2.00	2.85	2.85	2.85
13	西江渠		洮河	1.00	1.02	1.02	1.02
14	梅川渠	渭源	洮河	1.00	1.01	1.01	1.01
15	达坂	东乡	洮河	1.20	1.40	1.31	0.90
16	唐汪		洮河	1.00	1.25	1.25	0.65
17	那勒寺		巴谢河	0.60	3.47	2.48	0.52
18	果园灌区		王家水库	1.00	3.47	2.48	0.52
19	电厂灌区	广河	广通河	0.93	1.43	1.23	0.90
20	红光灌区		广通河	1.27	1.39	1.30	1.00
21	大坪灌区		广通河	0.90	1.08	1.00	0.80
22	谢家灌区		广通河	0.90	1.50	1.47	0.87
23	永红灌区		广通河	1.50	3.01	3.01	1.85
24	河湾灌区		洮河	0.90	1.22	1.07	0.86
25	和广灌区	和政	牙塘河	1.78	1.21	1.21	1.10
26	达浪灌区		大南岔河	0.96	2.24	1.61	1.28
27	卜家庄水库灌区		卜家庄水库	0.60	1.25	1.07	0.84
28	丰台灌区	康乐	鸣鹿河	0.65	1.28	1.28	0.81
29	马集		胭脂河	0.80	1.11	1.11	0.23
30	康城灌区		苏集河	0.40	1.01	1.01	0.79
合计					57.67	53.24	39.29

上游的青海省河南县及甘肃省的碌曲、夏河、合作等县无农田灌溉;上中游的临潭、卓尼、岷县等县农田有效灌溉面积 10.65 万亩,占流域总农田有效灌溉面积的 12.0%;下游左岸的临夏州各县农田有效灌溉面积 35.09 万亩,占流域总面积的 40.1%;下游右岸的定西市各县农田有效灌溉面积 42.05 万亩,占流域总面积的 47.9%,特别是临洮县农田有效灌溉面积 38.99 万亩,占流域总面积的 44%以上。

2.4.1.3 节水工程现状

农业节水现状:洮河流域现有灌区 1 390 余处,其中万亩以上灌区 30 处,现状灌区多为中小型灌区。流域现状总灌溉面积 94.36 万亩,其中农田有效灌溉面积 87.78 万亩,林草灌溉面积 6.58 万亩;现状实灌面积 61.17 万亩,实灌定额 459 m^3/亩。截至 2013 年,洮河流域达到节水标准的灌溉面积 37.77 万亩,其中农田节水灌溉面积 36.36 万亩,林草灌溉面积 1.41 万亩。农业节水措施以渠道防渗为主,其面积占现状总节水面积的 94%以上;灌区现有干支渠道长 2 630 km,其中已衬砌长度 533.3 km,衬砌率 20.3%,渠道大部分为土渠;流域灌区现状灌溉水利用系数为 0.43。与国家先进地区和甘肃省要求的节水标准相比,现状灌区尚有较大的节水潜力。

工业节水现状:工业节水水平以万元工业增加值用水量、工业用水重复利用率等指标来反映。据调查,现状洮河流域万元工业增加值用水定额为 149 m^3,重复利用率为 45.0%左右。与北方其他地区相比,重复利用率偏低,具有一定的节水潜力。

城镇生活节水现状:生活用水效率与节水水平主要用供水管网综合损失率和节水器具普及率等指标来反映。现状洮河流域城镇供水管网漏失率为 20.0%左右,节水器具普及率为 40%~50%。

2.4.2 防洪减灾

据初步统计,洮河流域目前共有堤防及护岸工程 361.65 km,主要集中在洮河干流及广通河、牙塘河、三岔河、迭藏河等重点支流上,其中碌曲、卓尼、岷县、临洮、广河和东乡在洮河干流建有部分防洪工程,长度 113.54 km。洮河干流防洪工程现状见表 2.4-3。

2.4.3 水土流失治理

自 20 世纪 50 年代以来,洮河流域进行了水土流失综合治理。截至 2013 年底,洮河流域已治理水土流失面积 4 482.53 km^2。其中农地 1 701.97 km^2(其中梯田 1 242.12 km^2),营造水保林 2 049.92 km^2,经果林 677.66 km^2,种草 557.92 km^2,封育保护 95.06 km^2。已建骨干坝 12 座,中小型淤地坝 7 座,小型拦蓄工程 20 574 处。洮河流域水土保持坡面治理现状见表 2.4-4。

表 2.4-3 洮河干流防洪工程现状

<table>
<tr><th>区域</th><th>县别</th><th>工程所在河段</th><th>岸别</th><th>工程长度(km)</th><th>修建时间</th><th>与敏感区的位置关系</th></tr>
<tr><td rowspan="16">上游</td><td rowspan="2">碌曲县</td><td rowspan="2">城区段</td><td>左</td><td>0.90</td><td>2007 年</td><td rowspan="2">珍稀濒危鱼类重要栖息地;甘南黄河重要水源补给生态功能区</td></tr>
<tr><td>右</td><td>0.80</td><td>2007 年</td></tr>
<tr><td rowspan="14">卓尼县</td><td rowspan="2">城关区段(也村—木耳村)</td><td>右</td><td>2.00</td><td>1986 年</td><td rowspan="2">珍稀濒危鱼类重要栖息地;甘南黄河重要水源补给生态功能区;洮河国家级自然保护区</td></tr>
<tr><td>左</td><td>0.50</td><td>1986 年</td></tr>
<tr><td>城关区段(上河村—滨河路)</td><td>左</td><td>3.20</td><td>1985 年</td><td rowspan="4">珍稀濒危鱼类重要栖息地;甘南黄河重要水源补给生态功能区</td></tr>
<tr><td>扎古录镇麻路村洮河大桥至车巴小河段</td><td>右</td><td>0.50</td><td>2009 年</td></tr>
<tr><td rowspan="2">扎古录镇下车方(寺南东村至南大村段)</td><td>右</td><td>0.50</td><td>1990~1992 年</td></tr>
<tr><td>左</td><td>0.40</td><td>1990 年</td></tr>
<tr><td>城区洮砚乡</td><td>左</td><td>2.80</td><td>1991~1992 年</td><td rowspan="8">甘南黄河重要水源补给生态功能区</td></tr>
<tr><td rowspan="2">喀尔钦乡麻地村下段(乡政府驻地段)</td><td>右</td><td>0.30</td><td>1993~1996 年</td></tr>
<tr><td>左</td><td>0.60</td><td>1993~1996 年</td></tr>
<tr><td rowspan="2">木耳乡多坝村(乡政府驻地段)</td><td>右</td><td>1.80</td><td rowspan="2">1989~1996 年</td></tr>
<tr><td>左</td><td>1.20</td></tr>
<tr><td rowspan="2">纳浪乡段(乡政府驻地段)</td><td>右</td><td>0.80</td><td rowspan="2">1987~1996 年</td></tr>
<tr><td>左</td><td>0.70</td></tr>
<tr><td>扎古录镇录日尕段</td><td>左</td><td>1.40</td><td>1991 年</td></tr>
<tr><td rowspan="8">中游</td><td rowspan="8">岷县</td><td>城关北门桥至迭藏河口</td><td>右</td><td>1.10</td><td>1986 年</td><td rowspan="8">土著鱼类栖息地</td></tr>
<tr><td>城郊乡迭藏河口至龙潭村</td><td>右</td><td>1.54</td><td>1991 年</td></tr>
<tr><td>城郊乡下北小路至上北小路</td><td>右</td><td>0.60</td><td>1992 年</td></tr>
<tr><td>城郊乡邮电局家属院至下北小路</td><td>右</td><td>1.70</td><td>1995 年</td></tr>
<tr><td>十里乡齐家庄村至雷家庄村</td><td>右</td><td>0.80</td><td>1998 年</td></tr>
<tr><td>梅川乡牙利村</td><td>右</td><td>0.50</td><td>1982 年</td></tr>
<tr><td>西江乡王铁咀村</td><td>左</td><td>1.20</td><td>1982 年</td></tr>
<tr><td>中寨乡中寨村</td><td>右</td><td>0.40</td><td>1994 年</td></tr>
<tr><td rowspan="4">下游</td><td rowspan="4">临洮县</td><td>南屏镇段左</td><td>左</td><td>1.10</td><td>1980 年以前</td><td rowspan="4">土著鱼类栖息地</td></tr>
<tr><td>街下集镇段左</td><td>左</td><td>3.40</td><td>1980 年以前</td></tr>
<tr><td>街下集镇段左</td><td>左</td><td>0.33</td><td>2004 年</td></tr>
<tr><td>街下集镇段左</td><td>左</td><td>0.40</td><td>1998 年</td></tr>
</table>

表 2.4-4　洮河流域水土保持坡面治理现状

省（区）	市（县）	基本情况		措施						
		总面积	水土流失面积	农地	人工造林	经济林	果园	人工草地	封育保护	合计
甘肃	永靖县	510	268	37.1	50.36	3.42	4.73	9.93	40.24	145.78
	东乡族自治县	946	469	166.55	60.13		0.98	23.46	9.45	260.57
	康乐县	1 083	244	69.2	21.28	1.51	0.19	16.3	7.67	116.15
	广河县	538	244	70.17	92.51	11.87	4.52	5.57		184.64
	和政县	562	158	26.3	78.59	12.24	4.7	26.54	37.7	186.07
	临洮县	2 660	1 060	650.63	224.67	24.82	5.66	103.43		1 009.21
	渭源县	863	382	135.16	145.62		1.53	6.23		288.54
	岷县	2 179	907	231.01	111.3		0.5	218.4		561.21
	临潭县	1 441	618	71.4	359.87		0.97	1.7		433.94
	卓尼县	5 251	2 005	204.32	627.77		0.02	29.4		861.51
	合作市	1 373	371	5.49	77.18			0.92		83.59
	碌曲县	4 729	1 508	34.64	98.61			107.94		241.19
	夏河县	1 794	462		102.03			8.1		110.13
	小计	23 929	8 696	1 701.97	2 049.92	53.86	23.8	557.92	95.06	4 482.53
青海	河南县	1 597	259							
合计		25 526	8 955	1 701.97	2 049.92	53.86	23.8	557.92	95.06	4 482.53

2.4.4　水资源保护

洮河流域获甘肃省人民政府批复的水源保护区共9个，保护区面积91.60 km^2，其中一级区面积2.11 km^2，二级区面积89.49 km^2。集中式饮用水水源地共27个，供水人口80.71万人，供水规模26.54万 m^3/d。已建成污水处理厂4座。设有3个水质常规监测站。流域COD、氨氮现状年纳污能力分别为50 995 t/a、1 925 t/a。其中，洮河干流COD、氨氮纳污能力分别为49 181 t/a、1 866 t/a，占流域纳污能力的96%、97%。

2.4.5　水能开发利用

目前洮河干流已建、在建水电站37座，总装机容量1 047.92 MW，年发电量41.7亿kW·h。已建和在建电站全部分布在甘肃省境内，其中大型电站1座（九甸峡电站），中型电站3座，小型电站33座。37座已建、在建电站中70%以上为引水式电站，37座水电站，其中上游有20座，中游11座，下游6座。洮河干流已建、在建电站指标及规划情况如表2.4-5所示。

表 2.4-5　洮河干流已建、在建电站指标及规划情况

序号	河段	电站名称	建设地点	装机容量（MW）	年发电量（万 kW · h）	建设情况	开发方式	与生态保护目标的位置关系
1	河源—西寨	尕克	青海河南县	16	6 571	在建	引水式	洮河源头水保护区、青藏高原复合侵蚀生态脆弱区、三江源草原草甸湿地生态功能区
2		阿拉山	甘肃碌曲县	9	4 814	2005	引水式	濒危珍稀鱼类保护栖息地及产卵场、甘南黄河重要水源补给生态功能区
3		西仓	甘肃碌曲县	10	6 626	在建	引水式	濒危珍稀鱼类保护栖息地及产卵场、尕海—则岔国家级自然保护区实验区边缘、甘南黄河重要水源补给生态功能区
4		大庄	甘肃碌曲县	11	4 665	2009	引水式	濒危珍稀鱼类保护栖息地及产卵场、甘南黄河重要水源补给生态功能区
5		多松多	甘肃碌曲县	21	9 106	2011	引水式	
6		吾乎扎	甘肃碌曲县	12	5 975	在建	引水式	
7		峡村	甘肃合作市	7.5	3 948	1994	引水式	濒危珍稀鱼类保护栖息地及产卵场、洮河国家级自然保护区实验区、甘南黄河重要水源补给生态功能区
8		安果儿	甘肃合作市	25.2	7 943	2007	引水式	
9		赛吾多	甘肃合作市	20	8 283	2008	引水式	
10		如吾	甘肃卓尼县	9.2	5 183	2012	引水式	濒危珍稀鱼类保护栖息地及产卵场、洮河国家级自然保护区实验区边缘、甘南黄河重要水源补给生态功能区
11		扎古录	甘肃卓尼县	24.5	12 330	在建	引水式	
12		鹿儿台	甘肃临潭县	12.2	5 698	2007	河床式	
13		术布	甘肃临潭县	6	2 259	2008	引水式	
14		录巴寺	甘肃卓尼县	51	21 200	2012	引水式	

续表 2.4-5

序号	河段	电站名称	建设地点	装机容量(MW)	年发电量(万 kW·h)	建设情况	开发方式	与生态保护目标的位置关系
15	河源—西寨	独山子	甘肃卓尼县	2.6	1 344	1978	引水式	甘南黄河重要水源补给生态功能区
16		扭子	甘肃卓尼县	30	13 500	2010	引水式	
17		多架山	甘肃卓尼县	7.5	5 414	1995	引水式	
18		俄吾多	甘肃卓尼县	12.2	7 076	2006	引水式	
19		青石山	甘肃临潭县	17.8	11 290	2010	引水式	濒危珍稀鱼类保护栖息地及产卵场、洮河国家级自然保护区实验区边缘、甘南黄河重要水源补给生态功能区
20		上川	甘肃临潭县	12	5 749	在建	引水式	濒危珍稀鱼类保护栖息地及产卵场、甘南黄河重要水源补给生态功能区
21	西寨—海甸峡	坎峰	甘肃岷县	15	7 811	2007	引水式	土著鱼类栖息地、保障河流基本生态功能
22		刘家浪	甘肃岷县	19.6	10 510	1984	引水式	
23		清水	甘肃岷县	21.5	9 080	2006	河床式	
24		冰桥湾	甘肃岷县	13	5 950	在建	引水式	
25		龙王台	甘肃岷县	21	8 512	2011	河床式	
26		古城	甘肃岷县	25.5	12 620	2004	河床式	
27		九甸峡	甘肃卓尼县、临潭县、渭源县	300	90 070	2008	混合式	
28		莲麓一级	甘肃康乐县	66	23 800	在建	河床式	土著鱼类栖息地、甘肃莲花山国家级自然保护区实验区边缘、甘肃莲花山国家森林公园边缘
29		莲麓二级(峡城)	甘肃渭源县	37.5	14 300	2012	河床式	
30		吉利	甘肃康乐县	20	7 208	在建	引水式	
31		海甸峡	甘肃临洮县	60	24 110	2006	坝式	保障河流基本生态功能
32	海甸峡—入黄河口	三甲	甘肃临洮县	31.5	12 750	1998	坝式	
33		杨家河	甘肃临洮县	30	13 250	2010	引水式	
34		杨家河二级	甘肃临洮县	31	11 535	在建	引水式	
35		齐家坪	甘肃广河县	16.5	6 592	2012	引水式	
36		新民滩	甘肃广河县	12.52	5 918	2011	引水式	
37		达坂	甘肃东乡族自治县	10.6	3 973	在建	河床式	濒危珍稀鱼类保护栖息地及产卵场

2.4.6　流域生态环境保护

洮河流域生态地位特殊，在我国生态安全和流域水资源安全、生态安全方面具有重要作用，为保护洮河流域生态环境，国家及相关部门在洮河流域划分了重点生态功能区“甘南黄河重要水源补给生态功能区”“三江源草原草甸湿地生态功能区”，成立了甘肃省洮河国家级自然保护区、甘肃省尕海—则岔国家级自然保护区、甘肃莲花山国家级自然保护区及甘肃省太子山国家级自然保护区等自然保护区，并实施了《青海三江源自然保护区生态保护和建设总体规划》及《甘南黄河重要水源补给生态功能区生态保护与建设规划》，取得了显著的成效。

（1）《青海三江源自然保护区生态保护和建设总体规划》。

2005 年 1 月，国务院批准《青海三江源自然保护区生态保护和建设总体规划》，2005 年 8 月正式启动实施。规划建设年限 2004～2010 年，规划面积为 15.23 万 km^2，规划范围涉及玉树州、果洛州、黄南州、海南州和格尔木市的 16 县 1 市 70 个乡（镇）。规划总投资 75.07 亿元。规划重点是天然草场、森林湿地、湖泊沼泽湿地。本规划涉及洮河流域源头区的黄南州河南县，规划措施主要包括以实施退牧还草、恶化退化草场治理、草地鼠害治理、水土保持等为主要内容的生态环境保护与建设项目。

（2）《甘南黄河重要水源补给生态功能区生态保护与建设规划》。

2007 年 12 月，国家发改委批复了《甘南黄河重要水源补给生态功能区生态保护与建设规划》。规划估算总投资 44.51 亿元，实施期为 2006～2020 年。规划范围为甘南州的玛曲、碌曲、夏河、卓尼、临潭和合作 5 县 1 市，总面积 3.057 万 km^2，除玛曲外，均位于洮河流域。在规划实施期内，将开展生态保护与修复、农牧民生产生活基础设施建设、生态保护支撑体系 3 大类建设项目。

（3）洮河流域生态保护项目。

2011 年 4 月，全球环境基金开始资助洮河流域生态保护项目《甘肃省自然保护区管理与保护建设——促进全球重要生物多样性保护》，项目周期为 4 年，总投资 901.8 万美元，由联合国开发计划署负责管理，甘肃省林业部门具体实施。本项目在洮河流域 4 个保护区开展试验示范。

第 3 章　规划分析

3.1　规划概述

3.1.1　规划背景

洮河是黄河的一级支流，中华人民共和国成立后，洮河流域的治理开发建设在促进流域经济社会发展方面发挥了积极作用。但随着流域经济社会发展和人口增加，洮河流域治理开发还存在一些问题，主要表现在：①洮河流域外调水需求多，缺乏统一规划；②山洪灾害频繁，防洪压力日益增大；③下游水土流失加剧；④水电开发无序、河流生态系统破坏严重；⑤水资源缺乏统一管理。另外，洮河流域水资源开发利用存在人饮安全还没有完全得到解决，农业灌溉用水效率低等问题。

洮河作为黄河的重要支流，尚未开展过流域综合性规划工作，使得流域综合治理和开发缺乏统一规划和指导。随着流域内及临近地区经济社会发展和新时期水利发展要求的提高，开展流域综合规划，指导流域综合治理和开发迫在眉睫。2010 年，黄河水利委员会完成了《黄河流域综合规划(2012—2030)》，宏观地提出了洮河等重要支流的初步规划意见。迫切需要开展细化性的、全局性的、具有战略高度和权威的洮河流域综合规划，以在未来洮河流域治理开发中发挥指导作用。

3.1.2　规划指导思想

以科学发展观为统领，全面贯彻党的十八大以来的中央会议精神，紧紧围绕“四个全面”战略布局，坚持创新、协调、绿色、开放、共享发展理念，按照“节水优先，空间均衡，系统治理，两手发力”的新时期水利工作方针，坚持全面规划、统筹兼顾、标本兼治、综合治理。针对洮河流域治理开发与保护的现状、存在的主要问题及经济社会发展新要求，在洮河上游以水生态保护为重点，中游以合理开发、优化配置、全面节约、有效保护水资源为主，兼顾防洪减灾，下游突出水土保持、防洪和灌溉工程建设。通过大力推进资源节约型、环境友好型社会建设，促进区域经济发展方式良好转变，保障流域供水安全、防洪安全和生态安全，以水资源可持续利用支撑洮河流域经济社会可持续发展。

3.1.3　规划基本原则

(1)以人为本、民生优先。

着力解决人民群众最关心、最直接、最现实的水利问题，推动洮河流域民生水利新发展。

(2)节约保护、适度开源。

考虑水资源和水环境承载能力对经济社会发展的约束，顺应自然规律和社会发展规律，合理开发、优化配置、全面节约，有效保护水资源，维护河流健康。

(3)堤河协调、居地适保。

既有效防御洪水，又安排好洪水出路，统筹处理好中小河流治理与城镇发展、河流生态环境保护的关系。保障区域防洪安全和粮食安全，促进社会主义新农村建设，支撑区域经济社会可持续发展。

(4)因地制宜、改善生境。

实施分区防治战略，预防保护优先，因地制宜，突出重点，上游以预防保护和生态修复为主，中下游强化治理，并以改善农业生产条件，发展农村经济，促进农民增收为主线，以生态修复为重点，同时强化监督与保护。

(5)明确职责、加强管理。

积极推进流域统一规划、统一管理和统一调度，统筹协调有关各方之间的利益分配关系，并进一步提升地方政府的管理能力。

3.1.4 规划范围和水平年

规划范围为全洮河流域，总面积2.55万km^2，涉及甘肃、青海两省的15个县(市)。

现状水平年为2013年，近期水平年为2020年，远期水平年为2030年。

3.1.5 规划任务、目标及控制性指标

3.1.5.1 规划任务

洮河流域治理以水资源合理开发利用为重点，加强水资源的节约与保护，完善城镇河段防洪设施，加强黄土丘陵区水土流失治理，合理开发利用水力资源。通过综合治理，实现洮河流域经济社会可持续发展，生态环境持续改善。

1.水资源开发利用

以城市供水、农村安全饮水和灌区节水改造为重点，全面推行节水措施，建设节水型社会。以下游的洮惠渠、溥济渠等万亩以上灌区为重点，解决灌区渠道防渗工程，发展田间喷滴灌工程，加强灌区节水改造，调整种植结构；加快城镇供水管网改造速度，以各县的工业园区及开发区为重点，大力扶植低耗水、低耗能和高产出的产业，严禁发展高耗水工业。实行最严格的水资源管理制度，提高用水效率。根据不同水平年用耗水控制指标，严格用水总量控制、加强用水定额管理，促进经济结构调整和经济增长方式的转变。多渠道开源，保障城乡生活用水。建设一部分中小水库解决和保障城乡生活用水需求，改善灌区灌溉条件，提高供水保证率；加大非常规水源的利用，有效缓解流域内水资源供需矛盾。

2.防洪减灾

洮河流域基本为山区型河流，洪水淹没范围集中在河谷两岸阶地，防洪保护区零散，工农业生产和人口主要集中在县城河段，其他地区内人口和财产有限。洮河流域防洪治理思路是以干支流的县城河段为防洪重点，同时兼顾其他河段防洪，加强山洪灾害防治，全面推进病险水库除险加固建设。

洮河流域防洪工程主要为河道治理工程，河道治理工程以干流沿岸的碌曲县、卓尼

县、岷县、临洮县，支流广通河沿岸的和政县、广河县，苏集河的康乐县等城区段及主要工业园区河段为重点，建设堤防与护岸相结合的防洪工程；沿岸乡镇作为一般保护区，主要建设以保村护地为主要目的的防洪工程。在部分水库已完成除险加固的基础上，对流域内剩余的病险水库进行除险加固。以小流域综合治理为重点加强山丘区河流山洪灾害防治，采取“以防为主，防治结合，非工程措施与工程措施相结合”的综合治理措施，有效减轻山洪灾害。

3. 水土保持

根据洮河流域水土保持区划结果，以三级区水土流失防治模式为指导，统筹协调与天然林保护、退耕还林、土地整治、城乡发展一体化等相关水土保持内容，实施分区防治战略，通过流域土地利用现状及社会经济分析与评价，提出流域总体布局。预防保护优先，因地制宜，突出重点，以涵养水源、生态维护为主要目的，开展重点江河源区水土保持，重点实施重点区域水土流失综合治理和侵蚀沟综合治理，结合坡耕地水土流失综合治理，发展农业特色产业，促进农村经济发展；保护和建设林草植被，巩固退耕还林还草成果，涵养水源。

4. 水资源和水生态

洮河流域水资源保护以恢复流域水域功能、保障供水安全和生态安全为目标，以流域水环境承载能力为约束条件，以污染物入河控制量为控制红线。上游地区加强水源涵养，维持流域天然水资源量；中游地区进一步论证洮河流域调水合理性和规模，合理制定调水工程管理制度，保障洮河干流入黄水量及纳污能力；下游地区加大流域城镇生活污水治理力度，减少和控制污染物的排放和入河。加强流域水资源保护监控能力和手段，完善流域水质监测体系，明确和落实水功能区保护目标责任制和考核机制，提升突发水污染事件的应急处置能力。

水生态保护贯彻分区分段的保护原则，上游坚持生态保护优先，限制和禁止开发；中游统筹考虑，适度开发；下游协调开发，确保底线。洮河上游以水源涵养功能区及点状分布的国家禁止开发区为重点，以河流源头区及河流廊道为主线，以水源涵养和珍稀濒危鱼类保护为主，禁止和限制开发；中游以维持河流廊道生态功能为主，协调开发与保护关系，确保河流生态流量；下游以入黄口生态功能维持为重点，保证河道内生态流量和入黄下泄水量要求，规范人为开发活动，禁止不合理开发和开垦，防范水污染风险。

5. 水能开发

目前洮河存在的水电梯级不合理开发、各电站没有统一协调的调度规则、不当的运行方式造成局部河段脱水等问题，洮河流域水能开发的基本思路是：强化监督管理，有序适度开发。

针对洮河流域水电梯级开发存在的不合理开发情况，对于1998年《建设项目环境保护管理条例》颁布后建设且未取得环评审批文件及任何相关行政许可文件的电站，按照有关法律法规进行整顿。根据生态保护有关要求，对位于所在河段有濒危和地方重点保护的水生生物栖息地的但已获得环境影响评价批复的梯级电站，开展环境影响回顾性评价工作，论证运行方式的合理性及电站建设对重要生态保护目标的影响，并提出增设生态流量下泄保障措施、过鱼设施等补救措施，编制电站下游脱水河段恢复治理的实施方案和计划,上报有关部门审批。对于新规划的梯级电站,电站建设过程中应注重环境保护,严格按照《中华人民共和国环境影响评价法》和《规划环境影响评价条例》开展环境影响评价,规范各项前期工作和审查审批程序。从事水电开发的单位、企业和个人,必须先到相关的水行政主管部门办理有关手续,得到批复许可后方可进行开发建设。

6. 流域管理

洮河流域综合管理的基本思路是:完善体制机制、增强管理能力。

建立流域管理和区域管理相结合的体制,明确事权划分。进一步完善流域议事协商机制,建立健全突发水事事件应急处理机制。健全各项管理制度,加强流域管理能力建设,提高监测能力、水利信息化能力、水行政执法监督能力,加强科学研究和前期工作。

3.1.5.2 规划目标

通过流域综合规划的实施,协调好流域内用水、外调水及入黄水量的关系,实现水资源合理配置和高效利用;重要城镇和防洪保护区河段达到设防标准,防洪工程体系进一步完善;水土流失得到基本控制;入河污染物得到有效控制,水环境状况得以维持并改善;水能资源得到合理开发利用;流域管理水平显著提高,从而实现流域人口、资源、环境与经济社会的协调发展。洮河流域综合规划目标见表 3.1-1。

表 3.1-1 洮河流域综合规划目标

规划	近期	远期
水资源利用规划	解决农村饮水安全问题,保障城镇供水安全;稳步推进节水型社会建设,加大现有灌区的节水力度,使流域节水灌溉率由 40%提高到 72.8%,灌溉水利用系数由现状的 0.43 提高到 0.55;工业用水重复利用率由现状的 45%左右提高到 65%以上;供水管网漏失率控制在 15%以下	灌区灌溉水利用系数达到 0.60,工业用水重复利用率达到 80%以上,城镇供水管网漏失率控制在 10%以下
防洪规划	沿河居民区、工业园区、农田所在河段防洪工程基本达到国家规定的防洪标准,山洪灾害防治能力得到进一步加强,完成病险水库的除险加固,流域防洪能力明显提高	沿河乡镇河段的防洪标准达到 10~20 年一遇,防洪能力得到进一步提高
水土保持规划	新增综合治理面积 22.15 万 hm^2,水土流失新增治理率 25%,新增林草覆盖率 2%,建立比较完善的水土保持配套法规体系,水土保持执法机构健全	新增综合治理面积达到 55.38 万 hm^2,水土流失新增治理率达到 62%,新增林草覆盖率达到 4%,流域内形成完善的预防监督体系,各级水土保持监督队伍健全
水资源与水生态保护规划	河流生态需水量得到基本保障,水功能区水质达标率达到 85%,支流水质明显好转,洮河干流入黄口水质保持Ⅲ类。基本建立流域水资源保护监督管理体系。重点加强对入河排污口监测投入。流域主要城镇及工业企业污水处理厂全部建成,且均处于正常或试运行状态	流域水功能区水质达标率达到 95%以上,重要水功能区水质全面达标,建立完善的水功能区监督管理体系,水生态环境恶化趋势得到初步遏制

3.1.5.3 控制性指标

规划从水资源、水质、主要断面下泄水量三个方面，提出了9项主要控制指标，作为经济社会发展活动中不可逾越的“红线”。

1. 水资源控制指标

以黄河流域水资源综合规划为依据，根据黄河流域及甘肃和青海两省的取水许可细化指标，考虑南水北调西线一期工程的建设安排，统筹协调河道外经济社会发展用水和河道内生态环境用水之间的关系，提出洮河流域地表水用水量和消耗量等用水控制指标，以及万元工业增加值用水量、灌溉水利用系数等用水效率控制指标。2020年、2030年无西线和有西线工程时的地表水用水量控制在4.28亿m^3、7.20亿m^3和9.05亿m^3，地表水耗水量控制在3.30亿m^3、5.54亿m^3和6.98亿m^3，流域外调水量为2.22亿m^3、5.14亿m^3和5.51亿m^3，万元工业增加值用水量控制在60 m^3/万元、31 m^3/万元和31 m^3/万元，灌溉水利用系数达到0.55、0.58和0.60。洮河流域用水量及用水效率控制指标见表3.1-2。

表3.1-2 洮河流域用水量及用水效率控制指标

水平年	用水量(亿m^3/a)					用水效率	
	地表水用水量			地表水消耗量		万元工业增加值用水量(m^3/万元)	灌溉水利用系数
	流域内	流域外	合计	合计	其中流域外		
2020年	2.06	2.22	4.28	3.30	1.69	60	0.55
2030年(南水北调西线工程未生效)	2.06	5.14	7.20	5.54	3.93	31	0.58
2030年(考虑南水北调西线工程生效)	3.54	5.51	9.05	6.98	4.21	31	0.60

2. 水质目标及入河污染物总量

根据《中国水功能区划》、甘肃省和青海省人民政府批复的水功能区划以及确定的规划目标，洮河干流及主要支流主要控制断面水质达到其相应的水功能区水质目标要求。洮河干流重要水质断面水质目标见表3.1-3。

表3.1-3 洮河干流重要水质断面水质目标

河段	断面名称	断面性质	水质目标
源头至岷县	下巴沟	濒危珍稀鱼类重要栖息地	Ⅲ
岷县至海甸峡	岷县	土著鱼类、河流基本生态功能	Ⅱ
海甸峡至入黄口	红旗	濒危鱼类、河流基本生态功能	Ⅲ

洮河流域主要污染物入河控制量指标：2020年COD为1 407.5 t/a，氨氮为188.5 t/a；2030年南水北调西线工程生效前COD为1 551.6 t/a，氨氮为184.9 t/a，西线工程生

效后 COD 为 2 327.9 t/a,氨氮为 297.9 t/a。

3. 河道内主要断面下泄水量控制指标

洮河河道内生态需水主要是满足鱼类需水、河流基本生态环境功能维持需水等要求,流域主要控制断面红旗(入黄口)多年平均河道内生态环境需水量为 24.56 亿 m^3。

考虑流域水资源状况和供需情况,统筹协调经济社会发展用水和河道内生态环境用水关系,经供需平衡分析,确定主要控制断面红旗(入黄口)下泄水量控制指标。2020 年红旗(入黄口)断面河道内下泄水量为 44.42 亿 m^3/a;2030 年南水北调西线工程未生效和南水北调西线工程生效后红旗(入黄口)河道内下泄水量分别为 41.5 亿 m^3/a 和 39.97 亿 m^3/a。洮河流域河道内主要断面生态环境需水及下泄水量控制指标见表 3.1-4。

表 3.1-4　洮河流域河道内主要断面生态环境需水及下泄水量控制指标

控制断面	河道内生态环境需水量(亿 m^3)	断面下泄水量(亿 m^3)		
		2020 年	2030 年(南水北调西线一期工程未生效)	2030 年(考虑南水北调西线一期工程生效)
红旗(入黄口)	24.56	44.42	41.50	39.97

3.1.6　规划总体布局

综合考虑洮河主体功能区划要求,以及各河段资源环境特点、经济社会发展要求、治理开发与保护的总体部署,明确各河段治理开发与保护的总体布局。

3.1.6.1　河源至岷县西寨

上游为甘南高原地貌,地势坦荡,河谷开阔,两岸草原广布,林草覆盖度高。水资源丰富,生境多样,人类活动影响较小,水土流失甚微,河道比较稳定,水质较好。大部分地区为高地草原区,人口稀少,以牧业为主。河道比降和河川径流量较大。

上游河段以生态环境与水源涵养保护、生物多样性保护、源头水保护为主,合理进行供水工程建设。

3.1.6.2　岷县西寨至海甸峡

中游是陇南山地和甘南高原、陇西黄土高原的交接地带,地形上兼有陇南山地形态的特征,高程介于甘南高原与陇西黄土高原之间,地形陡峻,山大沟深,多峡谷,两岸分布森林、草原,植被良好,水源涵养能力强,含沙量低,水流湍急,水力资源丰富。中游为农牧区,由于人类活动的影响,岷县、渭源等局部地区水土流失相对严重。缺乏防洪工程,是洪水灾害的频发区。

中游河段以合理开发、全面节约、有效保护水资源为主,注重水生态保护,兼顾防洪减灾、水土流失治理,合理进行水力资源开发。

3.1.6.3　海甸峡至入黄口

下游谷宽滩多,两岸为黄土丘陵。下游是农业区,人口稠密,地少人多,水资源量较小。受地形条件、气候条件、水资源调节及人类活动的影响,植被较差,水土流失严重,水流含沙量高,局部河段水质不达标,防洪任务较重。

下游河段以灌溉、水土保持、防洪为重点，建设一定数量的水资源开发利用、防洪减灾工程，实施水土保持综合治理，严格控制入河排污总量，加强饮用水水源保护。

洮河流域各河段治理开发与保护主要任务如表3.1-5所示。

表3.1-5　洮河流域各河段治理开发与保护主要任务

河段		生态环境特点	治理开发与保护主要任务
上游	河源至岷县西寨	甘南高原地貌，地势坦荡，河谷开阔，两岸草原广布，林草覆盖度很高。上游水资源丰富，生境多样，人类活动影响较小，水土流失甚微，河道比较稳定，水质较好。大部分地区为高地草原区，人口稀少，以牧业为主。林草覆盖度很高，水土流失甚微。河道比降和河川径流量较大	以生态环境与水源涵养保护、生物多样性保护、源头水保护为主，在强化生态环境保护的基础上，合理进行供水工程建设
中游	岷县西寨至临洮县的海甸峡	陇南山地和甘南高原、陇西黄土高原的交接地带，地形上兼有陇南山地形态的特征，高程介于甘南高原与陇西黄土高原之间，地形陡峻，山大沟深，多峡谷，两岸分布森林、草原，植被良好，水源涵养能力强，含沙量低，水流湍急，水力资源丰富。中游为农牧区，由于人类活动的影响，岷县、渭源等局部地区水土流失相对严重。缺乏防洪工程，是洪水灾害的频发区	以合理开发、优化配置、全面节约、有效保护水资源为主，兼顾防洪减灾、水土流失治理，合理进行水力资源开发
下游	海甸峡至入黄口	谷宽滩多，两岸为黄土丘陵。下游是农业区，人口稠密，地少人多，水资源量较小。受地形条件、气候条件、水资源调节及人类活动的影响，植被较差，水土流失严重，水流含沙量高，局部河段水质不达标，防洪任务较重	下游河段以灌溉、水土保持、防洪为重点，建设一定数量的水资源开发利用、防洪减灾工程，实施水土保持综合治理，严格控制入河排污总量，加强饮用水水源保护

3.1.7　水资源利用规划

3.1.7.1　水资源配置方案

1. 需水量

洮河流域多年平均河道外总需水量由基准年的4.54亿m^3，增加到2030年的4.61亿m^3，20年间净增加723万m^3，年增长率0.1%；水量增长较多的为青甘省界—下巴沟、西寨—九甸峡、下巴沟—西寨等三个分区，增加水量468万~885万m^3；海甸峡—入黄口河段，由于农业节水措施的实施，其河段需水量减少1 805万m^3。洮河流域河道外总需水量预测见表3.1-6。

表 3.1-6 洮河流域河道外总需水量预测 （单位：万 m^3）

分区/分省	基准年	2020 年	2030 年(无西线)	2030 年(有西线)
河源—青甘省界	125	156	184	325
青甘省界—下巴沟	481	970	1 196	1 366
下巴沟—西寨	2 282	2 111	2 503	2 750
西寨—九甸峡	3 571	3 456	4 005	4 326
九甸峡—海甸峡	250	226	245	471
海甸峡—入黄口	38 703	31 971	32 630	36 897
青海省	125	156	184	325
甘肃省	45 287	38 733	40 580	45 810
洮河流域	45 412	38 890	40 764	46 135

2. 可供水量

2020 年，流域总供水量为 4.65 亿 m^3，按省区分，青海省供水量为 0.02 亿 m^3，甘肃省供水量为 4.63 亿 m^3；按流域内外分，流域内供水量 2.43 亿 m^3，流域外的引洮供水一期工程和引博济合供水工程引水 2.22 亿 m^3。2030 年水平南水北调西线工程未生效时，流域总供水量为 7.64 亿 m^3，按省区分，青海省供水量为 0.02 亿 m^3，甘肃省供水量为 7.62 亿 m^3；按流域内外分，流域内供水量为 2.5 亿 m^3，流域外的引洮供水工程和引博济合供水工程引水 5.14 亿 m^3。2030 年水平南水北调西线工程生效时，流域总供水量为 10.03 亿 m^3，按省区分，青海省供水量为 0.03 亿 m^3，甘肃省供水量为 10.00 亿 m^3；按流域内外分，流域内供水量为 4.52 亿 m^3，流域外的引洮供水和引博济合工程引水量为 5.51 亿 m^3。洮河流域各规划水平年供水量见表 3.1-7。

表 3.1-7 洮河流域各规划水平年供水量 （单位：亿 m^3）

计算方案	地表供水量			地下供水量	其他水源供水量		合计
	流域内	流域外	小计		污水回用	雨水利用	
2020 年	2.06	2.22	4.28	0.24	0.04	0.09	4.65
2030 年(无西线)	2.06	5.14	7.20	0.24	0.10	0.10	7.64
2030 年(有西线)	4.08	5.51	9.59	0.24	0.10	0.10	10.03

3. 水资源配置原则

洮河流域水资源配置原则为：一要与《黄河可供水量分配方案》、《黄河流域综合规划（2012—2030 年）》、《黄河流域水资源综合规划》、《黄河取水许可总量控制指标细化研究》以及《甘肃省水利厅关于对黄河取水许可总量控制指标细化工作的反馈意见》、《甘肃省水利厅关于报送甘肃省黄河流域取水许可总量控制指标细化方案调整意见的报告》等成果的水资源总体配置方案相协调；二要统筹兼顾经济社会发展和维护河流生态健康的各项需求，协调好生活、生产和生态环境用水的关系，优先保证城镇生活和农村人畜用水，严格控制河流主要断面下泄水量，合理安排工农业和其他行业用水，强化水资源管理，提高用水效率；三要上中下游、干支流统筹兼顾，地表水、地下水和中水等水源的统一配置，合理利用地表水，适量开采地下水，积极开发利用非常规水源（如污水处理再利用、雨水利用等）；四要协调好流域内、外用水的关系，科学分析洮河流域自身用水需求以及外流域调水需求，合理确定洮河适宜外调水规模。

根据《黄河取水许可总量控制指标细化研究》、《甘肃省水利厅关于对黄河取水许可总量控制指标细化工作的反馈意见》及《甘肃省水利厅关于报送甘肃省黄河流域取水许可总量控制指标细化方案调整意见的报告》，甘肃省洮河流域内及引洮一期工程可耗用的控制指标为3.52亿m^3，引洮供水二期工程可耗用的指标为2.40亿m^3；引洮供水工程一期和二期引水量分别为2.19亿m^3和3.13亿m^3。考虑黄河径流衰减后，南水北调西线工程生效前，甘肃省洮河流域内及引洮一期可耗水指标为3.28亿m^3，引洮供水二期工程可耗用的指标为2.24亿m^3；引洮供水工程总引水量4.96亿m^3，其中一期和二期分别为2.04亿m^3和2.92亿m^3。

由于青海省黄河流域用水指标只在黄河干流和支流湟水、大通河上，其余支流均没有分配指标，因此青海省洮河流域用水指标细化在干流上，在配置中青海省按需定供。

4.水资源配置方案

以2020年为配置水平年，统筹考虑流域河道内外以及外调水需求，配置流域内河道外总供水量2.43亿m^3。引洮供水一期工程多年平均调水量2.04亿m^3，引博济合供水工程多年平均调水量0.18亿m^3。多年平均入黄水量44.42亿m^3。

2030年水平，西线一期工程未生效情况下，统筹考虑流域河道内外以及外调水需求，配置流域内河道外总供水量2.5亿m^3。引洮供水工程多年平均外调水量为5.14亿m^3。多年平均入黄水量为41.5亿m^3。

2030年水平，南水北调西线一期工程建成生效，可向黄河补充水量80亿m^3，为缓解甘肃省部分地区严峻的缺水形势和相关地区发展要求，可在2030年水平黄河流域水资源配置方案的框架内，根据水资源配置水量增加情况，通过水量置换增加洮河流域水资源利用量。统筹考虑流域河道内外以及外调水需求，配置流域内河道外总供水量3.98亿m^3。多年平均向外流域调水5.51亿m^3，其中引洮供水工程5.32亿m^3、引博济合供水工程0.19亿m^3。多年平均入黄水量39.97亿m^3。

洮河流域水资源配置成果（甘肃省）见表3.1-8。

3.1.7.2 跨流域调水工程

1.九甸峡断面可外调水量分析

九甸峡断面以上的跨流域调水工程除引洮（博）济合供水工程外，还有引洮供水工程和引洮济渭工程。根据《甘肃省九甸峡水利枢纽及引洮供水一期工程可行性研究》成果，引洮供水工程需调水量5.5亿m^3，工程引水口位于九甸峡库区；在满足河道内外的用水需求后，九甸峡断面富余水量较多。甘肃省渭河干流（宝鸡峡以上）2030年需水量为14.37亿m^3，供水量为11.66亿m^3，缺水量为2.71亿m^3，缺水程度18.8%，规划工程引水口位于九甸峡库区上游河道的拉麻崖。

表 3.1-8　洮河流域水资源配置成果(甘肃省)　　(单位:亿 m^3)

分区		水平年	地表水资源量	向流域内配置的供水量				流域内用水量					向流域外调水量	流域地表水耗水量			河道内用水
				地表	地下	其他	合计	生活	工业	农业	生态	合计		流域内	流域外	合计	
上游	河源—青甘省界	2020 年	2.79	0.02	0	0	0.02	0.02	0	0	0	0.02	0	0.02	0	0.02	2.77
		远期无西线		0.02	0	0	0.02	0.02	0	0	0	0.02	0	0.02	0	0.02	2.77
		远期有西线		0.03	0	0	0.03	0.02	0	0.01	0	0.03	0	0.03	0	0.03	2.76
	青甘省界—下巴沟	2020 年	12.96	0.09	0	0	0.09	0.08	0.01	0	0	0.09	0.18②	0.07	0.12	0.19	15.49
		远期无西线		0.09	0	0	0.09	0.09	0.005	0	0	0.095	0.18②	0.07	0.12	0.19	15.49
		远期有西线		0.14	0	0	0.14	0.09	0.02	0.03	0	0.14	0.19②	0.1	0.13	0.23	15.44
	下巴沟—西寨	2020 年	11.27	0.13	0.01	0.01	0.15	0.08	0.01	0.07	0	0.16	0	0.1	0	0.1	26.66
		远期无西线		0.13	0.01	0.03	0.17	0.09	0.01	0.07	0	0.17	0	0.10	0	0.1	26.66
		远期有西线		0.23	0.01	0.03	0.27	0.09	0.06	0.12	0	0.27	0	0.18	0	0.18	26.53
中游	西寨—九甸峡	2020 年	6.86	0.18	0.07	0.02	0.27	0.10	0.02	0.15	0	0.27	2.04①	0.14	1.57	1.71	31.34
		远期无西线		0.18	0.07	0.03	0.28	0.14	0.02	0.12	0	0.28	4.96①	0.14	3.81	3.95	28.41
		远期有西线		0.31	0.07	0.03	0.41	0.14	0.08	0.18	0.01	0.41	5.32①	0.24	4.08	4.32	27.83
	九甸峡—海甸峡	2020 年	7.82	0.02	0	0	0.02	0.01	0	0.01	0	0.02	0	0.01	0	0.01	39.14
		远期无西线		0.02	0	0	0.02	0.01	0	0.01	0	0.02	0	0.01	0	0.01	36.22
		远期有西线		0.04	0	0	0.04	0.01	0	0.03	0	0.04	0	0.04	0	0.04	35.60
下游	海甸峡—入黄口	2020 年	6.55	1.62	0.16	0.1	1.88	0.41	0.22	1.23	0.01	1.87	0	1.27	0	1.27	44.42
		远期无西线		1.62	0.16	0.14	1.92	0.53	0.22	1.16	0.01	1.92	0	1.27	0	1.27	41.50
		远期有西线		2.79	0.16	0.14	3.09	0.53	0.38	2.15	0.03	3.09	0	2.18	0	2.18	39.97
洮河流域合计		2020 年	48.25	2.06	0.24	0.13	2.43	0.70	0.26	1.46	0.01	2.43	2.22	1.61	1.69	3.30	44.42
		远期无西线		2.06	0.24	0.205	2.505	0.88	0.255	1.36	0.01	2.505	5.14	1.61	3.93	5.54	41.50
		远期有西线		3.54	0.24	0.20	3.98	0.88	0.54	2.52	0.04	3.98	5.51	2.77	4.21	6.98	39.97

注:①为引洮供水工程引水量;②为引博济合工程引水量。

九甸峡水利工程的开发任务为以城乡生活和工业供水为主，兼有农田灌溉、发电、防洪等。远期洮河流域河道外社会经济发展需水量为 4.61 亿 m^3，其中九甸峡以上河道外社会经济发展需水量为 0.88 亿 m^3；河道内用水需求为 24.56 亿 m^3；九甸峡断面多年平均径流量为 33.99 亿 m^3。根据洮河流域的天然径流，按拟定的计算原则、条件，在充分考虑断面以上河道外的用水需求和河道内用水需求后，经长系列供需平衡分析计算，多年平均来水情况下，在满足河道内外的用水需求后，九甸峡断面富余水量较多，可满足引洮供水工程和引洮济渭工程的外调水要求。

2. 博拉河可外调水量分析

博拉河流域面积 1 696 km^2，下巴沟站控制流域面积 1 695 km^2，年径流量 3.02 亿 m^3。博拉河属高原草原区，人口稀少，以牧业为主，流域内无水利工程，用水需求主要为生活和牲畜用水；2030 年博拉河用水需求为 515 万 m^3 左右。

根据《甘肃省甘南藏族自治州引洮（博）济合供水工程可行性研究》成果分析，引洮（博）济合供水工程引水口博拉河干流黑力宁巴引水口的控制流域面积为 620 km^2，多年平均径流量为 1.1 亿 m^3 左右，95%年份的径流量为 4 289 万 m^3 左右。河道内需水量为 1 059 万 m^3。

多年平均来水条件下，在满足博拉河河道内用水需求及整个博拉河流域河道外的用水需求后，博拉河干流黑力宁巴引水口多年平均可外调水量基本可以满足引博济合调水 1 910 万 m^3 的要求。

洮河为黄河的重要支流之一，洮河流域水资源配置应在黄河流域水资源配置框架下以黄河可供水量分配方案和黄河取水许可总量控制细化方案为基础，确定不同水平年的地表水资源配置量。

考虑黄河干流的用水需求及黄河可供水量分配方案指标细化成果，2030 年在无西线南水北调工程情况下，九甸峡断面的外调水量按《黄河可供水量分配方案》、《甘肃省水利厅关于对黄河取水许可总量控制指标细化工作的反馈意见》及《甘肃省水利厅关于报送甘肃省黄河流域取水许可总量控制指标细化方案调整意见的报告》等成果确定的指标进行调水；2030 年有西线南水北调工程情况下，通过水量置换可增加流域的外调水量，研究论证引洮济渭工程的任务和规模。

3.1.7.3　水资源配置工程

1. 蓄水工程

洮河流域目前已经建成了大量的水利工程，这些水利设施工程在流域的治理和开发中发挥了重要作用。受流域年内和年际分配不均，来水和用水在地区和时间上不相适应等因素的影响，为满足流域内居民和人畜饮水需求，在充分发挥现有工程的供水能力基础上，规划新建一批蓄水工程，新增供水能力 127 亿 m^3，以满足区域用水需求。新增水库工程基本情况见表 3.1-9。

2. 引提水工程

除加强现有引提水工程的改造和配套外，在具备水资源条件、缺水严重的地区，适当增加一批引提水工程，以解决流域内生活等用水增长问题。工程主要为引洮入潭供水工程和广河县城乡供水工程。

表 3.1-9　新增水库工程基本情况

水库名称	所在地区	建设地点	建设时间（年）	建设性质	总库容（万 m^3）	兴利库容（万 m^3）	供水量（万 m^3）
小峡	和政	小峡河	2020～2030	新建	845	765	1 489
前进	和政	半截河	2020～2030	新建	960	830	860
半截峡	和政	小南岔河	2020～2030	新建	800	580	470
石板沟	康乐	松鸣河	2010～2020	新建	259	174	365
紫沟峡	康乐	紫沟峡沟	2020～2030	新建	500	470	241
麻山峡	康乐	普巴河	2010～2020	新建	500	435	110
扎子河	康乐	扎子河	2010～2020	新建	500	470	137
关卜	东乡	胭脂沟	2020～2030	新建	850	495	445
引洮入潭	临潭						856
广河县城乡供水工程	广河						3 154
合计							8 127

1)引洮入潭供水工程

甘南州临潭县位于甘肃省西南部，是回族、藏族、汉族等多民族聚居地，经济社会发展相对滞后，地表水资源开发利用条件较差，目前县城用水主要依靠卓洛泉水和斜藏沟地下水，现状供水水源的供水能力严重不足，尤其是遇干旱年，经常发生城市停供、限供现象。同时，卓洛水源地的水质不达标，已经严重影响了当地群众的正常生产、生活和社会稳定。

洮河干流位于临潭县城以南约 8 km，取水断面处多年平均径流量 23.6 亿 m^3 左右，水量丰沛、水质良好，以洮河为水源，实施引洮入潭工程，可为临潭县城的经济社会发展用水和计划在县城安置的黄河河源生态保护游牧民生产、生活用水提供可靠水源，对促进少数民族地区的经济社会发展、黄河水源补给区生态保护建设和改善城市环境，维护民族团结和社会稳定具有重要作用。《国务院办公厅关于进一步支持甘肃经济社会发展的若干意见》(国发办〔2010〕29 号)要求抓紧该工程前期工作，尽早开工建设。水利部以水规计〔2011〕34 号文审查批复了《甘肃省甘南州临潭县引洮入潭工程可行性研究报告》。

该工程从洮河干流引水，建设任务为满足甘肃省临潭县城和城郊乡村的生产、生活用水，兼顾黄河水源区生态移民定居用水，为少数民族地区的经济社会发展创造条件。设计 2025 水平年引水 856 万 m^3。该工程于无南水北调西线工程实施前生效。

2)广河县城乡供水工程

由于近年来的持续干旱，导致洮河支流广通河时常出现断流现象，临夏州广河县县域内除广通河外无其他水源保障；并且随着广河县人口的增多、经济社会的快速发展，水资源供需矛盾日益加剧。

广河县城乡供水工程规划从洮河干流利用 5 级泵站引水到广河县城关镇，工程供水范围涉及广河县县城及 4 个乡镇 66 个行政村约 17.5 万人，并增加灌溉面积 1.5 万亩。

规划年引水量 3 154 万 m^3。受分水指标的限制，该工程的灌溉用水在有南水北调西线工程情况下生效。

3.1.7.4　节水规划

1. 农业节水量

根据《节水灌溉工程技术规范》(GB/T 50363—2006)、流域相关州(市)灌区续建配套与节水改造工程规划规模、灌区现状用水情况和节水措施安排及相关州(市)水资源管理控制指标等，现有灌区的灌溉水利用系数从现状的 0.43 提高到 2020 年和 2030 年的 0.55 和 0.58，2020 年农业灌溉节水量为 6 070 万 m^3，2030 年累计节水量为 7 251 万 m^3。

2. 工业节水量

通过一系列的节水措施，提高工业用水效率，降低万元增加值的用水量，到 2020 年流域万元工业增加值用水量下降至 61 m^3，重复利用率提高到 65%；2030 年万元增加值用水量下降至 31 m^3，重复利用率提高到 83%。预计 2020 年工业可节约水量为 220 万 m^3，2030 年工业累计可节约水量 352 万 m^3。

3. 城镇生活节水量

城镇生活用水定额和总量在规划水平年呈增加趋势，但通过节水器具的普及和管网输水漏失率的逐步降低，到 2020 年节水器具普及率达到 80%，管网输水漏失率降低为 15%，可节约水量 63 万 m^3；2030 年节水器具普及率达到 100%，管网输水漏失率降低为 10%，可节约水量 127 万 m^3。

4. 总节水量分析

通过对农业、工业和城镇生活等行业采取相应的节水措施，到 2020 年、2030 年洮河流域累计节水量分别为 6 354 万 m^3、7 730 万 m^3。洮河流域不同水平年节水量见表 3.1-10。

表 3.1-10　洮河流域不同水平年节水量　(单位：万 m^3)

分区/分省	2020 年				2030 年			
	农业	工业	城镇生活	小计	农业	工业	城镇生活	小计
河源—青甘省界		0.1	0.4	0.5		0.2	0.8	1
青甘省界—下巴沟		4	2	6		12	4	16
下巴沟—西寨	82	8	8	98	96	20	18	134
西寨—九甸峡	257	21	7	285	343	42	14	399
九甸峡—海甸峡	33	1	1	35	39	1	2	42
海甸峡—入黄口	5 699	186	45	5 930	6 773	277	89	7 139
青海省		0.1	0.4	0.5		0.2	0.8	1
甘肃省	6 070	220	63	6 353	7 251	352	126	7 729
洮河流域	6 070	220	63	6 353	7 251	352	127	7 730

3.1.7.5　灌区规划

根据洮河流域的地形及自然条件，可将其划分为三个经济作业区，上游河南县、碌曲县、夏河县、合作市以及卓尼县的一少部分为牧业区；卓尼县大部分及临潭、岷县为农业、林业、牧业区；临洮、渭源、广河、康乐、东乡、和政等县为下游农业区。上游的牧业区灌溉主要以满足冬春饲草不足的草场为主，适当发展一些人工牧草灌溉；中游主要以巩固现有林业、农业灌溉为主；下游农业区主要发展灌溉农业，以农田灌溉为主。

洮河流域灌溉发展的方向及总体部署是：重点解决下游各灌区田间配套工程，改建少数不能正常运行的布局不合理工程及病险工程，充分发挥现有水利工程设施的效能，最大限度地提高现有水利工程效益；分期择优选择发展缺水地区高阶地及支流条件较好的山地灌区，逐步扩大灌溉面积；流域灌溉发展重点是对现有灌区进行节水改造，特别是下游临洮县的灌区节水改造，以满足农业发展对灌溉的需求。

洮河流域现有耕地面积 334.04 万亩，其中山地、川地、塬地面积分别占耕地面积的 64.3%、31.7%和 4%；其灌溉率分别为 5.8%、70.9%和 0.8%；除上游降水量较大地区的川地不需要灌溉外，基本上川地已灌溉化，规划新发展的灌溉面积主要位于山地和高阶地。

根据甘肃和青海两省有关规划成果及流域适宜的灌溉土地分析，新发展的灌区主要结合对现有骨干工程建设、万亩以上灌区项目的续建配套与节水改造，增加供水能力，增大灌区灌溉面积。新增灌溉面积分为现有灌区的改扩建工程与新建灌溉工程两部分，结合全国现代灌溉发展规划省区数据及有关规划成果等，洮河流域发展灌溉面积规划项目见表 3.1-11。受洮河流域分水指标的限制，规划的新增灌溉面积全部于 2030 年有南水北调西线工程后生效。

表 3.1-11　洮河流域发展灌溉面积规划项目　（单位：万亩）

县	工程名称	建设性质	灌溉面积			改善灌溉面积
			农田	草场	小计	
河南	赛尔龙乡温室大棚	新建	0.002		0.002	
	赛尔龙乡尕克村草原节水灌溉	新建		1	1.00	
碌曲	尕海牧场等草原节水灌溉	新建		0.5	0.50	
	红科、李恰如、拉仁关乡等牧场灌溉	新建		0.7	0.70	
卓尼	卓洮河灌区草场节水灌溉	改扩建及新建		1.0	1.00	
临潭	长川乡、洮滨乡、新城镇等乡镇农田节水灌溉	改扩建及新建	0.55		0.55	0.56
	布术、王旗、八角等洮河灌区农田水利灌溉	改扩建及新建	0.58	0.67	1.25	
	羊沙河、冶力关等洮河灌区农田水利灌溉	改扩建及新建	0.50		0.50	

续表 3.1-11

县	工程名称	建设性质	灌溉面积			改善灌溉面积
			农田	草场	小计	
岷县	寺沟滩、寺沟立林、巴仁、立珠等灌区工程	改扩建及新建		1.03	1.03	
东乡	达坂、唐汪、那勒寺等灌区工程	改建	0.31		0.31	0.61
和政	吊滩西干渠、新庄乡等灌区工程	改扩建及新建	1.65		1.65	
	新营乡灌区工程	新建	0.75		0.75	
广河	引洮济广灌区	新建	1.50		1.50	
康乐	苏集、虎关、中砥、莲麓等灌区工程	改扩建及新建	1.78		1.78	
	流川、马集、康丰等灌区工程	改扩建及新建	1.33		1.33	
渭源	麻家集、会川镇、峡城乡、田家河等灌区工程	新建	1.30		1.30	
	牧区草场灌溉			0.61	0.61	
临洮	辛店、太石、玉井、新添、洮阳、南坪、衙下、中铺、红旗等乡镇灌区的电力提灌	改扩建及新建	7.50		7.50	
合计			17.752	5.51	23.262	1.17

规划2030年新增灌溉面积23.262万亩,其中新增农田灌溉面积17.752万亩,主要位于下游地区,占总新增面积的90%以上;其中临洮县新发展的7.5万亩灌溉面积大部分为对现有电力提灌站进行改扩建,增加其供水灌溉面积,目前提灌站扬程10~60 m。新增草场灌溉面积5.51万亩,主要位于上中游地区。

由于受用水指标的限制,2020年洮河流域灌溉面积维持现状水平,仍为94.36万亩,其中农田灌溉面积87.77万亩,林草灌溉面积6.59万亩。考虑新增灌溉面积后,2030年洮河流域灌溉面积为117.62万亩,其中农田有效灌溉面积达到105.52万亩,林草灌溉面积达到12.10万亩。至2030年流域新增灌溉面积23.262万亩。洮河流域不同水平年灌溉面积见表3.1-12。

3.1.7.6 城乡饮水安全

规划根据洮河流域各县的城镇发展总体规划、十二五发展规划,基于水资源条件对城镇发展的承载能力,预测2020年、2030年流域各县城的供水人口规模分别为43.93万人和62.75万人,洮河流域城镇供水工程建设规划如表3.1-13所示。

2020年规划主要为集中供水工程,共620处,解决农村96.25万人饮水问题。其中地表水水源供水工程529处,解决74.44万人饮水安全问题;地下水水源供水工程91处,解决21.83万人饮水安全问题。2030年水平,针对水资源条件变化、工程运行管理不善等造成的人畜饮水工程破损、失效等问题，依据国家和地方政策、投资等情况，相机安排人畜饮水维修改造工程，解决贫困人口的饮水安全问题。

表 3.1-12　洮河流域不同水平年灌溉面积　（单位：万亩）

分区/分省	基准年			2020 年达到			2030 年达到		
	农田	林草	合计	农田	林草	合计	农田	林草	合计
河源—青甘省界							0.002	1.002	1.002
青甘省界—下巴沟		0.25	0.25		0.25	0.25		1.45	1.45
下巴沟—西寨	2.51	3.20	5.71	2.51	3.20	5.71	3.06	4.20	7.26
西寨—九甸峡	7.55	1.48	9.03	7.55	1.48	9.03	8.15	2.51	10.66
九甸峡—海甸峡	0.58		0.58	0.58		0.58	1.06	0.67	1.73
海甸峡—入黄口	77.13	1.66	78.79	77.13	1.66	78.79	93.25	2.27	95.52
青海省							0.002	1.00	1.002
甘肃省	87.77	6.59	94.36	87.77	6.59	94.36	105.52	11.10	116.62
洮河流域	87.77	6.59	94.36	87.77	6.59	94.36	105.52	12.10	117.62

注：2030 年面积为有西线工程；无西线工程时，2030 年灌溉面积维持 2020 年水平。

表 3.1-13　洮河流域城镇供水工程建设规划

县城	工程	供水规模
碌曲	新建饮用水水源工程 1 处，深水井过滤、沉淀、蓄水池等设施 1 处	0.9 万 m^3/d
临潭	新建引洮入潭调水工程，工程包括洮河取水泵站、输水管道、引水隧洞、安全储水池、净水厂及配水干管等	856 万 m^3
卓尼	改扩建木耳水源地，新建木耳镇水厂	近期：0.38 万 m^3/d，远期：0.68 万 m^3/d
岷县	新建水源井 7 眼	0.5 万 m^3/d
康乐	在康乐县鸣鹿乡石板沟新建石板沟水库 1 座	库容 500 万 m^3
和政	新建小牛圈水库	总库容 1 020 万 m^3
广河	新建引洮济广工程，包括引水管道、泵站等	
临洮	对现有城区供水水源地进行改扩建，建设项目包括新建水源大口井 5 眼，2 座清水池，送水泵房、加氯间和 500 m^3 的高位水池各 1 座等	3.0 万 m^3/d

3.1.7.7　实施安排及投资

2020 年主要安排人饮水源工程、节水用水、适当发展水资源开发利用等工程，估算投资 15.33 亿元，其中灌区节水改造 4.03 万亩，加大工业、城镇生活节水力度，投资 0.28 亿元；兴建小牛圈、石板沟、小峡、关卜、扎子河等中小型水库工程 8.76 亿元；兴建引洮入潭及提水灌溉工程 2.25 亿元。

2030年结合水资源供需要求,估算投资12.16亿元,其中进一步加大节约用水改造力度,投资3.99亿元;新建半截峡、前进、麻山峡、紫沟峡等小型水工程6.67亿元,修建引洮济广等引提水水源工程1.50亿元。

3.1.8 防洪规划

3.1.8.1 治理思路

本次防洪规划主要安排河道治理,布置堤防和护岸工程。

根据干流经济社会发展情况和洪灾情况,结合地形特点,以沿岸县城、市区、靠河较近的工业园区为重点保护区,以河道两岸人口相对密集乡镇、耕地较多的地区,工矿企业所在地以及重要设施所在河段为一般保护区。根据其建成区情况及城市发展情况,并留有一定发展空间,建设堤防与护岸相结合的防洪工程。滩地农田段主要修建以护滩为目的的护岸工程。山区型河道比降大,洪水淹没范围小,仅对有洪水威胁及易冲河段进行防护。

主要支流的治理要突出重点地区及重点河流(河段),重点地区主要是指位于中小河流沿岸易发洪涝灾害的地区,包含人口较多的县、乡、重要工矿区等,或有较集中连片基本农田万亩以上,洪涝灾害对市、县行政区经济社会发展影响较大的区域。重点河流是指重点地区中洪水风险较大、经常发生洪涝灾害、中华人民共和国成立后曾发生人员伤亡,财产、房屋和农田洪涝灾害损失严重,已列为省级行政区防洪防汛重点的中小河流;重点河段包括受洪水威胁的人口较多、有需要保护的城镇(市)和较大范围农田保护对象的河段,或防洪标准低、防洪工程体系存在明显薄弱环节的河段,以及河道泄水能力不足、严重影响排水的洪涝并存河段。

防洪规划应与城镇总体规划相协调,以提高城镇防洪能力,保护人民生命财产安全为目标,合理安排防洪工程布局。规划治理河段主要保障城市、乡村、工业园区、基础设施、耕地等安全。通过对重要保护区城市河段进行全河段重点治理、对一般保护区乡村等河段采取局部河段治理,提高支流防洪能力,减小支流洪水威胁,保证人民生命财产安全及经济社会可持续发展。

3.1.8.2 工程布置原则

堤防布置要保证河道有足够的行洪断面,以利宣泄洪水,同时保护河床稳定。堤防布置应顺应河势,与大洪水的主流方向基本一致,兼顾中小洪水流向,不能对天然水流状态有过大的改变;规划新建工程重点布置在尚未进行工程保护的河流弯道、水流顶冲及淘刷河段、桥梁上下游以及靠河较近的村庄、乡镇、厂矿企业河段。

护岸布置基本维持河道的现状形态;临河铁路、公路等交通防护设施及群众自发建设的砌石护岸及局部简易防洪墙工程可直接利用;重点对河流弯道、水流顶冲与淘刷河段,以及靠河较近的村庄、厂矿企业河段采用护岸进行防护。

3.1.8.3 防洪工程规划及布置

根据工程总体布局,规划干流治理河段全长252.9 km,其中重点保护河段28.2 km,一般保护河段224.7 km。安排工程措施主要有堤防及护岸的新建和加高加固,总长344.36 km,其中新建311.11 km,加高加固33.25 km。洮河干流规划防洪工程规模见表3.1-14。

表 3.1-14 洮河干流规划防洪工程规模

县别	治理河段	保护区	规划治理河段(km)	规划工程长度(km)	新建(km)	加高加固(km)	防洪标准[重现期(a)]
河南县	赛尔龙乡段	一般保护区	2.5	2.54	2.54		10
	小计		2.5	2.54	2.54		
碌曲县	县城段	重点保护区	5.2	10.45	8.74	1.71	20
	西仓乡	一般保护区	5.2	5.20	5.20		10
	小计		10.4	15.65	13.94	1.71	
合作市	勒秀乡段	一般保护区	4.3	4.28	4.28		10
	小计		4.3	4.28	4.28		
卓尼县	县城段	重点保护区	5.2	8.70	5.30	3.40	20
	小计		5.2	8.70	5.30	3.40	
临潭县	术布段	一般保护区	9.2	11.34	11.34		10
	洮滨段	一般保护区	10.4	10.40	10.40		10
	王旗段	一般保护区	9.6	8.83	8.83		10
	小计		29.2	30.57	30.57		
岷县	西寨—清水段	一般保护区	17.5	14.86	14.86		10
	十里铺—岷山段	一般保护区	5.0	9.83	9.83		10
	城区段	重点保护区	8.9	15.57	8.57	7.00	20
	茶埠—维新段	一般保护区	38.6	69.41	67.91	1.50	10
	小计		70.0	109.67	101.17	8.50	
渭源县	磨沟—秋池湾段	一般保护区	13.0	14.77	14.77		10
	小计		13.0	14.77	14.77		
临洮县	南屏镇—玉井镇	一般保护区	20.4	24.50	24.50		10
	城区段	重点保护区	9.0	21.33	9.00	12.33	20
	八里铺及卧龙段	一般保护区	7.2	13.14	11.80	1.34	10
	新添镇段	一般保护区	10.1	12.60	12.30	0.30	10
	辛店镇—太石镇段	一般保护区	18.0	20.67	18.90	1.77	10
	红旗乡段	一般保护区	12.0	13.96	12.66	1.30	10
	小计		76.7	106.20	89.16	17.04	
广河县	马家湾—沙沟段	一般保护区	16.4	17.00	15.48	1.52	10
	小计		16.4	17.00	15.48	1.52	
东乡族自治县	大坪—峡口段	一般保护区	25.4	34.98	33.90	1.08	10
	小计		25.4	34.98	33.90	1.08	
合计			253	344.36	311.11	33.25	

规划根据全国重点中小河流治理实施方案安排情况，确定对洮河的35条支流进行治理，占洮河支流的16%。这些支流包括延曲河、姜云隆沟、亚尔务隆沟、博拉河、科才河、广通河、大南岔河、牙塘河等，主要分布在上游和下游。

规划安排防洪治理工程长度504.48 km，以护岸形式为主，其中新建486.24 km，加高加固18.24 km。防洪标准为10~20年一遇。洮河主要支流防洪工程措施汇总见表3.1-15。

表3.1-15 洮河主要支流防洪工程措施汇总

区域	支流名称	长度(km)	县别	治理河段	新建护岸(km)	加固堤防、护岸(km)	防洪标准[重现期(a)]
上游	延曲河	44.0	河南县	赛尔龙乡段	3.00		10
	姜云隆沟	11.6	碌曲县	落措村段	1.30		10
	亚尔务隆沟	9.4	碌曲县	阿拉乡段	1.70		10
	博拉河	80.0	夏河县	阿木去乎镇	2.40		10
			夏河县	博拉乡	4.00		10
	科才河	56	夏河县	科才乡段	2.80		10
	麦西河	34	夏河县	吉仓乡段	5.00		10
	长川河	23.6	临潭县	长川乡段	5.68		10
	干坎河	39.6	临潭县	县城区段	5.23	3.86	20
	古战河	24.5	临潭县	古战乡段	6.82		10
	流顺河	38.8	临潭县	流顺乡段	4.35		10
	洛藏河	21.7	临潭县	洮滨镇段	1.51		10
	戚旗沟河	24.6	临潭县	店子乡段	5.64		10
	南门河	23.6	临潭县	新城段	5.57		10
	斜藏沟	26.0	临潭县	斜藏沟	8		20
	三岔河	45.0	临潭县	三岔乡段	3.84		10
	羊沙河	32.0	临潭县	羊沙乡段	9.36		10
			临潭县	羊沙河下河段	5.00		10
			卓尼县	羊沙河恰盖段	5.00		10
	大峪河	79.3	卓尼县	木耳镇段	5.00		10
	车巴河	82.8	卓尼县	扎古录镇	4.50		10
	卡车沟	75.0	卓尼县	卡车乡段	9.00		10
	石窑沟	32.0	卓尼县	藏巴哇段	4.60		10

续表 3.1-15

区域	支流名称	长度（km）	县别	治理河段	新建护岸（km）	加固堤防、护岸（km）	防洪标准［重现期（a）］
中游	迭藏河	79.3	岷县	寺沟段	12.80		10
				麻子川段	12.24		10
				秦许段	13.60		10
				百花段	3.20		10
				多纳段	10.88		10
				城郊段	6.00	4.20	20
	纳纳河	28.8	岷县	禾驮乡段	10.50		10
	耳阳河	23.0	岷县	耳阳村段	4.9		10
	大碧河	35.0	临洮县	峡口—新添镇	17.90		10
	中孚沟	30.0	临洮县	中铺段	11.20		10
下游	东峪沟	55.0	临洮县	窑店镇段	12.00		10
				龙门镇—城区段	11.10		20
			渭源县	庆坪—王家川段	8.90		10
				王家川—周华寨段	8.90		10
				李家窑—庆坪段	7.40		10
	漫坝河	53.6	渭源县	会川段	6.27		20
				新桥—尖山段	3.70		10
				尖山—水家窑段	12.00		10
				朱堤—水家窑段	4.86		10
			临洮县	玉井镇	5.00		10
	冶木河	79.0	康乐县	莲麓段	6.00		10
			临潭县	冶力关风景区段		5.68	10
	流川河	51.6	康乐县	流川乡段	17.36		10
				交咀—曹家段	10.88		10
	苏集河	30.0	康乐县	县城段	4.00		20
				八松段	6.32		10
				苏集段	10.00		10
	胭脂河	31.8	康乐县	县城段	6.40		20
				中砥段	8.00		10
				马集段	14.40		10
				草滩段	9.60		10

续表 3.1-15

区域	支流名称	长度(km)	县别	治理河段	新建护岸(km)	加固堤防、护岸(km)	防洪标准[重现期(a)]
下游	巴谢河	29.8	东乡族自治县	东乡族自治县段(果园乡)	14.00		10
				五家—赵家段	10.00		10
				赵家—那勒寺段	10.00		10
			广河县	甘坪段	2.00		10
	广通河	88.5	广河县	广河县段	20.13	4.50	20
			和政县	三合段	3.00		10
	大南岔河	40.9	和政县	达浪段	17.60		10
				吊滩段	7.50		10
	牙塘河	42.0	和政县	三合—买家集段	10.40		10
				县城段	6.00		20
合计					486.24	18.24	

本次规划对还未完成除险加固的8座病险水库进行除险加固工程(见表3.1-16),规划安排在近期完成除险加固任务。

表 3.1-16　洮河流域病险水库除险加固安排

区域	河流	县别	水库名称	流域面积(km^2)	总库容(万 m^3)	坝高(m)	除险加固措施
下游	中铺沟	临洮	康家峡水库	15.8	102.0	35.5	增设防渗面板,对坝基及坝肩进行帷幕灌浆,对现有泄水闸进行加固,增设溢洪道,对大坝左右岸上游坡岸进行处理,对闸门等金属结构进行更换
	广通河的支流	东乡	王家水库	400	108.0	14.0	加宽坝顶,更换泄水闸,加固溢洪道,清淤、固坝、新建观测设施
	苏集河	康乐	药水水库	17.8	190.0	33.8	加宽坝顶,加固坝肩,更换泄水闸,加固溢洪道,清淤、固坝、新建观测设施
	苏集河的支流		曹家水库	15.56	21.0	7.0	加固坝基,加大加厚坝体,土工膜防渗,扩建溢洪道,输水洞闸门更新
			山庄水库	5.13	12.0	6.5	加固坝基,加大加厚坝体,土工膜防渗,扩建溢洪道,输水洞闸门更新
	苏集河		姚姚沟水库	6.13	16.0	13.0	加固大坝,混凝土防渗墙防渗,扩建溢洪道,输水洞闸门更新
	苏集河的支流		吓滩滩水库	14.44	27.0	14.0	加固大坝,土工膜防渗,扩建溢洪道,输水洞闸门更新
	广河	广河	徐家水库	101	16.0	13.0	加固大坝,土工膜防渗,扩建溢洪道,清理淤泥,输水洞闸门更新

3.1.8.4　山洪灾害防治措施

根据《甘肃省山洪灾害防治规划》和《青海省山洪灾害防治规划》，按照轻重缓急、重点集中治理的原则，确定山洪沟道治理、泥石流沟道治理以及滑坡治理的规模。工程形式主要有护岸、排洪渠、河道疏浚及防洪堤等，其中以护岸和排洪渠为主。山洪灾害防治工程规模见表3.1-17（2013年7月22日的岷县地震造成的山洪泥石流、滑坡等灾害损失，在有关灾后重建专项规划里计列，本规划不包含其专项治理内容）。

表3.1-17　山洪灾害防治工程规模

<table>
<tr><th>省份</th><th>区域</th><th>市(州)</th><th>县别</th><th>治理沟道（条）</th><th>护岸工程（km）</th><th>排洪渠（km）</th><th>沟道疏浚（km）</th></tr>
<tr><td>青海</td><td rowspan="7">上游</td><td>黄南州</td><td>河南县</td><td>4</td><td>10</td><td>5</td><td>0</td></tr>
<tr><td rowspan="15">甘肃</td><td rowspan="6">甘南州</td><td>合作市</td><td>5</td><td>69</td><td>13</td><td>21</td></tr>
<tr><td>夏河县</td><td>6</td><td>3</td><td>3</td><td>4</td></tr>
<tr><td>碌曲县</td><td>14</td><td>75</td><td>23</td><td>1</td></tr>
<tr><td>临潭县</td><td>19</td><td>26</td><td>0</td><td>0</td></tr>
<tr><td>卓尼县</td><td>29</td><td>196</td><td>0</td><td>0</td></tr>
<tr><td>岷县</td><td>55</td><td>238</td><td>6</td><td>61</td></tr>
<tr><td rowspan="2">中游</td><td rowspan="2">定西市</td><td>渭源县</td><td>4</td><td>11</td><td>17</td><td>0</td></tr>
<tr><td>临洮县</td><td>20</td><td>103</td><td>6</td><td>0</td></tr>
<tr><td rowspan="5">下游</td><td rowspan="5">临夏州</td><td>永靖县</td><td>2</td><td>7</td><td>9</td><td>4</td></tr>
<tr><td>康乐县</td><td>8</td><td>36</td><td>3</td><td>17</td></tr>
<tr><td>和政县</td><td>16</td><td>55</td><td>21</td><td>10</td></tr>
<tr><td>东乡族自治县</td><td>24</td><td>40</td><td>0</td><td>0</td></tr>
<tr><td>广河县</td><td>9</td><td>29</td><td>23</td><td>0</td></tr>
<tr><td colspan="4">合计</td><td>215</td><td>898</td><td>129</td><td>118</td></tr>
</table>

山洪灾害防治非工程措施主要包括建立监测系统、通信系统、预警预报系统、防灾预案和救灾措施、政策法规建设、宣传教育手段和群测群防体系等。

3.1.8.5　实施安排及投资

近期重点建设干流城市河段及部分乡村河段防洪工程、重点支流防洪工程，完成病险库除险加固工程，选择对人民群众生命财产影响较大的山洪沟实施治理，非工程措施基本建设完成。近期安排投资12.96亿元。

远期继续开展干流部分乡村河段防洪工程、主要支流防洪工程建设，安排山洪沟治理工程建设，并进一步完善防洪非工程措施。基本完成流域防洪工程建设，配合水土保持，流域防洪能力达到设计标准。远期共安排投资12.31亿元。

3.1.9　水土保持规划

3.1.9.1　任务与规模

根据规划目标与任务,结合区域经济社会发展规划及相关行业规划纲要,确定水土流失防治规模为:到 2030 年对存在水土流失潜在危险的区域全面实施预防保护,综合防治水土流失面积 63.90 万 hm^2,其中 2020 年对重点预防区全面实施预防保护,完成水土流失综合防治面积 28.40 万 hm^2。

分区防治措施规模见表 3.1-18。

表 3.1-18　分区防治措施规模　(单位:hm^2)

三级区	省	县(市)	综合防治		
			总防治规模	2020 年	规划防治规模
陇中丘陵沟壑蓄水保土区	甘肃	永靖县	18 985	8 438	10 547
		东乡族自治县	32 571	14 476	18 095
	小计		51 556	22 914	28 642
青东甘南丘陵沟壑蓄水保土区	甘肃	康乐县	23 709	10 537	13 172
		广河县	18 132	8 059	10 073
		和政县	15 660	6 960	8 700
		临洮县	82 312	36 583	45 729
		渭源县	22 646	10 065	12 581
	小计		162 459	72 204	90 255
陇南山地保土减灾区	甘肃	岷县	89 803	39 912	49 891
		临潭县	48 538	21 572	26 966
		卓尼县	169 589	75 373	94 216
	小计		307 930	136 857	171 073
若尔盖高原生态维护水源涵养区	甘肃	合作市	14 966	6 652	8 314
		碌曲县	65 443	29 086	36 357
		夏河县	16 993	7 552	9 441
	小计		97 402	43 290	54 112
三江黄河源山地生态维护水源涵养区	青海	河南县	19 622	8 721	10 901
总计			638 970	283 986	354 983

3.1.9.2　总体布局

根据洮河流域水土保持区划结果,以三级区水土流失防治模式为指导,统筹协调与天然林保护、退耕还林、土地整治、城乡发展一体化等相关水土保持内容,实施分区防治战略,通过流域土地利用现状及社会经济分析与评价, 提出流域总体布局。预防保护优先,因地制宜,突出重点,以涵养水源、生态维护为主要目的,开展重点江河源区水土保持,重点实施重点区域水土流失综合治理和侵蚀沟综合治理，结合坡耕地水土流失综合治理，发展农业特色产业，促进农村经济发展；保护和建设林草植被，巩固退耕还林还草成果，涵养水源。水土保持分区防治布局见表 3.1-19。

表 3.1-19 水土保持分区防治布局

区域	分区名称	防治布局
源区	三江黄河源山地生态维护水源涵养区	水土保持主导基础功能为生态维护和水源涵养；社会经济功能为保护生物多样性、自然景观和河湖源区为主，促进牧业生产。本区水土保持重点是涵养水源、调节径流，维护生态稳定，促进生态与经济和谐发展。通过土地适宜性评价和农村经济生产发展方向分析，确定该区主要防治措施布局：采取封山与抚育相结合的办法，实施生态修复，提高水源涵养能力；加强草场管理，发展围栏养畜，合理轮牧，休牧育草，防止草场退化和沙化，对部分草场退化区域进行人工种草，促进牧业发展和牧民增收
大部分位于源区	若尔盖高原生态维护水源涵养区	水土保持主导基础功能为生态维护和水源涵养；社会经济功能为牧业生产、河湖源区保护、水源地保护、自然景观保护和生物多样性保护等。本区水土保持重点是维护草场生态，保护湿地，涵养水源，加强森林保护等。通过土地适宜性评价和农村经济生产发展方向分析，确定该区主要防治措施布局：在高原山地区，加强植被保护与建设，实施封育治理，保护天然林，营造水土保持林和水源涵养林，提高水源涵养能力，减少水土流失和山洪泥石流等灾害。在谷底丘陵区，加强草场保护，避免超载放牧，改良牧草，建立人工饲料基地，防止草场退化、沙化
大部分位于上游	陇南山地保土减灾区	本区水土保持主导基础功能为土壤保持、防灾减灾；社会经济功能以促进综合农业生产为主，保护土地生产力，减少河湖库淤积。通过土地适宜性评价和农村经济生产发展方向分析，确定该区主要防治措施布局：在低山丘陵区，加强坡耕地改造，注重地埂保护和利用，提高土地生产力，改善农业生产条件；加强植被建设，实施退耕还林，恢复林草植被，防治山洪泥石流等灾害；建设以谷坊、水窖为主的小型蓄水保土工程。在中高山区，加强植被保护与建设，实施封育治理，保护天然林，营造水土保持林和水源涵养林，提高水源涵养能力，减少水土流失和山洪泥石流等灾害
大部分位于中游	青东甘南丘陵沟壑蓄水保土区	该区水土保持主导功能为蓄水保水和土壤保持；社会经济功能为保障粮食生产安全及综合农业生产，保护饮水安全及土地生产力，减少河库淤积。水土保持重点是以土壤保持和蓄水保水为主，改善农牧业生产基本条件，使土地利用结构趋于合理，维护区域的生态安全。通过土地适宜性评价和农村经济生产发展方向分析，确定该区主要防治措施布局：加强坡面水土流失治理，实施坡改梯，发展地埂经济，建立坡面拦蓄系统，蓄水保土；大力建设护坡林和牧草基地；辅以沟道淤地坝建设，发展小片水浇地；支毛沟建设谷坊群和沟底防冲林；加强封山育林，恢复植被，提高水源涵养能力

续表 3.1-19

区域	分区名称	防治布局
下游	陇中丘陵沟壑蓄水保土区	该区水土保持主导功能为蓄水保水和土壤保持;社会经济功能为保障粮食生产安全,发展综合农业生产,保护饮水安全,提高土地生产力,减少河库淤积。本区水土保持重点是增强蓄水、保水能力,加强植被建设与保护,控制坡面和沟道侵蚀,发展综合农业和特色产业。通过土地适宜性评价和农村经济生产发展方向分析,确定该区主要防治措施布局:巩固和发展水平梯田,建设基本农田,提高粮食单产;大力营造水土保持林、经果林,增加植被,固坡保土;兴修涝池、水窖等小型蓄水工程,改善用水条件;在沟头布设沟头防护措施,在支毛沟修建柳谷坊、土谷坊等谷坊群

规划实施水土保持综合治理总面积 12.26 万 hm^2,建设小型蓄水保土工程 7 082 处,建设基本农田 8.11 万 hm^2,水土保持林 14.52 万 hm^2,经果林 2.21 万 hm^2,人工种草 3.56 万 hm^2。规划安排投资 7.62 亿元。

3.1.9.3　防治重点

根据《水利部办公厅关于印发〈全国水土保持规划国家级水土流失重点预防区和重点治理区的复核划分成果〉的通知》(办水保〔2013〕188 号),流域中下游的渭源县、康乐县、和政县、东乡族自治县、临洮县、广河县、永靖县等为国家级水土流失重点治理区,流域上游的河南蒙古族自治县、碌曲县、夏河县为国家级水土流失重点预防区。

根据规划目标、任务和总体布局,遵循“以国家级水土流失重点防治区,兼顾其他地区水土流失防治需求”的原则,确定重点预防和治理规模:到 2030 年,水土流失重点预防规模 7.98 万 hm^2,其中近期水土流失重点预防工程规模 3.55 万 hm^2;水土流失重点治理规模 18.80 万 hm^2,其中近期水土流失重点治理工程规模 8.36 万 hm^2。

分区水土流失重点防治规模见表 3.1-20。

项目范围共涉及陇中丘陵沟壑蓄水保土区、青东甘南丘陵沟壑蓄水保土区、陇南山地保土减灾区三个区的 14 个县。

重点区域水土流失综合治理的主要任务是以小流域为单元,山水田林路渠村综合规划,以坡耕地治理、水土保持林营造为主,沟坡兼治,生态与经济并重,发展当地特色产业,提高当地农民收入,促进农业产业结构调整,持续改善生态环境。根据三级区典型调研,并结合《全国水土保持规划》及相关行业规划,确定到 2030 年,新增治理面积 11.25 hm^2。建设内容主要包括:实施坡改梯 0.47 hm^2,林草 5.60 万 hm^2,预防保护 5.18 万 hm^2。重点区域水土流失综合治理范围与规模见表 3.1-21。

表 3.1-20 分区水土流失重点防治规模

（单位：hm^2）

三级区	省	县（市）	总防治规模			2020 年防治规模			2030 年规划防治规模		
			综合防治	预防保护	综合治理	综合防治	预防保护	综合治理	综合防治	预防保护	综合治理
陇中丘陵沟壑蓄水保土区	甘肃	永靖县	8 154		8 154	3 624		3 624	4 530		4 530
		东乡县	13 884		13 884	6 171		6 171	7 713		7 713
	小计		22 038		22 038	9 795		9 795	12 243		12 243
青东甘南丘陵沟壑蓄水保土区	甘肃	康乐县	10 114		10 114	4 495		4 495	5 619		5 619
		广河县	7 739		7 739	3 440		3 440	4 299		4 299
		和政县	6 646		6 646	2 954		2 954	3 692		3 692
		临洮县	34 479		34 479	15 324		15 324	19 155		19 155
		渭源县	9 571		9 571	4 254		4 254	5 317		5 317
	小计		68 549		68 549	30 467		30 467	38 082		38 082
陇南山地保土减灾区	甘肃	岷县	38 785	7 757	31 028	17 238	3 448	13 790	21 547	4 309	17 238
		临潭县	20 002	5 301	14 702	8 890	2 356	6 534	11 112	2 945	8 168
		卓尼县	70 369	18 648	51 722	31 275	8 288	22 987	39 094	10 360	28 735
	小计		129 156	31 706	97 452	57 403	14 092	43 311	71 753	17 614	54 141
若尔盖高原生态维护水源涵养区	甘肃	合作市	6 164	6 164		2 740	2 740		3 424	3 424	
		碌曲县	27 045	27 045		12 020	12 020		15 025	15 025	
		夏河县	7 008	7 008		3 114	3 114		3 894	3 894	
	小计		40 217	40 217		17 874	17 874		22 343	22 343	
三江黄河源山地生态维护水源涵养区	青海	河南县	7 882	7 882		3 503	3 503		4 379		
总计			267 842	79 805	188 038	119 042	35 469	83 573	148 802		104 465

表 3.1-21 重点区域水土流失综合治理远期范围与规模

三级区	省	县	规划治理规模													
			坡改梯（hm^2）	林草（hm^2）						封育（hm^2）	合计（hm^2）	小型蓄水工程				
				乔木林	灌木林	乔灌混交林	经济林	人工种草	小计			谷坊（座）	水窖（座）	涝池（座）	沟头防护（处）	小计
陇中丘陵沟壑蓄水保土区	甘肃	永靖县	88.07	244.63	570.80	163.09	326.17	1 234.56	2 539.25	1 229.67	3 856.99		288	18	18	324
		东乡县	149.95				555.37	3 768.16	4 323.53	2 093.73	6 567.21	98	2 592	89	36	2 815
	小计		238.02	244.63	570.80	163.09	881.54	5 002.72	6 862.78	3 323.40	10 424.20	98	2 880	107	54	3 139
青东甘南丘陵沟壑蓄水保土区	甘肃	康乐县	449.06					2 666.06	2 666.06	2 225.09	5 340.21			69	3	73
		广河县	343.63					2 040.13	2 040.13	1 702.68	4 086.44	40		46	4	90
		和政县	295.08					1 751.90	1 751.90	1 462.13	3 509.11	28		30	4	61
		临洮县	1 530.86				2 103.20	6 985.39	9 088.59	7 585.32	18 204.77	261	6 218	142	24	6 645
		渭源县	424.93					2 522.79	2 522.79	2 105.51	5 053.23	72		43	6	121
	小计		3 043.56				2 103.20	15 966.27	18 069.47	15 080.73	36 193.76	401	6 218	330	41	6 990
陇南山地保土减灾区	甘肃	岷县	1 384.63	1 163.55	4 886.92	930.84		2 350.38	9 331.69	10 033.71	20 750.03			240		240
		临潭县		838.09	2 758.29	718.07		1 212.13	5 526.58	5 174.54	10 701.12			139		139
		卓尼县		2 948.48	9 703.94	2 526.26		4 264.39	19 443.07	18 204.56	37 647.63			101		101
	小计		1 384.63	4 950.12	17 349.15	4 175.17		7 826.90	34 301.34	33 412.81	69 098.78			480		480
合计			4 666.21	5 194.75	17 919.95	4 338.26	2 984.74	28 795.89	59 233.59	51 816.94	115 716.74	499	9 098	917	95	10 609

3.1.10　水资源与水生态保护规划

3.1.10.1　水功能区划

根据《全国重要江河湖泊水功能区划(2011—2030年)》、《甘肃省水功能区划》以及《青海省水功能区划》,洮河流域水功能区划涉及青海省、甘肃省共14条河流,主要包括洮河、周科河、科才河、括合曲、博拉河、冶木河、苏集河、广通河等。洮河及支流共划分水功能一级区13个,水功能二级区11个,区划河长1 401.6 km。流域水功能一级区中,保护区8个,占水功能一级区的61.5%,河长596.9 km,占区划河流总长的42.6%;保留区1个,河长68.8 km,占4.9%;开发利用区4个,河长735.9 km,占52.5%。

3.1.10.2　纳污能力

洮河流域COD、氨氮现状年纳污能力分别为51 052 t/a、1 927.4 t/a。其中,洮河干流COD、氨氮纳污能力分别为49 182 t/a、1 867 t/a,占流域纳污能力的96.3%、97%。2020年和2030年洮河流域纳污能力均为COD 51 052 t/a,氨氮1 927.4 t/a,各水功能区纳污能力维持现状保持不变。流域规划水平年纳污能力预测见表3.1-22。

3.1.10.3　污染物入河总量控制方案

现状年洮河流域水功能区水质达标率为80%,综合考虑洮河流域今后经济社会发展、黄河中下游河段水质安全的需要,2020年,洮河流域水功能区水质达标率应达到85%;2030年水功能区达标率达到95%以上。

为实现水功能区水质目标,洮河流域须在执行国家城镇污水集中处理、回用和达标排放,以及循环经济等要求的基础上,实行更为严格的水资源管理制度。2020年:实现水质目标的水功能区,若预测入河量小于纳污能力,则预测入河量作为其入河控制量,否则纳污能力作为入河控制量;其他水功能区,若预测入河量小于纳污能力,或虽大于纳污能力但削减比例不大,预测入河量作为其入河控制量,否则根据实际情况制订削减方案,但应保证2030年达到水功能区水质目标。

现状年,洮河干流设置排污口的水功能区水质均达标,且规划年污染物入河量均小于纳污能力,可作为污染物控制量。支流广通河与苏集河设置排污口的水功能区现状年水质均不达标,规划年污染物入河量均超过纳污能力。结合《全国重要江河湖泊水功能区纳污能力核定和分阶段限制排污总量控制方案》,2020年分别以广通河与苏集河水功能区纳污能力与污染物入河量差值的50%与纳污能力相加和作为入河控制量;2030年,将广通河与苏集河水功能区的纳污能力作为污染物入河控制量。

根据以上原则,确定洮河流域主要污染物入河控制量指标:2020年COD为1 407.5 t/a,氨氮为188.5 t/a;2030年南水北调西线工程生效前COD为1 551.6 t/a,氨氮为184.9 t/a,西线工程生效后COD为2 327.9 t/a,氨氮为297.9 t/a。

洮河流域各水功能区及各地市污染物入河总量控制方案见表3.1-23和表3.1-24。

3.1.10.4　城镇饮用水水源地安全保障

1. 水源地保护区基本情况

洮河流域获甘肃省人民政府批复的水源保护区共9个,保护区面积91.60 km^2,其中一级区面积2.11 km^2,二级区面积89.49 km^2。洮河流域水源地保护区现状见表3.1-25。

表3.1-22 流域规划水平年纳污能力预测 (单位:t/a)

河流	水功能一级区	水功能二级区	2020年纳污能力		2030年纳污能力	
			COD	氨氮	COD	氨氮
洮河	洮河甘南、定西、临夏开发利用区	洮河碌曲、合作、卓尼、临潭工业、农业用水区	26 853.6	640.3	26 669.6	635.9
		洮河卓尼饮用水水源区	31.3	4.2	31.1	4.1
		洮河卓尼、临潭、岷县工业、农业用水区	3 375.7	88.6	3 352.6	88.0
		洮河岷县饮用水水源区	76.0	5.0	76.7	5.0
		洮河岷县、临潭、卓尼、康乐、渭源、临洮工业、农业用水区	8 128.7	213.6	8 058.0	211.8
		洮河临洮饮用水水源区	946.6	29.6	938.3	29.4
		洮河临洮、广河、东乡、永靖工业、农业、渔业用水区	11 269.1	925.8	11 269.1	925.8
广通河	广通河合作、和政、广河开发利用区	广通河合作、和政饮用、农业用水区	226	7.4	226	7.4
		广通河和政、广河工业、农业用水区	332	17.3	332	17.3
冶木河	冶木河合作、卓尼、临潭、康乐开发利用区	冶木河合作、卓尼、临潭、康乐农业用水区	1 238	33.4	1 238	33.4
东峪沟	东峪沟渭源、临洮保留区		56	2.5	56	2.5
苏集河	苏集河(三岔河)康乐、临洮开发利用区	苏集河(三岔河)康乐、临洮工业、农业用水区	18	0.9	18	0.9
合计			52 551	1 968.6	52 265.4	1 961.5

2. 水源地安全保障

按照《全国城市饮用水水源地安全保障规划》,结合水源地实际情况提出饮用水水源保护区划分方案,针对水源地特点,分别采取相应的工程措施和管理措施。

隔离防护工程:规划提出对7处地下水水源地均采取物理、生物隔离防护措施,生物隔离面积共计0.81 km^2,物理隔离全长23.94 km。洮河流域地下水水源地隔离防护工程措施见表3.1-26。

水源地水污染防治工程:

卓尼县上河井水源地:保护区内5户牧民搬迁。

碌曲玛艾水源地:取水口上游600 m至2 km内2座加油站、2座汽车修理厂搬迁。

临洮县斜藏沟大扎水源地:水源保护区内主要是草场和少量耕地,防止农牧业面源污染。

表 3.1-23 洮河流域各水功能区污染物入河总量控制方案 （单位：t/a）

河流	水功能一级区	水功能二级区	2020 年		2030 年（无西线）		2030 年（有西线）	
			COD	氨氮	COD	氨氮	COD	氨氮
洮河	洮河甘南、定西、临夏开发利用区	洮河碌曲、合作、卓尼、临潭工业、农业用水区	48.8	6.8	49	6.8	129.5	19
		洮河卓尼饮用水水源区	—	—	—	—	—	—
		洮河卓尼、临潭、岷县工业、农业用水区	68.5	9.5	76.2	10	201.4	27.8
		洮河岷县饮用水水源区	—	—	—	—	—	—
		洮河岷县、临潭、卓尼、康乐、渭源、临洮工业、农业用水区	364.5	51.8	395.3	55	604.9	85.5
		洮河临洮饮用水水源区	—	—	—	—	—	—
		洮河临洮、广河、东乡、永靖工业、农业、渔业用水区	628	89.3	681.1	94.9	1 042.1	147.4
	小计		1 109.8	157.4	1 201.6	166.7	1 977.9	279.7
广通河	广通河合作、和政、广河开发利用区	广通河和政、广河工业、农业用水区	270.9	28.2	332	17.3	332	17.3
苏集河	苏集河（三岔河）康乐、临洮开发利用区	苏集河（三岔河）康乐、临洮工业、农业用水区	26.8	3	18	0.9	18	0.9
合计			1 407.5	188.6	1 551.6	184.9	2 327.9	297.9

表 3.1-24 洮河流域各地市污染物入河总量控制方案 （单位：t/a）

地级行政区	2020 年		2030 年（无西线）		2030 年（有西线）	
	COD	氨氮	COD	氨氮	COD	氨氮
甘南	222.3	29.6	281.3	36.6	422.1	58.9
临夏	325.6	39.8	322.5	24.1	483.8	38.7
定西	859.6	119.2	947.8	124.2	1 422.0	200.3
合计	1 407.5	188.6	1 551.6	184.9	2 327.9	297.9

表 3.1-25　洮河流域水源地保护区现状

序号	地市	县区	水源地名称	保护区面积(km^2)	一级区面积(km^2)	二级区面积(km^2)
1	定西市	临洮	城区饮用水水源保护区	15.28	0.41	14.87
2	定西市	岷县	洮河右岸地下水水源保护区	2.57	0.06	2.51
3	定西市	岷县	秦许乡马烨仓水源保护区	20.08	0.06	20.02
4	甘南州	卓尼	城区饮用水水源保护区	9.9	0.16	9.74
5	甘南州	临潭	斜藏沟大扎水源保护区	4.79	0.09	4.7
6	甘南州		卓洛水源保护区	5.61	0.46	5.15
7	临夏州	东乡	尕西塬饮用水水源保护区	21.54	0.54	21
8	临夏州	和政	海眼泉饮用水水源保护区	4.74	0.12	4.62
9	临夏州	康乐	石板沟饮用水水源保护区	7.09	0.21	6.88

表 3.1-26　洮河流域地下水水源地隔离防护工程措施

省	城市	水源地	重要地下水源保护区隔离工程			
			隔离工程	类型	物理隔离长度(km)/生物隔离面积(km^2)	投资(万元)
甘肃省	临洮县	南门	护栏	物理隔离工程	4.83	48.27
	岷县	西门	护栏	物理隔离工程	1.89	18.89
	广河县	南沟	南沟水源地保护工程	物理隔离工程	4.20	42.00
			南沟水源地保护工程	生物隔离工程	0.57	142.50
	康乐县	新集	护栏	物理隔离工程	4.20	42.00
			防护林带	生物隔离工程	0.21	52.50
	临潭县	卓洛河	护栏	物理隔离工程	5.13	51.35
	卓尼县	上河井	护栏	物理隔离工程	2.99	29.87
	碌曲县	玛艾	护栏	物理隔离工程	0.70	7
			防护林带	生物隔离工程	0.028	7
合计						441.38

临潭县卓洛水源地：对居民进行搬迁并控制农业面源污染。

康乐县石板沟水源地：位于景区内，进行物理隔离，防止人为垃圾污染。

3.1.10.5　水资源保护对策措施

1. 强化流域水资源管理，保证入黄水量和水质达到控制要求

根据洮河流域调水工程规划及建设方案，2020 年引洮供水一期工程建成运行，2030 年，引洮工程二期、引博济合和引洮入潭工程投入运行。引水工程应建立流域层面引水、

调水、蓄水逐月管理机制，在九甸峡、红旗断面设置流量测量装置，加强调水工程下泄流量的监督；优化流域干支流水利工程统一调度，重点加强枯水期、应急期等特殊时期的水量调度，严格执行《黄河水量调度条例》。

严格执行流域用水总量控制指标，保障洮河入黄水量。洮河红旗断面多年平均下泄水量为48.25亿m^3。根据水资源配置方案，2020年和2030年，洮河流域多年平均入黄水量分别减少11.2%和18.6%。《黄河流域综合规划（2012—2030年）》中，对洮河主要控制断面的控制性指标要求为：洮河干流红旗断面多年平均下泄水量不低于40.6亿m^3，入黄口水质目标为Ⅲ类。规划水平年2030年，红旗断面下泄水量不能满足洮河入黄水量的要求，在2030年南水北调西线一期工程未生效情况下，流域的水资源配置仍须采用2020年的配置方案，以保证洮河入黄水量要求。

严格控制洮河流域污染物入河总量。按照《黄河干流水域纳污能力及限制排污总量意见》的要求，流域机构制定洮河流域水功能区限制排污意见，实现各水功能区水质达标，保证洮河入黄水质实现Ⅲ类水质目标。

2. 完善流域水质监测体系建设

全面强化洮河流域水质监测体系，有效监控水功能区水质、饮用水水源地水质、污染物入河总量，基本实现洮河功能区水质及纳污总量常规监测，全面掌握洮河干流及重要支流、水源地水质、污染物入河量等状况。

目前，洮河流域仅有3个水质常规监测站（3个水功能区代表断面），其他水功能区代表断面尚未开展常规监测，应加强水功能区水质监测断面设置。2020年规划新增常规水质监测断面9个，达到12个，洮河干流及广通河、苏集河共12个水功能区全部实现常规监测，新增断面监测频次达4次/a以上；2030年规划新增常规水质监测断面8处，达到20个，洮河干流及重要支流全部实现常规监测，监测频次达6次/a。

完善甘肃省临洮分中心实验室监测能力建设，加强重要城镇、工业园区等重要入河排污口监测，近期实现广通河、苏集河、康乐县、广河县、临洮县及流域工业园区等重要入河排污口平水期1次/a的常规监测，远期实现重要入河排污口2次/a的常规监测。实现对地表水环境质量标准24个基本项目和集中式生活饮用水地表水水源地5个补充项目的监测，加强监测人员的技能培训，提高水环境监测能力，具备准确、快速、机动的监测手段，实现水质信息传输的现代化。

3. 加快流域污水处理设施建设运行

目前，流域内仅临洮县污水处理厂处于正常运行状态，和政县和广河县污水处理厂尚处于试运行阶段，流域其他各县（市）污水处理设施均为在建或空白阶段，亟须满足流域排放废污水处理的需求。洮河流域应根据《黄河流域中上游水污染防治规划（2011—2015）》和《甘肃省"十二五"环境保护规划》，加快污水处理设施建设，完善配套污水收集管网，并加强污水处理设施的运营与监管，使现有城镇生活污水处理设施负荷率达到90%以上，新建污水处理设施负荷率达到70%以上，同时积极推进污水再生利用。

流域工业园区正处于起步阶段，应按照国家产业政策的要求、清洁生产和循环经济的标准，以及《加强黄河流域工业园区水资源保护工作的指导意见》等，科学制定流域产业发展规划，合理安排工业布局，强化流域工业园区废污水处理设施和配套污水收集管网建设，新建工业企业必须配套建设集中处理设施,提高现有工业企业集中处理规模和排放标准,加强排水监督,确保污水处理设施稳定达标,提高中水回用率和循环利用率,削减污染物入河量。

4. 加大流域重点区域水污染治理力度

洮河下游广通河、苏集河污染相对严重,主要是接纳生活、工业废污水所致。为确保规划年广通河、苏集河水功能区能够实现污染物入河控制量及水质目标,2020年广河县和康乐县城镇生活污水中水回用率达到40%以上,2030年城镇生活污水中水回用率达到50%以上;2020年排入支流广通河和苏集河的工业废水中30%以上达到《城镇污水处理厂污染物排放标准》(GB 18918—2002)中一级A排放标准,到2030年,以上区域工业排放废水达到一级A标准的比例不低于50%。流域内临潭、卓尼、岷县、临洮、康乐、和政、广河等县,开展入河排污口截流入网和截污导流,建设生态沟渠、生态滤池和沉淀池等整治工程。结合城市景观改造,开展广通河、苏集河和东峪沟等重点污染河段水污染生态修复、河道清淤等工程。

3.1.10.6　水生态保护规划

1. 水生态保护总体思路及各区域生态功能定位

水生态保护总体思路:从维持黄河、洮河流域生态安全的高度,以甘南黄河重要水源补给生态功能区及点状分布的与洮河干流有水力联系的国家禁止开发区为重点,以河流源头区及河流廊道为主线,构建洮河流域水生态保护格局,在流域保护优先的前提下,协调资源开发与生态修复、制定流域不同区域的开发与保护格局。

生态功能定位:上游以水源涵养功能和珍稀濒危鱼类保护为主,禁止和限制开发;中游以维持河流廊道生态功能和土著鱼类栖息地保护为主,协调开发与保护关系,维持河流廊道连通性,确保河流生态流量和水流连续性;下游以濒危鱼类栖息地保护和入黄口生态功能维持为重点,保证河道内生态流量和入黄下泄水量要求,规范人为开发活动,禁止不合理开发和开垦,防范水污染风险。

2. 生态水量计算分析

洮河生态需水要求包括鱼类栖息地需水、河流基本生态环境功能维持需水。规划在洮河主要断面天然径流量与实测径流量分析基础上,选择流域尚未大规模开发的1956~1975年的天然流量作为基准,以Tennant法为基础,根据各河段保护目标分布及需水规律,考虑到洮河不同河段年内径流变化规律,将各河段水期适当细分进行生态需水量计算。

分析水生态保护目标与洮河水力联系及补给关系,洮河生态需水要求包括鱼类需水、河流基本生态环境功能维持需水。洮河上游濒危珍稀鱼类产卵繁殖期集中于5~7月,洮河中下游濒危珍稀鱼类产卵繁殖期集中于4~6月,洮河鱼类主要以冷水鱼为主,溯河产卵,沉性卵,产卵场位于缓流处,沙砾石,产卵场要求为较缓流型水体、有一定水面宽、水深0.5~2 m。考虑到洮河不同河段年内径流变化规律,径流年内变化较大,来水量主要集中于5~11月,为使河流生态流量尽可能反映河流年内天然丰枯变化,结合生态保护关键期,将各河段水期适当细分进行生态需水量计算。

根据各河段保护目标分布,选择4~6月平均流量的40%~50%作为该期生态流量初值,7~10月平均流量的50%~60%作为该期生态流量初值,11月选择30%~40%作为生态流量初值,选择多年平均流量的10%~20%作为12月至翌年3月的生态流量初值。在此基础上，分析流量与流速、水深、水面宽等之间的关系，以需水对象繁殖期和生长期对水深、流速、水面宽等要求，选择满足保护目标生境需求的流量范围，考虑水资源配置实现的可能性，结合自净需水，综合提出洮河重要控制断面生态流量（见表 3.1-27）。

表 3.1-27　洮河重要断面生态需水量计算结果

河段	需水对象	重要断面	月份	生态需水量			水质要求
				流量（m^3/s）	需水量（亿 m^3）	流量过程	
源头—岷县	濒危鱼类	下巴沟	4~6 月	22	8.55	保证鱼类栖息生境要求	Ⅲ
			7~10 月	47		—	
			11 月	22		保证鱼类越冬生境要求	
			12 月—翌年 3 月	12			
岷县—海甸峡	土著鱼类河流基本生态功能	岷县	4 月	32	17.70	保证鱼类栖息生境要求	Ⅱ
			5~6 月	58			
			7~10 月	103		—	
			11 月	38		保证鱼类越冬生境要求	
			12 月至翌年 3 月	18			
海甸峡—入黄口	濒危鱼类河流基本生态功能	红旗	4 月	38	24.56	保证鱼类栖息生境要求	Ⅲ
			5~6 月	70			
			7~10 月	140		—	
			11 月	64		保证鱼类越冬生境要求	
			12 月至翌年 3 月	32			

与近年来断面实测流量相比，洮河多年平均流量基本能满足河流生态需水量，各个时段也基本能满足生态水量要求。

3. 生态需水量保障措施

制订基于生态环境保护的水电站运行调度方案，将水电站下泄生态水量纳入水电站日常运行管理，优化水电站的运行方式，确保水电站下泄生态流量；清理整顿生态保护重点河段洮河上游引水式小水电站，不符合生态环境保护要求的小水电站按照相关法律法规规定处理，保持洮河上游重点河段河道水流自然连续性；对于洮河中游协调开发与保护关系河段，采取引水口建立基流墩、挡水建筑物设置泄水装置、建设基流管道、安装下泄生态流量在线监控和远程传输装置等措施，确保水电站下泄生态流量；枯水年份，当实际来水量小于下泄生态流量时，电调服从水调，禁止水电站引水发电，来水全部下泄。

4. *源头水源涵养及重要湿地保护与修复措施*

严格保护源头区及上游高寒沼泽草甸、天然林灌等资源，对天然植被实施围栏封育保护,对各类开发活动进行严格管制,对因人类不合理活动造成的受损湿地实施封育、退牧禁牧、封沙育草、植被恢复、生态移民等综合措施,修复湿地生态系统及水源涵养功能,建立湿地生态环境监测体系、生态补偿机制,全面保护源头区及上游湿地资源,有效遏制沼泽草甸湿地萎缩。重点实施甘南黄河重要水源补给生态功能区水源涵养保护工程,在甘南湿地水源涵养区对湿地进行封育保护,封育保护面积为 100 km^2。实施湿地植被恢复工程,恢复规模为 230 km^2。

加强河流湿地的保护,保障重要断面生态需水,防止上游河段河道断流、脱流,基本满足河流湿地需水要求;严格禁止小水电站无序开发对河流湿地破坏,对因小水电站建设运用而受损的河流湿地,综合采取河岸带植被恢复、河流廊道恢复、河流生境修复、水环境保护等多种措施修复河流湿地;禁止河道内采石挖沙、倾倒垃圾,保护沿岸植被;加强甘肃省尕海—则岔国家级自然保护区管理,严格保护保护区的沼泽草甸湿地、湖泊湿地,禁止开垦、开矿等不合理人为活动。

5. 珍稀濒危鱼类保护要求

青走道水电站以上,是源头水保护区,也是珍稀濒危鱼类重要栖息地,水生态环境尤为敏感,划为特殊保留河段,应保证自然河流廊道连通性及水流连续性,禁止水电站建设;上游碌曲至岷县西寨,是珍稀濒危鱼类重要栖息地,且分布有洮河碌曲段扁咽齿鱼水产种质资源保护区、洮河特有鱼类国家级水产种质资源保护区。根据专家意见,综合考虑国家级水产种质资源保护区核心区分布河段、河段的连续性,保留上游 60% 的连续河道作为珍稀濒危鱼类栖息地特殊保护河段,严格禁止水电站开发。其余河段保障鱼类繁殖栖息所需基本生境条件,采取下泄生态流量保障、增殖放流、水电站运行方式调整等措施修复受损鱼类栖息地;中游是土著鱼类栖息地分布河段,应协调开发与保护关系,保障生态用水及水流连续性;下游白马浪水电站至入黄口河段是珍稀濒危鱼类重要栖息地,且分布有洮河定西特有鱼类国家级水产种质资源保护区、黄河刘家峡兰州鲶国家级水产种质资源保护区,划为珍稀濒危鱼类重要分布河段,禁止水电开发。

为维护珍稀特有鱼类产卵场和“洄游”通道,恢复河道上游重要河段连通性,对上游碌曲至岷县西寨已建水电站进行依法整顿,服务期满后逐渐退出,在该河段及支流实施增殖放流。下游白马浪至入黄口,禁止水电开发,已建水电站服务期满逐渐退出,洮河下游与刘家峡水库的河湖连通。

3.1.11 水能开发规划

3.1.11.1 水能开发基本原则

规划指出洮河流域生态环境脆弱、生态地位十分重要,水电开发应充分考虑自然保护区、珍稀濒危鱼类保护和重点生态功能区以及相关法律法规对工程兴建的制约,强化监督管理,有序适度开发洮河水能资源。

对已建、在建电站,应根据国家有关法律法规的规定和省级政府的有关保护政策,对 1998 年以后建设未取得任何相关行政许可文件的电站予以停建;对于 1998 年以后建设并取得有关审批文件的水电站,以及 1998 年以前建设的水电站,由当地政府委托有关机构开展环境影响后评估工作,论证电站建设对生态环境、水生态的影响及电站运用方式的合理性，对于不符合生态环境保护要求的电站，要提出补救措施，并上报有关部门审批。

对未建电站，位于自然保护区、所在河段有濒危和地方重点保护的水生野生动物栖息地的应予以取消；其他规划电站，要严格审批程序，做好有关前期论证工作。

3.1.11.2　水能开发意见

目前，洮河干流原有规划共布置51座梯级，其中已建、在建37座。根据洮河水能开发基本原则，分析各河段水能开发条件，规划提出了洮河干流梯级开发意见(见表3.1-28)。

对于已建、在建的37座水电站，本次拟保留1座(九甸峡电站)，停建电站1座(扎古录电站)，对已建的27座水电站进行环境影响后评估，对在建的8座电站要严格按照环评批复文件执行，并保证下泄所要求的生态流量；未建的14座梯级电站，全部取消。

在下一步工作中，按照相关法律法规和有关建设程序，提出恢复和保护生态环境的有关措施，研究已建、在建电站对鱼类保护区的补救措施。

3.1.12　综合管理规划

洮河属黄河流域重要的跨省一级支流，依据《中华人民共和国水法》的有关规定，采用流域管理和行政区域管理相结合的管理体制，黄委和甘肃、青海两省水行政主管部门，按照我国《水法》等法律法规的规定和国务院水行政主管部门赋予的职责，各司其职，各负其责，共同进行洮河流域的综合管理。

3.1.12.1　黄委的管理职责

1.规划的编制和实施

黄委根据治理开发与保护的需要，会同甘肃、青海两省水行政主管部门编制洮河流域综合规划及流域性专业规划，报国务院或者其授权的部门批准。黄委负责指导、监督两省规划的实施。

2.流域水量分配方案制订

洮河水量分配方案，由黄委会同甘肃、青海两省水行政主管部门制订，报有关部门审查和批准。

3.重要水源工程水资源论证和取水许可的审批

按照《取水许可和水资源费征收管理条例》和《黄河取水许可管理实施细则》(黄水调〔2009〕12号)，黄委对跨甘肃、青海两省行政区域取水项目，以及洮河流域内由国务院批准的大型建设项目的取水实行全额审批。

按照《建设项目水资源论证管理办法》(中华人民共和国水利部、中华人民共和国国家发展计划委员会第15号令)，黄委对水利部授权审批取水许可(预)申请的建设项目水资源论证报告书进行审查，对地方投资主管部门审批或核准的中型水库项目的水资源论证进行审核。

黄委对决定批准的取水申请，予以签发批准，对核验合格的取水工程和设施核发取水许可证，并明确取水许可监督管理机关等有关事项。

4.重要水工程建设规划同意书审查与签署

按照《水工程建设规划同意书制度管理办法(试行)》(水利部第31号令)和《黄河水利委员会水工程建设规划同意书操作手册(试行)》，黄委负责以下工程规划同意书的签

表 3.1-28　洮河干流梯级开发意见

<table>
<tr><th>河段</th><th>电站名称</th><th>装机容量（MW）</th><th>年发电量（万 kW · h）</th><th>建设情况</th><th>环评审批文件</th><th>水能开发意见</th><th>水电开发限制条件</th></tr>
<tr><td rowspan="5">青走道以上</td><td>代富桑</td><td>5.7</td><td>2 273</td><td>未建</td><td></td><td rowspan="2">取消</td><td rowspan="3">洮河源头水保护区、青藏高原复合侵蚀生态脆弱区、三江源草原草甸湿地生态功能区</td></tr>
<tr><td>李恰如</td><td>15</td><td>6 547</td><td>未建</td><td></td></tr>
<tr><td>尕克</td><td>16</td><td>6 571</td><td>已建</td><td>有</td><td>进行环境影响后评估</td></tr>
<tr><td>青走道</td><td>52</td><td>15 750</td><td>未建</td><td></td><td>取消</td><td>洮河源头水保护区、濒危珍稀鱼类保护栖息地及产卵场、甘南黄河重要水源补给生态功能区</td></tr>
<tr><td colspan="7">根据相关规定以及生态环境和水生态保护的要求，洮河源头至青走道河段作为规划保留区，本次规划暂不考虑规划新的梯级电站，取消有关部门原规划的代富桑、李恰如和青走道等 3 座梯级电站</td></tr>
<tr><td rowspan="18">青走道—岷县西寨</td><td>碌曲</td><td>6.25</td><td>3 138</td><td>未建</td><td></td><td>取消</td><td rowspan="2">濒危珍稀鱼类保护栖息地及产卵场、甘南黄河重要水源补给生态功能区</td></tr>
<tr><td>阿拉山</td><td>9</td><td>4 814</td><td>2005</td><td>有</td><td>进行环境影响后评估</td></tr>
<tr><td>西仓</td><td>10</td><td>6 626</td><td>在建</td><td>有</td><td>严格按照环评批复文件执行</td><td>濒危珍稀鱼类保护栖息地及产卵场、尕海—则岔国家级自然保护区甘南黄河重要水源补给生态功能区</td></tr>
<tr><td>大庄</td><td>11</td><td>4 665</td><td>2009</td><td>有</td><td rowspan="2">进行环境影响后评估</td><td rowspan="3">濒危珍稀鱼类保护栖息地及产卵场、甘南黄河重要水源补给生态功能区</td></tr>
<tr><td>多松多</td><td>21</td><td>9 106</td><td>2011</td><td>有</td></tr>
<tr><td>吾乎扎</td><td>12</td><td>5 975</td><td>在建</td><td>有</td><td>严格按照环评批复文件执行</td></tr>
<tr><td>阿木去乎</td><td>16.5</td><td>7 347</td><td>未建</td><td></td><td>取消</td><td rowspan="12">濒危珍稀鱼类保护栖息地及产卵场、洮河国家级自然保护区、甘南黄河重要水源补给生态功能区</td></tr>
<tr><td>峡村</td><td>7.5</td><td>3 948</td><td>1994</td><td>无</td><td rowspan="4">进行环境影响后评估</td></tr>
<tr><td>安果儿</td><td>25.2</td><td>7 943</td><td>2007</td><td>有</td></tr>
<tr><td>赛吾多</td><td>20</td><td>8 283</td><td>2008</td><td>有</td></tr>
<tr><td>如吾</td><td>9.2</td><td>5 183</td><td>2012</td><td>有</td></tr>
<tr><td>扎古录</td><td>24.5</td><td>12 330</td><td>在建</td><td>无</td><td>停建</td></tr>
<tr><td>鹿儿台</td><td>12.2</td><td>5 698</td><td>2007</td><td>有</td><td rowspan="6">进行环境影响后评估</td></tr>
<tr><td>术布</td><td>6</td><td>2 259</td><td>2008</td><td>有</td></tr>
<tr><td>录巴寺</td><td>51</td><td>21 200</td><td>2012</td><td>有</td></tr>
<tr><td>独山子</td><td>2.6</td><td>1 344</td><td>1978</td><td>无</td></tr>
<tr><td>扭子</td><td>30</td><td>13 500</td><td>2010</td><td>有</td></tr>
<tr><td>多架山</td><td>7.5</td><td>5 414</td><td>1995</td><td>有</td></tr>
</table>

续表 3.1-28

河段	电站名称	装机容量（MW）	年发电量（万 kW · h）	建设情况	环评审批文件	水能开发意见	水电开发限制条件
青走道—岷县西寨	俄吾多	12.2	7 076	2006	有	进行环境影响后评估	濒危珍稀鱼类保护栖息地及产卵场、甘南黄河重要水源补给生态功能区
	木耳资堡	10.5	5 236	未建		取消	濒危珍稀鱼类保护栖息地及产卵场、洮河国家级自然保护区、甘南黄河重要水源补给生态功能区
	青石山	17.8	11 290	2010	有	进行环境影响后评估	
	小族坪	16.5	8 253	未建		取消	濒危珍稀鱼类保护栖息地及产卵场、甘南黄河重要水源补给生态功能区
	郑旗	18	9 038	未建		取消	
	上川	12	5 749	在建	有	严格按照环评批复文件执行	
	巴杰	10.2	5 104	未建		取消	
	西尼沟	11.8	5 897	未建		取消	
	该河段有关部门原规划有 26 座梯级电站，其中已建 16 座，在建 3 座，未建 7 座。原规划的 7 座未建梯级电站，全部位于珍稀濒危鱼类重要栖息地河段以及甘南黄河重要水源补给生态功能区，全部给予取消；已建的 16 座电站，对扎古录电站予以停建；其他的 15 座已建、在建电站应由当地政府委托有关机构开展环境影响后评估工作，对在建的 3 座电站，严格按照环评批复文件执行						
西寨—海甸峡	坎峰	15	7 811	2007	有	进行环境影响后评估	土著鱼类栖息地、保障河流基本生态功能
	刘家浪	19.6	10 510	1984	有		
	清水	21.5	9 080	2006	有		
	冰桥湾	13	5 950	在建	有	严格按照环评批复文件执行	
	龙王台	21	8 512	2011	有	进行环境影响后评估	
	古城	25.5	12 620	2004	有		
	九甸峡	300	90 070	2008	有		
	莲麓一级	66	23 800	在建	有	严格按照环评批复文件执行	土著鱼类栖息地、甘肃莲花山国家级自然保护区实验区
	莲麓二级（峡城）	37.5	14 300	2012	有	进行环境影响后评估	
	吉利	20	7 208	在建	有	严格按照环评批复文件执行	
	海甸峡	60	24 110	2006	有	进行环境影响后评估	土著鱼类栖息地、保障河流基本生态功能

续表 3.1-28

<table>
<tr><th>河段</th><th>电站名称</th><th>装机容量（MW）</th><th>年发电量（万 kW · h）</th><th>建设情况</th><th>环评审批文件</th><th>水能开发意见</th><th>水电开发限制条件</th></tr>
<tr><td>西寨—海甸峡</td><td colspan="7">该河段有关部门共规划有 11 座梯级电站，现状已建成发电的 8 座，在建的 3 座，全部取得环评批复，据调查，该河段除九甸峡电站外，其他水电站基本没有安装相应的生态基流监测设施，部分电站在运行中没有充分考虑河流生态流量的要求，并形成了减水河段，部分河段存在季节性断流现象，对河流水生态产生了一定的影响。因此，考虑以上电站的生态保护目标要求、建设及运行现状对水生态环境已造成一定的不利影响等情况，除九甸峡电站外，对其余已建的 7 座电站应由当地政府委托有关机构开展环境影响后评估工作；对在建的 3 座电站，严格按照环评批复文件执行</td></tr>
<tr><td rowspan="11">海甸峡—入黄口</td><td>三甲</td><td>31.5</td><td>12 750</td><td>1998</td><td>无</td><td rowspan="2">进行环境影响后评估</td><td rowspan="6">保障河流基本生态功能</td></tr>
<tr><td>杨家河</td><td>30</td><td>13 250</td><td>2010</td><td>有</td></tr>
<tr><td>杨家河二级</td><td>31</td><td>11 535</td><td>在建</td><td>有</td><td>严格按照环评批复文件执行</td></tr>
<tr><td>王家磨</td><td>22</td><td>8 001</td><td>未建</td><td>有</td><td>取消</td></tr>
<tr><td>齐家坪</td><td>16.5</td><td>6 592</td><td>2012</td><td>有</td><td rowspan="2">进行环境影响后评估</td></tr>
<tr><td>新民滩</td><td>12.52</td><td>5 918</td><td>2011</td><td>有</td></tr>
<tr><td>白马浪</td><td>14.1</td><td>5 457</td><td>未建</td><td></td><td rowspan="2">取消</td><td rowspan="4">濒危珍稀鱼类保护栖息地及产卵场</td></tr>
<tr><td>三滩</td><td>6</td><td>2 520</td><td>未建</td><td></td></tr>
<tr><td>达坂</td><td>10.6</td><td>3 973</td><td>在建</td><td>有</td><td>严格按照环评批复文件执行</td></tr>
<tr><td>板桥</td><td>13.2</td><td>4 896</td><td>未建</td><td></td><td>取消</td></tr>
<tr><td colspan="7">该河段有关部门原规划有 10 座梯级电站，其中已建电站 4 座、在建电站 2 座、未建 4 座。规划的 4 座未建梯级电站中白马浪、三滩、板桥等 3 座电站位于珍稀濒危鱼类栖息地，对以上 3 座梯级电站予以取消；对规划的王家磨梯级电站，电能指标相对较好，考虑流域用水后，在生态保护的基础上可根据电网条件和当地电力需求适时开发，对该电站本次规划保留其梯级布局。对已建的 4 座电站，应由当地政府委托有关机构开展环境影响后评估工作；对在建的 2 座电站，严格按照环评批复文件执行</td></tr>
</table>

署：洮河干流上的全部水库、水电站、拦河闸坝（含橡胶坝），省际交界段的堤防、河道整治工程，洮河流域三级以上堤防、地表水取水口设计流量 5 m^3/s 以上的农业取水或日取水量 1 万 m^3 以上的工业与城镇生活取水工程、地下水取水口（含群井）日取水量 1 万 m^3 以上的取水工程。黄委对受理范围内的项目进行审查，对通过审查的水工程建设规划同意书，符合许可条件的，作出批准的决定，并签署水工程建设规划同意书。

5. 地方管理事宜的指导监督检查

黄委负责对甘肃、青海两省水行政主管部门在洮河流域范围内的水资源开发利用、防汛抗旱、水资源保护、水土保持等工作进行监督和检查,必要时予以指导。

3.1.12.2 地方水行政主管部门的管理职责

1. 规划的编制和实施

甘肃、青海两省各级水行政主管部门,配合黄委进行洮河流域综合规划及流域性专业规划的编制,在综合规划的指导下开展区域规划的编制工作。甘肃、青海两省各级水行政主管部门负责管辖范围内各项规划内容的实施和管理。

2. 防洪工程管理及防汛抗旱

甘肃、青海两省各级水行政主管部门在本级人民政府的领导下,负责本行政区域内洮河流域防汛抗旱的组织、协调、监督、指导等日常工作,对本行政区域内的河流和授权的水库、重要水工程实施防汛抗旱调度和应急水量调度,编制管辖范围内的防汛抗旱应急预案并组织实施,指导水利突发公共事件的应急管理工作。

3. 河道管理

甘肃、青海两省水行政主管部门根据国家和当地的法律法规,负责本行政区域内的河道管理。

甘肃、青海两省各地(州、市、县)依据《中华人民共和国防洪法》和《中华人民共和国河道管理条例》划定本区河道范围,建立河道管理条例(办法),各级水行政主管部门,依法管理河道。

按照《河道管理范围内建设项目管理的有关规定》(水利部、国家计委水政〔1992〕7号)、《黄河流域河道管理范围内建设项目管理实施办法》(黄水政〔1993〕35号),甘肃、青海两省水行政主管部门对权限范围内的河道内建设项目审查并签署,地方河道主管机关在发放建设项目审查同意书时,报黄委核备。

4. 水资源的严格管理

甘肃、青海两省水行政主管部门根据国家和当地的法律法规,负责本行政区域内的水资源管理。

1)水资源论证和取水许可管理

甘肃、青海两省各级水行政主管部门,按照国家和当地的法律法规,水资源管理的控制性指标,对管理范围内洮河流域水资源进行管理,认真组织落实取水许可制度,强化取水许可总量控制管理。两省各级水行政主管部门负责建设项目水资源论证工作的组织实施和监督管理。甘肃、青海两省各级水行政主管部门负责其权限范围内的洮河流域其他取水项目的建设项目水资源论证报告书、取水许可的审批;属于黄委审批的建设项目水资源论证报告书和取水许可,接受申请材料的省级水行政主管部门应当提出初审意见并连同全部申请材料报送黄委。

2)水量调度管理

甘肃、青海两省水行政主管部门配合黄委负责所辖范围内的洮河水量调度。

5. 水土保持

甘肃、青海两省各级水行政主管部门根据水土保持监测情况,定期对水土流失状况、水土流失危害及水土流失预防和治理情况等事项进行公告,县级以上人民政府水行政主管部门负责对水土保持情况进行监督检查,并负责水土保持设施的验收工作,落实水土保持法律法规执行和大型生产建设项目水土保持“三同时”制度,实施水土保持监督监测制度。

6. 水工程规划同意书的审批与上报

按照《水工程建设规划同意书制度管理办法(试行)》,两省各级水行政主管部门负责权限范围内的水工程建设规划同意书的审查和签署,省级水行政主管部门审查并签署的水工程建设规划同意书,报黄委核备。

3.1.13 重大水利工程

3.1.13.1 引洮供水工程(已建)

根据《黄河可供水量分配方案》、《黄河取水许可总量控制指标细化研究》、《甘肃省水利厅关于对黄河取水许可总量控制指标细化工作的反馈意见》以及《甘肃省水利厅关于报送甘肃省黄河流域取水许可总量控制指标细化方案调整意见的报告》等,甘肃省洮河流域内及引洮一期工程可耗用的指标为3.52亿m^3,引洮供水二期工程可耗用的指标为2.4亿m^3。按照黄委批复的取水许可,引洮供水工程总引水量5.32亿m^3,其中引洮供水一期工程和二期工程年取水量分别为2.19亿m^3和3.13亿m^3。

依据以上有关成果分配的可耗用水量指标、黄委批复的一期和二期工程的取水许可,以及各受水区的缺水形势分析,考虑黄河地表水资源衰减,在南水北调西线工程生效前,引洮供水工程总引水量4.96亿m^3,其中一期和二期分别为2.04亿m^3和2.92亿m^3。南水北调西线一期工程生效后,通过水量置换可增加洮河流域的外调水量,引洮供水一期工程和二期工程的引水量分别为2.19亿m^3和3.13亿m^3。

3.1.13.2 引洮(博)济合供水工程(已批)

根据甘肃省水利厅(甘水资源)申字〔2012〕第A30270007号,批复引洮(博)济合供水工程引水量为0.19亿m^3。考虑黄河地表水资源衰减,在南水北调西线工程生效前,引博供水工程引水量为0.18亿m^3;南水北调西线一期工程生效后,通过水量置换可增加洮河流域的外调水量,引博供水工程引水量达到0.19亿m^3。

3.1.14 涉及敏感区的规划内容

根据国家及区域相关规划、区划对流域生态保护的要求,国家划定的重要生态功能区(甘南黄河重要水源补给生态功能区、三江源草原草甸湿地生态功能区)、生态脆弱区(青藏高原复合侵蚀生态脆弱区)、生物多样性优先保护区(青藏高原高寒区)及重要水功能区等。

洮河流域内的环境敏感区共有27处。其中国家级自然保护区4处(上游分布有2处,均和干流有水力联系;中游分布有1处,和干流有水力联系;下游分布有1处,位于洮河支流);国家森林公园4处(上游分布有2处,中游分布有1处,下游分布有1处);饮用水水源保护区9个(上游3个,中游2个,下游4个);国家水产种质资源保护区6处,其中上游3处,中游1处,下游2处;国家地质公园4处。规划的工程与环境敏感区的位置关系见表3.1-29。

表 3.1-29 规划的工程与环境敏感区的位置关系

敏感区类别	名称	水资源开发利用规划	防洪规划	水土保持规划	水资源与水生态保护规划	水能开发规划
国家重要生态功能区	甘南黄河重要水源补给生态功能区	赛尔龙乡尕克村草原节水灌溉	赛尔龙乡，延曲河2处	生态修复1 016 hm²	上中游加强畜牧业污染物综合利用技术，减少污染物入河量；严格保护源头区及上游高寒沼泽草甸、天然林灌等资源	规划3座水电站，在建1座
	三江源草原草甸湿地生态功能区	发展灌区7处引洮(博)济合供水工程	干流7处，支流27处	水土保持划分的维护水源涵养区、陇南山地保土减灾区及青东甘南丘陵沟壑蓄水保土区大部分位于该生态功能区		已建、在建电站19座，全部位于该区域
生态脆弱区	青藏高原复合侵蚀生态脆弱区	赛尔龙乡尕克村草原节水灌溉	赛尔龙乡，延曲河2处	生态修复1 016 hm²		规划3座水电站，在建1座
生物多样性优先保护区域	青藏高原高寒区	赛尔龙乡尕克村草原节水灌溉	赛尔龙乡，延曲河2处	生态修复1 016 hm²		规划3座水电站，在建1座
源头水保护区	碌曲源头水保护区	—	赛尔龙乡防洪工程	—	—	规划3座水电站，在建1座
	周科河碌曲源头水保护区	—		—	—	—
	科才河夏河、碌曲源头水保护区	—	新建1处护岸	—	—	—
	括合曲碌曲源头水保护区	—		—	—	—
	博拉河夏河、合作源头水保护区	—	新建2段护岸	—	—	—
	车巴沟卓尼源头水保护区	—	新建1处护岸	—	—	—
	大峪河卓尼源头水保护区	—	新建护岸1处	—	—	—
	苏集河康乐源头水保护区	—	新建3段护岸	—	—	—

续表 3.1-29

敏感区类别	名称	水资源开发利用规划	防洪规划	水土保持规划	水资源与水生态保护规划	水能开发规划
自然保护区及森林公园	甘肃尕海—则岔国家级自然保护区	—				1处位于实验区
	甘肃洮河国家级自然保护区（甘肃大峪国家森林公园）	—	勒秀乡段、碌曲县城段、临潭术布段等6处	—		13位于实验区
	甘肃莲花山国家级自然保护区（甘肃莲花山国家森林公园）	—	—	—		3处位于实验区
	甘肃太子山国家级自然保护区（松鸣岩国家森林公园）	小牛圈水库	—	—		
	甘肃冶力关国家森林公园	—	临潭冶木河1处	—		
饮用水水源保护区	卓尼城区饮用水水源保护区	—	—	—	—	—
	临潭斜藏沟大扎	—	斜藏沟	—	—	—
	临潭卓洛	—	—	—	—	—
	岷县洮河右岸地下水水源保护区	—	—	—	—	—
	岷县秦许乡马烨仓	—	迭藏河秦许段	—	—	—
	临洮城区饮用水	—		—	—	—
	和政海眼泉	—	—	—	—	—
	康乐石板沟饮用水水源保护区	—	—	—	—	—
	东乡尕西塬饮用水水源保护区	—	—	—	—	—
珍稀濒危鱼类及其栖息地	珍稀濒危鱼类重要栖息地	—	上游防洪工程7处位于该河段	—	保障生态用水。水电站下泄生态流量保障措施及珍稀濒危鱼类保护与修复措施	已建、在建电站19座
	珍稀濒危鱼类重要分布河段	—	下游临洮的辛店镇—太石镇段、红旗乡段	—		原规划3处，已建1处

3.2　规划协调性分析

3.2.1　与相关政策符合性分析

《国务院关于实行最严格水资源管理制度的意见》(国发〔2012〕3 号)、《中共中央　国务院关于加快水利改革发展的决定》(中发〔2011〕1 号)、《国务院关于进一步推进西部大开发的若干意见》(国发〔2004〕6 号)、《国务院办公厅关于进一步支持甘肃经济社会发展的若干意见》(国办发〔2010〕29 号)及《水利部关于加快推进水生态文明建设工作的意见》(水资源〔2013〕1 号)等相关政策对洮河流域的社会经济可持续发展及生态保护提出了严格要求。

(1)规划指导思想与国家相关政策宏观战略要求的相符性分析。

洮河流域综合规划指导思想是"以党的十八大提出的'大力推进生态文明建设'为指导,深入贯彻落实 2011 年中央一号文件精神。坚持人水和谐,大力发展民生水利,……大力推进资源节约型、环境友好型社会建设,促进区域经济发展方式良好转变,保障流域供水安全、防洪安全和生态安全,以水资源可持续利用保障洮河流域经济社会可持续发展",与国家生态文明建设、最严格的水资源管理制度、关于加快水利改革发展的决定等国家宏观发展战略和新时期的治水思路协调一致。

(2)规划原则、目标、布局等与国家相关政策目标原则相符性分析。

规划提出的水资源开发利用规划、防洪规划、水资源水生态保护规划、水土保持规划等专项规划原则、思路、目标、布局等,与《中共中央　国务院关于加快水利改革发展的决定》(中发〔2011〕1 号)、《国务院关于实行最严格水资源管理制度的意见》(国发〔2012〕3 号)、《水利部关于加快推进水生态文明建设工作的意见》(水资源〔2013〕1 号)等提出的基本原则、目标任务相符合,与其提出的"水利建设""三条红线""水生态文明建设的主要工作内容"等协调一致。

(3)规划的重大工程和主要措施与国家相关政策措施要求相符性分析。

规划提出供水、引洮、病险水库除险加固、灌区节水改造、山洪灾害防治等工程,符合《中共中央　国务院关于加快水利改革发展的决定》(中发〔2011〕1 号),提出"力争通过 5 年到 10 年努力,从根本上扭转水利建设明显滞后的局面""……到 2013 年解决规划内农村饮水安全问题",符合《国务院办公厅关于进一步支持甘肃经济社会发展的若干意见》(国办发〔2010〕29 号)"因地制宜地建设大中小型水利工程"和《国务院办公厅关于进一步支持甘肃经济社会发展的若干意见》(国办发〔2010〕29 号)提出的"加快引洮供水一期等骨干水利工程建设,抓紧实施引洮供水二期及受益区配套建设等重点工程""加快大中型灌区节水改造和大型灌排泵站更新改造,完善灌区末级渠系配套。实施渭河、泾河、洮河等中小河流综合治理,加强城镇防洪体系建设和山洪灾害防治"等相关政策措施要求。

规划提出的"预防保护优先,因地制宜,突出重点,上游以预防保护和自然修复为主"水土保持规划布局和"上游坚持生态保护优先,限制和禁止开发"水资源水生态规划布局，与《国务院办公厅关于进一步支持甘肃经济社会发展的若干意见》(国办发〔2010〕29号)提出的“实施甘南重要水源补给区生态恢复与保护”措施协调一致。

(4)规划主要控制性指标与实行最严格水资源管理制度“三条红线”指标符合性分析。

规划提出的稳步推进节水型社会建设，加大现有灌区的节水力度，2020年使流域节水灌溉率由40%提高到72.8%，灌溉水利用系数由现状的0.43提高到0.55，2030年灌区灌溉水利用系数达到0.60；2020年工业用水重复利用率由现状的45%左右提高到65%以上，2030年达到80%以上；2020年供水管网漏失率控制在15%以下，2030年供水管网漏失率控制在10%以下。符合《国务院办公厅关于进一步支持甘肃经济社会发展的若干意见》(国办发〔2010〕29号)“坚持把水资源的合理开发利用和节约保护放在首要位置，加快推行节水技术和节水措施，加强各类节水设施建设”。

2020年水功能区水质达标率达到85%以上，2030年水功能区水质达标率达到95%，水质明显好转，建立完善的水功能区监督管理体系。符合《国务院关于进一步推进西部大开发的若干意见》(国发〔2004〕6号)“推进重点流域综合治理、水资源科学调配、水源涵养地保护”。

洮河流域综合规划控制指标符合性分析如表3.2-1所示。

表3.2-1　洮河流域综合规划控制指标符合性分析

指标	本次规划	最严格的水资源管理制度	黄河流域综合规划控制指标	符合性分析
灌溉水利用系数	2020年、2030年灌区灌溉水利用系数分别达到0.55、0.60	2020年、2030年农田灌溉水有效利用系数分别提高到0.55和0.6以上	要求甘肃省的农田灌溉水有效利用系数不能低于0.53	本次规划提出的灌溉水有效利用系数基本符合国家相关要求
万元工业增加值用水量(m^3/万元)	2020年为60 m^3/万元，2030年为31 m^3/万元	2020年、2030年万元工业增加值用水量分别降低到65 m^3/万元和40 m^3/万元	要求万元工业增加值用水量不能高于90 m^3/万元	符合国家相关要求
水功能区达标率	2020年为85%；2030年为95%	重要江河湖泊水功能区水质达标率提高到80%以上	—	符合国家规划要求

3.2.2　与相关法律法规的符合分析

规划编制以《中华人民共和国水法》、《中华人民共和国防洪法》、《中华人民共和国水土保持法》、《中华人民共和国防沙治沙法》、《中华人民共和国环境保护法》、《中华人民共和国水污染防治法》、《中华人民共和国渔业法》和《黄河水量调度条例》等有关法律法规为依据，规划指导思想、目标、规划布局等符合国家相关法律法规的要求。但部分专题规划的具体方案、措施、工程，涉及自然保护区、珍稀濒危鱼类重要栖息地等环境敏感区，需妥善处理与这些敏感区域的协调与保护关系。

(1)《中华人民共和国水法》。

本次规划提出的洮河流域水资源配置原则与《中华人民共和国水法》提出的“水资源开发利用”基本原则一致;规划提出的水资源配置方案充分考虑了洮河河道内生态环境用水需求(提出了洮河干流下巴沟、岷县、九甸峡、红旗等断面河道内生态需水量)、规划提出纳污能力不低于现状年,符合《中华人民共和国水法》提出的“在制定水资源开发、利用规划和调度水资源时,应当注意维持江河的合理流量和湖泊、水库以及地下水的合理水位,维护水体的自然净化能力”的要求;水土保持规划提出了严格“封山育林、生态修复、涵养水源”等水保措施,符合《中华人民共和国水法》要求。

本次规划提出在洮河干流下游河段规划一座梯级开发,根据《中华人民共和国水法》相关要求,应提出该座水电站下泄生态流量要求和保障措施。

(2)《中华人民共和国防洪法》。

“编制防洪规划,应当遵循确保重点、兼顾一般,以及防汛和抗旱相结合、工程措施和非工程措施相结合的原则,充分考虑洪涝规律和上下游、左右岸的关系以及国民经济对防洪的要求,并与国土规划和土地利用总体规划相协调。”

洮河流域综合规划提出“以干支流的县城河段为防洪重点,同时兼顾其他河段防洪,加强山洪灾害防治,全面推进病险水库除险加固建设”,遵循了《中华人民共和国防洪法》的要求。

(3)《中华人民共和国水土保持法》。

洮河流域水土保持规划预防保护优先,因地制宜,突出重点,以涵养水源、生态维护为主要目的,开展重点江河源区水土保持,重点实施重点区域水土流失综合治理和侵蚀沟综合治理,结合坡耕地水土流失综合治理,发展农业特色产业,促进农村经济发展;保护和建设林草植被,巩固退耕还林还草成果,涵养水源。其中,在三江黄河源山地生态维护水源涵养区、若尔盖高原生态维护水源涵养区位于国家重点生态功能区,本次规划水土保持主导基础功能为生态维护和水源涵养;陇南山地保土减灾区、青东甘南丘陵沟壑蓄水保土区及陇中丘陵沟壑蓄水保土区的水土保持主导功能为蓄水保水和土壤保持。规划提出的水土保持分区治理原则、布局、措施,与《中华人民共和国水土保持法》提出的水土保持方针及治理预防措施基本符合。

(4)《中华人民共和国环境保护法》、《中华人民共和国野生动物保护法》、《中华人民共和国渔业法》和《中华人民共和国自然保护区条例》等。

《中华人民共和国环境保护法》、《中华人民共和国野生动物保护法》、《中华人民共和国渔业法》和《中华人民共和国自然保护区条例》等生态环境保护相关的法律法规和条例对珍稀濒危野生动物自然分布区域、重要水源涵养区、自然保护区等提出了严格的保护要求。

洮河流域综合规划中的水资源与水生态保护规划将涉水的各类保护区和珍稀濒危鱼类栖息地作为重要保护目标提出了严格的保护措施;水能规划,系统分析了洮河干流上游(西寨以上)河段、下游(海甸峡以下)河段自然保护区、珍稀濒危鱼类栖息地、水产种质资源保护区等敏感保护对象分布和保护要求,根据《中华人民共和国环境保护法》和《中华人民共和国野生动物保护法》等相关法律法规要求，本次未将分布在以上河段的其他部门布置的 13 座梯级电站纳入本次规划。规划总体上贯彻了我国生态环境保护相关法律法规关于环境敏感区的保护要求。

洮河流域综合规划中的部分河段防洪工程、部分区域水土保持工程、局部新增灌溉面积等涉及环境敏感区和重要水源涵养区，对于以上规划措施，应根据国家相关法律法规要求，应妥善处理与这些敏感区域的协调与保护关系，确保洮河流域生态安全。

（5）《黄河水量调度条例》。

《黄河水量调度条例》明确提出“洮河入黄断面红旗断面最小流量不得小于 27 m^3/s。”洮河流域综合规划中，红旗断面在 12 月至翌年 3 月的生态流量为 32 m^3/s。符合《黄河水量调度条例》的要求。

3.2.3　与上层规划区划的符合性分析

3.2.3.1　与国家生态保护类相关规划区划的符合性分析

本次规划根据洮河流域自然资源特点、战略地位、国家和区域经济社会发展要求，综合考虑洮河主体功能区划要求，以及各河段资源环境特点、经济社会发展要求、治理开发与保护的总体部署，明确各河段治理开发与保护的主要任务：上游河段以生态环境与水源涵养保护、生物多样性保护、源头水保护为主，在强化生态环境保护的基础上，合理进行供水工程建设。中游河段以合理开发、优化配置、全面节约、有效保护水资源为主，兼顾防洪减灾、水土流失治理，合理进行水力资源开发。下游河段以灌溉、水土保持、防洪为重点，建设一定数量的水资源开发利用、防洪减灾工程，实施水土保持综合治理，严格控制入河排污总量，加强饮用水水源保护。符合《全国主体功能区规划》、《全国生态功能区划（修编版）》和《全国生态脆弱区保护规划纲要》等国家相关规划对洮河流域的定位和要求。本次规划的规划目标、工程布局、控制指标符合《国民经济和社会发展十二五规划纲要》和《黄河流域综合规划（2012—2030 年）》等国家相关规划对社会经济发展和生态保护的要求。但在针对规划的具体工程时，需慎重处理与敏感区的关系。本次规划与国家相关规划的相符性分析见表 3.2-2。

3.2.3.2　与国家国民经济和社会发展规划的符合性分析

《中华人民共和国国民经济和社会发展第十三个五年规划纲要》提出：把深入实施西部大开发战略放在优先位置，更好发挥“一带一路”建设对西部大开发的带动作用。……，加强水资源科学开发和高效利用。强化生态环境保护，提升生态安全屏障功能。

综合规划，其中的水生态保护规划提出“水生态保护以‘甘南黄河重要水源补给生态功能区’及点状分布的国家禁止开发区为重点，以河流源头区及河流廊道为主线，构建洮河流域水生态保护格局，在流域保护优先的前提下，协调资源开发与生态修复，制定流域不同区域的开发与保护格局”，符合《中华人民共和国国民经济和社会发展第十三个五年规划纲要》对社会经济发展和生态保护的要求。

表 3.2-2　洮河流域综合规划与国家相关规划的相符性分析

上层规划	功能区名称	管制原则	保护要求	本次规划原则、布局	规划措施	符合性分析
全国主体功能区规划	三江源草原草甸湿地生态功能区(包括洮河流域河南县)	严格管制各类开发活动;开发矿产资源、发展适宜产业和建设基础设施,都要控制在尽可能小的空间范围之内;严格控制开发强度,腾出更多的空间用于维系生态系统的良性循环等	封育草原,治理退化草原,减少载畜量,涵养水源,恢复湿地,实施生态移民	水土保持规划:对若尔盖—江河源高原山地区优先保护,对有潜在侵蚀危险的地区,积极开展封山育林、封坡育草、轮牧禁牧,坚决制止毁林毁草、乱砍滥伐、过度放牧和陡坡开荒,防止产生新的水土流失。 水资源水生态保护规划:以水源涵养和珍稀濒危鱼类栖息地,禁止和限制开发;水能开发规划:特殊保留河段和珍稀濒危鱼类栖息地特殊保护河段,禁止和限制水电开发	水土保持:封育,补植补种; 水能规划:取消 3 座规划梯级; 水资源水生态:对天然植被实施围栏封育保护,对因人类不合理活动造成的受损湿地实施封育、退牧禁牧、封沙育草、植被恢复、生态移民等综合措施	相关规划布局和规划措施符合国家对该区域的定位和保护要求
	甘南黄河重要水源补给生态功能区(包括洮河流域碌曲、临潭、卓尼、夏河、合作、和政、康乐等县)		加强天然林、湿地和高原野生动植物保护,实施退牧还草、退耕还林还草、生态移民等		水土保持:封育,水保林,人工植草; 水能规划:取消 7 座规划梯级; 水资源水生态:对天然植被实施围栏封育保护,对因人类不合理活动造成的受损湿地实施封育、退牧禁牧、封沙育草、植被恢复、生态移民等综合措施	相关规划布局和规划措施基本符合国家对该区域的定位和保护要求。 根据国家对该区域定位和保护要求,慎重对待规划提出的水保林建设

续表 3.2-2

上层规划	功能区名称	管制原则	保护要求	本次规划原则、布局	规划措施	符合性分析
全国生态功能区划	甘南水源涵养重要区	严格保护具有水源涵养功能的植被，限制各种不利于保护水源涵养功能的经济社会活动和生产方式；加强生态恢复与生态建设，提高草地、湿地等生态系统的水源涵养功能	停止导致生态功能继续恶化的人为破坏活动，保护恢复退化草地，对生态极脆弱区实施生态移民工程	水生态保护布局以“甘南黄河重要水源补给生态功能区”及点状分布的国家禁止开发区为重点，以河流源头区及河流廊道为主线，构建洮河流域水生态保护格局，在流域保护优先的前提下，协调资源开发与生态修复，制定流域不同区域的开发与保护格局。其中河源至岷县西寨以水源涵养和珍稀濒危鱼类保护为主，禁止和限制开发	水生态：对天然植被实施围栏封育保护，对因人类不合理活动造成的受损湿地实施封育、退牧禁牧、封沙育草、植被恢复、生态移民等综合措施	相关规划布局和规划措施符合国家对该区域的定位和保护要求
	三江源水源涵养重要区		退牧还草，退耕还林，沙化土地防治，加大对天然草地、湿地资源和生物多样性集中区的保护力度			
全国生态脆弱区保护规划纲要	青藏高原复合侵蚀生态脆弱区	严格控制雪域高原人类经济活动，保护冰川、雪域、冻原及高寒草甸生态系统，遏制生态退化	以维护现有自然生态系统完整性为主，全面封山育林，强化退耕还林还草政策，恢复高原山地天然植被，减少水土流失	水土保持规划对若尔盖—江河源高原山地区（包括若尔盖高原生态维护水源涵养区和三江黄河源山地生态维护水源涵养区）优先保护	依法保护现有森林植被、草原、水土资源，对有潜在侵蚀危险的地区，积极开展封山育林、封坡育草、轮牧禁牧，坚决制止毁林毁草、乱砍滥伐、过度放牧和陡坡开荒，防止产生新的水土流失。对已有的水土保持成果，搞好管理、维护、巩固和提高，使之充分发挥效益	相关规划布局和规划措施符合国家对该区域的定位和保护要求

续表 3.2-2

上层规划	功能区名称	管制原则	保护要求	本次规划原则、布局	规划措施	符合性分析
中国生物多样性保护纲要	青藏高原高寒区	加强保护	加强原生地带性植物的保护，加强对典型高原生态系统、江河源头和高原湖泊等高原湿地生态系统的保护，加强对珍稀物种种群及其栖息地的保护	水土保持规划对若尔盖—江河源高原山地区（包括若尔盖高原生态维护水源涵养区和三江黄河源山地生态维护水源涵养区）优先保护	依法保护现有森林植被、草原、水土资源，对有潜在侵蚀危险的地区，积极开展封山育林、封坡育草、轮牧禁牧，坚决制止毁林毁草、乱砍滥伐、过度放牧和陡坡开荒，防止产生新的水土流失。对已有的水土保持成果，搞好管理、维护、巩固和提高，使之充分发挥效益	相关规划布局和规划措施符合国家对该区域的定位和保护要求
全国重要江河湖泊水功能区规划	干流碌曲源头水保护区及支流周科河碌曲源头水保护区等共8处源头水保护区	保护区内禁止进行不利于水资源及自然生态保护的开发利用活动	保护水域	水资源保护以恢复流域水域功能、保障供水安全和生态安全为目标，以流域水环境承载能力为约束条件，以污染物入河控制量为控制红线。上游地区加强水源涵养，维持流域天然水资源量		本次规划原则及布局符合全国重要江河湖泊水功能区规划相关要求

3.2.3.3 与国家层面流域区域规划的符合性分析

1.《黄河流域综合规划(2012—2030年)》

国务院批复的《黄河流域综合规划(2012—2030年)》对洮河流域综合治理开发提出以下相关要求。

水资源开发利用:洮河流域治理要以水资源合理开发利用为重点,加强水资源的节约与保护。

水土保持:针对洮河下游水土流失较为严重的情况,重点对下游黄土丘陵区进行治理。

入黄断面水量指标:洮河干流红旗断面多年平均下泄水量不低于40.6亿m^3。

水质指标及污染物入河控制指标:入黄口水质目标为Ⅲ类。

针对水电无序开发问题,在开发过程中要统一规划,加强监管,保证河道内生态环境用水需求。

洮河流域综合规划,考虑到入黄水量不低于40.6亿m^3的要求,把入黄水量作为水资源开发利用的上限,并作为硬约束给予体现,2030年引洮工程的引水量控制在4.96亿m^3,规划实施后,红旗断面的下泄水量为41.5亿m^3,满足《黄河流域综合规划(2012—2030年)》的要求。

2.《西部大开发"十三五"规划》

国务院批复的《西部大开发"十三五"规划》提出"加快陕西引汉济渭、甘肃引洮供水二期、贵州夹岩水利枢纽及黔西北供水等在建工程建设","生态保护红线全面划定,生态保护补偿机制基本建立,重点生态区综合治理取得积极进展,水土流失面积大幅减少,生物多样性有所恢复"。

流域综合规划中水资源利用规划明确了引洮工程的引水规模。在水生态保护规划中提出如下湿地保护措施:严格保护源头区及上游高寒沼泽草甸、天然林灌等资源,对天然植被实施围栏封育保护,对各类开发活动进行严格管制,对因人类不合理活动造成的受损湿地实施封育、退牧禁牧、封沙育草、植被恢复、生态移民等综合措施,修复湿地生态系统及水源涵养功能,建立湿地生态环境监测体系、生态补偿机制,全面保护源头区及上游湿地资源,有效遏制沼泽草甸湿地萎缩。提出了"三线一单"的管理要求,这些规划布局、方案和措施,符合《西部大开发"十三五"规划》对社会经济发展和生态保护的要求。

与黄河流域综合规划相符性分析如表3.2-3所示。

3.2.4 与区域相关规划区划的协调性分析

3.2.4.1 《青海省主体功能区规划》

根据《青海省主体功能区规划》,其中洮河流域青海省河南县位于三江源草原草甸湿地生态功能区,是国家级重点生态功能区,属于限制开发区域,提出了"强化生态系统自然修复功能,建成全国重要的生态安全屏障。加快区域内城镇化进程,积极发展生态畜牧业、高原生态旅游业和民族手工业,点状和有序开发水电、矿产等优势资源"。

洮河流域综合规划针对河南县特殊的生态地位和环境特点,主要以生态环境与水源涵养保护、生物多样性保护、源头水保护为主。与《青海省主体功能区规划》的生态保护要求相协调。

表 3.2-3 与黄河流域综合规划相符性分析

洮河流域治理开发与保护要求	黄河流域综合规划	洮河流域综合规划	相符性分析
水资源开发利用	洮河流域治理要以水资源合理开发利用为重点，加强水资源的节约与保护。水资源开发利用的重点是进行灌区的节水改造，提高水资源利用效率，兴建水源工程提高供水能力。近期规划通过水源工程建设，解决农村饮水不安全问题，并适当发展灌溉面积；继续建设九甸峡水利枢纽及引洮供水工程，向甘肃中东部干旱地区供水	以城市供水、农村安全饮水和灌区节水改造为重点，全面推行节水措施，建设节水型社会。以下游的洮惠渠、溥济渠等万亩以上灌区为重点，解决灌区渠道防渗工程，发展田间喷滴灌工程，加强灌区节水改造，调整种植结构	符合
水土保持	针对洮河下游水土流失较为严重的情况，重点对下游黄土丘陵区进行治理	实施分区防治战略。预防保护优先，因地制宜，突出重点，上游以预防保护和自然修复为主，中下游强化治理，促进经济社会可持续发展	基本符合
水电开发	应在妥善保护生态环境的基础上，进一步开发利用水力资源。针对水电无序开发问题，在开发过程中要统一规划，加强监管，保证河道内生态环境用水需求	强化监督管理，有序适度开发	基本符合
入黄水量指标	洮河干流红旗断面多年平均下泄水量不低于40.6亿m^3	洮河干流红旗断面下泄水量2030年南水北调西线工程实施前为41.52亿m^3/a，2030年南水北调西线工程实施后，红旗断面下泄水量为39.37亿m^3/a	基本符合。但南水北调西线工程实施后红旗断面下泄水量略低于40.6亿m^3，由南水北调西线工程置换以满足“黄河流域综合规划”有关要求
入黄水质目标	入黄口水质目标为Ⅲ类	入黄口水质目标为Ⅲ类	符合

3.2.4.2 《甘肃省主体功能区规划》

根据《甘肃省主体功能区规划》,其中洮河流域甘肃省永靖县(除县城)位于"沿黄农业产业带",临洮、渭源、岷县、广河、东乡等位于"中部重点旱作农业区",是省级限制开发区——农产品主产区。

洮河流域综合规划,其中的水资源利用规划提出,"以下游的洮惠渠、溥济渠等万亩以上灌区为重点,调整种植结构,解决灌区渠道防渗工程,发展田间喷滴灌工程,加强灌区节水改造,建设节水型农业","多渠道开源,保障城乡生活用水。建设一部分中小水库解决和保障城乡生活用水需求,改善灌区灌溉条件,提高供水保证率;加大非常规水源的利用,有效缓解流域内水资源供需矛盾。继续实施引洮供水后续工程",有利于农产品主产区建设,与《甘肃省主体功能区规划》的社会经济和生态保护要求相协调。

3.2.4.3 《甘肃省国民经济和社会发展第十三个五年规划纲要》

《甘肃省国民经济和社会发展第十三个五年规划纲要》指出,"推进以'两州两市'为重点的扶贫开发攻坚。实行甘南、临夏、定西、陇南等集中连片扶贫开发攻坚,加大政策扶持力度,加强基础设施和生产生活设施建设……支持甘南、临夏发展畜牧业及畜产品加工和矿产资源开发。加强自然保护区和重点生态工程建设"及"继续推进大型跨区域、跨流域骨干水利工程建设,提高水资源配置能力","实施以饲草基地建设、草场灌溉工程为重点的牧区水利建设。积极推进生态建设"。

洮河流域综合规划,其中的水生态保护规划提出了湿地保护措施,对于自然保护区和重点生态工程具有积极的推动作用;水资源利用规划明确了引洮工程、引洮济合外流域调水工程及引洮入潭、小牛圈水库及引洮济广(广河)工程,可有效提高水资源配置能力;水资源利用规划在上游规划有草场灌溉面积,可积极推动牧区水利建设。符合《甘肃省国民经济和社会发展第十三个五年规划纲要》对社会经济发展和生态保护的要求。

3.2.4.4 《青海省国民经济和社会发展第十三个五年规划纲要》

《青海省国民经济和社会发展第十三个五年规划纲要》指出,按照发展定位明确,开发秩序规范,各类要素协调的总体要求,注重产业、人口、环境三大要素在空间上的合理分布和均衡发展,形成合理的空间开发格局……国家级三江源草甸湿地生态功能区是全国最重要的生态安全屏障。

洮河流域综合规划,其中的水生态保护规划提出了湿地保护措施,对于自然保护区和重点生态工程具有积极的推动作用;水土保持规划明确提出在该区域,应以自然修复为主,避免破坏生态环境。这些都有利于国家级三江源草甸湿地生态功能区的保护。符合《青海省国民经济和社会发展第十三个五年规划纲要》对社会经济发展和生态保护的要求。

3.2.5 规划内部的协调性分析

洮河流域综合规划包括水资源开发利用规划、防洪规划、水土保持规划、水资源与水生态保护规划及水能开发规划等各个专项规划。综合规划通过以上各种规划方案的实施,减少水资源浪费、保障生态用水、科学配置水资源、加快流域内生态环境保护,逐步形成流域水资源的统一管理调度体系。洮河流域综合规划各个规划之间是相辅相成、相互关联的。

水资源利用规划提出的水资源配置方案为流域生态用水提供了保障，节水规划提高了用水效率，可以有效缓解水资源供需矛盾，供水工程的修建改善了供水条件，有利于改善农田生态系统；防洪规划为流域社会经济发展和生态安全提供了保障；水土保持规划可以提高流域尤其是中下游区域的水源涵养能力，而水资源与水生态保护规划使得水资源和河流生态得到保护。这些规划相互协调，才能实现流域人口、资源、环境与经济社会的协调发展，从而使流域的生态环境逐渐步入良性循环。

洮河流域水量较为丰富，工农业用水相对较少，水资源利用程度低；由于洮河流域位于我国“两屏三带”生态安全战略格局的青藏高原和黄土高原—川滇两生态屏障之间，生境类型多样、生态环境脆弱、生态地位十分重要。规划内部的矛盾主要集中在以下两方面。

(1)水能开发与水生态保护之间协调性分析。

目前，洮河干流已建、在建水电站37座，水电开发，尤其是引水式电站的密集开发和不合理的运行，已经对水生态环境造成了不同程度的不利影响，现状水能开发与水生态保护之间矛盾突出。

本次水生态保护规划，根据国家生态保护要求，从维持黄河、洮河流域生态安全的高度，对不同河段、不同区域提出了以下规划定位：上游以水源涵养和珍稀濒危鱼类保护为主，禁止和限制开发；中游以维持河流廊道生态功能和土著鱼类栖息地保护为主，协调开发与保护关系，维持河流廊道连通性，确保河流生态流量和水流连续性；下游以濒危鱼类栖息地保护和入黄口生态功能维持为重点，保证河道内生态流量和入黄下泄水量要求，规范人为开发活动，禁止不合理开发和开垦，防范水污染风险。

本次水能开发规划考虑了水生态保护规划定位，对于已建、在建37座水电站，提出停建扎古录水电站，保留九甸峡电站，对其中的27座已建水电站，提出由当地政府委托有关机构开展环境影响评价工作，根据评价的结果，对不符合生态环境保护要求的电站，要提出生态恢复和保护的有关措施，予以改建、改变运行方式或关停；对其中在建的8座水电站，在其建设和运行的过程中，要严格执行环评批复文件所要求的环保措施，并保证下泄所要求的生态流量。未建的14座梯级电站，全部给予取消。在下一步工作中，按照相关法律法规和有关建设程序，提出恢复和保护生态环境的有关措施，研究已建、在建电站对鱼类保护区的补救措施。

水能开发规划考虑了水生态保护规划的定位，也提出了相应的措施建议，但鉴于黄河上游河段是珍稀濒危鱼类重要栖息地，对已建、在建的20座水电站，除了规划提出的委托有关机构开展环境影响评价工作外，还应开展该河段水电站累积影响评价工作，对于不满足该河段生态定位的电站，提出整改或关停的建议。本次综合流域规划，水能开发与水生态保护之间基本协调。

水能开发与水生态保护之间协调性分析如表3.2-4所示。

(2)水资源开发规划与水资源、水生态保护之间协调性分析。

表3.2-4　水能开发与水生态保护之间协调性分析

<table>
<tr><th colspan="2">河段</th><th>水生态保护规划定位</th><th>水能开发规划</th></tr>
<tr><td rowspan="2">源头—岷县西寨（上游）</td><td>青走道以上</td><td rowspan="2">上游以水源涵养和珍稀濒危鱼类保护为主,禁止和限制开发</td><td>在建电站1座,未建电站3座</td></tr>
<tr><td>青走道—西寨河段</td><td>已建电站16座,在建电站3座,未建7座,全部位于分布有珍稀濒危鱼类栖息地和产卵场的河段以及甘南黄河重要水源补给生态功能区。规划对扎古录电站予以停建;对已建的16座电站应由当地政府委托有关机构开展环境影响后评估工作;在建的其余2座电站,要严格执行环评批复文件;对未建的7座电站予以取消</td></tr>
<tr><td colspan="2">西寨—海甸峡</td><td>中游以维持河流廊道生态功能和土著鱼类栖息地保护为主,协调开发与保护关系,维持河流廊道连通性,确保河流生态流量和水流连续性</td><td>已建成发电的8座,在建的3座。其中莲麓一级、莲麓二级和吉利等3座电站同时位于甘肃莲花山国家级自然保护区实验区。除九甸峡水利枢纽外,对已建的其余7座电站应由当地政府委托有关机构开展环境影响后评估工作;对在建的3座电站,严格按照环评批复文件执行</td></tr>
<tr><td colspan="2">海甸峡以下</td><td>下游以濒危鱼类栖息地保护和入黄口生态功能维持为重点,保证河道内生态流量和入黄下泄水量要求,规范人为开发活动,禁止不合理开发和开垦,防范水污染风险</td><td>已建电站4座,在建电站2座,未建电站4座。对已建的4座电站,应由当地政府委托有关机构开展环境影响后评估工作;对在建的2座电站,严格按照环评批复文件执行;未建4座电站,保留王家磨,对其余未建的3座予以取消</td></tr>
</table>

本规划水资源配置已统筹兼顾社会经济发展和维护河流生态健康的需求,规划实施后,除特枯水年洮河重要断面生态需水量基本能得到满足。但由于流域外调水达5.14亿m^3,其中引洮工程外调水量为4.96亿m^3,在一定程度上使九甸峡以下河段的水资源水生态保护压力增大。

3.2.6　小结

综上所述,洮河流域综合规划以党的十八大提出的“大力推进生态文明建设”为指导,深入贯彻落实2011年中央一号文件精神。坚持人水和谐,大力发展民生水利,坚持全面规划、统筹兼顾、标本兼治、综合治理,坚持与区域经济社会发展相协调,符合国家宏观发展战略和新时期的治水方略。规划以《中华人民共和国水法》《中华人民共和国防洪法》《中华人民共和国水土保持法》《中华人民共和国防沙治沙法》《中华人民共和国环境保护法》《中华人民共和国水污染防治法》《中华人民共和国渔业法》《黄河水量调度条例》等有关法律法规为依据，基本符合相关法律法规的要求。洮河流域综合规划充分吸收以往规划的成功经验、利用已有专项规划，总体上与国家、黄河流域、区域等有关规划成果相协调。但具体到局部规划方案、规划工程，涉及自然保护区、国家重点生态功能区等敏感区域，需要妥善处理具体工程建设与敏感区的关系。

3.3 规划的不确定性分析

规划环评不同于一般的建设项目环评，涉及的范围广、面积大，包含的项目多，导致在环评过程中存在很多的困难和不确定性。而且目前国内外有关规划环评的理论体系与技术方法体系都不是很完善和成熟，所以不可避免地存在诸多的不确定性。再加上洮河流域地理位置特殊、生态环境脆弱、社会经济发展水平较低，流域自然环境演变和社会经济发展等存在较大不确定性。因此，需对项目建设和规划方案实施过程中潜在的困难和不确定性予以重视，并研究其解决途径和方法，以期做到防患于未然。

3.3.1 规划基础条件不确定性分析

洮河流域综合规划的主要规划依据都是以现状为基础的，规划采用的水文系列是1956~2000年，规划所依赖的水土资源都是以现状为基础，由于洮河流域大部分地处高寒地区，生态环境脆弱而敏感，流域水土资源和生态环境演变受气候影响较大，如果气候发生了很大的变化，水土资源也会相应发生变化，规划基础条件将发生改变。同时，目前洮河流域社会经济水平较低，生态环境保护意识及相关措施基础薄弱，随着国家西部大开发政策、进一步支持甘肃经济社会发展政策、甘肃省建设国家生态安全屏障综合试验区总体方案等的实施，洮河流域社会经济发展模式、发展速度、水资源利用效率、生态环境保护水平等存在很大不确定性，规划基础条件也将发生改变。因此，随着规划基础条件的变化，流域综合规划具有优化调整的可能性。

3.3.2 规划方案的不确定性分析

洮河流域综合规划，规划任务、规划目标、规划定位、工程布局及规划方案相对明确，但是鉴于规划的宏观性，受规划进度及深度的影响，有关工程设计部分的许多内容尚未确定。

(1)规划方案中具体工程具有不确定性。

规划方案中具体的工程具有不确定性，如防洪工程、灌溉工程、供水工程及水土保持工程具体分布位置具有不确定性。与环境影响关系密切的渣场、料场占地具体工程量尚未确定，难以定量地进行预测分析和预测评价各种影响，许多影响仅能定性分析和描述，规划阶段主要目的是反映规划实施后区域环境变化大趋势及大致程度，为下阶段环保工作提出要求，明确评价重点，因此不确定内容在下一阶段项目环评及环保设计中需进一步落实。

(2)水能开发规划对河流生态系统的累积影响程度的不确定性。

本次综合规划对已建27座水电站提出了环境影响后评估工作,根据环境影响后评估结果提出相应的对策措施;对在建的8座电站提出要严格按照环评批复文件执行,并保证下泄所要求的生态流量;对未建的14座梯级电站,取消梯级电站13座,保留梯级布局1座(王家磨)。但洮河流域生态地位特殊,生态环境脆弱敏感,洮河水系是黄河流域特有土著鱼类和珍稀濒危鱼类的重要栖息地,目前还不能准确判断水能开发对河流及河流生态环境将会产生什么样的累积影响,本次提出的水能开发措施是否能够满足水生态保护的要求。

(3)南水北调西线工程实施具有不确定性。

本次规划提出了南水北调西线工程实施后2030年洮河水资源配置方案,并提出了西线生效后引洮供水工程和引洮济博工程引水规模。但南水北调西线工程目前正处在前期论证阶段,该工程对生态环境的影响目前尚没有准确的结论,工程的实施尚未确定,工程对洮河流域综合规划的影响也不能准确判断。

3.3.3　规划实施具有不确定性

本次环境影响评价预测是基于规划提出的各规划方案顺利实施,但从社会发展角度,生态环境问题的关注程度越来越高,国家也不断地推出新的政策、规划等,如近期提出的生态文明建设、最严格的水资源管理制度、全国主体功能区规划等,均对环境保护提出了新的要求。将来也有可能出台新的政策、法律法规及规划,对洮河流域综合规划的实施,产生约束和影响,使得规划可能会根据新的政策法规等做出新的调整。

在实施主体方面,由于洮河流域生态环境脆弱,规划方案的实施对洮河流域生态环境有着重要的影响;规划方案实施需要多部门参与,受到短期经济效益、国家产业政策和政府行政干预等多方面的影响,规划在实施过程中会存在一定的调整和演变,规划方案的实施存在一定的不确定性。

洮河流域的投资保障,是否有投资,投资的落实程度也使得规划的落实具有不确定性。

3.3.4　规划不确定性的应对措施

针对规划基础条件、规划方案及规划实施三方面不确定性的分析结果,为了使洮河流域综合规划在确保生态系统健康安全的前提下更好地服务于洮河流域社会经济发展。洮河流域综合规划在实施过程中应注重对生态环境、水环境及水文情势的跟踪调研,在实现洮河流域经济社会可持续发展,保护流域水环境、生态环境的原则下,依据各年水资源总量,合理平衡水资源分配,及时调整引洮工程调水量及时空分布。

第4章 环境现状调查与评价

4.1 水资源量及其开发利用现状评价

4.1.1 水资源量及其时空分布

4.1.1.1 水资源总量及分布特点

洮河流域1956~2000年系列的多年平均水资源总量为48.38亿m^3,主要分布在上游的青甘省界—下巴沟、下巴沟—西寨水资源分区和下游的海甸峡—入黄口水资源分区。洮河流域各水资源分区多年平均水资源量见表4.1-1,其中上、中、下游水资源量分别占流域总水资源量的56.23%、24%、19.82%,上游水资源量较丰富。

表4.1-1 洮河流域各水资源分区多年平均水资源量(1956~2000年)

区域		水资源		产水系数		水资源模数(万m^3/km^2)	
		水资源总量(亿m^3)	所占比例(%)	洮河流域	黄河流域	洮河流域	黄河流域
上游	河源—青甘省界	2.81	5.81	0.32		17.60	
	青甘省界—下巴沟	13.09	27.06	0.33		17.67	
	下巴沟—西寨	11.28	23.32	0.41		23.91	
中游	西寨—九甸峡	6.88	14.22	0.34		19.98	
	九甸峡—海甸峡	4.73	9.78	0.46	0.115	25.69	7.29
下游	海甸峡—入黄口	9.59	19.82	0.29		14.72	
青海省		2.81	5.81	0.32		17.60	
甘肃省		45.57	94.19	0.35		19.04	
洮河流域		48.38	100.00	0.35		18.95	

4.1.1.2 河川径流量及分布特点

根据1956~2000年系列水资源评价成果,洮河流域多年平均河川径流量为48.25亿m^3,占黄河流域多年平均径流量的8.32%,其中洮河上游河川径流量为27.09亿m^3,占总径流量的55.99%,上游河川径流量所占比例较大。洮河流域各分区地表水资源量如表4.1-2所示。

表 4.1-2　洮河流域各分区地表水资源量

区域	分区/分省	年径流量及比例		不同频率年径流量(亿 m^3)			
		径流量(亿 m^3)	比例(%)	20%	50%	75%	95%
上游	河源—青甘省界	2.81	5.82	3.57	2.70	2.12	1.44
	青甘省界—下巴沟	13.05	27.05	16.56	12.55	9.85	6.70
	下巴沟—西寨	11.27	23.36	14.14	10.89	8.68	6.06
中游	西寨—九甸峡	6.86	14.22	8.61	6.63	5.28	3.69
	九甸峡—海甸峡	4.72	9.78	6.32	4.42	3.21	1.90
下游	海甸峡—入黄口	9.54	19.77	12.97	8.85	6.26	3.54
青海省		2.81	5.82	3.57	2.70	2.12	1.44
甘肃省		45.44	94.18	57.01	43.90	34.98	24.44
洮河流域		48.25	100.00	60.55	46.61	37.14	25.94

洮河流域目前已形成较为完整的水文站网,洮河干流主要水文站有碌曲、下巴沟、岷县、李家村、红旗等。根据各分区水文站控制情况,选取下巴沟、岷县、李家村和红旗等站作为代表站,其中红旗站为洮河流域的控制站,1956~2000 年多年平均天然径流量分别为 48.25 亿 m^3,20%、50%、75%和 95%频率条件下天然径流量分别为 60.55 亿 m^3、46.61 亿 m^3、37.14 亿 m^3、25.94 亿 m^3。洮河干流主要水文站天然径流特征值统计见表 4.1-3。

表 4.1-3　洮河干流主要水文站天然径流特征值统计

区域	水文站	最大		最小		最大/最小(亿 m^3)	多年平均径流量及比例		不同频率年径流量(亿 m^3)			
		径流量(亿 m^3)	出现年份(年)	径流量(亿 m^3)	出现年份(年)		径流量(亿 m^3)	比例(%)	20%	50%	75%	95%
上游	下巴沟	32.96	1967	8.09	1991	4.07	15.86	32.87	20.07	15.26	12.02	8.23
中游	岷县	66.77	1967	18.02	2000	3.70	33.88	70.22	42.41	32.76	26.18	18.39
下游	李家村	80.83	1967	21.90	1991	3.69	41.67	86.36	52.37	40.24	31.99	22.27
	红旗	95.79	1967	26.99	2000	3.55	48.25	100.00	60.55	46.61	37.14	25.94

4.1.1.3　地下水资源量

洮河流域地下水资源量的总评价面积为 25 527 km^2,其中平原区面积为 126 km^2;不透水面积为 486 km^2;山丘区面积为 24 915 km^2,占总评价面积的 97.6%。根据洮河流域的地形地貌、水文地质条件,结合水资源分区,将洮河流域划分为 10 个计算单元。计算结果表明,洮河流域 1980~2000 年多年平均地下水资源量为 20.182 亿 m^3,其中山丘区

20.166 亿 m^3,平原区 0.017 亿 m^3。

4.1.2　水资源量变化

洮河流域 2001~2010 年水资源总量为 40.58 亿 m^3,其中地表水资源量 40.36 亿 m^3,地下水与地表水不重复量 0.22 亿 m^3。与 1956~2000 年相比,近期水资源总量减少 16.1%,其中上游减少 5.09 亿 m^3,减少了 18.7%,中、下游分别减少了 1.65 亿 m^3、1.08 亿 m^3。近 10 年上游水资源量明显减少。洮河流域(2001~2010 年)各分区水资源变化情况见表 4.1-4。

表 4.1-4　洮河流域(2001~2010 年)各分区水资源变化情况

区域	分区/分省	(1956~2000 年)水资源量(亿 m^3)			(2000~2001 年)水资源量(亿 m^3)			水资源变化量及比例	
		地表	地下水与地表水	水资源	地表	地下水与地表水	水资源	减少量(亿 m^3)	减少比例(%)
上游	河源—青甘省界	2.81	0	2.81	2.23	0	2.23	5.07	18.7
	青甘省界—下巴沟	13.05	0.04	13.09	10.34	0.06	10.37		
	下巴沟—西寨	11.27	0.03	11.28	9.47	0.04	9.51		
中游	西寨—九甸峡	6.86	0.02	6.88	5.76	0.03	5.79	1.65	14.2
	九甸峡—海甸峡	4.72	0.01	4.73	4.15	0.02	4.17		
下游	海甸峡—入黄口	9.54	0.04	9.59	8.41	0.07	8.51	1.08	11.2
	青海省	2.81	0	2.81	2.23	0	2.23	0.58	20.6
	甘肃省	45.44	0.13	45.57	38.13	0.22	38.35	8.04	15.9
	洮河流域	48.25	0.13	48.38	40.36	0.22	40.58	7.22	16.1

4.1.3　水资源开发利用现状

4.1.3.1　水资源开发利用

据统计,2013 年洮河流域各类水利工程总供水量 3.60 亿 m^3,其中地表水 3.29 亿 m^3,占总供水量的 91.3%;地下水 0.24 亿 m^3,占总供水量 6.6%,全部为浅层淡水;其他工程供水量 0.07 亿 m^3,占 2.1%。由此可见,洮河流域现状供水以地表水供水为主。地表水供水量中,蓄、引、提工程的供水量分别为 0.10 亿 m^3、2.39 亿 m^3 和 0.81 亿 m^3,分别占地表供水量的 3.0%、72.5%和 24.5%。

2013 年流域各部门总用水量 3.60 亿 m^3,其中农田灌溉用水 2.80 亿 m^3,占总用水量的 77.9%,为第一用水大户;生活用水 0.34 亿 m^3,占总用水量的 9.4%;工业、建筑业及第三产业用水 0.26 亿 m^3,占总用水量的 7.1%;林牧渔畜用水 0.20 亿 m^3,占总用水量的 5.4%;城镇生态用水 0.006 1 亿 m^3,占总用水量的 0.2%。洮河流域水资源利用主要以农田灌溉为主,且主要是分布在下游。

洮河流域上、中、下游供水用水比例见图 4.1-1、洮河流域各行业用水情况见图 4.1-2。

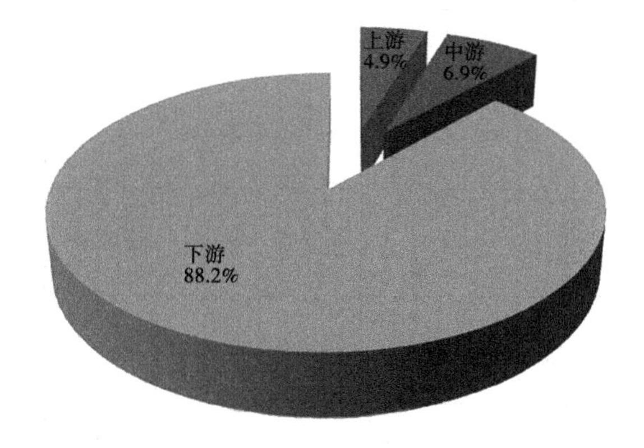

图 4.1-1　洮河流域上、中、下游供水用水比例

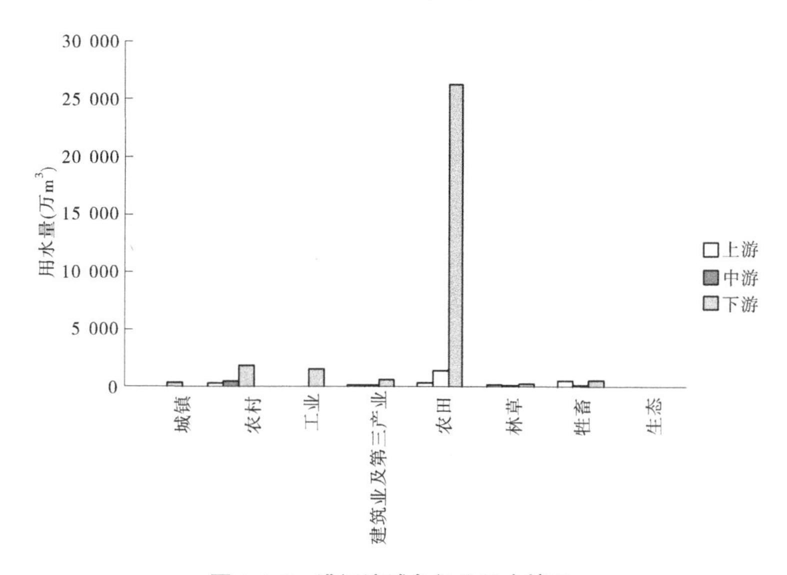

图 4.1-2　洮河流域各行业用水情况

4.1.3.2　用水效率

洮河流域现状农田灌溉定额为 459 m^3/亩，高于黄河流域（390 m^3/亩）及全国平均水平（421 m^3/亩）；万元工业增加值用水量 149 m^3，用水定额高于黄河流域（35 m^3）及全国平均水平（90 m^3）；万元 GDP 用水量为 377 m^3/万元，高于全国（150 m^3/万元）及黄河流域平均水平（113 m^3/万元）；城镇和农村居民生活用水定额分别为 59 L/(d·人)和 37 L/(d·人)，远低于全国［193 L/(d·人)和 83 L/(d·人)］，及黄河流域平均水平［142 L/(d·人)和 54 L/(d·人)］。由于流域地处西部地区，经济发展相对比较落后，城镇化水平相对较低，流域人均用水量只有 160 m^3/人，远低于全国平均水平的 450 m^3/人及黄河流域的 350 m^3/人。洮河流域 2010 年用水水平对比结果见表 4.1-5。

洮河流域、黄河流域及全国用水水平对比如图 4.1-3、表 4.1-6 所示。

表 4.1-5　洮河流域现状供用水量统计

（单位：万 m^3）

分区/分省	供水量				用水量								
	地表	地下	其他	小计	城镇生活	农村生活	工业	建筑业及三产	农田灌溉	林草灌溉	牲畜	生态	小计
河源—青甘省界	103	29		132	3	12	2	4	0	0	112	0	133
青甘省界—下巴沟	455	16		471	17	77	34	17	0	5	321	0	471
上游下巴沟—西寨	924	136	125	1 185	84	234	48	79	346	198	196	2	1 187
西寨—九甸峡	1 608	646	59	2 313	137	438	88	90	1 297	123	134	4	2 311
九甸峡—海甸峡	178	13	18	209	7	28	2	7	140	0	25	0	209
海甸峡—入黄口	29 639	1 555	539	31 733	586	1 779	1 583	610	26 279	259	581	55	31 732
青海省	103	29		132	3	12	1	4	0	0	112	0	132
甘肃省	32 804	2 366	741	35 911	831	2 556	1 756	803	28 062	585	1 257	61	35 911
洮河流域	32 907	2 395	741	36 043	834	2 568	1 757	807	28 062	585	1 369	61	36 043

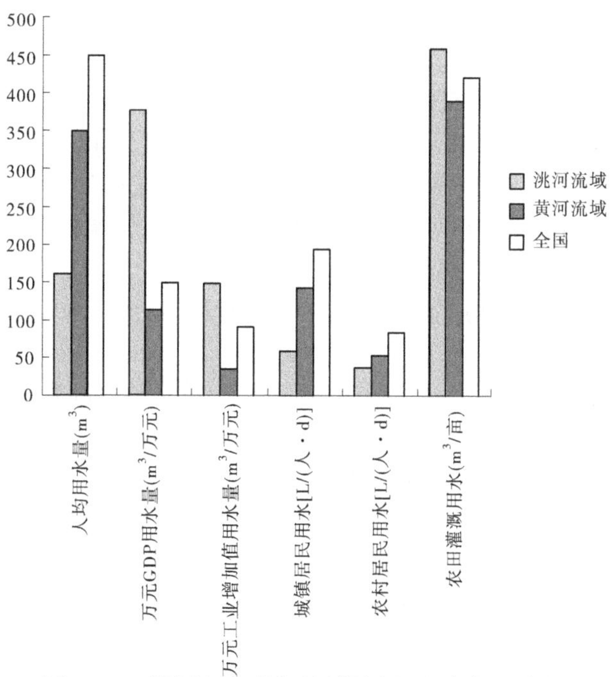

图 4.1-3　洮河流域、黄河流域及全国用水水平对比

表 4.1-6　洮河流域、黄河流域及全国用水水平对比

区域	人均用水量(m^3)	万元 GDP 用水量(m^3/万元)	万元工业增加值用水量(m^3/万元)	人均生活用水量[L/(人·d)]		农田灌溉亩均用水量(m^3/亩)
				城镇居民	农村居民	
洮河流域	160	377	149	59	37	459
黄河流域	350	113	35	142	54	390
全国	450	150	90	193	83	421

4.1.3.3　水资源开发利用率

流域多年平均水资源总量为 48.38 亿 m^3,其中地表水资源量为 48.25 亿 m^3,地下水与地表水的不重复量为 0.13 亿 m^3。流域现状用水量 3.58 亿 m^3,其中地表水供水量为 3.27 亿 m^3,在多年平均来水情况下,流域地表水开发利用率为 7.4%,水资源开发利用程度较低。上、中、下游水资源开发利用率差异较大,下游水资源利用率高达 38.09%。

洮河流域现状水资源开发利用率如表 4.1-7 所示。

表 4.1-7　洮河流域现状水资源开发利用率

区域		水资源量(亿 m^3)	供水量(亿 m^3)	开发利用率(%)
上游	青甘省界—下巴沟	13	0.05	0.38
	下巴沟—西寨	11.3	0.14	1.24
中游	西寨—九甸峡	6.87	0.33	4.80
	九甸峡—海甸峡	7.83	0.02	0.26
下游	海甸峡—入黄口	6.59	2.51	38.09

4.1.4　洮河水资源时空分布特征及水资源开发利用特点

4.1.4.1　水资源相对丰富,但空间分布不均

洮河流域水资源量为48.38亿m^3,其中地表水资源量为48.25亿m^3,占黄河流域多年平均径流量的8.32%,人均水资源量为2157m^3,黄河流域人均水资源量为593m^3,全国人均水资源量为2100m^3,相对于黄河流域,洮河流域水资源相对丰富,但相对于全国,洮河流域人均水资源与全国人均水资源量水平基本持平。

洮河流域水资源分布不均,上、中、下游水资源量分别占总水资源量的56.2%、24%、19.8%。

洮河流域水资源分布与社会经济布局不匹配,上游水资源量为27.2亿m^3,国内生产总值(GDP)17.96亿元;中游水资源量为11.61亿m^3,国内生产总值(GDP)15.01亿元;下游水资源量为9.59亿m^3,国内生产总值(GDP)62亿元。

4.1.4.2　年内来水分布不均,径流集中在5~10月

受降雨条件、河流的补给类型及自然地理条件的影响,洮河流域地表水资源量的年内分配差异较大,径流集中在5~10月,占年径流量的75.4%。其中9月径流量最高,占年值的15.5%;7月和8月次之,占13.5%和15.0%;12月到翌年4月偏低,占年值的2.5%~5.2%。汛期来水(7~10月)占年值的56.4%,非汛期占43.6%。

洮河流域重要断面多年平均天然径流量逐月变化如图4.1-4所示。

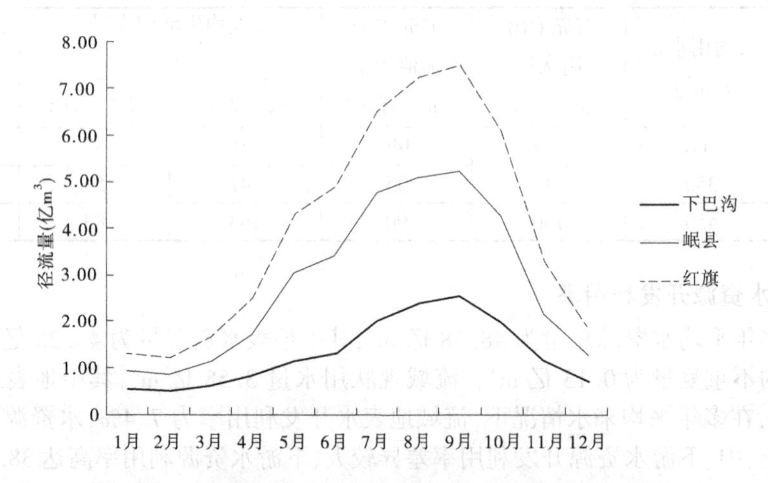

图4.1-4　洮河流域重要断面多年平均天然径流量逐月变化

4.1.4.3　水资源开发利用程度和用水效率低

洮河流域水资源开发利用程度为7.42%,水资源开发利用程度较低。上、中、下游水资源开发利用率差异较大,下游水资源利用率高达38.09%。洮河流域用水主要集中在下游,占洮河流域用水量的88.2%。洮河用水效率较低,除了人均生活用水,其余的用水定额均低于黄河流域及全国水平。

4.1.4.4　年际变化较大,近10年径流量有减少趋势

与1956~2000年相比,2001~2010年下巴沟、岷县、李家村和红旗站四个断面天然径

流量分别偏少了 20.7%、18.2%、21.7%和 16.4%。天然径流量减少的原因主要是受气候变化的影响。

洮河流域代表站实测年径流量时段均值对比见表 4.1-8。

表 4.1-8　洮河流域代表站实测年径流量时段均值对比

站名	时段(年)	多年平均降雨量		实测年径流量		天然年径流量	
		均值(mm)	变幅(%)	均值(亿 m^3)	变幅(%)	均值(亿 m^3)	变幅(%)
下巴沟	1956~2000	532.4		15.86		15.86	
	2001~2010	571.4	7.3	12.57	-20.7	12.57	-20.7
岷县	1956~2000	551.2		33.88		33.88	
	2001~2010	577.4	4.8	27.59	-18.6	27.71	-18.2
李家村	1956~2000	559.3		41.65		41.67	
	2001~2010	576.6	3.1	31.45	-24.5	32.65	-21.7
红旗	1956~2000	547.3		46.96		48.25	
	2001~2010	557.6	1.9	36.77	-21.7	40.36	-16.4

注:变幅为负值表示减少。

4.2　水环境现状调查与评价

洮河水系天然水质情况较好,泥沙含量少。洮河及支流共有 13 个水功能一级区,洮河上、中游地区水功能区水质目标相对较高(Ⅰ~Ⅱ类)。洮河干流水质相对较好,水质类别为Ⅱ~Ⅲ类;洮河流域水污染治理措施薄弱,下游部分支流污染严重,洮河下游支流苏集河、广通河下游河段,是不达标的水功能区主要分布区域。洮河流域城市饮用水水源地水质状况基本良好,基本保持在Ⅰ~Ⅲ类。

4.2.1　水质监测及评价

由于洮河天然水质情况较好,泥沙含量少,洮河上、中游地区水功能区水质目标相对较高。从监测结果来看,洮河干流水质相对较好,水质类别为Ⅱ~Ⅲ类。洮河干流水质全部达标,洮河下游支流苏集河、东峪沟及广通河下游河段,是不达标的水功能区主要分布区域。

4.2.1.1　水功能区水质监测及评价

1. 水功能区划

根据《全国重要江河湖泊水功能区划(2011—2030 年)》《甘肃省水功能区划》《青海省水功能区划》,洮河流域水功能区划涉及青海省、甘肃省共 14 条河流,主要包括洮河、周科河、科才河、括合曲、博拉河、冶木河、苏集河、广通河等。洮河及支流共有水功能一级区 13 个,水功能二级区 11 个,区划河长 1 401.6 km。洮河流域水功能区划分成果见表 4.2-1。

表 4.2-1　洮河流域水功能区划分成果

河名	水功能区		范围			目标水质
	一级	二级	起始断面	终止断面	代表河长（km）	
洮河	洮河碌曲源头水保护区		源头	青走道	120.0	Ⅱ
	洮河甘南、定西、临夏开发利用区	洮河碌曲、合作、卓尼、临潭工业、农业用水区	青走道	那瑞	217.8	Ⅲ
		洮河卓尼饮用水水源区	那瑞	卓尼	10.0	Ⅱ
		洮河卓尼、临潭、岷县工业、农业用水区	卓尼	穷林湾	61.0	Ⅲ
		洮河岷县饮用水水源区	穷林湾	岷县	11.0	Ⅱ
		洮河岷县、临潭、卓尼、康乐、渭源、临洮工业、农业用水区	岷县	杨家庄	156.0	Ⅲ
		洮河临洮饮用水水源区	杨家庄	临洮县城	9.3	Ⅱ
		洮河临洮、广河、东乡、永靖工业、农业、渔业用水区	临洮县城	入黄河口	88.0	Ⅲ
周科河	周科河碌曲源头水保护区		源头	入洮河口	82.1	Ⅰ
科才河	科才河夏河、碌曲源头水保护区		源头	入洮河口	66.5	Ⅰ
括合曲	括合曲碌曲源头水保护区		源头	入洮河口	75.2	Ⅰ
博拉河	博拉河夏河、合作源头水保护区		源头	入洮河口	84.8	Ⅰ
车巴沟	车巴沟卓尼源头水保护区		源头	入洮河口	67.0	Ⅰ
大峪河	大峪河卓尼源头水保护区		源头	入洮河口	63.3	Ⅰ
冶木河	冶木河合作、卓尼、临潭、康乐开发利用区	冶木河合作、卓尼、临潭、康乐农业用水区	源头	入洮河口	79.3	Ⅱ
苏集河	苏集河康乐源头水保护区		源头	康乐县城	38.0	Ⅱ

续表 4.2-1

河名	水功能区		范围			目标水质
	一级	二级	起始断面	终止断面	代表河长(km)	
苏集河	苏集河(三岔河)康乐、临洮开发利用区	苏集河(三岔河)康乐、临洮工业、农业用水区	康乐县城	入洮河口	15.0	Ⅲ
东峪沟	东峪沟渭源、临洮保留区		源头	入洮河口	68.8	Ⅳ
广通河	广通河合作、和政、广河开发利用区	广通河合作、和政饮用、农业用水区	源头	买家集	26.0	Ⅱ
广通河		广通河和政、广河工业、农业用水区	买家集	入洮河口	62.5	Ⅲ

洮河及其支流共划分13个水功能一级区,区划河长共计1 401.6 km。其中保护区8个,占水功能一级区的61.5%,河长596.9 km,占区划河流总长的42.6%;保留区1个,占7.7%,河长68.8 km,占4.9%;开发利用区4个,占30.8%,河长735.9 km,占52.5%。洮河流域水功能一级区划分成果见表4.2-2。

表 4.2-2　洮河流域水功能一级区划分成果　(单位:km)

河流	水功能一级区		保护区		保留区		开发利用区		缓冲区	
	个数	河长	个数	河长	个数	河长	个数	河长	个数	河长
洮河干流	2	673.1	1	120.0	0	0	1	553.1	0	0
周科河	1	82.1	1	82.1	0	0	0	0	0	0
科才河	1	66.5	1	66.5	0	0	0	0	0	0
括合曲	1	75.2	1	75.2	0	0	0	0	0	0
博拉河	1	84.8	1	84.8	0	0	0	0	0	0
车巴沟	1	67.0	1	67.0	0	0	0	0	0	0
大峪河	1	63.3	1	63.3	0	0	0	0	0	0
冶木河	1	79.3	0	0	0	0	1	79.3	0	0
苏集河	2	53.0	1	38	0	0	1	15	0	0
东峪沟	1	68.8	0	0	1	68.8	0	0	0	0
广通河	1	88.5	0	0	0	0	1	88.5	0	0
洮河流域	13	1 401.6	8	596.9	1	68.8	4	735.9	0	0

在水功能一级区划分成果的基础上,对4个开发利用区进行了二级区划,共划分了11个水功能二级区,区划河长735.9 km。按二级区第一主导功能分类,共划分饮用水水源区3个,区划河长30.3 km;饮用、农业用水区1个,区划河长26 km;工业、农业用水区5个,区划河长512.3 km;工业、农业、渔业用水区1个,区划河长88 km;农业用水区1个,

区划河长 79.3 km。洮河流域水功能二级区划分成果见表 4.2-3。

表 4.2-3　洮河流域水功能二级区划分成果　（单位：km）

河流	水功能二级区		饮用水水源区		饮用、农业用水区		工业、农业用水区		工业、农业、渔业用水区		农业用水区	
	个数	河长	个数	河长	个数	河长	个数	河长	个数	河长	个数	河长
洮河干流	7	553.1	3	30.3	0	0	3	434.8	1	88	0	0
周科河	0	0	0	0	0	0	0	0	0	0	0	0
科才河	0	0	0	0	0	0	0	0	0	0	0	0
括合曲	0	0	0	0	0	0	0	0	0	0	0	0
博拉河	0	0	0	0	0	0	0	0	0	0	0	0
车巴沟	0	0	0	0	0	0	0	0	0	0	0	0
大峪河	0	0	0	0	0	0	0	0	0	0	0	0
冶木河	1	79.3	0	0	0	0	0	0	0	0	1	79.3
苏集河	1	15	0	0	0	0	1	15	0	0	0	0
东峪沟	0	0	0	0	0	0	0	0	0	0	0	0
广通河	2	88.5	0	0	1	26	1	62.5	0	0	0	0
洮河流域	11	735.9	3	30.3	1	26	5	512.3	1	88	1	79.3

2. 水功能区常规水质监测现状

目前，流域所设置水质监测站共 3 个：洮河干流李家村、红旗 2 个水质监测站和支流广通河三甲集水质监测站。流域水功能区监测覆盖率为 15%，干流覆盖率为 25%，支流为 8.3%。洮河干流李家村和红旗水质监测站年监测频率为 12 次，广通河三甲集水质监测站年监测频率为 6 次。3 个水质监测站所属行政区域、对应水功能区划及水环境质量目标如表 4.2-4 所示。

表 4.2-4　洮河流域水质监测站概况

监测站点	所在行政区域	水功能区		水环境质量目标
		一级	二级	
李家村	甘肃省定西市临洮县	洮河甘南定西临夏开发利用区	洮河岷县临潭卓尼康乐渭源临洮工业、农业用水区	《地表水环境质量标准》中Ⅲ类水质标准
红旗			洮河临洮广河东乡永靖渔业、工业、农业用水区	

3. 水功能区水质现状评价

为全面掌握洮河流域水质状况,2012年10~12月,在洮河干流及其支流分别设置补充监测断面17个。根据洮河干流李家村、红旗2个水质监测站和支流广通河三甲集水质监测站2005~2012年常规水质监测资料,以及2012年10月和12月洮河流域17个水功能区补充监测资料,开展洮河流域水质现状评价。各水功能区水质现状见表4.2-5、表4.2-6。

表4.2-5　2005~2012年洮河水质监测站评价汇总

断面名称	水功能区		水质目标	监测时间	水质状况			是否达标		
	一级	二级			汛期	非汛期	全年	汛期	非汛期	全年
李家村(洮河)	洮河甘南、定西、临夏开发利用区	洮河岷县、临潭、卓尼、康乐、渭源、临洮工业、农业用水区	Ⅲ	2005	Ⅱ	Ⅱ	Ⅱ	是	是	是
				2006	Ⅱ	Ⅱ	Ⅱ	是	是	是
				2007	Ⅱ	Ⅱ	Ⅱ	是	是	是
				2009	Ⅱ	Ⅲ	Ⅲ	是	是	是
				2010	Ⅲ	Ⅱ	Ⅱ	是	是	是
				2011	Ⅱ	Ⅱ	Ⅱ	是	是	是
				2012	Ⅱ	Ⅲ	Ⅲ	是	是	是
				2013	Ⅱ	Ⅱ	Ⅱ	是	是	是
红旗(洮河)	洮河甘南、定西、临夏开发利用区	洮河临洮、广河、东乡、永靖工业、农业、渔业用水区	Ⅲ	2005	Ⅱ	Ⅲ	Ⅲ	是	是	是
				2006	Ⅱ	Ⅲ	Ⅱ	是	是	是
				2007	Ⅱ	Ⅲ	Ⅱ	是	是	是
				2009	Ⅳ	Ⅲ	Ⅲ	否	是	是
				2010	Ⅲ	Ⅲ	Ⅲ	是	是	是
				2011	Ⅲ	Ⅲ	Ⅲ	是	是	是
				2012	Ⅳ	Ⅲ	Ⅲ	否	是	是
				2013	Ⅲ	Ⅲ	Ⅲ	是	是	是
三甲集(广通河)	广通河合作、和政、广河开发利用区	广通河和政、广河工业、农业用水区	Ⅲ	2005	Ⅴ	Ⅲ	Ⅳ	否	是	否
				2006	Ⅳ	Ⅲ	Ⅳ	否	是	否
				2007	Ⅳ	Ⅲ	Ⅳ	否	是	否
				2009	Ⅲ	Ⅲ	Ⅲ	是	是	是
				2010	Ⅲ	Ⅲ	Ⅲ	是	是	是
				2011	Ⅲ	Ⅳ	Ⅳ	是	否	否
				2012	Ⅳ	Ⅳ	Ⅳ	否	否	否

注:2008年因监测站点技术改造,未记录监测数据;2005~2010年粪大肠杆菌未参评。

表 4.2-6 洮河补测断面水质评价

序号	断面	河流	所在水功能区		所在行政区		代表河长(km)	水质类别		目标水质	是否达标
			水功能一级区	水功能二级区	市(州)	县		汛期	非汛期		
1	如格	洮河	洮河碌曲源头水保护区		甘南州	碌曲县	120	Ⅱ	Ⅰ	Ⅱ	是
2	碌曲	洮河	洮河甘南、定西、临夏开发利用区	洮河碌曲、合作、卓尼、临潭工业、农业用水区	甘南州	碌曲县	217.8	Ⅱ	Ⅱ	Ⅲ	是
3	术布	洮河			甘南州	临潭县		Ⅱ	Ⅱ		
4	那瑞	洮河		洮河卓尼饮用水水源区	甘南州	卓尼县	10	Ⅱ	Ⅱ	Ⅱ	是
5	卓尼	洮河		洮河卓尼、临潭、岷县工业、农业用水区	甘南州	卓尼县	61	Ⅱ	Ⅱ	Ⅲ	是
6	岷县	洮河		洮河岷县饮用水水源区	定西市	岷县	11	Ⅱ	Ⅱ	Ⅱ	是
7	临洮	洮河		洮河临洮饮用水水源区	定西市	临洮县	9.3	Ⅱ	Ⅱ	Ⅱ	是
8	新添铺	洮河		洮河临洮广河东乡永靖工业、农业、渔业用水区	定西市	临洮县	88	Ⅱ	Ⅲ	Ⅲ	是
9	下巴沟	博拉河	博拉河夏河、合作源头水保护区		甘南州	合作市	84.8	Ⅰ	Ⅰ	Ⅰ	是
10	冶力关	冶木河	冶木河合作、卓尼、临潭、康乐开发利用区	冶木河合作、卓尼、临潭、康乐农业用水区	甘南州	临潭县	79.3	Ⅱ	Ⅱ	Ⅱ	是
11	康乐	苏集河	苏集河康乐源头水保护区		临夏州	康乐县	38	Ⅳ	劣Ⅴ	Ⅱ	否
12	苏集河口	苏集河	苏集河康乐、临洮开发利用区	苏集河康乐工业、农业用水区	定西市	临洮县	15	劣Ⅴ	劣Ⅴ	Ⅲ	否

续表 4.2-6

序号	断面	河流	所在水功能区		所在行政区		代表河长（km）	水质类别		目标水质	是否达标
			水功能一级区	水功能二级区	市（州）	县		汛期	非汛期		
13	尧甸	东峪沟	东峪沟渭源、临洮保留区		定西市	临洮县	68.8	Ⅳ	Ⅲ	Ⅳ	否
14	五里铺	东峪沟			定西市	临洮县		劣Ⅴ	劣Ⅴ		
15	买家集	广通河	广通河合作、和政广河开发利用区	广通河合作、和政饮用、农业用水区	临夏州	和政县	26	Ⅱ	Ⅱ	Ⅱ	是
16	科才河口	科才河	科才河夏河、碌曲源头水保护区		甘南州	碌曲县	66.5	Ⅰ	Ⅰ	Ⅰ	是
17	括合曲口	括合曲	括合曲碌曲源头水保护区		甘南州	碌曲县	75.2	Ⅰ	Ⅰ	Ⅰ	是
18	周科河口	周科河	周科河碌曲源头水保护区		甘南州	碌曲县	82.1	Ⅰ	Ⅰ	Ⅰ	是
19	车巴沟口	车巴沟	车巴沟卓尼源头水保护区		甘南州	卓尼县	67.0	Ⅰ	Ⅰ	Ⅰ	是
20	大峪河口	大峪河	大峪河卓尼源头水保护区		甘南州	卓尼县	63.3	Ⅰ	Ⅰ	Ⅰ	是

注：①总氮、粪大肠菌群、亚硝酸盐氮没有参加水质类别评价。②2#与 3#断面、13#与 14#断面、8#断面与红旗断面为同一水功能。

洮河流域大部分区域雨量相对丰沛,植被较好、水土流失较小,地表径流中天然含沙量较小,天然水质较好。洮河流域水质现状达标的水功能区 16 个,水质现状达标率为 80%,达标河长 1 217.3 km,包括 7 个水功能一级区和 9 个水功能二级区。达标河段主要分布洮河干流及上中游支流博拉河、科才河、括合曲、车巴沟、冶木河等河流。

不达标水功能区 4 个、河长 184.3 km,主要超标因子为 COD、BOD_5、氨氮等项目,主要分布在支流苏集河、东峪沟等河段,包括苏集河康乐源头水保护区,苏集河康乐工业、农业用水区,东峪沟渭源、临洮保留区,广通河和政、广河工业、农业用水区。污染最严重的是支流苏集河洮阳镇三岔河大桥附近河段与东峪沟洮阳镇北五里铺村附近河段,水质均为劣Ⅴ类,其中,苏集河洮阳镇三岔河大桥附近河段氨氮超标 1.2 倍;东峪沟洮阳镇北五里铺村附近河段 COD 超标 2.6 倍,BOD_5 超标 0.8,氨氮超标 0.5。广通河三甲集断面水质状况不容乐观。2005~2007 年,汛期及全年年均水质未能达标,主要超标项目为 BOD_5。2011 年非汛期及年均水质已不能满足水质目标要求,主要污染项目氨氮已超过Ⅳ类标准。2012 年,该断面汛期、非汛期和年均水质均不能满足水质目标要求,主要污染项目为氨氮。

4. 水质现状及污染分析

洮河不达标的水功能区主要分布在下游支流苏集河、东峪沟及广通河下游河段。苏集河与东峪沟现状水质类别为劣Ⅴ类,主要超标项目为 COD、BOD_5 和氨氮。广通河下游三甲集镇附近河段污染较为严重,汛期、非汛期和年均水质均为Ⅳ类,不能满足水质目标要求,主要的污染项目是氨氮。苏集河与广通河下游沿岸人口相对集中,加之两条河流自身水量不大,生活废污水排放是造成水质超标的主要原因。东峪沟天然水质较差,为苦咸水,且水量较小,河道内生活垃圾随意堆放现象较为普遍,造成水体污染。

4.2.1.2 饮用水水源地水质评价

洮河流域分布有 13 个饮用水水源地,其中洮河下游分布有 7 个。总体来看,洮河流域城市饮用水水源地水质状况基本良好,地表水水源地水质均达到《地表水环境质量标准》(GB 3838—2002)Ⅰ~Ⅱ类水质目标要求,地下水水源地水质均达到《地下水质量标准》(GB/T 14848—2017)Ⅰ~Ⅲ类水质目标要求,仅卓洛河水源地属于苦咸水,天然本底值较高,除溶解性总固体、总硬度超Ⅱ类水质目标外,卓洛河水源地其他水质因子均达到Ⅱ类水质目标要求。洮河流域城市饮用水水源地水质评价见表 4.2-7。

表 4.2-7 洮河流域城市饮用水水源地水质评价

区域	供水城市	水源地名称	水质目标	常规监测	现状水质	是否达标	超标因子
上游	碌曲县	玛艾水源地	Ⅲ	否	Ⅲ	是	无
	卓尼县	上河井	Ⅰ	否	Ⅰ	是	无
	临潭县	卓洛河	Ⅱ	否	Ⅰ	否	溶解性总固体、总硬度
	临潭县	斜藏沟大扎	Ⅰ	否	Ⅰ	是	无

续表 4.2-7

区域	供水城市	水源地名称	水质目标	常规监测	现状水质	是否达标	超标因子
中游	岷县	西郊	Ⅱ	是	Ⅱ	是	无
	岷县	秦许乡马烨仓	Ⅱ	是	Ⅱ	是	无
下游	临洮县	南门	Ⅱ	是	Ⅱ	是	无
	广河县	南沟水源地	Ⅱ	否	Ⅲ	是	无
	康乐县	新集水源地	Ⅱ	是	Ⅱ	是	无
	康乐县	石板沟水源地	Ⅱ	是	Ⅱ	是	无
	和政县	饮马泉水源地	Ⅱ	否	Ⅱ	是	无
	和政县	海眼泉水源地	Ⅱ	是	Ⅰ	是	无
	东乡族自治县	尕西塬水源地	Ⅱ	是	Ⅱ	是	无

4.2.2 废污水排放及入河量现状

根据洮河流域水质站常规监测资料,洮河流域排污口为 35 个,2011 年排放污水入河量为 1 111.18 万 t,洮河流域主要污染物 COD 入河量 1 711.48 t,氨氮 361.7 t(见表 4.2-8)。

从黄河流域层面分析,洮河流域位于黄河流域上游水资源二级分区龙羊峡至兰州区域。该水资源分区的 COD 入河量 237 600 t,氨氮 11 300 t,洮河流域 COD、氨氮入河量分别占黄河流域龙羊峡至兰州区域 COD、氨氮入河量的 0.72%、3.2%。说明洮河流域污染物排放量较少。

从洮河流域层面分析,流域废污水及主要污染物排放主要集中在洮河干流岷县段和临洮段,以及苏集河康乐段、广通河广河段等支流河段。洮河干流废污水入河量为 660.89 万 t,占总废污水量的 59.5%,COD 入河量为 949 t,占总入河量的 55.4%,氨氮入河量为 169.2 t,占总入河量的 46.8%;支流广通河废污水入河量为 262.05 万 t,占总入河量的 23.6%,COD 入河量为 685.8 t,占总入河量的 40%,氨氮入河量为 177.53 t,占总入河量的 49.1%;支流苏集河废污水入河量为 188.26 万 t,占总废污水量的 16.9%,COD 入河量为 76.7 t,占总入河量的 4.6%,氨氮入河量为 15 t,占总入河量的 4.1%。

从排放行业分析,洮河流域污染源主要是生活污水,生活污水入河量为 637.48 万 t,占总入河量的 57.4%,其中污染物 COD 968.69 t,占总入河量的 56.6%,氨氮 216.88 t,占总入河量的 60%;工业污水入河量为 473.7 万 t,占总入河量的 42.6%,其中污染物 COD 742.81 t,占总入河量的 43.4%,氨氮 144.82 t,占总入河量的 40%。

洮河流域各水功能区废污水入河排污量如表 4.2-8 所示。

表 4.2-8 洮河流域各水功能区废污水入河排污量

区域	排入河流	排污河段水功能区		废污水年入河量(万 t)	COD (t)	氨氮 (t)
		水功能一级区	水功能二级区			
上游	洮河	洮河甘南、定西、临夏开发利用区	洮河碌曲、合作、卓尼、临潭工业、农业用水区	15.89	26.65	1.64
	洮河	洮河甘南、定西、临夏开发利用区	洮河卓尼、临潭、岷县工业、农业用水区	9.14	17.28	1.61
中下游	洮河	洮河甘南、定西、临夏开发利用区	洮河岷县、临潭、卓尼、康乐、渭源、临洮工业、农业用水区	291.26	426.32	56.13
	洮河	洮河甘南、定西、临夏开发利用区	洮河临洮、广河、东乡、永靖工业、农业、渔业用水区	344.58	478.73	109.79
下游支流	苏集河	苏集河(三岔河)康乐、临洮开发利用区	苏集河(三岔河)康乐、临洮工业、农业用水区	188.26	76.70	15.00
	广通河	广通河合作、和政、广河开发利用区	广通河和政、广河工业、农业用水区	262.05	685.80	177.53
合计				1 111.18	1 711.48	361.7

洮河流域各类废污水入河量(甘肃)如表 4.2-9 所示。

表 4.2-9 洮河流域各类废污水入河量(甘肃)

污水性质	排入河流	废污水年入河量(万 t)	COD (t)	氨氮 (t)
生活污水	洮河	390.2	562.4	112.1
	苏集河	103.54	44.17	8.65
	广通河	143.74	362.1	96.13
工业污水	洮河	270.67	386.6	57.07
	苏集河	84.72	32.51	6.35
	广通河	118.31	323.7	81.4
合计		1 111.18	1 711.48	361.7

4.2.3　水域纳污能力

纳污能力统计范围确定为：洮河干流、支流广通河、冶木河与苏集河。经核定，洮河流域 COD、氨氮现状年纳污能力分别为 51 052 t/a、1 927.4 t/a。其中，洮河干流 COD、氨氮纳污能力分别为 49 182 t/a、1 867 t/a，占流域纳污能力的 96.3%、97%。流域现状年纳污能力情况见表 4.2-10。

表 4.2-10　流域现状年纳污能力情况

河流	水功能一级区	水功能二级区	河长(km)	水质目标	现状纳污能力(t/a)	
					COD	氨氮
洮河	洮河甘南、定西、临夏开发利用区	洮河碌曲、合作、卓尼、临潭工业、农业用水区	217.8	Ⅲ	25 750	614
		洮河卓尼饮用水水源区	10	Ⅱ	30	4
		洮河卓尼、临潭、岷县工业、农业用水区	61	Ⅲ	3 237	85
		洮河岷县饮用水水源区	11	Ⅱ	76	5
		洮河岷县、临潭、卓尼、康乐、渭源、临洮工业、农业用水区	156	Ⅲ	7 952	209
		洮河临洮饮用水水源区	9.3	Ⅱ	926	29
		洮河临洮、广河、东乡、永靖工业、农业、渔业用水区	88	Ⅲ	11 211	921
广通河	广通河合作、和政、广河开发利用区	广通河合作、和政饮用、农业用水区	26.0	Ⅱ	226	7
		广通河和政、广河工业、农业用水区	62.5	Ⅲ	332	17
冶木河	冶木河合作、卓尼、临潭、康乐开发利用区	冶木河合作、卓尼、临潭、康乐农业用水区	79.3	Ⅱ	1 238	33
东峪沟	东峪沟渭源、临洮保留区		68.8	Ⅳ	56	2.5
苏集河	苏集河(三岔河)康乐、临洮开发利用区	苏集河(三岔河)康乐、临洮工业、农业用水区	15	Ⅲ	18	0.9
合计					51 052	1 927.4

4.2.4　水环境承载能力现状

现状年洮河干流主要污染物入河量未超出水体纳污能力,水体水质良好。支流广通河与苏集河现状污染物入河量超出水体纳污能力,造成下游支流水质较差。洮河流域现状年水环境承载能力评价见表4.2-11。

表4.2-11　洮河流域现状年水环境承载能力评价

河流	水功能一级区	水功能二级区	现状纳污能力(t/a)		现状污染物入河量(t/a)		是否满足
			COD	氨氮	COD	氨氮	
洮河	洮河甘南、定西、临夏开发利用区	洮河碌曲、合作、卓尼、临潭工业、农业用水区	25 750	614	26.7	1.6	是
		洮河卓尼饮用水水源区	30	4	—	—	
		洮河卓尼、临潭、岷县工业、农业用水区	3 237	85	17.3	1.6	是
		洮河岷县饮用水水源区	76	5	—	—	
		洮河岷县、临潭、卓尼、康乐、渭源、临洮工业、农业用水区	7 952	209	426.3	56.1	是
		洮河临洮饮用水水源区	926	29	—	—	
		洮河临洮、广河、东乡、永靖工业、农业、渔业用水区	11 211	921	478.7	109.8	是
广通河	广通河合作、和政、广河开发利用区	广通河合作、和政饮用、农业用水区	226	7	—	—	
		广通河和政、广河工业、农业用水区	332	17	685.8	177.5	否
冶木河	冶木河合作、卓尼、临潭、康乐开发利用区	冶木河合作、卓尼、临潭、康乐农业用水区	1 238	33	—	—	
东峪沟	东峪沟渭源、临洮保留区		56	2.5	—	—	
苏集河	苏集河(三岔河)康乐、临洮开发利用区	苏集河(三岔河)康乐、临洮工业、农业用水区	18	0.9	76.7	15.0	否
合计			51 052	1 927.4	1 711.5	361.6	

4.2.5　水质超标原因分析

4.2.5.1　工业点源污染

洮河下游地区苏集河与广通河下游，现状水质类别为劣Ⅴ类，主要超标项目为 COD、BOD_5 和氨氮。苏集河与广通河下游是洮河流域社会经济相对发达地区，人类活动频繁，广通河岸边建有皮革工业园区，和政县、康乐县畜牧业养殖及加工业废污水量增加迅猛，直接威胁苏集河水质。两条河流自身水量不大，现状年废污水排放量远超过其水域纳污能力，工业废污水超标排放是造成其水污染的根本原因。

4.2.5.2　天然背景值偏高

洮河下游东峪沟天然水质情况较差，为苦咸水，且水量较少，东峪沟沿岸垃圾堆弃现象严重，面源污染和天然背景值是该条河流水质超标的主要原因。

4.2.5.3　水污染治理基础薄弱

据调查，洮河流域现状仅临洮县、和政县、碌曲县、渭源县会川镇污水处理厂处于试运行和正常运行状态，其他各县(市)污水处理设施均为在建或空白阶段。广通河 90%以上的废污水未经处理直接入河，皮革、洗毛、淀粉等 10 家工业企业污水处理不达标或不经处理直接入河，严重污染广通河水质。

4.3　生态环境现状调查与评价

洮河流域分布有国家重要生态功能区，是黄河流域重要水源涵养区。洮河也是我国西部多样性关键地区之一，其高寒环境构成了独特的生命存衍区，是珍稀濒危野生动物重要栖息地和中国保护动物、特有植物的重要分布区域，是珍贵的种质资源和高原基因库，在生物多样性维护方面具有十分重要的作用。

4.3.1　生态系统及其分布

流域地处甘南高原和陇西黄土高原两大地貌单元，地形高差大，气候有明显的垂直分带，中上游降水较多，下游干旱。由于地貌类型丰富、气候环境多样、生境变化复杂，从而形成了独特的生态系统类型。主要包括森林生态系统、灌丛生态系统、草原生态系统、草甸生态系统、湿地生态系统、农田生态系统、城镇生态系统等。洮河流域陆地生态系统分布情况见表 4.3-1。

4.3.2　土地利用调查与评价

4.3.2.1　土地利用现状调查

根据 2013 年卫星图片解译结果，洮河流域总面积，其土地利用类型可分为 6 个一级类型和 12 个二级类型。其中，草地面积最大，为 16 035.11 km^2，占流域总面积的 61.16%，主要分布在洮河源区；其次为耕地，面积为 5 605.54 km^2，占流域总面积的 21.38%，主要分布在下游河谷阶地及各大支流谷地；再次为林地，面积为 3 357.93 km^2，占流域总面积的 12.81%，主要分布在上游碌曲以下，岷县西寨以上的洮河南岸山区；三者之和约占流域总土地面积的97.99%。洮河流域2013年土地利用面积见表4.3-2。

表4.3-1　洮河流域陆地生态系统分布情况

生态系统类型	分布	功能	可能产生影响的规划方案
森林生态系统	主要分布在上游碌曲以下，岷县西寨以上的洮河南岸山区	水源涵养、水土保持、生物多样性维持	水土保持规划
灌丛生态系统	高山灌丛生态系统主要分布在甘南高原海拔3 700 m以上的山地阴坡	水源涵养、水土保持、生物多样性维持	水土保持规划
草原生态系统	主要分布在甘南高原	水源涵养、水土保持、社会经济服务功能(牧业生产)	水土保持规划、防洪规划
草甸生态系统	高寒草甸生态系统分布于甘南高原海拔3 300~3 700 m广大高原面及山地阳坡	水源涵养、生物多样性保护、水土保持	水土保持规划、防洪规划
湿地生态系统	主要包括河流湿地生态系统、湖泊湿地生态系统和沼泽湿地生态系统。河流湿地生态系统是洮河流域干支流河流，湖泊湿地生态系统分布于洮河上游碌曲境内南部的尕海，沼泽湿地生态系统主要分布于洮河源头	水源涵养、生物多样性保护	水土保持规划、水资源水生态保护规划、水能开发规划、水资源开发利用规划等
农田生态系统	主要分布于下游河谷阶地及各大支流谷地	社会经济服务功能(农业生产)	水土保持规划、水资源开发利用规划、防洪规划
城镇生态系统	洮河流域人口密集居住地	社会经济服务功能	水资源开发利用规划、防洪规划、水资源保护规划等

洮河上游主要以草地和林地为主，洮河中游主要以林地和耕地为主，洮河下游主要以耕地为主。

表 4.3-2　洮河流域 2013 年土地利用面积

类型		面积(km^2)	百分比(%)	
耕地	耕地	5 605.54	21.97	21.38
林地	有林地	2 676.22	10.49	10.21
	灌木林地	260.89	1.02	1
	疏林地	420.83	1.65	1.61
	小计	3 357.94	13.16	12.81
草地	高覆盖度草地	9 790.99	38.38	37.34
	中覆盖度草地	5 143.31	20.16	19.62
	低覆盖度草地	1 100.81	4.32	4.2
	小计	16 035.11	62.86	61.16
水域湿地	水域	269.28	1.06	1.03
	沼泽地	510.85	2.00	1.95
	小计	780.13	3.06	2.98
城镇用地	城镇用地	313.73	1.23	1.2
未利用地	裸岩石砾地	39.16	0.15	0.15
	其他	86.45	0.34	0.33
	小计	125.61	0.49	0.48
合计		26 218.06	100.00	100

根据遥感解译成果可知,洮河流域土地利用现状具有以下特点:

(1)洮河流域土地利用方式以草地为主,占流域面积的 61.16%,高于黄河流域草地所占比例(45.65%),主要分布在上游的青海省河南县及甘肃省甘南自治州,且以高覆盖度草地和中覆盖度草地为主,草地生态系统具有重要水源涵养功能。是国家重点生态功能区三江源草原草甸湿地生态功能区和甘南黄河重要水源补给生态功能区的重要组成部分,对于维护洮河流域、黄河流域乃至全国生态安全具有重要的地位和作用。

(2)洮河流域耕地集中分布于下游地区,占流域总面积的 21.38%,主要集中在洮河下游河谷阶地及各大支流谷地,如临洮盆地、广通河两岸谷地等。该区域大部分位于甘肃省"中部重点旱作农业区",是省级限制开发区农产品主产区。

(3)洮河流域林地也占有一定的比例,占流域面积的 12.81%,略高于黄河流域林地所占比例(11.9%),主要分布在洮河上游碌曲以下和岷县西寨以上的洮河南岸山区,是洮河流域重要水源涵养区,属于国家重点生态功能区甘南黄河重要水源补给生态功能区。

(4)洮河流域城镇化水平较低,城镇用地占流域总面积的 1.2%,远低于黄河流域城镇居民用地所占比例(2.11%)。

4.3.2.2　土地利用变化趋势

根据 2013 年及 20 世纪 80 年代卫星图片解译结果，耕地和草地变化比较大，耕地减少了 649 km^2，占原有耕地面积的 10.4%；草地增加了 649 km^2，占原有草地面积的 4.5%，耕地面积主要是下游区域减少了，草地在上游、下游都有所增加。洮河流域土地利用趋势变化见表 4.3-3。

表 4.3-3　洮河流域土地利用趋势变化

类型		20 世纪 80 年代面积(km^2)	2013 年面积(km^2)	变化面积(km^2)	百分比(%)
耕地	耕地	6 254.55	5 605.54	-649.01	-10.4
林地	有林地	2 548.06	2 676.22	-51.64	-1.5
	灌木林地	367.84	260.89		
	疏林地	493.68	420.83		
	小计	3 409.58	3 357.94		
草地	高覆盖度草地	8 374.65	9 790.99	689.61	4.5
	中覆盖度草地	4 864.78	5 143.31		
	低覆盖度草地	2 106.07	1 100.81		
	小计	15 345.5	16 035.11		
水域湿地	水域	348.38	269.28	25.05	3.3
	沼泽地	406.7	510.85		
	小计	755.08	780.13		
城镇用地	城镇用地	237.44	313.73	76.29	32.1
未利用地	裸岩石砾地	56.56	39.16	-113.96	-47.6
	其他	183.01	86.45		
	小计	239.57	125.61		

4.3.3　植物资源及其分布

4.3.3.1　植物资源及特点

甘肃洮河流域地处黄土高原和青藏高原的交汇地带，植物区系种类组成比较丰富、地理成分复杂，植物区系具有明显的过渡性。据初步统计，有种子植物 100 科，448 属，1 346 种(含变种)，高于黄河上游第一大支流湟水流域(种子植物 83 科、400 属、1 234 种)。洮河流域分布中国特有属 13 个，中国特有种 719 种，占总种数的 53.42%。

4.3.3.2　植被类型及分布

根据《中国植被》的全国植被分类系统，将洮河流域的植被类型划分为 8 个植被型、23 个植被型、23 个植被亚型、47 个植物群系。

洮河上游的碌曲县为高寒湿润性气候,在海拔3 300~4 000 m的地带形成了以高寒草甸为主的植被类型。其中蒿草高寒草甸的主要优势植物是高山蒿草、矮蒿草、蒿草。在地势平坦低洼滩地还分布有大面积的沼泽草甸,优势植物以华扁穗草、藏蒿草等。高寒灌丛多分布于海拔3 400~3 900 m的滩地、沟谷、山麓的阴坡。以头花杜鹃、百里香杜鹃等为优势植物组成常绿革叶灌丛。洮河中上游地区居高山峡谷,气候高寒,在海拔2 700~3 500 m的山地阴坡形成了寒温性常绿针叶林,岷江冷杉在洮河流域组成大面积的纯林或混交林,是本地区最主要的优势树种。

在洮河中下游的莲花山一带由于地形复杂,气候较为温暖,除在高山或亚高山地带形成亚高山寒温性常绿针叶林外,还在中山及低山分布有落叶阔叶林。

洮河下游地区属于陇西黄土高原的一部分,其植被类型以草原为主。主要优势植物是长芒草、羊茅等。

4.3.3.3　珍稀植物资源及生境分布

洮河流域有国家重点保护植物57种,其中Ⅰ级保护植物5种,Ⅱ级保护植物52种,主要分布于洮河流域海拔较高的上游及冶木河上游。洮河流域珍稀植物及分布见表4.3-4。

表4.3-4　洮河流域珍稀植物及分布

序号	中文名	拉丁名	保护级别	生境分布
1	独叶草	*Kingdonia uniflora*	Ⅰ	在甘肃洮河国家级自然保护区大峪(卓尼县)旗堡沟海拔3 200 m左右的苔藓—巴山冷杉林下有零星分布
2	毛杓兰	*Cypripedium franchetii*	Ⅰ	甘肃洮河国家级自然保护区卓尼境内海拔2 300 m的林下和山坡草地;太子山自然保护区各保护站海拔1 500~3 300 m高地草地、林缘
3	紫点杓兰	*Cypripedium guttatum*	Ⅰ	甘肃洮河国家级自然保护区海拔3 000~3 300 m的山坡;太子山自然保护区各保护站海拔1 500 m以上高山草地、林缘、灌丛下
4	西藏杓兰	*Cypripedium tibeticum*	Ⅰ	甘肃太子山国家级自然保护区各保护站海拔2 500 m以上高山草地、林缘
5	玉龙蕨	*Sorolepidium glaciale*	Ⅰ	甘肃太子山国家级自然保护区药水峡沟脑海拔3 000~3 050 m高山杜鹃灌丛带裸岩、峭壁下阴湿处
6	红花绿绒蒿	*Meconopsis punicea*	Ⅱ	甘肃太子山国家级自然保护区各保护站2 600~3 300 m高山草甸草原带、灌丛下
7	羽叶点地梅	*Pomatosace filicula*	Ⅱ	洮河以南海拔3 000~3 500 m山地草地草甸;太子山自然保护区刁祁沟海拔2 500~3 000 m山坡草地;则岔—尕海自然保护区海拔2 800~4 200 m山坡草地

续表 4.3-4

序号	中文名	拉丁名	保护级别	生境分布
8	山莨菪	*Ansodus tanguticus*	Ⅱ	甘肃洮河国家级自然保护区碌竹沟海拔 2 700~3 300 m 的山坡草地；甘肃则岔—尕海国家级自然保护区海拔 2 700~4 600 m 山坡草地、沟边、河岸草地
9	无距兰	*Aceratorchis tschiliensis*	Ⅱ	甘肃洮河国家级自然保护区卓尼境内海拔 2 600~2 800 m 的山坡草地
10	单花无柱兰	*Amitostigma monanthum*	Ⅱ	甘肃洮河国家级自然保护区 2 400~3 200 m 的山坡草地
11	凹舌兰	*Coeloglossum viride*	Ⅱ	甘肃洮河国家级自然保护区海拔 2 300~3 200 m 的林下及林园草地；甘肃太子山国家级自然保护区各保护站海拔 2 200~3 000 m 山坡林下、林缘、灌丛中；甘肃则岔—尕海国家级自然保护区海拔 1 300~3 500 m 河谷阳坡林下或灌丛中
12	珊瑚兰	*Corallorhiza trifida*	Ⅱ	甘肃洮河国家级自然保护区卓尼境内海拔 2 200 m 的山坡草地
13	大叶杓兰	*Cypripedium fasciolatum*	Ⅱ	甘肃洮河国家级自然保护区卓尼境内海拔 1 650~2 100 m 的林地山坡
14	秦岭冷杉	*Abies chensiensi*	Ⅱ	甘肃洮河国家级自然保护区零星分布于海拔 2 500~3 200 m 山地阴坡、半阴坡及半阳坡云冷杉林内
15	紫斑牡丹	*Paeonia rockii*	Ⅱ	甘肃洮河国家级自然保护区卓尼境内海拔 2 450~2 800 m 山坡灌丛或林下；甘肃太子山自然保护区药水、新营、刁祁保护站海拔 2 300~2 500 m 山坡林下、灌丛下
16	大花杓兰	*Cypripedium macranthum*	Ⅱ	甘肃洮河国家级自然保护区海拔 2 580~3 350 m 的草甸山坡
17	大叶火烧兰	*Epipactis mairei*	Ⅱ	甘肃洮河国家级自然保护区海拔 2 900~3 200 m 的山坡草地及林缘
18	裂唇虎舌兰	*Epipogium aphyllum*	Ⅱ	甘肃洮河国家级自然保护区山地草坡
19	小斑叶兰	*Goodyera repens*	Ⅱ	甘肃洮河国家级自然保护区海拔 3 150 m 草甸灌丛及岩石缝中；甘肃太子山国家级自然保护区各保护站海拔 2 300~2 800 m 山坡林下阴湿处；甘肃则岔—尕海国家级自然保护区海拔 3 000~3 500 m 的针叶林下、岩石缝中、草甸灌丛中

续表4.3-4

序号	中文名	拉丁名	保护级别	生境分布
20	手参	*Gymnadenia conopsea*	Ⅱ	甘肃洮河国家级自然保护区海拔2 800 m的草甸灌丛;甘肃则岔—尕海国家级自然保护区尕海、西倾山海拔2 800~3 800 m的草甸灌丛、山坡砾石滩草地
21	西南手参	*Gymnadenia orchidis*	Ⅱ	甘肃洮河国家级自然保护区2 300~2 800 m的山坡草地;甘肃太子山国家级自然保护区各保护站海拔2 600~3 000 m山坡林下、林缘、灌丛中及高山草甸
22	粉叶玉凤兰	*Habenaria vglaucifolia*	Ⅱ	甘肃洮河国家级自然保护区海拔约2 600 m的山坡草地
23	裂瓣角盘兰	*Herminium alaschanicum*	Ⅱ	甘肃洮河国家级自然保护区海拔2 500~ 3 000 m的山坡草地;甘肃太子山国家级自然保护区紫沟、东湾、药水、新营及刁祁保护站海拔2 000~3 000 m山坡林缘草地、灌丛下
24	角盘兰	*Herminium monochis*	Ⅱ	甘肃洮河国家级自然保护区海拔2 500~3 000 m的草地林缘;甘肃太子山国家级自然保护区紫沟、东湾、药水、新营保护站海拔1 800~3 300 m山坡林缘草地、灌丛下及沟谷沼泽草地;甘肃则岔—尕海国家级自然保护区则岔海拔2 500~4 000 m的山坡草地、林下、林缘灌丛中、河漫滩草地上
25	沼兰	*Malaxis monophyllos*	Ⅱ	甘肃洮河国家级自然保护区海拔2 400~2 920 m的云杉树下;甘肃太子山国家级自然保护区紫沟、东湾、药水、新营及刁祁保护站海拔2 000~2 400 m山坡林缘草地、灌丛下
26	尖唇鸟巢兰	*Neottia acuminate*	Ⅱ	甘肃洮河国家级自然保护区海拔2 400~3 200 m的针叶或针阔混交林下;甘肃太子山国家级自然保护区紫沟、东湾、药水、新营保护站海拔2 300~3 000 m山坡林缘草地、灌丛下;甘肃则岔—尕海国家级自然保护区则岔海拔3 300~3 800 m的山坡云杉林和冷杉林下
27	二叶兜被兰	*Neottianthe cucullata*	Ⅱ	甘肃洮河国家级自然保护区大峪海拔3 000 m左右的林地;甘肃太子山国家级自然保护区各保护站海拔2 000~3 000 m山坡林缘草地、灌丛下

续表 4.3-4

序号	中文名	拉丁名	保护级别	生境分布
28	广布红门兰	*Orchis chusua*	Ⅱ	甘肃洮河国家级自然保护区 2 100~3 520 m 的山坡草丛中；甘肃太子山国家级自然保护区各保护站海拔 1 900~3 000 m 山坡林缘草地、灌丛下、高山草甸；甘肃则岔—尕海国家级自然保护区则岔海拔 3 000~4 000 m 山坡草地、林下、高山草甸中
29	双花红门兰	*Orchis diantha*	Ⅱ	甘肃洮河国家级自然保护区海拔 2 600~3 450 m 的山坡草地
30	宽叶红门兰	*Orchis latifolia*	Ⅱ	甘肃洮河国家级自然保护区海拔 2 670~2 750 m 的山坡及河滩；甘肃太子山国家级自然保护区紫沟、东湾、药水、新营保护站海拔 1 800~3 500 m 山坡林缘草地、灌丛下或高山草地下
31	斑唇红门兰	*Orchis wardii*	Ⅱ	甘肃洮河国家级自然保护区海拔约 3 300 m 的林下草甸
32	绶草	*Spiranthes sinensis*	Ⅱ	甘肃洮河国家级自然保护区海拔 2 100~3 000 m 的山坡草地、灌丛或河谷草地；甘肃太子山国家级自然保护区紫沟、东湾、药水、新营保护站海拔 2 000~3 300 m 山坡林下、林缘草地、灌丛下或高山草地下
33	蜻蜓兰	*Tulotis asiatica*	Ⅱ	甘肃洮河国家级自然保护区海拔 2 300~2 710 m 的林地山坡；甘肃太子山国家级自然保护区紫沟、东湾、药水、新营保护站海拔 2 500~3 500 m 山坡阴湿林下
34	四萼猕猴桃	*Actinidia tetramera*	Ⅱ	甘肃太子山国家级自然保护区各保护站海拔 1 500~2 800 m 沟谷灌丛、林缘
35	黄耆	*Astragalus membranaceus*	Ⅱ	甘肃洮河国家级自然保护区海拔 2 500~3 000 m 的灌丛、林缘及山坡草地；甘肃则岔—尕海国家级自然保护区则岔海拔 2 500~3 000 m 的灌丛、林缘、山坡草地
36	穿龙薯蓣	*Discorea nipponica*	Ⅱ	甘肃太子山国家级自然保护区各保护站海拔 1 800~2 000 m 山坡、沟谷的阔叶杂木林缘、灌丛中
37	南方山荷叶	*Diphyleia sinensis*	Ⅱ	甘肃太子山国家级自然保护区各保护站海拔 2 300~2 700 m 的山坡林下或沟边灌丛下阴湿处

续表 4.3-4

序号	中文名	拉丁名	保护级别	生境分布
38	中麻黄	*Ephedra intermedia*	Ⅱ	甘肃太子山国家级自然保护区刁祁保护站海拔 1 500~2 400 m 干热河谷山坡
39	小沼兰	*Malaxis microtatantha*	Ⅱ	甘肃太子山国家级自然保护区东湾、药水、新营保护站海拔 2 000~3 000 m 山坡林缘草地、灌丛下
40	小花火烧兰	*Epipactis helleborine*	Ⅱ	甘肃太子山国家级自然保护区各保护站海拔 2 200~3 000 m 山坡林下、林缘、灌丛中
41	七叶一枝花	*Paris polyphylla*	Ⅱ	甘肃太子山国家级自然保护区紫沟、东湾、药水、新营保护站海拔 1 800~3 100 m 山坡林下
42	北重楼	*Paris verticillata*	Ⅱ	甘肃太子山国家级自然保护区紫沟、东湾、药水、新营保护站海拔 2 500~3 500 m 山坡林缘草地、灌丛下或高山草地下
43	对耳舌唇兰	*Platanthera finetiana*	Ⅱ	甘肃太子山国家级自然保护区紫沟、东湾、药水、新营保护站海拔 1 800~3 500 m 山坡林下
44	小丛红景天	*Rhodiola dumulosa*	Ⅱ	甘肃太子山国家级自然保护区各保护站海拔 2 500~3 500 m 岩石缝隙
45	密花兜被兰	*Neottianthe calcicola*	Ⅱ	甘肃太子山国家级自然保护区紫沟、东湾、药水保护站 2 600~3 300 m 山坡林缘草地、灌丛下
46	一叶兜被兰	*Neottianthe monophylla*	Ⅱ	甘肃太子山国家级自然保护区东湾、药水、刁祁保护站海拔 2 500~3 300 m 山坡林缘草地、灌丛下
47	兜被兰	*Neottianthe pseudo-diphylax*	Ⅱ	甘肃太子山国家级自然保护区紫沟、东湾、药水保护站海拔 2 000~3 000 m 山坡林下
48	四裂红景天	*Rhodiola mandshuricum*	Ⅱ	甘肃太子山国家级自然保护区各保护站 2 500~3 500 m 山坡林岩石缝隙；甘肃则岔—尕海国家级自然保护区则岔、西倾山海拔 2 900~5 100 m 的山坡石隙中、沟边
49	东北茶藨子	*Ribes mandshuricum*	Ⅱ	甘肃太子山国家级自然保护区紫沟、东湾、药水、新营、刁祁保护站海拔 1 800~2 100 m 山坡林下林缘、灌丛下
50	桃儿七	*Sinopodophulum hexandrum*	Ⅱ	甘肃洮河国家级自然保护区海拔 2 400~3 400 m 山坡及河谷灌丛、草地或林下；甘肃太子山国家级自然保护区紫沟、东湾、药水、新营保护站海拔 2 500~3 500 m 高山草丛、灌丛下或高山草地下；甘肃则岔—尕海国家级自然保护区则岔海拔 2 400~3 400 m 的山地草坡、林下

4.3.4　动物资源及其分布

4.3.4.1　动物资源

洮河流域野生动物共有 26 目 59 科 275 种，其中鱼类 26 种，主要分布洮河上游干支流河段；鸟类 168 种，主要分布在上游的自然保护区；兽类 73 种，主要分布在洮河上游人为干扰较少的山地林地。

4.3.4.2　珍稀保护动物及生境分布

洮河流域共有野生动物 26 目 59 科 275 种，共有国家重点保护动物 63 种，其中，国家一级重点保护动物 14 种（兽类 7 种、鸟类 7 种），国家二级重点保护动物 49 种（兽类 16 种、鸟类 33 种）。洮河流域国家重点保护动物名录、洮河流域国家重点保护鸟类名录分别见表 4.3-5、表 4.3-6。

表 4.3-5　洮河流域国家重点保护动物名录

序号	中文名	拉丁名	保护级别	生境分布
1	豹	*Panthera pardus*	Ⅰ	甘肃洮河国家级自然保护区海拔 3 600 m 以上的高山灌丛草甸；甘肃太子山国家级自然保护区白石山、保儿子山、母太子山，夏季栖息于海拔 3 000~4 000 m 的高山草甸地带，冬季则在海拔 1 500~2 000 m 的山谷针叶林地区活动；甘肃则岔—尕海国家级自然保护区格尔琼山、西倾山海拔 3 900 m 以上的高寒裸岩带
2	云豹	*Neofelis nebulosa*	Ⅰ	
3	雪豹	*Panthera uncia*	Ⅰ	
4	白唇鹿	Cervus alblrostris	Ⅰ	甘肃洮河国家级自然保护区海拔 2 500~3 800 m 的亚高山针阔叶混交林及针叶林；甘肃太子山国家级自然保护区前东湾、后东湾、紫沟峡、垭子沟脑、多伦沟、太子山、铁沟脑等地海拔 2 000~3 800 m 的高寒山区；甘肃则岔—尕海国家级自然保护区西部山地海拔 3 500~3 900 m 的山地灌丛及则岔海拔 2 900 m 以上的针叶林、林缘灌丛、高山草原、亚高山灌丛
5	马麝	*Moschus sifanicus*	Ⅰ	
6	林麝	*Moschus berezovskii*	Ⅰ	
7	梅花鹿	*Cervus albirotris*	Ⅰ	
8	豺	*Cuon alpinus*	Ⅱ	甘肃洮河国家级自然保护区河谷及山地阳坡草原草甸；甘肃太子山国家级自然保护区尖石山麓、白石山、窝铺沟、石砣子梁、常家沟、紫沟峡等处
9	黑熊	*Selenarctos thibetanus*	Ⅱ	甘肃洮河国家级自然保护区亚高山针阔叶混交林及针叶林；甘肃太子山国家级自然保护区紫沟、东湾、药水、新营、刁祁保护站大部分林区
10	棕熊	*Ursus arctos*	Ⅱ	
11	水獭	*Lutra lutra*	Ⅱ	甘肃则岔—尕海国家级自然保护区海拔 2 900~3 400 m 的洮河、尕海

续表 4.3-5

序号	中文名	拉丁名	保护级别	生境分布
12	石貂	*Martes foina*	Ⅱ	甘肃洮河国家级自然保护区河谷及山地阳坡草原草甸；甘肃太子山国家级自然保护区林区；甘肃则岔—尕海国家级自然保护区海拔 3 200 m 以上的森林、多石山地、灌丛、草原
13	兔狲	*Felis manul*	Ⅱ	甘肃洮河国家级自然保护区河谷及山地阳坡草原草甸；甘肃太子山国家级自然保护区紫沟、东湾、药水、新营、刁祁保护站大部分林区；甘肃则岔—尕海国家级自然保护区尕海海拔 3 000~3 500 m 的山地
14	猞猁	*Lynx lynx*	Ⅱ	甘肃洮河国家级自然保护区亚高山针阔叶混交林及针叶林；甘肃太子山国家级自然保护区紫沟保护站紫沟峡、新营保护站内大小峡、大湾滩；甘肃则岔—尕海国家级自然保护区各山海拔 2 900 m 以上的森林、山地灌丛
15	马鹿	*Cervus elaphus*	Ⅱ	甘肃洮河国家级自然保护区海拔 3 600 m 以上的高山灌丛草甸；甘肃则岔—尕海国家级自然保护区则岔海拔 3 200 m 以上的森林、高山灌丛、草原
16	金猫	*Poephagus mutus*	Ⅱ	甘肃洮河国家级自然保护区亚高山针阔叶混交林及针叶林
17	岩羊	*Psuedois nayaur*	Ⅱ	甘肃洮河国家级自然保护区海拔 3 600 m 以上的高山灌丛草甸；太子山国家级自然保护区太子山、围子山、藏拉山、白石山；甘肃则岔—尕海国家级自然保护区海拔 3 200 m 以上的山地
18	藏原羚	*Procapra picticaudata*	Ⅱ	
19	盘羊	*Ovis ammon*	Ⅱ	
20	鬣羚	*Capricornis umatraensis*	Ⅱ	
21	斑羚	*Naemorhedus goral*	Ⅱ	
22	黄喉貂	*Martes flavigula*	Ⅱ	甘肃太子山国家级自然保护区林区
23	苏门羚	*Capricornis sumatnaensis*	Ⅱ	甘肃太子山国家级自然保护区尖石山麓、松香滩、白里阳洼；甘肃则岔—尕海国家级自然保护区则岔海拔 3 400 m 以上的针叶林

表 4.3-6　洮河流域国家重点保护鸟类名录

序号	中文名	拉丁名	保护级别	生境分布
1	金雕	*Aquila chrysaetos*	Ⅰ	甘肃洮河国家级自然保护区西南部临近玛曲、夏河的高寒湿润区;甘肃太子山国家级自然保护区药水保护站、槐山子苗圃,新营保护站大小峡、大湾滩,刁祁保护站槐树关,东湾保护站后东湾,紫沟保护站紫沟峡、常家沟;甘肃则岔—尕海国家级自然保护区则岔、尕海海拔 3 200 m 以上高山草原、林缘
2	白肩雕	*Aquila heliaca*	Ⅰ	甘肃洮河国家级自然保护区西南部临近玛曲、夏河的高寒湿润区;甘肃太子山国家级自然保护区药水保护站扎子河,新营保护站大小峡、大湾滩、大滩,刁祁保护站槐树关,东湾保护站竹子沟,紫沟保护站常家沟
3	白尾海雕	*Haliaeetus albicilla*	Ⅰ	甘肃洮河国家级自然保护区西南部临近玛曲、夏河的高寒湿润区;甘肃则岔—尕海国家级自然保护区尕海突出的岩石上、大树上、悬崖峭壁的平台上
4	胡兀鹫	*Gypaetus barbatus*	Ⅰ	甘肃洮河国家级自然保护区西南部临近玛曲、夏河的高寒湿润区;甘肃太子山国家级自然保护区药水保护站母山、大王扁、小王扁,新营保护站多伦沟、白里阳洼、仙人台子,刁祁保护站多支坝、槐树关,东湾保护站土墩,紫沟保护站牟家沟;甘肃则岔—尕海国家级自然保护区海拔 3 700 m 以上的高山裸岩、草原带
5	斑尾榛鸡	*Tetrastes. s secunda*	Ⅰ	甘肃洮河国家级自然保护区高寒半湿润区高山针叶林或高山灌丛、草甸;甘肃太子山国家级自然保护区药水保护站药水峡、菜子沟、扎子河,新营保护站大小峡,东湾保护站直沟、后东湾;甘肃则岔—尕海国家级自然保护区则岔海拔 2 900~3 600 m 的针叶林、河谷、柳灌丛、次生杨林、桦林
6	雉鹑	*Tetraophasis obscurus*	Ⅰ	甘肃洮河国家级自然保护区西南部临近玛曲、夏河的高寒湿润区;甘肃太子山国家级自然保护区药水保护站母山、大王扁、小王扁,新营保护站多伦沟、松香滩、白里阳洼;甘肃则岔—尕海国家级自然保护区则岔海拔 2 900 m 以上的针叶林、高山灌丛
7	黑颈鹤	*Grus nigricollis*	Ⅰ	甘肃则岔—尕海国家级自然保护区尕海海拔 3 400~3 500 m 的尕海沼泽和草滩

续表 4.3-6

序号	中文名	拉丁名	保护级别	生境分布
8	鸢	*Milvus korschun*	Ⅱ	甘肃洮河国家级自然保护区西南部临近玛曲、夏河的高寒湿润区高寒草原;甘肃则岔—尕海国家级自然保护区则岔海拔 3 000 m 以上的村庄、旷野
9	苍鹰	*Accipiter gentilis*	Ⅱ	甘肃洮河国家级自然保护区西南部临近玛曲、夏河的高寒湿润区高寒草原;甘肃太子山国家级自然保护区林区;甘肃则岔—尕海国家级自然保护区则岔海拔 2 900 m 以上的森林带
10	雀鹰	*Accipiter Nisus*	Ⅱ	甘肃洮河国家级自然保护区西南部临近玛曲、夏河的高寒湿润区高寒草原;甘肃太子山国家级自然保护区林区;甘肃则岔—尕海国家级自然保护区则岔海拔 2 900~3 600 m 的林区
11	大鵟	*Buteo herrilasius*	Ⅱ	甘肃洮河国家级自然保护区西南部临近玛曲、夏河的高寒湿润区高寒草原;甘肃则岔—尕海国家级自然保护区则岔海拔 3 100~3 500 m 的山地和草原
12	褐耳鹰	*Beteo buteo*	Ⅱ	甘肃洮河国家级自然保护区西南部临近玛曲、夏河的高寒湿润区高寒草原;甘肃太子山国家级自然保护区林缘低山处
13	草原雕	*Aquila rapax*	Ⅱ	甘肃洮河国家级自然保护区西南部临近玛曲、夏河的高寒湿润区高寒草原;甘肃则岔—尕海国家级自然保护区尕海草原、低山带
14	黑鸢	*Milvus korschun*	Ⅱ	甘肃洮河国家级自然保护区西南部临近玛曲、夏河的高寒湿润区高寒草原;甘肃太子山国家级自然保护区林缘低山处
15	秃鹫	*Aegypius monachus*	Ⅱ	甘肃洮河国家级自然保护区西南部临近玛曲、夏河的高寒湿润区高寒草原;甘肃太子山国家级自然保护区林缘低山处;甘肃则岔—尕海国家级自然保护区尕海、则岔海拔 3 200 m 以上的山地、牧场
16	兀鹫	*Gyps fulvs*	Ⅱ	甘肃洮河国家级自然保护区西南部临近玛曲、夏河的高寒湿润区高寒草原
17	毛脚鵟	*Buteo lagopus*	Ⅱ	甘肃洮河国家级自然保护区西南部临近玛曲、夏河的高寒湿润区高寒草原

续表 4.3-6

序号	中文名	拉丁名	保护级别	生境分布
18	棕尾鵟	*Buteo rufinus*	Ⅱ	甘肃洮河国家级自然保护区西南部临近玛曲、夏河的高寒湿润区高寒草原
19	红脚隼	*Falco vesprtinus*	Ⅱ	甘肃洮河国家级自然保护区西南部临近玛曲、夏河的高寒湿润区高寒草原
20	灰背隼	*Falco columbarius*	Ⅱ	甘肃洮河国家级自然保护区西南部临近玛曲、夏河的高寒湿润区高寒草原
21	猎隼	*Falco cherrug*	Ⅱ	甘肃洮河国家级自然保护区西南部临近玛曲、夏河的高寒湿润区高寒草原;甘肃太子山国家级自然保护区整个林区;甘肃则岔—尕海国家级自然保护区海拔 2 900 m 以上的山地
22	红隼	*Falco tnnunculus*	Ⅱ	甘肃洮河国家级自然保护区西南部临近玛曲、夏河的高寒湿润区高寒草原;甘肃太子山国家级自然保护区林缘低山处;甘肃则岔—尕海国家级自然保护区尕海西部山地草原、森林
23	燕隼	*Falco subbuteo*	Ⅱ	甘肃洮河国家级自然保护区西南部临近玛曲、夏河的高寒湿润区高寒草原;甘肃则岔—尕海国家级自然保护区尕海西部山地海拔 3 400 m 的山地旷野
24	游隼	*Falco peregrinus*	Ⅱ	甘肃洮河国家级自然保护区西南部临近玛曲、夏河的高寒湿润区高寒草原;甘肃太子山国家级自然保护区林缘低山处
25	雪鹑	*Lerwa lerwa*	Ⅱ	甘肃洮河国家级自然保护区西南部临近玛曲、夏河的高寒湿润区;甘肃则岔—尕海国家级自然保护区尕海西部山地海拔 3 600 m 以上的山地灌丛、草原
26	藏雪鸡	*Tetraogallus tibetanus*	Ⅱ	甘肃洮河国家级自然保护区西南部临近玛曲、夏河的高寒半高寒湿润区高山针叶林或高山灌丛、草甸;甘肃则岔—尕海国家级自然保护区尕海山地海拔 3 900 m 以上的高山裸岩、草甸带

续表 4.3-6

序号	中文名	拉丁名	保护级别	生境分布
27	蓝马鸡	*Crossoptilon auritum*	Ⅱ	甘肃洮河国家级自然保护区半高寒湿润区高山针叶林或高山灌丛、草甸；甘肃太子山国家级自然保护区药水保护站药水峡、菜子沟、扎子河，新营保护站大小峡、铁沟、新营关、大湾滩，东湾保护站竹子沟、直沟、后东湾、前东湾、紫沟保护站紫沟峡；甘肃则岔—尕海国家级自然保护区则岔海拔 2 900 m 以上森林、高山灌丛
28	血雉	*Ithaginis cruentus*	Ⅱ	甘肃洮河国家级自然保护区半高寒湿润区高山针叶林或高山灌丛、草甸；甘肃太子山国家级自然保护区药水峡、菜子沟、扎子河，新营保护站小峡、大湾滩，东湾保护站后东湾、前东湾，紫沟保护站紫沟峡；甘肃则岔—尕海国家级自然保护区则岔海拔 2 900 m 以上的森林
29	灰鹤	*Grus grus*	Ⅱ	甘肃洮河国家级自然保护区半高寒湿润区高山针叶林或高山灌丛、草甸；甘肃则岔—尕海国家级自然保护区海拔 3 400~3 450 m 的尕海沼泽地、草地
30	蓑羽鹤	*Grus virgo*	Ⅱ	甘肃洮河国家级自然保护区西南部临近玛曲、夏河的半高寒湿润区高山针叶林或高山灌丛、草甸；甘肃太子山国家级自然保护区药水水库、牙塘水库
31	雕鸮	*Bubo bubo*	Ⅱ	甘肃洮河国家级自然保护区半高寒湿润区高山针叶林或高山灌丛、草甸；甘肃太子山国家级自然保护区普遍分布；甘肃则岔—尕海国家级自然保护区则岔海拔 2 950 m 以上的山地悬崖、森林边缘
32	纵纹腹小鸮	*Athene noctua*	Ⅱ	甘肃洮河国家级自然保护区半高寒湿润区高山针叶林或高山灌丛、草甸；甘肃则岔—尕海国家级自然保护区海拔 2 900 m 以上的山地林缘、裸岩
33	鬼鸮	*Aegolius funereus*	Ⅱ	甘肃洮河国家级自然保护区半高寒湿润区高山针叶林或高山灌丛、草甸；甘肃太子山国家级自然保护区药水峡、扎子河、槐山子苗圃、小峡、后东湾、前东湾、紫沟峡、二郎庙

续表 4.3-6

序号	中文名	拉丁名	保护级别	生境分布
34	凤头蜂鹰	*Pernis ptilorhynchus*	Ⅱ	甘肃洮河国家级自然保护区半高寒湿润区高山针叶林或高山灌丛、草甸
35	四川林鸮	*Aegolius davidi*	Ⅱ	甘肃洮河国家级自然保护区半高寒湿润区高山针叶林或高山灌丛、草甸;甘肃太子山国家级自然保护区药水峡、扎子河、小峡、后东湾、前东湾、紫沟峡
36	长尾林鸮	*Aegolius uralensis*	Ⅱ	甘肃洮河国家级自然保护区半高寒湿润区高山针叶林或高山灌丛、草甸
37	灰林鸮	*Aegolius aluco*	Ⅱ	甘肃洮河国家级自然保护区半高寒湿润区高山针叶林或高山灌丛、草甸
38	领鸺鹠	*Glaucidium brodiei*	Ⅱ	甘肃洮河国家级自然保护区半高寒湿润区高山针叶林或高山灌丛、草甸
39	高山兀鹫	*Gyps himalayensis*	Ⅱ	甘肃太子山国家级自然保护区药水、新营、刁祁、东湾,紫沟保护站高山林区,甘肃则岔—尕海国家级自然保护区海拔 3 400 m 以上的高山地区

4.3.5 湿地资源及演变趋势分析

洮河流域湿地资源相对丰富,具有重要水源涵养功能,尤其是源头区分布的沼泽化草甸;湿地类型中的河流、湖泊湿地是洮河水系鱼类重要栖息地。

2013 年洮河流域湿地面积 780.13 km^2,占洮河流域总面积的 3.06%,略低于黄河流域湿地化率(3.5%)。洮河流域湿地主要分布于洮河上游及源头区,支流冶木河源头区湿地分布也较集中。在湿地结构中,沼泽化草甸占有较大比重,占总湿地面积的 46.70%,其次是河流湿地,占总湿地面积的 28.15%。

2013 年与 20 世纪 80 年代相比(见表 4.3-7),流域湿地面积总体上变化不大,其中草本沼泽由 22.35 km^2 增加至 146.54 km^2,面积明显增加,其余河流湿地、沼泽化草甸及湖泊水库坑塘等面积都有所减少,总面积略微增加。这是因为国家和甘肃省对甘南黄河重要水源补给生态功能区的生态问题一直很关注,除了批准建立甘肃尕海—则岔国家级自然保护区、甘肃洮河国家级自然保护区,还不断投资加强其生态建设,1998 年国家实施西部大开发战略先后投资 4.6 亿元实施生态保护与建设,《甘肃省甘南黄河重要水源补给生态功能区生态保护与建设规划》的实施,对于湿地面积的恢复起到了积极的作用。但是沼泽化草甸湿地萎缩,使得湿地水源涵养功能有所下降。

表 4.3-7　洮河流域湿地资源及变化情况

湿地类型	20 世纪 80 年代		2013 年		变化	
	面积(km²)	比例(%)	面积(km²)	比例(%)	变化量(km²)	比例(%)
河流湿地	273.66	36.24	219.58	28.15	-54.08	-8.10
草本沼泽	22.35	2.96	146.54	18.78	124.19	15.82
沼泽化草甸	384.36	50.90	364.31	46.70	-20.05	-4.20
湖泊、水库、坑塘	74.73	9.90	49.7	6.37	-25.03	-3.53
合计	755.10	100.00	780.13	100.00	25.04	

4.3.6　河流廊道生态状况

洮河流域河流生境多样且脆弱，水电站不合理开发问题突出。目前，已建、在建水电站 37 座，已对水生生态系统产生了胁迫效应，突出表现为阻隔、河道减脱水、河流连通性受到影响，影响河流上游与下游、河流与两岸之间的联系，改变了局部河段的基本形态，水流连续性遭到了严重破坏。

根据《水工程规划设计生态指标体系与应用指导意见》(水总环移〔2010〕248 号)规定的河流纵向连通性评价标准，洮河干流平均 100 km 有 5.50 个水电站，河流纵向连通性评价为劣，其中洮河上游平均 100 km 有 4.95 个水电站，洮河中游平均 100 km 有 7.43 个水电站，洮河下游平均 100 km 有 4.96 个水电站，洮河干流水电开发，尤其是引水式电站的密集开发和不合理的运行，已经对水生态环境造成了不同程度的不利影响。

河流廊道生态状况见表 4.3-8。

表 4.3-8　河流廊道生态状况

区域	河段	水电站个数	纵向连通性指数	程度	是否存在脱流	防洪工程建设情况	采砂采石情况	敏感情况
上游	青走道以上	1	0.83	中	无脱流现象	无	—	重要水源涵养生态功能区，源头水保护区，生态脆弱区，生物多样性保护区
	青走道—岷县西寨	19	7.2	劣	水电站下游 3、4 月存在断流现象	分布有 10 处护岸（堤防）工程，共 18.41 km	—	重要水源涵养生态功能区，珍稀濒危鱼类重要栖息地，2 处国家级自然保护区
中游	岷县—海甸峡	11	7.4	劣	不存在脱流现象	分布有 8 处护岸（堤防）工程，共 7.841 km	河道内采砂采石情况严重	重要水源涵养生态功能区，甘肃莲花山国家级自然保护区
下游	海甸峡—入黄口	6	4.2	劣	存在脱流现象	分布有 16 处护岸（堤防）工程，共 87.3 km		珍稀濒危鱼类分布区

洮河干流水电站基本上都是引水式电站，电站在运行、管理中，没有充分考虑河流生态流量，枯水期尤其是3、4月，上游碌曲—下巴沟以上河段、海甸峡以下河段水电站下游都存在断流现象，河流水流连续性及横向连通性遭到破坏。

洮河下游布置有多处防洪工程，但多是当地居民自发修建的，防洪标准低，没有进行硬化，对河流的横向连通基本无影响。另外，洮河中下游局部河段采砂采石现象严重，直接影响到河流廊道生态状况。

4.3.7 水生生态调查评价

洮河流域丰富的水资源和良好的水质维系了较好的高原水体生态系统，是珍贵的物种资源的重要分布区域，是我国生物多样性的重要组成，也是黄河流域土著鱼类重要分布区。调查表明，该流域内土著鱼类还保持着原始的种群结构，尤其是近年来在黄河主河道中已处于濒危的厚唇裸重唇鱼(俗称石花鱼)等珍稀物种有较好的保存。

4.3.7.1 主要保护鱼类及其分布

洮河水系共有鱼类26种，占黄河水系鱼类的13.6%，是拟鲶高原鳅、厚唇裸重唇鱼、极边扁咽齿鱼(俗称小嘴黄鱼)、花斑裸鲤等黄河特有土著鱼类的重要分布区。洮河干流分布有厚唇裸重唇鱼、黄河裸裂尻鱼、嘉陵裸裂尻鱼、扁咽齿鱼等15种土著鱼类，占黄河水系土著鱼类的50%。其中列入《中国濒危动物红皮书》2种，列入《中国物种红色名录》4种，地方重点保护鱼类8种。洮河干流主要保护鱼类主要分布于上游的源头区、碌曲、卓尼等河段，以及下游的渭源、临洮等河段(见表4.3-9)。

表4.3-9 洮河干流主要保护鱼类分布

河段	上游		中游	下游		中国濒危动物红皮书	中国物种红色名录	青海省重点保护鱼类	甘肃省重点保护野生动物名录	黄河特有鱼类
	碌曲段	卓尼段	渭源段	临洮段	永靖					
厚唇裸重唇鱼	+	+		+			★		★	
黄河裸裂尻鱼	+	+	+	+				★	★	★
嘉陵裸裂尻鱼				+					★	
扁咽齿鱼	+	+				★	★	★	★	★
中华裂腹鱼		+								
花斑裸鲤	+	+						★	★	★
岷山高原鳅		+								
硬刺高原鳅	+	+								
状体高原鳅	+	+	+							
黑体高原鳅	+	+								
拟鲶高原鳅	+		+	+	+	★	★	★	★	★
黄河高原鳅			+	+	+				★	★
兰州鲶				+	+		★		★	★
小眼高原鳅	+									
黄河鲤					+					★

注：+表示有分布，★表示收入相关名录。

4.3.7.2 主要保护鱼类生态习性

洮河土著鱼类除兰州鲶外，均属于高原冷水性鱼类，有其特殊的生物学特性，大部分溯河产卵习性，要求有一定水面宽、水深、流速缓慢、水质清澈。洮河流域重要保护鱼类及生态习性见表4.3-10。

表4.3-10 洮河流域重要保护鱼类及生态习性

<table>
<tr><th>序号</th><th>保护鱼类</th><th>生态习性</th><th>主要栖息地</th></tr>
<tr><td>1</td><td>拟鲶高原鳅</td><td>高原冷水性鱼类，栖息于有水草的缓流（岸边溪沟浅水处），也栖息于水深湍急的砾石底质河段，常潜伏于底层，7、8月产卵，卵黏性。产卵场要求为较缓流型水体，有一定水面宽，水深0.5~2 m</td><td>上游碌曲段，下游临洮段、永靖段</td></tr>
<tr><td>2</td><td>黄河裸裂尻鱼</td><td>高原冷水性鱼类，栖息于流水多砾石河床，尤以被水流冲刷而上覆草皮的潜流为多。每年5~6月为主要产卵季节，有溯河产卵习性，沉性卵，产于石缝</td><td rowspan="2">上游碌曲段、卓尼段，下游临洮段</td></tr>
<tr><td>3</td><td>厚唇裸重唇鱼</td><td>高原冷水性鱼类，生活在宽谷河道中，每年河水开冰后即逆河产卵，水温15 ℃左右，在基底质为沙砾石，在流速缓慢河段产卵，沉性卵，具黏性。繁殖期为4~5月</td></tr>
<tr><td>4</td><td>极边扁咽齿鱼</td><td>高原冷水性鱼类，栖息缓流河流和静水湖泊，水底多砾石、水质清澈，繁殖期为5~6月，溯河产卵，沉性卵，产卵场位于缓流处，水深1 m以内，水质清澈，沙砾底质</td><td>洮河上游碌曲段、卓尼段</td></tr>
<tr><td>5</td><td>花斑裸鲤</td><td>高原冷水性鱼类，栖息在宽谷河道中，每年解冰后，5月下旬水温10 ℃开始繁殖，溯河产卵，沉性卵。产卵场多卵石、沙砾为底，水深1 m左右为缓流浅水区。仔鱼孵出后，随流水进入干流湾叉、岸边浅水处育肥</td><td>洮河上游卓尼段</td></tr>
<tr><td>6</td><td>黄河高原鳅</td><td>高原冷水性鱼类，生活于砾石底质急流河段，每年4~5月河道融冰时即逆水上溯产卵繁殖</td><td rowspan="2">下游临洮段、永靖段</td></tr>
<tr><td>7</td><td>兰州鲶</td><td>栖息于河流缓流处或静水中，5~6月繁殖</td></tr>
</table>

4.3.7.3 鱼类栖息地及产卵场分布

根据收集洮河（卓尼）特有鱼类国家级水产种质资源保护区、洮河定西特有鱼类国家级水产种质资源保护区、洮河碌曲段扁咽齿鱼国家级水产种质资源保护区、洮河甘南段特有鱼类国家级水产种质资源保护区、临潭县冶木河羊沙河特有鱼类国家级水产种质资源保护区、黄河刘家峡兰州鲶国家级水产种质资源保护区等相关规划报告，洮河流域甘肃省甘南州临潭县引洮入潭工程、甘肃省甘南藏族自治州引洮（博）济合供水工程、甘肃省引洮工程、甘肃省洮河干流古城以上河段水电补充规划（卓尼—临潭段）水能梯级开发规划环评报告、甘肃洮河莲麓二级水电站工程、洮河冰桥湾水电站等环境影响报告书，结合现场调查和渔业走访，洮河流域代表性鱼类裂腹鱼亚科鱼类黄河裸裂尻鱼、嘉陵裸裂尻鱼、极边扁咽齿鱼和厚唇裸重唇鱼产沉性卵,其产卵场主要分布在支流入干流的河口,且在水体底部为砾石(卵石)底,水质清澈、水流较急的河滩上产卵;黄河高原鳅无固定的产卵场,鲶鱼、鲤鱼、鲫鱼、拟鲶高原鳅均产略具黏性和黏性卵,岸边浅草丛是其主要产卵场。其中洮河上游干流及支流为珍稀濒危鱼类重要栖息地,洮河中游干流河段是土著鱼类分布河段,洮河下游干流河段是珍稀濒危鱼类重要分布河段。结合水产种质资源保护区分布情况及调查,洮河上游产卵场主要分布在源头至卓尼河段,支流冶木河、羊沙河;洮河中游产卵场主要分布在支流入洮河口处,没有固定的产卵场;洮河下游产卵场主要分布在白马浪水电站至入黄口河段(见表 4.3-11)。

表 4.3-11　洮河流域鱼类栖息地状况及产卵场分布

区域	栖息地状况	产卵场分布河段	水产种质资源保护区
上游	洮河上游及支流均为珍稀濒危鱼类重要栖息地,该区域河流水质较好,但水电开发程度较高,干流碌曲段、卓尼段及临潭段在 3、4 月存在断流现象	干流源头至卓尼河段,支流冶木河、羊沙河	干流碌曲段分布有洮河碌曲段咽齿鱼特有鱼类国家级种质资源保护区,卓尼段分布有洮河(卓尼段)特有鱼类国家级水产种质资源保护区,合作市勒秀乡河段分布有洮河甘南段特有鱼类国家级水产种质资源保护区;支流冶木河羊沙河分布有临潭县冶木河羊沙河特有鱼类国家级水产种质资源保护区
中游	分布有土著鱼类,鱼类资源不丰富	支流入洮河口处	—
下游	干流是珍稀濒危鱼类重要分布区,该河段水电开发管理不善,尤其是春季 3、4 月,存在河道断流现象,鱼类生境受到胁迫	白马浪水电站至入黄口河段	干流临洮段分布有洮河定西特有鱼类国家级水产种质资源保护区,洮河入刘家峡河段位于黄河刘家峡兰州鲶国家级水产种质资源保护区内

4.4　环境敏感区调查与评价

洮河流域生态环境脆弱,生态地位特殊,在我国生态安全和流域水资源安全中具有重要作用,为保护洮河流域生态环境,国家及相关部门在洮河流域划分了重点生态功能区、生态脆弱区、自然保护区、森林公园、水产种质资源保护区等环境重点区域和环境敏感区,是流域层面的重要保护对象。

4.4.1　国家重要功能区

4.4.1.1　国家重要生态功能区

根据《全国主体功能区规划》,洮河流域大部分位于国家重点生态功能区甘南黄河重要水源补给生态功能区、三江源草原草甸湿地生态功能区,是国家限制开发区,功能定位是保证国家生态安全的重要区域。洮河流域各类功能区基本情况见表 4.4-1。

表 4.4-1　洮河流域各类功能区基本情况

类型	名称(范围)	面积(km^2)	分布区域	主体功能	综合评价	管制原则	发展方向
限制开发区	甘南黄河重要水源补给生态功能区	33 827	上中游	水源涵养	青藏高原东端面积最大的高原沼泽泥炭湿地,在维系黄河流域水资源和生态安全方面有重要作用。目前,草原退化沙化现象严重,森林和湿地面积减少,生态环境恶化。近年来,随着国家《甘南黄河重要水源补给生态功能区生态保护与建设规划》的实施,该区域生态环境恶化趋势有所缓解	严格管制各类开发活动;开发矿产资源、发展适宜产业和建设基础设施,都要控制在尽可能小的空间范围之内;严格控制开发强度,腾出更多的空间用于维系生态系统的良性循环等;实行更加严格的产业准入环境标准,严把项目准入关;等等	加强天然林、湿地和高原野生动植物保护,实施退牧还草、退耕还林还草、牧区定居和生态移民
	三江源草原草甸湿地生态功能区(洮河流域的河南县位于该区域)	353 394	源区	水源涵养	是全球大江大河、冰川、雪山及高原生物多样性最集中的地区之一,其径流、冰川、冻土、湖泊等构成的整个生态系统对全球气候变化有巨大调节作用。目前草原退化、湖泊萎缩、鼠害严重,随着《青海三江源总体规划》的实施,该区域恶化趋势有所缓解		封育草原,治理退化草原,减少载畜量,涵养水源,恢复湿地,实施生态移民

4.4.1.2　全国生态脆弱区

根据《全国生态脆弱区保护规划纲要》,其中洮河流域青海省河南县位于青藏高原复合侵蚀生态脆弱区,提出“以维护现有自然生态系统完整性为主,全面封山育林,强化退耕还林还草政策,恢复高原山地天然植被,减少水土流失。同时,加强生态监测及预警服务,严格控制雪域高原人类经济活动,保护冰川、雪域、冻原及高寒草甸生态系统,遏制生态退化。

4.4.1.3　生物多样性保护优先区域

《中国生物多样性保护战略与行动计划》(2011—2030 年),综合考虑生态系统类型的代表性、特有程度、特殊生态功能,以及物种的丰富程度、珍稀濒危程度、受威胁因素、地区代表性、经济用途、科学研究价值、分布数据的可获得性等因素,划定了35个生物多样性保护优先区域,其中青海省河南县位于青藏高原高寒区,该区保护重点加强原生地带性植被的保护,以现有自然保护区为核心,按山系、流域建立自然保护区,形成科学合理的自然保护区网络。加强对典型高原生态系统、江河源头和高原湖泊等高原湿地生态系统的保护,加强对藏羚羊、野牦牛、普氏原羚、马麝、喜马拉雅麝、黑颈鹤、青海湖裸鲤、冬虫夏草等特有珍稀物种种群及其栖息地的保护。

4.4.2 自然保护区

洮河流域分布有4处国家级自然保护区,4处森林公园,即甘肃洮河国家级自然保护区、甘肃尕海—则岔国家级自然保护区、甘肃太子山国家级自然保护区、甘肃莲花山国家级自然保护区。

4.4.2.1 甘肃洮河国家级自然保护区(甘肃大峪国家森林公园位于该保护区内)

甘肃洮河国家级自然保护区位于洮河的中上游,地处青藏高原的东北边缘,甘南藏族自治州的卓尼、临潭、迭部、合作四县(市)境内,主体位于卓尼临潭县境内。地理坐标为东经102°46′02″~103°44′40″,北纬34°10′07″~34°42′05″。保护区总面积287 759 hm^2,其中核心区面积109 762 hm^2,缓冲区面积67 434 hm^2,实验区面积110 563 hm^2,分别占保护区总面积的38.2%、23.4%和38.4%。

保护区内水资源丰富,保护区内河流长度5 km以上河流有95条,其中洮河干流自下巴沟西宁泥巴沟以上流入保护区北缘,自大峪沟洞之西泥沟流出保护区,再由石门洮之上流经保护区东缘,自秋峪沟之下流出。保护区总集水面积2 877.59 km^2,多年平均径流量10.13亿 m^3,占洮河流域片年平均径流量53.1亿 m^3 的19.06%,是洮河的重要水源涵养区。

主要保护对象为森林生态系统、湿地、珍稀野生动植物资源及其栖息地。保护区内有鱼类26种,主要鳅亚科中的高原鳅属和裂腹鱼亚科,属于高原冷水性鱼类。

4.4.2.2 甘肃尕海—则岔国家级自然保护区

甘肃尕海—则岔国家级自然保护区地处甘肃省碌曲县境内,位于青藏高原、黄土高原和陇南山地交汇处,是洮河的主要发源地和水源涵养地,同时也是黄河的重要水源涵养区。处于北纬33°58′~34°32′,东经102°09′~102°46′。总面积为247 431 hm^2,其中核心区39 095 hm^2,占15.8%,缓冲区81 157 hm^2,占32.8%,实验区127 179 hm^2,占51.4%。

该保护区是中国少见的集森林和野生动物型、高原湿地型、高原草甸型三重功能为一体的珍稀野生动植物自然保护区。保护区有脊椎动物197种,鱼类9种,包括黄河裸裂尻鱼、厚唇裸重唇鱼等,属高原冷水性鱼类。

4.4.2.3 甘肃太子山国家级自然保护区(甘肃松鸣岩国家森林公园位于该保护区内)

甘肃太子山国家级自然保护区位于临夏回族自治州与甘南藏族自治州之间,东南起洮河下游地区,西南与甘南州临潭、夏河、合作、卓尼四县(市)及青海省循化县毗邻,东北和临夏州康乐、和政、临夏、积石四县相接。地理位置介于东经102°43′~103°42′,北纬35°02′~35°36′。东西长约100 km,南北宽约10 km。保护区总面积84 700 hm^2,其中核心区 26 053.9 hm^2，缓冲区 17 548.79 hm^2，实验区 41 097.31 hm^2，分别占保护区总面积的 31.63%、38.94%和 29.43%。

保护区属于自然生态系统类别——森林生态系统类型自然保护区。保护区生物多样性十分丰富，稀有性显著，据《甘肃太子山国家级自然保护区规划》，保护区共有维管植物 838 种，其中稀有濒危和重点保护植物有桃儿七、红花绿绒蒿、星叶草等 51 种，脊椎动物 208 种（包括雪豹、林麝、苏门羚等国家重点保护野生动物 11 种），鸟类 130 种（包括胡兀鹫、苍鹰、蓝马鸡等国家重点保护鸟类 21 种），两栖爬行动物 8 种（其中两栖类 5 种，爬行类 3 种），鱼类 10 种，昆虫 682 种，大型真菌 61 种。物种总数 1 789 种，占甘肃省物种总数 3 560 种的 50.25%。

4.4.2.4　甘肃莲花山国家级自然保护区（甘肃莲花山国家森林公园位于该保护区内）

甘肃莲花山国家级自然保护区位于甘肃省南部，位于甘肃省东南部的康乐、临潭、卓尼、临洮、渭源 5 县接壤地区，坐落在甘肃省临潭县北部的八角乡境内，汇集的三角地带总面积 125.51 km^2，是黄河一级支流洮河的重要水源涵养区之一，水源涵养作用明显。地理坐标为东经 103°39′59″～103°50′26″，北纬 34°54′17″～35°01′46″，属野生动物类型自然保护区。

主要保护对象为珍贵稀有动植物资源及其栖息地，特别是珍稀鸟类和豹等濒危动物及其栖息地，干旱地区森林生态系统及其生物多样性，以白桦、粗枝云杉、紫果云杉为主的水源涵养林和不同自然地带的典型自然景观。保护区生物资源丰富，组成成分和结构极为复杂，物种多样性程度和物种总数丰度高，有种子植物 745 种，国家保护植物有星叶草、红花绿绒蒿、胡桃、垂枝云杉、野大豆、黄蓍、木姜子、桃儿七、紫斑牡丹等 11 种和兰科植物毛杓兰、紫点杓兰等 15 种。有各类动物 764 种，国家重点保护动物有 39 种，其中，一级保护野生动物有豹、麝类、鹿类、雉鹑、金雕、斑尾榛鸡等 10 种；二级保护动物有苏门羚、岩羊、四川林鸮 、血雉、蓝马鸡等 29 种。

自然保护区基本情况如表 4.4-2 所示。

表 4.4-2　自然保护区基本情况

序号	保护区名称	功能分区	主要保护对象	级别	与洮河位置关系	与干流水力联系	面积（hm^2）
1	甘肃洮河国家级自然保护区	核心区：109 762 hm^2，缓冲区：67 434 hm^2，实验区：110 563 hm^2，分别占保护区总面积的 38.2%、23.4%和 38.4%	森林生态系统	国家级	干流流经保护区	洮河的重要水源涵养区	287 759

续表 4.4-2

序号	保护区名称	功能分区	主要保护对象	级别	与洮河位置关系	与干流水力联系	面积（hm^2）
2	甘肃尕海—则岔国家级自然保护区	核心区：39 095 hm^2，缓冲区：81 157 hm^2，实验区：127 179 hm^2，分别占保护区总面积的 15.8%、32.8%、51.4%	湿地、森林	国家级	干流流经保护区	洮河的重要水源涵养区	247 431
3	甘肃太子山国家级自然保护区	核心区 26 053.9 hm^2，缓冲区 17 548.79 hm^2，实验区 41 097.31 hm^2，分别占保护区总面积的 31.63%、38.94%和 29.43%	森林生态系统	国家级	不在干流	支流的重要水源涵养区	84 700
4	莲花山国家级自然保护区		天然森林系统	国家级	干流流经保护区	生物多样性	11 691

4.4.3　森林公园

4.4.3.1　甘肃大峪国家森林公园

甘肃大峪国家森林公园位于甘肃省卓尼县境内，面积 27 625 hm^2，为高山峡谷型森林公园，该公园的风景资源是以大面积原始森林景观为主体的自然山水生态型公园，分属地文景观、水文景观、生物景观、天象景观、人文景观等 5 个类型，现有景观景点 138 处，集山、水、林等景观于一身，融雄、奇、险、秀、幽为一体，具有较高的美学观赏价值和科研价值。

4.4.3.2　甘肃松鸣岩国家森林公园

甘肃松鸣岩国家森林公园，位于甘肃临夏州和政县南 25 km 处的太子山林区。位于甘肃太子山国家级自然保护区内。森林公园总面积为 2 666 hm^2，由松鸣岩风景名胜古迹区、药水峡水上游乐区、八路沟高山植物园区、槐山子梁森林景观区、小峡休闲度假区组成。

甘肃松鸣岩国家森林公园相对高差大，动植物种类繁多，已查明的野生动物有蓝马鸡、红腹锦鸡、淡腹雪鸡、野雉、麋鹿、鹿等珍稀动物；查明的乔木、灌木有 200 余种，野生花木 174 种，野生药材 205 种，有一定经济观赏价值的野生果品类 10 余种，又有“绿色植物王国”之美称。

4.4.3.3 甘肃莲花山国家森林公园

甘肃莲花山国家森林公园地处甘肃省康乐县、临潭县、卓尼县、渭源县、临洮县交界处,位于东经103°41′~103°51′,北纬34°55′~35°02′。东至洮河,西至洮河林业局冶力关林场界,南至洮河林业局羊沙林场界,北至冶木河,位于甘肃莲花山国家级自然保护区内,总面积4 873 hm^2。

全山由裸露的石灰岩构成,呈鳞形断层,尖峰乱耸,形拟莲瓣,中顶平圆,状如莲蕊,因山峰酷似正在绽放的九瓣莲花而得名。景区主峰南北宽约2 km,东西长约4 km,山形奇特,四面危崖千仞,悬崖峭壁上生长着无数的苍松翠柏,藤条枝草。莲花山属西倾山脉余脉,原始森林集中,现有森林面积1 200 hm^2。南北有羊沙河与冶木河相夹,似彩带环绕。

4.4.3.4 冶力关国家森林公园

甘肃冶力关国家森林公园位于青藏高原的东北边缘,甘南藏族自治州卓尼、临潭两县境内,东邻莲花山国家级自然保护区,西接合作市,北与临夏、康乐毗连,总面积79 400 hm^2,森林覆盖率为63%,植被覆盖率92.0%。该区属湿润的高原气候,特点是高寒湿润,气温年差较小,月差较大,雨热同季,垂直差异显著。

冶木河贯穿全区,自西向东流入洮河。地质构造复杂,地貌奇特。冶木河上游地势平缓,有牧草丰茂的天然牧场,也有地势陡峭、沟深谷窄的连珠峡。下游以林海苍茫、清溪潆洄、曲径通幽的沟壑为主。连珠峡壁立千仞、奇峰林立、古树盘岩、虬枝倒挂,千姿百态。

冶力关国家森林公园海拔1 800~3 600 m,年平均气温5.1~6.7 ℃。森林公园以高山暗针叶为主体,主要乔木树种有云杉、冷杉、油松、华山松、红桦、白桦、栎树等。灌木有箭竹、高山柳、杜鹃、小檗、沙棘、蔷薇、忍冬、鲜卑花、绣线菊、木本萎陵菜等。野生动物种类丰富,国家一类保护动物有黑鹤、金钱豹、麋鹿、金雕、胡兀鹫、雪豹、大马鹿、藏原羚、斑尾榛榛鸡等;二类保护动物有毛冠鸡、雪鸡、水獭、金猫、猞猁、马鹿、大天鹅、猎隼,血雉、蓝马鸡、石貂等,三类保护动物有貂猫、黄羊、鸢、苍鹰、环颈雉等。

冶力关国家森林公园是经国家林业局以林场发〔2002〕274号文件批准设立的,隶属白龙江林业管理局洮河林业局。

洮河流域国家森林公园基本情况如表4.4-3所示。

表4.4-3 洮河流域国家森林公园基本情况

<table>
<tr><th>名称</th><th>主要保护对象</th><th>主体生态功能</th><th>与洮河位置关系</th><th>水力联系</th></tr>
<tr><td>甘肃大峪国家森林公园</td><td rowspan="4">森林资源、森林景观</td><td rowspan="4">水源涵养、生物多样性保护、气候调节</td><td>位于洮河上游卓尼县</td><td rowspan="2">重要水源补给区</td></tr>
<tr><td>甘肃莲花山国家森林公园</td><td>位于洮河中游沿岸</td></tr>
<tr><td>甘肃松鸣岩国家森林公园</td><td>位于洮河支流源头</td><td rowspan="2">水源补给区</td></tr>
<tr><td>甘肃冶力关国家森林公园</td><td>位于洮河支流冶木河沿岸</td></tr>
</table>

4.4.4 饮用水水源地保护区

洮河流域获甘肃省人民政府批复的水源保护区共9个,保护区面积91.60 km^2,其中一级区面积2.11 km^2,二级区面积89.49 km^2。洮河流域水源地保护区现状见表4.4-4。

表 4.4-4　洮河流域水源地保护区现状

序号	地市	县	水源地名称	水源地类型	保护区面积（km^2）	一级区面积（km^2）	二级区面积（km^2）
1	定西市	临洮县	城区饮用水水源保护区	地下水	15.28	0.41	14.87
2	定西市	岷县	洮河右岸地下水水源保护区	地下水	2.57	0.06	2.51
3	定西市	岷县	秦许乡马烨仓水源保护区	地表水	20.08	0.06	20.02
4	甘南州	卓尼县	城区饮用水水源保护区	地表水	9.9	0.16	9.74
5	甘南州	临潭县	斜藏沟大扎水源保护区	地表水	4.79	0.09	4.7
6	甘南州	临潭县	卓洛水源保护区	地下水	5.61	0.46	5.15
7	临夏州	东乡族自治县	尕西塬饮用水水源保护区	地下水	21.54	0.54	21
8	临夏州	和政县	海眼泉饮用水水源保护区	地表水	4.74	0.12	4.62
9	临夏州	康乐县	石板沟饮用水水源保护区	地表水	7.09	0.21	6.88

4.4.4.1　临洮县城区饮用水水源保护区

一级保护区：以 1 至 4 号饮用水取水井为中心，半径 100～200 m 的圆形区域，面积 0.41 km^2。

二级保护区：西起洮河右岸 50 m 河漫滩，东至东山一小平寨公路，北起县城西大街，南至李家坪的区域（一级保护区除外），面积 14.87 km^2。

4.4.4.2　岷县洮河右岸地下水水源保护区

洮河右岸地下水水源保护区面积 2.57 km^2，其中：一级保护区范围分别以 1、2 号饮用水取水井为中心，半径 100 m 的圆形区域，面积 0.06 km^2；二级保护区范围为西起 1 号饮用水取水井西侧 1 000 m 处，东至 2 号饮用水取水井东侧 600 m 处，北起洮河北岸纵深 50 m（含洮河地表水体）处，南至 1、2 号饮用水取水井南侧 1 000 m 处的区域，面积 2.51 km^2。

4.4.4.3　岷县秦许乡马烨仓水源保护区

秦许乡马烨仓水源保护区面积 20.08 km^2，其中：一级保护区范围为饮用水取水口上游 1 000 m 至下游 100 m 的西河河道水域和河道南北两山所夹沟谷的陆域，面积 0.06 km^2；二级保护区范围为饮用水取水口上游 3 000 m 的西河河道水域和上游集雨区域（一级保护区除外），面积 20.02 km^2。

4.4.4.4　卓尼县城区饮用水水源保护区

一级保护区：北起水源地围墙，南至苗圃南侧围墙，东、西分别以山脚为界的沟谷内水域和陆域。一级保护区总面积 0.16 km^2。

二级保护区：北起水源地北桥，南至木耳沟叉口，东、西分别由一级保护区边界外延 2 000 m 内的集雨区域水域和陆域（一级保护区除外）。二级保护区面积 9.74 km^2。

4.4.4.5　临潭县斜藏沟大扎水源地保护区

斜藏沟大扎水源保护区面积 4.79 km^2。一级保护区范围为以饮用水取水口下游 100

m处为中心半径500 m,向上游呈115°扇形内的水域和陆域,面积0.09 km²;二级保护区范围为饮用水取水口上游4 000 m至取水口下游100 m,两侧沟谷山脊线内主要集水区域的水域和陆域(一级保护区除外),面积4.7 km²。水源保护区内主要是草场和少量耕地,存在一定的农牧业面源污染。

4.4.4.6　临潭县卓洛水源地保护区

卓洛水源保护区面积5.61 km²。一级保护区范围为以饮用水取水井1、2、3号井形成井群中心为圆心半径250 m(西北侧至卓洛乡镇路)内及以取水井4、5、6、7号井各井口为圆心半径150 m内的水域和陆域,面积0.46 km²;二级保护区范围为饮用水7号取水井上游1 500 m至1~3号取水井群下游250 m,两侧达沟谷山脚内的水域和陆域(一级保护区除外),面积5.15 km²。水源保护区内有村落和耕地,存在居民生活污染和农业面源污染。

4.4.4.7　东乡族自治县尕西塬饮用水水源保护区

东乡族自治县尕西塬饮用水水源保护区,总面积21.54 km²。一级保护区:范围为以饮用水取水口为中心半径500 m范围内的水域和取水口侧正常水位线以上200 m范围内的陆域。一级保护区面积0.54 km²。二级保护区:范围为以饮用水取水口为中心半径2 650 m范围内的水域和取水口为中心半径3 500 m范围内集水区域的陆域(一级保护区水域、陆域除外)。二级保护区面积21 km²。

4.4.4.8　和政县海眼泉饮用水水源保护区

和政县海眼泉饮用水水源保护区,总面积4.741 km²。

一级保护区:范围为饮用水取水口上游1 000 m至取水口下游100 m的河道水域和沿岸纵深50 m的陆域。一级保护区沿河道长度1.1 km,面积0.12 km²。

二级保护区:范围为饮用水取水口上游4 449 m至取水口下游300 m之间的河道水域和沿岸纵深1 000 m的陆域(一级保护区水域、陆域除外),同时包含上游支流1和支流2从汇入口分别至上游600 m和400 m的河道水域和沿岸纵深1 000 m的陆域。二级保护区沿主河道长度4.749 km,面积4.62 km²。

4.4.4.9　康乐县石板沟饮用水水源保护区

一级保护区:范围为饮用水取水口支流1和支流2上游各1 000 m至取水口下游100 m的河道水域和沿岸纵深50 m的陆域。一级保护区沿河道总长度2.1 km,面积0.21 km²。

二级保护区:范围为饮用水取水口支流1和支流2上游2 160 m和2 178 m至取水口下游300 m的河道水域和沿岸纵深1 000 m范围内集水区域的陆域(一级保护区水域、陆域除外)。二级保护区沿河道总长度4.64 km,面积6.88 km²。

4.4.5　珍稀濒危鱼类及其栖息地与水产种质资源保护区

洮河是黄河上游特有鱼类的重要分布区,共分布有6个国家级水产种质资源保护区,分别是洮河碌曲段扁咽齿鱼国家级水产种质资源保护区、洮河(卓尼)特有鱼类国家级水产种质资源保护区、洮河甘南段特有鱼类国家级水产种质资源保护区、临潭县冶木河羊沙河特有鱼类国家级水产种质资源保护区、洮河定西特有鱼类国家级水产种质资源保护区和黄河刘家峡兰州鲶国家级水产种质资源保护区。

4.4.5.1　洮河碌曲段扁咽齿鱼特有鱼类国家级种质资源保护区

洮河碌曲段扁咽齿鱼特有鱼类国家级种质资源保护区位于甘肃省碌曲县境内，主要包括洮河在碌曲段及其支流。核心区位于李恰如牧场的莫尔仓至玛艾镇达尔宗以及西仓乡新寺至小阿拉、拉仁关乡则岔至西仓乡贡去乎，由三段组成。核心区特别保护期为4月1日至8月31日。主要保护对象为扁咽齿鱼，其他保护物种包括厚唇裸重唇鱼、裸裂尻鱼、花斑裸鲤、拟鲶高原鳅、小眼高原鳅、硬刺高原鳅、黑体高原鳅、壮体高原鳅、水獭等。

4.4.5.2　洮河(卓尼段)特有鱼类国家级水产种质资源保护区

洮河特有鱼类国家级水产种质资源保护区位于甘肃省甘南藏族自治州卓尼县境内，由洮河干流及其12条一级支流河段和两岸的滩涂、沼泽、沟谷以及草原、林地等水源涵养区构成，总面积为4 230 km^2。特别保护期为每年的4月20日至8月30日。核心区包括两部分，第一部分是洮河干流扎古录镇塔扎安果至麻路段，全长27.6 km；第二部分是从塔扎安果到纳浪乡西尼沟高石崖的12条支流和两岸1 500~2 500 m的滩涂、沼泽沟谷以及溪流、草原、林地等水源涵养区构成。主要保护对象为厚唇裸重唇鱼、裸裂尻鱼、扁咽齿鱼、中华裂腹鱼、花斑裸鲤和岷山高原鳅、硬翅高原鳅、状体高原鳅、黑体高原鳅以及国家二级重点保护水生野生动物水獭、甘肃省重点保护水生动物西藏山溪鲵等。

4.4.5.3　洮河甘南段特有鱼类国家级水产种质资源保护区

洮河甘南段特有鱼类国家级水产种质资源保护区总面积为630 hm^2，其中核心区面积为490 hm^2，实验区面积为140 hm^2。核心区特别保护期为每年的4月15日至8月31日。保护区位于黄河上游的甘肃省甘南州合作市勒秀乡洮河段内，全长约50 km，地理范围在东经103°03′41″~102°55′26″，北纬34°38′45″~34°49′19″。

主要保护对象为厚唇裸重唇鱼，其他保护对象包括黄河裸裂尻鱼、花斑裸鲤、极边扁咽齿鱼、嘉陵裸裂尻鱼、黄河雅罗鱼、黄河高原鳅等物种。

4.4.5.4　临潭县冶木河羊沙河特有鱼类国家级水产种质资源保护区

洮河是黄河水系上游的重要支流，冶木河、羊沙河是洮河在临潭境内的最大支流。保护区位于洮河上中游临潭县境内的冶木河和羊沙河及其支流，总面积1 128 hm^2，其中核心区面积587 hm^2，占保护区总面积的52%，主要为冶木河和羊沙河的干流；实验区面积541 hm^2，占保护区总面积的48%，主要为冶木河的支流小沟河、板夹沟河、池沟河和后山河；羊沙河的支流巴达河、甘沟河、各龙口河。保护区为冶木河羊沙河特有鱼类等洮河上中游高原冷水性鱼类栖息、繁衍、生长的重要场所。

该河段的24种鱼类中，列入甘肃省重点保护野生动物名录的有花斑裸鲤、厚唇裸重唇鱼、黄河裸裂尻鱼、嘉陵裸裂尻鱼、极边扁咽齿鱼、黄河雅罗鱼、赤眼鳟、拟鲶高原鳅、黄河高原鳅共9种，已被列入《中国濒危动物红皮书——鱼类》中的鱼有拟鲶高原鳅、极边扁咽齿鱼两种。由于花斑裸鲤在调查水域中为优势种群，是保护区的重要保护对象。

4.4.5.5　洮河定西特有鱼类国家级水产种质资源保护区

洮河定西特有鱼类国家级水产种质资源保护区洮河定西段土著鱼类水产种质资源保护区地处临洮县红旗乡扎马圈村至玉井镇下何家村，全长100 km。核心区位于红旗乡扎马圈村—新店镇康家崖村之间，河段长55 km，占保护区河段全长的55%，核心区特别保护期为每年4~7月。主要保护对象为厚唇裸重唇鱼、拟鲶高原鳅、黄河高原鳅、黄河裸裂尻鱼、嘉陵裸裂尻鱼、兰州鲶等。

4.4.5.6　黄河刘家峡兰州鲶国家级水产种质资源保护区

黄河刘家峡兰州鲶国家级水产种质资源保护区位于刘家峡水库段及洮河入库口河段。主要保护对象为兰州鲶、黄河鲤鱼、拟鲶高原鳅、黄河高原鳅等,保护区面积 1 007.4 hm^2,占刘家峡水库总面积的 9.4%,核心区面包括:洮河水域,从巴米山沟口起至洮河入库口一带洮河水域,是兰州鲶(鲇)原产地,是兰州鲶(鲇)、拟鲶高原鳅、黄河高原鳅等的主要产卵场、索饵场、越冬场,面积 285.8 hm^2,占核心区面积的 30.6%;焦张水域,从银川沟口起至炳灵寺峡口直线正对焦张岸边整个水域,是黄河鲤鱼等土著鱼类的主要产卵场、索饵场、越冬场。

洮河流域水产种质资源保护区基本情况如表 4.4-5 所示。

表 4.4-5　洮河流域水产种质资源保护区基本情况

分布河段	保护区名称	行政区域	具体位置	主要保护对象
洮河源头至岷县西寨,珍稀濒危鱼类重要栖息地	洮河碌曲段扁咽齿鱼国家级水产种质资源保护区	碌曲县	洮河在碌曲段及其支流	主要保护对象是扁咽齿鱼,其他保护物种包括厚唇裸重唇鱼、裸裂尻鱼、花斑裸鲤、拟鲶高原鳅、水獭等
	洮河(卓尼段)特有鱼类国家级水产种质资源保护区	卓尼县	卓尼县河段,洮河干流及其 12 条一级支流河段和两岸的滩涂、沼泽等组成	厚唇裸重唇鱼、裸裂尻鱼、扁咽齿鱼、中华裂腹鱼、花斑裸鲤和岷山高原鳅、硬翅高原鳅、状体高原鳅、黑体高原鳅以及国家二级重点保护水生野生动物水獭、甘肃省重点保护水生动物西藏山溪鲵等
	洮河甘南段特有鱼类国家级水产种质资源保护区	合作市勒秀乡	合作市勒秀乡洮河段内	主要保护对象为厚唇裸重唇鱼(俗称石花鱼),其他保护对象包括黄河裸裂尻鱼、花斑裸鲤(俗称大嘴黄鱼)、极边扁咽齿鱼(俗称小嘴黄鱼)、嘉陵裸裂尻鱼、黄河雅罗鱼、黄河高原鳅等物种
	临潭县冶木河羊沙河特有鱼类国家级水产种质资源保护区	临潭县	洮河流域支流冶木河羊沙河	厚唇裸重唇鱼、裸裂尻鱼、花斑裸鲤、扁咽齿鱼等

续表 4.4-5

分布河段	保护区名称	行政区域	具体位置	主要保护对象
下游	洮河定西特有鱼类国家级水产种质资源保护区	临洮县	洮县红旗乡扎马圈村至玉井镇下何家村,全长 100 km	厚唇裸重唇鱼、拟鲶高原鳅、黄河高原鳅、黄河裸裂尻鱼、嘉陵裸裂尻鱼、兰州鲶等
	黄河刘家峡兰州鲶国家级水产种质资源保护区	永靖县	洮河入黄口河段	兰州鲶、黄河鲤鱼、拟鲶高原鳅、黄河高原鳅等

4.4.6 地质公园

洮河流域分布有 4 处地质公园,即和政古生物化石国家地质公园、冶力关省级地质公园、洮河大峪地质公园、则岔石林省级地质公园。本次规划的工程不涉及地质公园。

4.5 流域环境影响回顾性评价

4.5.1 水资源开发利用及环境影响回顾性分析

4.5.1.1 已有水资源开发利用对天然径流量的影响

洮河流域水资源开发利用程度较低。2013 年地表水资源开发利用程度为 7.4%,上中下游水资源开发利用率差异较大,下游水资源利用率高达 38.09%。

与 1956~2000 年相比,洮河 2001~2010 年平均天然径流量偏少了 16.3%。从洮河年降水径流关系对比来看,没有发生大的变化(见图 4.5-1),说明洮河流域近 10 年天然径流量偏少属于正常变化范畴。主要是由于出现了 1986~2002 年连续枯水年(见图 4.5-2),下垫面蓄水容量较大,导致 2001 年以后的降水产流量减小。

4.5.1.2 已有水资源开发利用对水文变异程度的影响

流量过程变异程度指标由评估年逐月实测径流量与天然径流量的平均偏离程度表达,反映评估河段监测断面以上流域水资源开发利用对评估河流水文情势的影响程度。计算公式如下:

$$FD = \left\{ \sum_{m=1}^{n} \left(\frac{q_m - Q_m}{\overline{Q_m}} \right) \right\}^{1/2} \qquad \overline{Q_m} = \frac{1}{12} \sum_{m=1}^{n} Q_m$$

式中:q_m 为评估年实测月径流量;Q_m 为评估年天然月径流量;$\overline{Q_m}$ 为评估年天然月径流量年平均值,天然径流量为按照水资源调查评估相关技术规划得到的还原量。流量过程变异程度指标值越大,说明相对天然水文情势的变化程度越大,对水生生物的影响越大。

通过计算及指标赋分对比,洮河上中游水文变异程度很小,人为干扰很小,洮河下游

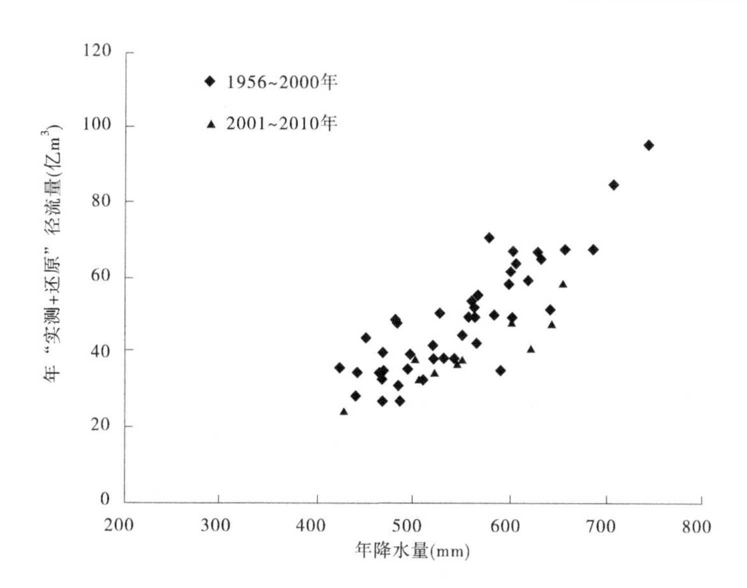

图 4.5-1　洮河流域不同时期年降水径流关系对比

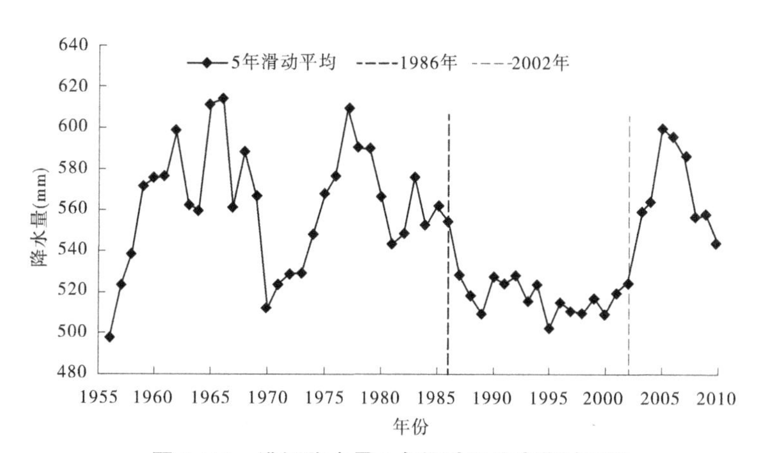

图 4.5-2　洮河降水量 5 年滑动平均变化过程线

水文变异程度较大,人为干扰程度明显增加。

流量过程变异程度指标赋分如表 4.5-1 所示。

表 4.5-1　流量过程变异程度指标赋分

FD	赋分
0.05	100
0.1	75
0.3	50
1.5	25
3.5	10
5.0	0

2013 年洮河流域重要断面水文变异程度如表 4. 5-2 所示。

表 4. 5-2 2013 年洮河流域重要断面水文变异程度

河段	重要断面	水文变异程度	指标赋分	水文变异程度分析
上游	下巴沟	0	100	保持天然径流过程
中游	岷县	0. 03	100	基本保持天然径流过程
下游	红旗	0. 64	25~50	相对于天然径流过程发生了改变

4. 5. 1. 3 已有水资源开发利用对生态需水满足程度的影响

根据 2001~2013 年各个重要断面多年月均下泄流量，评价近 10 年重要断面的生态需水满足程度。通过近 10 年生态流量与实测多年月均下泄流量对比，下巴沟、岷县及红旗断面能满足生态流量的要求(见表 4. 5-3)。

表 4. 5-3 洮河干流重要断面生态流量与实测多年月均下泄流量对比 (单位：m^3/s)

断面	月份	1	2	3	4	5	6	7	8	9	10	11	12
下巴沟	生态流量	12	12	12	22	22	22	47	47	47	47	22	12
	2001~2013 年月均流量	19	20	21	24	23	34	49	62	67	70	39	24
	是否满足	是	是	是	是	是	是	是	是	是	是	是	是
岷县	生态流量	18	18	18	32	58	58	103	103	103	103	38	18
	2001~2013 年月均流量	32	33	37	47	72	93	128	142	161	175	81	45
	是否满足	是	是	是	是	是	是	是	是	是	是	是	是
红旗	生态流量	32	32	32	38	70	70	140	140	140	140	64	32
	2001~2013 年月均流量	45	48	52	65	93	112	146	183	216	224	120	92
	是否满足	是	是	是	是	是	是	是	是	是	是	是	是

4. 5. 1. 4 已建中小型水库对水环境的影响

截至 2013 年，洮河流域已建中小型水库 13 座，集中分布在下游，主要分布在苏集河、广通河水系。其中 1 座大型水库(九甸峡水库)，1 座中型水库，11 座小型水库。中小型水库建设在为流域及相关地区生活、工农业发展提供供水保障的同时，使得下游水资源利用率大大高于上中游，水文变异程度相对较大，下游人为干扰程度明显增加。

1. 洮河流域现状用水情况

2013 年洮河流域供水量为 3. 60 亿 m^3，流域现状供水以地表水供水为主。上、中、下游供水用水量分别占总供水用水量的 4. 9%、6. 9%、88. 2%，洮河流域供水用水主要集中在下游。

2013 年流域各部门总用水量 3. 60 亿 m^3，其中农田灌溉用水 2. 81 亿 m^3，占总用水量的 78. 3%，为第一用水大户；生活用水 0. 32 亿 m^3，占总用水量的 9. 0%；工业、建筑业及第三产业用水 0.27 亿 m^3,占总用水量的 7.2%;林牧渔畜用水 0.189 亿 m^3,占总用水量的 5.3%;城镇生态用水 61 万 m^3,占总用水量的 0.2%。洮河流域水资源利用主要以农田灌溉为主,且主要分布在下游。从水资源空间分配和行业用水分析,洮河下游产生灌溉退水较大。

洮河流域各行业用水情况如图 4.5-3 所示。

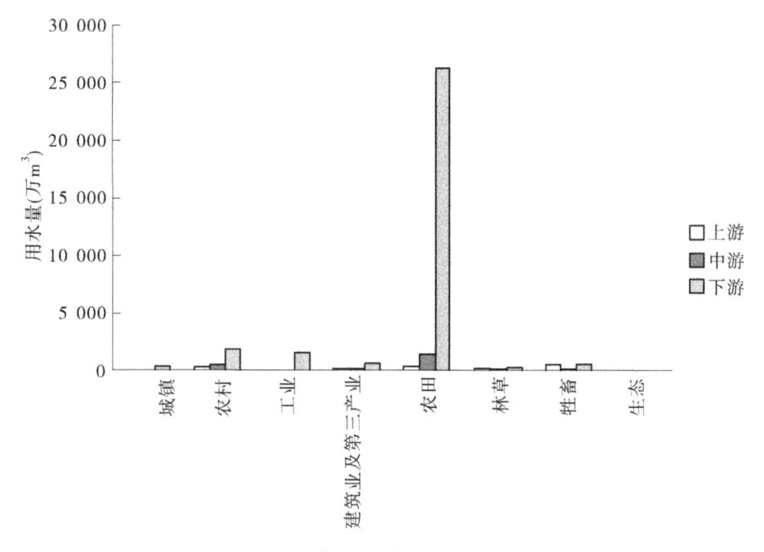

图 4.5-3　洮河流域各行业用水情况

2. 影响回顾性评价

由前述水质现状评价可知,洮河流域不达标河段主要分布在支流苏集河、东峪沟等河段,是中小型水库集中分布区域,也是灌区集中区域,主要超标因子为 COD、BOD_5、氨氮等项目。因此,评价认为,受下游用水影响,灌溉退水对中小型集中分布的苏集河、广通河水环境产生不利影响,是造成洮河流域下游河段部分支流水功能区水质不达标的重要原因之一。

4.5.2　水电站梯级开发及环境影响回顾性分析

4.5.2.1　已有水电站梯级开发对河流连通性的影响

洮河流域水能资源较为丰富,洮河干流已建、在建水电站 37 座,水电站密集开发尤其上游水电站不合理开发使河流连通性遭到严重破坏(见表 4.5-4)。

表 4.5-4　洮河干流水电站开发状况及与敏感区位置关系

河段	电站名称	河流连通性	脱流情况	河流生态基流满足程度	敏感区
青走道以上	尕克	在建水电站 1 座	无	可以得到满足	洮河源头水保护区 青藏高原复合侵蚀生态脆弱区 三江源草原草甸湿地生态功能区

续表 4.5-4

河段	电站名称	河流连通性	脱流情况	河流生态基流满足程度	敏感区
青走道—岷县西寨	阿拉山	在建、已建水电站19座，河流连通性较差，评价为劣	有	按照环评批复，需要保留10%的多年平均流量作为生态下泄流量，但在实际管理中，并没有严格按次执行，洮河上游在春季3、4月存在断流现象	濒危珍稀鱼类保护栖息地及产卵场 甘南黄河重要水源补给生态功能区
	西仓				濒危珍稀鱼类保护栖息地及产卵场 尕海—则岔国家级自然保护区 甘南黄河重要水源补给生态功能区
	大庄				濒危珍稀鱼类保护栖息地及产卵场 甘南黄河重要水源补给生态功能区 濒危珍稀鱼类保护栖息地及产卵场
	多松多				
	吾乎扎				
	峡村				
	安果儿				
	赛吾多				
	如吾				
	扎古录				
	鹿儿台				
	术布				
	录巴寺				
	独山子				
	扭子				
	多架山				
	俄吾多				
	青石山				
	上川				
西寨—海甸峡	坎峰	在建、已建水电站11座，河流连通性较差，评价为劣	—	无断流现象，但在春季减流现象严重，水电站并未严格遵守保留10%的多年平均流量作为生态下泄流量的要求	土著鱼类栖息地
	刘家浪				
	清水				
	冰桥湾				
	龙王台				
	古城				土著鱼类栖息地 甘肃莲花山国家级自然保护区实验区
	九甸峡				
	莲麓一级				
	莲麓二级（峡城）				
	吉利				
	海甸峡				土著鱼类栖息地

续表 4.5-4

<table>
<tr><th>河段</th><th>电站名称</th><th>河流连通性</th><th>脱流情况</th><th>河流生态基流满足程度</th><th>敏感区</th></tr>
<tr><td rowspan="6">海甸峡—入黄口</td><td>三甲</td><td rowspan="6">在建、已建水电站 6 座，河流连通性较差，评价为劣</td><td rowspan="6">有</td><td rowspan="6">在春季 3、4 月存在断流现象。水电站并未严格遵守保留 10%的多年平均流量作为生态下泄流量的要求</td><td rowspan="5">—</td></tr>
<tr><td>杨家河</td></tr>
<tr><td>杨家河二级</td></tr>
<tr><td>齐家坪</td></tr>
<tr><td>新民滩</td></tr>
<tr><td>达坂</td><td>濒危珍稀鱼类保护栖息地及产卵场</td></tr>
</table>

其中，源头至青走道河段在建水电站 1 座，河流连通性相对较好，评价为中，该河段是洮河源头水保护区，也是洮河珍稀濒危鱼类重要栖息地，目前人为干扰较小，不存在断流现象，河流生态系统良好。

青走道至岷县西寨河段在建、已建水电站 19 座，河流连通性较差，评价为劣；该段河流是洮河珍稀濒危鱼类重要栖息地及产卵场，还分布有 2 处国家级自然保护区，具有非常重要的生态地位，目前在建、已建的 19 座水电站其中有 3 处没有取得环评批复，已经取得环评批复的 16 座水电站都明确提出了“保留 10%的多年平均流量作为生态下泄流量”的要求，但在实际管理过程中，并未严格按次执行，该河段在春季 3、4 月存在断流现象。

岷县西寨至海甸峡是洮河的中游，在建、已建水电站 11 座，河流连通性较差，评价为劣；该河段分布有土著鱼类，甘肃莲花山国家级自然保护区。目前在建、已建的 11 座水电站全部取得环评批复，其中明确提出“保留 10%的多年平均流量作为生态下泄流量”的要求，但在实际管理过程中，并未严格按次执行，该河段虽然没有断流现象，在春季 3、4 月河道减流严重。

海淀峡至入黄口河段是洮河的下游，在建、已建水电站 11 座，河流连通性较差，评价为劣；该河段分布有珍稀濒危鱼类产卵场。目前在建、已建的 6 座水电站全部取得环评批复，其中明确提出“保留 10%的多年平均流量作为生态下泄流量”的要求，但在实际管理过程中，并未严格按次执行，该河段春季 3、4 月河道减流严重。

4.5.2.2　已有水电梯级开发对河流生态影响分析

洮河干流密集水电站梯级开发，使河流纵向连通性遭到严重破坏，且大部分水电站是引水式小水电站，电站在运行、管理中，没有充分考虑河流生态流量，枯水期部分水电站下游河道脱流现象严重，河流水流连续性及横向连通性遭到破坏，使河流生态系统及珍稀濒危鱼类栖息地遭到严重破坏，河流生态系统功能退化。

洮河河流生态系统及沿岸生态系统是洮河流域自然保护区等各类保护区集中分布区，目前洮河干流已建、在建 37 座水电站，其中 17 座涉及国家级自然保护区、21 座涉及国家级水产种质资源保护区、23 座涉及珍稀濒危鱼类栖息地，水电站梯级开发已成为洮河流域涉水保护区面临的最大威胁因子。

洮河干流水电站梯级与涉水类保护区位置关系如表 4.5-5 所示。

表 4.5-5　洮河干流水电站梯级与涉水类保护区位置关系

区域	水电站梯级开发	与涉水类保护区位置关系
上游	已建、在建水电站 20 座	其中 14 座涉及国家级自然保护区，19 座涉及国家级水产种质资源保护区，20 座全部涉及珍稀濒危鱼类栖息地阻隔，河段断流，对水生生物多样性及珍稀鱼类栖息产生不利影响
中游	已建、在建水电站 11 座	其中 3 座涉及国家级自然保护区。电站阻隔、河段减流，对水生生物及土著鱼类栖息产生不利影响
下游	已建、在建水电站 6 座	4 座涉及国家级水产种质资源保护区，3 座涉及珍稀濒危鱼类栖息地；电站阻隔、河段断流，对水生生物多样性及珍稀鱼类栖息产生不利影响

4.5.3　水土流失治理及环境影响回顾性分析

4.5.3.1　已有水土流失治理对土地利用的影响

洮河流域主要是水土保持治理、灌区发展及人类社会经济发展对土地利用产生影响。洮河流域已治理水土流失面积 4 529.77 km^2。其中基本农田 1 748.11 km^2，水保林 2 039.41 km^2，经果林 76.98 km^2，种草 561.05 km^2，生态修复 104.22 km^2，水土流失治理程度达 30.55%。流域现有灌区集中分布于下游干流沿岸、广通河水系沿岸，另外中游岷县、九甸峡至海甸峡等河段沿岸有零星分布。流域现有灌区 1 390 余处，其中万亩以上灌区 30 处。干流流域现状总灌溉面积 94.36 万亩，占流域面积的 2.47%，其中农田有效灌溉面积 87.78 万亩，林草灌溉面积 6.58 万亩。

洮河流域水土流失治理、灌区发展及人类社会经济活动集中在洮河下游，洮河上中游人类干扰较小，土地利用基本上没有大的变化；洮河下游是水土流失的重点治理区域，同时也是洮河流域农田分布比较集中的区域，从土地利用变化、水土流失治理现状及灌区发展现状来看，水土流失和灌区发展基本没有改变土地利用的性质。对土地利用有一定的影响，但影响不大。

4.5.3.2　已有水土流失治理对陆生生态的影响

对陆生生态的影响，主要是水土保持治理和灌区发展产生的影响。如前所述，洮河流域水土流失和灌区发展的重点在下游，水土流失治理本身就属于生态保护工程，对于洮河流域的植被覆盖度的提高，生态系统生产力的提高具有积极的作用；而灌区的发展，并未改变土地利用方式，土地由旱地改变为水浇地，根据已有灌区的情况看，灌区的发展并未引起土壤盐渍化问题，灌区发展对陆生生态有影响，但影响不大。

4.5.3.3　已有淤地坝建设对生态的影响

截至 2013 年年底，洮河流域已建骨干坝 12 座，中小型淤地坝 7 座，均位于洮河流域下游，其中 12 座骨干坝和 5 座中小型淤地坝位于青东甘南丘陵沟壑蓄水保土区，2 座中小型淤地坝位于陇中丘陵沟壑蓄水保土区。淤地坝建设对于水土流失治理发挥了重要作用。同时，淤地坝建设在施工期会引起水土流失、植被破坏、景观破坏，截流蓄水会影响下游灌溉等问题。

4.5.4　引洮一期工程环境影响回顾性评价

引洮供水工程是旨在解决甘肃省中部干旱地区 11 个国家扶贫重点县城镇及工业用

水、农村饮水、生态环境用水问题，同时兼有灌溉、发电、防洪等综合利用功能的大型跨流域调水工程，也是甘肃省“十一五”、“十二五”规划立项建设的重要基础设施。

2002 年 10 月，《关于印发国家计委关于审批甘肃省洮河九甸峡水利枢纽及引洮供水一期工程项目建议书的请示的通知》（计农经〔2002〕1944 号）按分期实施方案批准了项目建议书，确定引洮供水工程由九甸峡水利枢纽及供水工程两部分组成，工程建成后每年可向甘肃中部地区调水 5.5 亿 m^3，其中一期工程调水 2.37 亿 m^3，二期工程调水 3.13 亿 m^3，总干渠设计引水流量 32 m^3/s，加大流量 36 m^3/s。引洮供水一期工程以洮河九甸峡水利枢纽为水源，由总干渠（总长 109.73 km）、4 条干渠（总长 148.40 km）、2 条城市供水专用管线（总长 28.4 km）、26 条总长 210.34 km 的灌溉支渠、7 个农村饮水供水点等构成覆盖引洮一期受水区的输供水渠（管）网体系。2007 年 1 月 31 日，水利部以水总〔2007〕36 号文正式批复了《引洮供水一期工程初步设计报告》。

九甸峡水利枢纽主体工程于 2006 年 11 月 22 日开工建设，目前九甸峡水利枢纽工程三台机组已全部投产发电、完成年度生产经营目标、移民安置与工程建设同步实施三大目标，目前尚未进行竣工环保验收。

引洮一期供水工程 2007 年正式开工建设，实际建设过程中其四干渠以及配套的支渠没有建设，其余工程内容经过 7 年多的建设，截至 2014 年 12 月 28 日，一期工程全线试通水，目前引洮一期供水工程尚未进行竣工环保验收。

鉴于引洮一期工程目前只是处于试通水阶段，因此本次引洮一期饮水工程重点对国家环保部门已经批复的《甘肃省洮河九甸峡水利枢纽工程环境影响复核报告书》和《甘肃省洮河九甸峡水利枢纽及引洮供水一期工程项目环境影响复核报告书》相关环保措施的落实情况进行回顾。

4.5.4.1　九甸峡水利枢纽工程

九甸峡水利枢纽主体工程于 2006 年 11 月 22 日开工建设，2008 年 8 月首台机组投产发电。根据《甘肃省洮河九甸峡水利枢纽及引洮供水一期工程环境影响复核报告书》，工程应采取的措施及措施落实情况如表 4.5-6 所示。

表 4.5-6　九甸峡水利枢纽工程应采取的措施及措施落实情况

措施名称	具体措施	落实情况
下游生态用水措施	九甸峡水利枢纽对下游生态用水的影响主要为蓄水初期对九甸峡至冶木河口段、运行期坝址至厂房段约 2 km 的减水河段对河道生态用水的影响。 为了满足运行期坝址到厂房段减水河段的生态用水要求，在导流洞堵头段预埋压力钢管，出口段布置闸阀系统，以满足下游的生态用水。经计算压力管道直径为 2.0 m，可满足检修期向下游泄水 12.42 m^3/s 的河道生态用水	九甸峡水利枢纽已经按工程设计和《甘肃省洮河九甸峡水利枢纽及引洮供水一期工程项目环境影响复核报告书》的要求，建设了生态用水下泄通道

续表 4.5-6

措施名称	具体措施	落实情况
鱼类保护措施	工程配套建设增殖养殖场	建设的增殖养殖场位于库区内支流羊沙河口,繁殖场占地面积 13 340 m^2,其中亲鱼池为 3 100 m^2,分为 5 个池塘;由于 5 种主要土著鱼类均产黏性卵或略呈黏性的沉性卵,所以产卵、孵化、鱼苗培育池应为同一池塘,也分为 5 个池塘,占地面积 3 000 m^2;鱼种养殖池为 4 000 m^2,越冬池 1 500 m^2,办公及实验室为 500 m^2,饲料加工车间、储存库房占地 1 240 m^2。据评价单位调查,鱼类增殖放流站已应用了 4 年,每年的 8 月放流 1 次
出库水温恢复工程措施	工程在引水发电隧洞前修建二道坝,坝顶高程 2 163.5 m,高于取水口低槛高程 22.5 m,与死水位 2 166 m 相差 2.5 m,以减缓水温变化对冬小麦和其他越冬作物的影响	九甸峡水利枢纽工程已按设计标准要求,在引水发电隧洞前建设了二道坝,坝顶高程 2 163.5 m,而水库正常蓄水位高程为 2 202 m,低于库区蓄水位高程 38 m
渣场恢复工程	根据《甘肃省洮河九甸峡水利枢纽工程环境影响复核报告书》,工程土石方开挖总量约 516.76 万 m^3,经回填利用后,剩余约 313.02 万 m^3 为弃料。工程设Ⅰ、Ⅱ、Ⅲ、Ⅳ、Ⅴ弃渣场	各渣场堆土表面的植被恢复较好,基本与周围环境融为一体

4.5.4.2 引洮工程

1. 水环境保护措施

1) 施工期

根据《甘肃省洮河九甸峡水利枢纽及引洮供水一期工程项目环境影响复核报告书》,总干渠施工场地主要布置在各隧洞的进出口附近,以及所属支渠附近,施工期生产废水主要用于混凝土拌和、机械修配及汽车修理等,每个混凝土加工系统修建 2 处废水沉淀池,混凝土拌和、设备冲洗废水通过自然沉淀,去除悬浮物等,经处理后的废水全部回用不外排。

2) 运行期

根据《甘肃省洮河九甸峡水利枢纽及引洮供水一期工程项目环境影响复核报告书》,九甸峡水库应划定水源保护区,引洮总干渠下段中 18 处的明渠(长 11.23 km)保护范围内,沿渠道两侧应设置防护网,在该区域内应设置警示牌,严禁各类生产废水、生活污水排入渠道。

根据评价单位调查,目前九甸峡水利枢纽库区目前没有划定水源保护区,本次环评建议,为了保护引洮供水受水区水质安全,应尽早划定九甸峡库区水源保护区。

评价对一期工程总干渠和干渠部分明渠渠段进行了现场调查,明渠两侧没有设置防护网,在该区域内也没有设置警示牌,本次评价建议工程管理部门应严格按照一期工程环评复核报告书要求尽快加强明渠水质保护措施建设。

2. 固体废物防治措施

一期工程各类工程弃渣产生总量为 800.79 万 m^3,其中总干渠 383.8 万 m^3,干渠 178.88 万 m^3,支(分支)渠 238.11 万 m^3,根据已批复的一期工程复核文件,干渠和支渠明渠段开挖产生的弃料进行综合利用;总干渠渠道部分隧道、渡槽和暗渠等工程本身采取了衬砌等措施,其开挖产生的弃渣已计入总干渠弃渣量中并采取了防治措施,根据土石方平衡后的水土保持方案,一期工程总干防治区共 27 个弃渣场,工程设计中选取了古马窝弃渣场和阴阳峡弃渣场进行了渣场防治典型设计,其中古马窝弃渣场在现古马窝村村庄以上引洮平台以下,海拔 2 210~2 248 m 的天然河道,可容纳工程开挖弃渣量 35.25 万 m^3;阴阳峡弃渣场在总干渠泄水渠以下,海拔 2 096~2 106 m 的天然河道,可容纳工程开挖弃渣量 38.35 万 m^3。

4.5.5　环境敏感区环境影响回顾性评价

4.5.5.1　国家重点生态功能区

甘南黄河重要水源补给生态功能区和三江源草原草甸湿地生态功能区是洮河流域重要生态功能区。受全球气候变暖、持续干旱及人为开发活动的影响,洮河河流径流量下降,局部河段在春季 3、4 月存在断流现象,生物多样性下降,生态环境一度恶化。为了维护国家生态安全,国家批复实施了《青海三江源自然保护区生态保护和建设总体规划》和《甘南黄河重要水源补给生态功能区生态保护与建设规划》,这 2 个规划措施主要包括实施退牧还草、恶化退化草场治理、草地鼠害治理、水土保持等为主要内容的生态环境保护与建设项目,规划的实施对于恢复洮河流域上中游区域生态环境,提高甘南黄河重要水源补给生态功能区和三江源草原草甸湿地生态功能区的水源涵养功能,维护国家生态安全和流域水资源安全发挥了重要作用。

4.5.5.2　其他环境敏感区

为了保护生态环境,国家各个部门在洮河流域建立的各类保护区,主要有甘肃洮河国家级自然保护区、甘肃尕海—则岔国家级自然保护区、甘肃莲花山国家级自然保护区、甘肃太子山国家级自然保护区等 4 个国家级自然保护区;洮河碌曲段咽齿鱼特有鱼类国家级种质资源保护区、洮河(卓尼段)特有鱼类国家级水产种质资源保护区、洮河甘南段特有鱼类国家级水产种质资源保护区、临潭县冶木河羊沙河特有鱼类国家级水产种质资源保护区、洮河定西特有鱼类国家级水产种质资源保护区及黄河刘家峡兰州鲶国家水产种质资源保护区等 6 个国家级水产种质资源保护区;甘肃大峪国家森林公园、甘肃莲花山国家森林公园、甘肃冶力关国家森林公园及甘肃松鸣岩国家森林公园等 4 处国家森林公园;8 处源头水保护区,9 处饮用水保护区,2 处水土保持重点防治区及 4 处国家地质公园。这些敏感区呈点、线、面状分布于洮河流域。

一方面，防洪工程建设、水能开发及水资源配置工程的实施，会对敏感区产生不利的影响，尤其是水能开发对水产种质资源保护区的影响是长期不利的。已经造成洮河流域上游及下游局部河段在春季3、4月断流，影响到河流生态系统及生态敏感区。另一方面，各种保护区的建设，联合国生物多样性保护等生态保护规划或工程的实施，也极大地改善了流域生态环境，使得流域生物多样性、珍稀物种及其栖息地等保护对象得到有效保护。

4.5.6 社会环境回顾性评价

一是修建了一批防洪减灾工程，有力地保障了洮河流域防洪安全，对确保两岸群众的生命财产安全，保障经济社会发展和生态安全发挥了重要作用。二是修建了一批蓄水、引水、提水工程等，截至2010年，流域建成的各类供水工程包括13座水库（其中大型水库1座，中型水库1座，小型水库11座），塘坝堰工程86座，引水工程896处，提水工程371处；2010年洮河流域各类水利工程总供水量3.58亿m^3。为流域及相关地区生活、工农业发展提供供水保障，促进了人民群众生活质量的提高和经济社会的发展。三是累计治理水土流失面积4 476.62 km^2，减少了入黄泥沙，改善了当地的生产、生活条件，取得了一定的生态效益。四是划定了国家重点生态功能区甘南黄河重要水源补给生态功能区、三江源草原草甸湿地生态功能区，并实施了青海省三江源自然保护区生态保护和建设总体规划及甘肃甘南黄河重要水源补给生态功能区生态保护与建设规划，有关部门也分别成立了甘肃洮河国家级自然保护区、甘肃尕海—则岔国家级自然保护区、甘肃莲花山国家级自然保护区及甘肃太子山国家级自然保护区等4处国家级自然保护区；甘肃松鸣岩国家森林公园、甘肃冶力关国家森林公园、甘肃大峪国家森林公园和甘肃莲花山国家森林公园等国家森林公园。这些生态保护取得了显著的成效，部分地区生态环境明显好转，湿地萎缩趋势得到缓解，草原生产力得到提高，植被覆盖度有所增加，对维护流域及河流生态平衡具有重要意义。五是水能资源开发为经济社会发展提供了一定的清洁能源。

4.5.7 小结

已有治理开发环境回顾性评价见表4.5-7。

表4.5-7 已有治理开发环境回顾性评价

系统	环境要素		指标体系	现状
资源	水资源	地表水资源	水资源时空变化状况	流域内用水量3.58亿m^3
			地表水资源量（亿m^3）	48.25
			水资源开发利用率（%）	7.42
		地下水资源	地下水开采情况	0.24亿m^3开采量
	土地资源	土地开发利用	土地利用方式	以草地为主，占流域总面积的43.14%
			林地、草地、湿地规模	林地面积0.51万km^2，草地面积1.1万km^2，湿地面积780 km^2

续表 4.5-7

系统	环境要素		指标体系	现状
环境系统	水环境	水质	水功能区水质达标率(%)	80
			水功能区纳污能力	COD：51 052 t/a；氨氮：1 927.4 t/a
			饮用水水源地水质合格率(%)	100
	生态环境	河流形态、连通性	河道连通性	电站阻隔、河段断流，垃圾占河道
			水流连续性	水电站下游局部河段存在断流现象
			河流横向连通状况	目前防洪治理长度为 361.65 km
		陆生生态	林草覆盖率(%)	29
			甘南水源涵养生态功能区状况	林草湿地水源涵养功能正常发挥
		水生生态	珍稀濒危及特有土著类栖息地状况	栖息地生境遭到破坏
			河流及河岸湿地状况	河流湿地面积萎缩，河岸湿地人为干扰严重
			生态需水满足程度	重要断面生态需水基本满足
		生态环境敏感区	生态环境敏感区状况	鱼类重要栖息地生境遭到一定破坏
		水土流失	水土流失治理率(%)	30.55
			治理面积(km^2)	4 269.03
	社会环境	社会经济	防洪标准	城区段不足 20 年一遇；乡村段不足 10 年一遇
			供水量(亿 m^3)	3.58
			灌溉面积(万亩)	94.36
		节水	灌溉水利用系数	0.43
			万元工业增加值用水量(m^3)	149

(1)已有治理开发活动对流域社会经济发展起到了积极推进作用。洮河流域修建了蓄水、引水和提水工程，为流域地区生活、工农业发展提供供水保障，对流域社会经济发展起到积极推进作用。

(2)已有水土流失治理在一定程度上提高了林草覆盖率，对流域生态环境保护具有积极作用。截至 2013 年年底，洮河流域已治理水土流失面积 4 482.53 km^2，其中：农地 1 761.97 km^2(其中梯田 1 242.12 km^2)，营造水保林 2 649.92 km^2，经果林 77.66 km^2，种草 557.92 km^2，封育保护 95.06 km^2。已建骨干坝 12 座，中小型淤地坝 7 座，小型拦蓄工程 20 574 处。水土流失治理程度达 30.55%，取得了一定的生态效益，有利于水源涵养功能的发挥。

(3)水资源开发利用程度总体较低，生态需水满足程度相对较高。洮河流域地表水资源利用率为6.8%，水资源开发利用率较低，与天然状况下相比，洮河上、中、下游水文情势未发生较大改变，洮河上、中、下游重要断面水文变异程度较小，生态需水满足程度较高。但洮河下游水资源开发利用程度相对较高，存在水资源浪费现象，水资源利用效率较低。

(4)干流水电站无序开发对河流生态系统及珍稀濒危鱼类栖息地造成了破坏。洮河干流已建、在建水电站37座，70%以上为引水式电站，水电站不合理开发严重，对河流水生生物及两岸陆生生物产生了较大的影响。枯水期尤其是春季3月、4月，部分水电站下游存在着断流现象，河流水流连续性及横向连通性遭到破坏，珍稀濒危鱼类栖息地遭到破坏。

(5)洮河流域水质相对较好，但下游支流河段水功能区水质不达标。洮河下游支流水功能区水质不达标，是苏集河等支流局部河段污染严重，洮河流域经济欠发达，整个流域县级城市缺乏污水处理设备，管理不严格，导致部分水功能区水质不达标。

4.6　流域环境发展趋势分析(零方案环境发展趋势分析)

根据洮河流域生态环境现状调查评价结果，结合流域已有治理开发保护环境影响回顾性评价成果，考虑洮河流域生态环境特点和流域社会经济背景，在洮河流域现有条件下，若不实施本次规划，流域现有部分环境问题有可能进一步加剧。考虑到国家对洮河流域生态环境保护的进一步加强，重点区域的生态环境有可能呈好转趋势。

(1)洮河流域水资源利用效率将可能持续偏低、局部地区水资源供需矛盾将日益凸显。

洮河流域的水资源利用率将持续偏低，但洮河下游的水资源利用效率很高，洮河下游人口多，水土资源相对贫乏，社会经济发展需要较大，兼中游已有引洮一期外流域调水引洮工程，因此下游区域水资源供需矛盾日益凸显。

(2)水电站不合理开发现象将更加突出，梯级开发集中河段水生态系统将继续恶化。

目前，对水生态影响造成影响的主要是水能开发规划，由于洮河流域水能不合理开发，河流生态系统恶化，珍稀濒危鱼类栖息地遭到破坏，洮河干流水力资源较为丰富，水电资源开发条件优越，但由于缺乏统一的管理，洮河水电站不合理开发现象突出。对河流水生生物及两岸陆生生物产生了较大的影响，枯水期尤其是春季枯水期，部分水电站下游存在断流现象。若不采取措施，河流生态系统将继续恶化，珍稀濒危鱼类栖息地遭到破坏。

(3)洮河下游局部河段及部分支流水污染形势将进一步严峻。

流域水资源相对丰富，上中游水质较好，且开发利用程度低。但是根据调查流域大多数县城污水处理设施仍是空白，沿河县城废污水直接排入干支流。如果按照现有水资源开发利用程度、现有发展模式和污水处理水平，未经处理的工业废水和城镇生活污水将排入河道，洮河流域水质面临恶化的风险，河流自净能力下降。

(4)洮河下游局部地区水土流失将可能进一步加剧。

自20世纪50年代以来，洮河流域进行了水土流失综合治理，流域生态环境和当地生产生活条件得到初步改善，减少了泥沙来源，减轻了水土流失和旱涝等自然灾害的危害程度。但从整体上看，流域下游水土流失尚未得到有效控制，局部地区水土流失将可能进一步加剧。

(5)洮河流域重点区域生态环境状况将可能趋于好转。

为保护洮河流域生态环境,国家及相关部门在洮河流域已划分了 2 个重点生态功能区,沿着河流划定了 6 个国家级水产种质资源保护区,在流域内成立了 4 处国家级自然保护区,从点、线、面 3 个层次对流域生态环境进行保护,并逐步实施了青海省三江源自然保护区生态保护和建设总体规划及甘肃甘南黄河重要水源补给生态功能区生态保护与建设规划,洮河流域重点区域生态环境状况将可能趋于好转。

(6)局部河流生态系统将可能恶化。

目前由于河道管理不到位,在洮河上游和下游均有采石采砂现象,洮河下游存在河道被垃圾侵占现象,局部河段生态系统人为干扰严重,若不进行强化管理,任由采石采砂现象发展,局部河流生态系统将可能恶化。

4.7　流域存在的主要生态环境问题

(1)洮河干流水电站不合理开发及中下游河段河道挖沙采沙现象严重,河流生态系统及重要鱼类栖息地遭到破坏。

洮河上游碌曲、临潭、卓尼、西寨及中游岷县等河段水电站群建设,对河流生态系统及其相邻河岸带生态系统、陆地生态系统产生了胁迫效应,水电站下游局部河段河道脱流、河段生态基流不能满足,河流纵向连通性、水流连续性受到影响。同时,洮河水电密集开发区域大部分位于国家珍稀濒危鱼类和黄河特有土著鱼类栖息地,水电站建设造成的阻隔、减水、脱流等使鱼类栖息地遭到破坏。

(2)洮河下游部分支流污染物超标排放、部分河段河道垃圾堆弃现象严重,水污染风险加大。

洮河下游是流域社会经济活动的中心,尤其是苏集河与广通河下游是洮河流域社会经济相对发达地区,人类活动频繁,水资源保护和水污染防治基础薄弱,入河污染物超标排放,现状年废污水排放量远超过其水域纳污能力,目前洮河流域污染最严重的是支流苏集河洮阳镇三岔河大桥附近河段与东峪沟洮阳镇北五里铺村附近河段,水质均为劣Ⅴ类。随着引洮调水工程的逐步实施,洮河流域水量将逐渐减小,也可能会对河流纳污能力产生影响。

同时,洮河流域大量城镇和村庄沿河分布,城镇垃圾与污水处理设施落后,农村部分地区仍是空白,生活与建筑垃圾在两岸随处堆放,再加上牲畜放养产生的面源污染,随水流冲入河道,成为水体污染的重要源头之一。

(3)洮河上游尤其源头区沼泽草甸湿地萎缩。

洮河流域是黄河重要水源涵养区,生态环境脆弱,由于近年来的无序开发,如超载放牧、草原滥采滥挖、采矿等人类活动,再加上气候变化等不利影响,洮河上游沼泽湿地萎缩,天然草场退化,局部地区水土流失加剧,河流湿地面积萎缩。为保护洮河流域黄河重要水源涵养区生态环境,国家先后在洮河流域实施了青海省三江源自然保护区生态保护和建设总体规划和甘肃甘南黄河重要水源补给生态功能区生态保护与建设规划,洮河上游生态环境起到了拯救性的积极作用,洮河上游生态环境得到了不同程度的修复和恢复。

（4）洮河下游水土流失较严重，局部地区水土流失防治任务较重。

洮河下游地区属典型的黄土高原区，地貌类型以丘陵沟壑为主，属半干旱地区，生态环境脆弱，地形破碎，且暴雨集中，水土流失严重。近年来，虽得到一定程度的治理，但是整体防护效益差，持续治理投入不足，加之边治理边破坏现象依然存在，后续林草措施抚育更新、小型水利水保工程管护与维修等管理工作无法落实，林草措施存活率和保存率低，治理成果得不到巩固，不利于水保工程效益的持续发挥。

（5）局部河段防洪形势严峻，防洪安全仍需加强。

青海河南段及下巴沟以下防洪形势严峻，中游的卓尼、岷县和下游的临洮、广河、东乡，由于防洪工程薄弱，一遇较大洪水，就会造成冲毁堤防、淹没农田和房屋、破坏基础设施、河岸坍塌、人畜伤亡和较大的财产损失，防洪安全仍需加强。

4.8 资源环境制约因素分析

（1）洮河流域生态环境功能定位和生态环境保护要求的制约分析。

从国家生态安全维持层面，洮河流域位于我国“两屏三带”生态安全战略格局的青藏高原生态屏障及青藏高原和黄土高原—川滇生态屏障之间，生境类型多样、生态环境脆弱、生态地位十分重要，大部分地区位于国家限制和禁止开放区。流域分布有甘南黄河重要水源补给生态功能区、三江源草原草甸湿地生态功能区等国家重点生态功能区，属于国家限制开发区。分布有4个国家级自然保护区、4个国家森林公园，属于国家禁止开发区。国家层面相关规划对洮河流域生态环境提出了严格保护要求。

从黄河流域水资源安全和生态安全层面，洮河是黄河上游第二大支流，泥沙含量低，水质良好，是黄河的主要清水来源，洮河尤其是上游地区是黄河重要水源涵养区，在维系黄河水资源安全、流域生态安全和社会经济发展中肩负着十分重要的角色。同时，洮河水系鱼类资源丰富，是黄河特有鱼类的重要分布区，在黄河干流土著鱼类栖息地遭到破坏的状况下，洮河水系土著鱼类栖息地保护尤为迫切和重要。

从中国生物多样性保护层面，洮河流域生境类型多样，生物多样性丰富，是我国珍稀濒危和特有物种的重要分布区域，应给予严格保护。

综合以上分析，洮河流域综合治理开发及保护不仅仅是考虑流域本身的生态社会经济发展、水资源利用、生态环境保护等问题，更重要的是从国家生态安全和黄河流域水资源安全及生态安全角度战略高度，妥善处理开发和保护关系，确保黄河流域甚至国家生态安全和水资源安全。

（2）水资源制约性因素分析（黄河分水指标）。

洮河流域水资源丰富，多年平均径流量为48.25亿m^3，水资源利用率低，地表水利用率仅为6.8%，从洮河流域水资源量分析，可供水量丰富。但从黄河流域角度考虑，洮河流域是黄河流域的重要水源涵养区，根据87分水方案、《黄河取水许可总量控制指标细化研究》以及《甘肃省水利厅关于对黄河取水许可总量控制指标细化工作的反馈意见》，对洮河流域明确提出了水量分配指标，分水指标直接制约着洮河流域水资源利用规划方案。

(3)环境敏感区的制约(法律法规红线)。

为了保护洮河流域生态环境,相关部门在洮河流域设置各类敏感区。其中,包括甘肃省洮河国家级自然保护区、甘肃省尕海—则岔国家级自然保护区、甘肃莲花山国家级自然保护区及甘肃省太子山国家级自然保护区等 4 处国家级自然保护区;9 处饮用水水源保护区,6 处国家级水产种质资源保护区(珍稀濒危及特有土著鱼类重要栖息地分布区),4 处森林公园,4 处地质公园。国家针对这些区域制定了相关法律法规,在规划过程中,应充分协调流域治理开发与敏感区保护之间的关系,妥善处理防洪规划、水能开发规划的工程布局与敏感区的关系。

第5章 环境影响识别与评价指标体系

5.1 环境影响识别与筛选

洮河流域综合规划由水资源开发利用规划、防洪规划、水土保持规划、水资源保护规划、水能开发规划、综合管理规划等组成,根据规划目标、布局及各专项规划主要内容,在现状调查和规划分析基础上,从维持国家生态安全和黄河流域水资源和生态安全战略角度,充分考虑洮河流域生态环境特点、社会经济背景等,进行洮河流域综合规划环境影响识别,重点关注流域性、累积性和长期性环境影响,识别规划方案实施对资源环境系统和社会经济系统可能造成的影响。

5.1.1 规划体系环境影响因素分析

洮河流域综合规划以党的十八大提出的"大力推进生态文明建设"和2011年中央一号文件精神为指导思想,在规划原则、目标、布局、工程方案中贯彻了生态环境保护的理念,总体上符合国家相关政策、法律法规及相关规划要求,规划的总体影响以有利影响为主,有利于保障流域防洪安全、供水安全,促进流域生态环境良性发展。不利影响主要有规划的局部规划方案、规划工程,涉及国家重点生态功能区、源头区、自然保护区、珍稀濒危鱼类栖息地等敏感区域,需要妥善处理工程与敏感区的关系,应通过工程或非工程措施给予减缓、减免和补偿。

根据洮河流域综合规划总体目标、布局,规划实施将对流域、区域和河流资源环境系统造成的影响,从宏观上分析,规划对环境的主要影响是长期的、有利的,有利于保障流域防洪安全、供水安全,促进流域生态环境、河流生态系统的良性发展,形成环境友好型社会。根据规划拟定的防洪、水土保持、水资源开发利用、水资源和水生态保护等重大工程布局,对可能引起的有利、不利环境影响进行识别,见表5.1-1。

(1)水资源开发利用规划。

通过水资源的合理配置和节约用水、水资源统一调度、调蓄、引提水等工程的实施,将对流域的社会环境、生态环境产生较大影响。

对流域性的环境影响主要表现为:水资源的优化配置改善了流域及相关地区的生产、生活供水条件,保障了河流生态水量,将对流域的社会环境、水生生态产生一定的有利影响;工业、农业、生活节水措施将促进流域节水型社会建设,对经济社会的可持续发展产生有利影响;城乡饮水安全工程将对流域社会环境产生有利影响。

表5.1-1　规划各体系环境影响识别

规划体系及控制指标	规划内容	环境影响因素	影响范围（宏观层面）	可能的有利环境影响	可能的不利环境影响
水资源开发利用	全面推行节水措施，建设节水型社会；增加供水能力提高用水效率。主要新建工程包括以下几类：①流域外调水工程：引洮（博）济合供水工程、引洮供水工程。②节约用水工程。③重点水资源配置工程：引洮入潭供水工程、青走道水库、小牛圈水库、引洮济广工程。④城镇供水工程	水文情势；水生态；水资源；水环境	水资源利用的重点在洮河中、下游；洮河中游有引洮供水工程，对该工程下游河段的水文情势、水生态影响较大。水资源利用规划的影响范围主要在洮河中、下游	提高流域内用水效率，促进节水型社会建设；缓解水资源供需矛盾，改善生活生产供水条件；增加有效灌溉面积，促进农业生产发展；保障生态环境用水	用水量增加带来的水环境风险；用水量增加对断面生态流量保障程度
水能开发	根据洮河干支流不同河段水资源条件、功能定位、敏感程度提出洮河干流水力发电开发意见。主要包括：根据国家有关法律法规的规定和省级政府的有关保护政策，对不同区域已建、在建及规划水电站提出了取消、加强论证等建议	水文情势；水生态；环境敏感区（珍稀濒危鱼类栖息生境）	洮河上游是水源涵养区，分布有2个国家级自然保护区，2个国家森林公园，是珍稀濒危鱼类重要栖息地，是水能开发影响较大区域	提供清洁能源，促进区域经济发展	水文情势变化对局部河段鱼类物种多样性的影响
防洪	主要新增完善的工程包括：①堤防工程；②护岸工程；③病险水库除险加固	社会环境；水文情势变化；水生态环境（河流廊道）；土地占用	洮河流域规划的防洪工程具有工程分散的特点，沿岸县城、市区以及靠河较近的工业园区是本次规划的重点保护区。防洪规划影响范围为洮河流域	保障流域及相关地区防洪安全，为经济社会发展提供条件；避免洪水及山洪泥石流带来的灾难	对自然保护区、森林公园、鱼类产卵场等敏感保护区的影响

续表 5.1-1

规划体系及控制指标	规划内容	环境影响因素	影响范围（宏观层面）	可能的有利环境影响	可能的不利环境影响
水土流失防治规划	重点预防区和监督区采取监督预防等措施。重点治理区主要新建工程包括：①基本农田；②林草植被；③小型水保工程	生态环境（林草植被、土地利用）	洮河流域上游水土流失轻微，中游局部水土流失严重，下游水土流失严重，水土流失防治规划影响范围主要在洮河下游	减少入河泥沙量；减轻区域水土流失，改善人民生活、生产条件；提高植被覆盖率，维护和改善区域生态功能	增加水资源消耗，减少入黄水量；增加对上游水源涵养区的扰动
水资源和水生态保护	制订总量控制方案，强化监管；基本保证生态用水，恢复和改善水生态系统功能。主要包括：①污水处理设施建设运行；②水源地保护；③生态保护与修复工程	水环境；环境敏感区（濒危珍稀鱼类及其栖息地保护）	洮河中、下游水质不达标，洮河中游布置有引洮供水工程，可能会带来水质风险，水资源保护规划的影响范围主要是中、下游；洮河上游是水源涵养区，分布有2个国家级自然保护区，2个国家森林公园，是珍稀濒危鱼类重要栖息地，水生态保护影响范围主要是上游	保障城乡饮用水供水安全；改善河流水环境，促进水功能区水质达标；改善河流生态系统	
管理体系	完善体制机制、建立健全法制、增强管理能力	管理体系实施	洮河流域	为防洪、水资源优化配置、水资源保护、生态保护提供保障措施	

规划拟建水资源配置工程在施工期将对周边环境产生点状影响，主要影响要素及因子为水环境、陆生生态、水土流失等，但这些影响都是短暂的，不具有累积性。

(2)防洪规划。

防洪规划对环境影响主要表现为：规划体系的完善，在保障人民生命财产安全，保障社会经济安全的同时，也保障了流域生态安全，为流域生态系统生态功能的正常发挥提供了基本保障。

防洪规划对环境的不利影响主要是具体防洪工程施工阶段，施工活动的影响主要表现为对土地利用、陆生生态、水生生态、自然保护区的影响，主要为点状，不具有累积性。

(3)水土保持规划。

水土保持规划是生态环境建设类规划，主要包括淤地坝工程、基本农田建设、植被建设和小型水保工程。环境的影响以有利影响为主，不利影响主要集中在施工期。

流域性主要环境影响要素为社会环境、生态环境(陆生生态、水土流失)。主要影响表现为：通过水土流失治理，增加生态修复面积，尤其是上游生态修复面积的增加，有利于水源涵养功能的发挥。

增加基本农田和经济林，在改善当地的生产、生活条件，改变土地利用方式，促进当地经济发展的同时，也带来了一定的风险，如洮河上游水土流失现象轻微，且是水源涵养重要生态功能区，如增加基本农田、经济林规模过大，反而会扰动生态环境。

(4)水资源与水生态保护规划。

水资源与水生态保护规划是生态保护类规划，水资源保护规划根据水功能区的保护要求、河流的纳污能力，提出了污染物排放要求，并提出污染物削减量及水资源保护措施；水生态保护规划提出了流域生态功能定位，从保护河流生态系统的角度提出了生态流量，并提出了生态流量保障措施、重要湿地保护措施、珍稀濒危鱼类保护要求等。

水资源与水生态保护对流域环境的影响主要是有利影响，主要影响要素及因子为水环境、水生态系统、自然保护区、珍稀濒危鱼类栖息地及社会环境。

(5)水能开发规划。

本次规划针对已建、在建的37座水电站提出了整改建议。水能规划对环境的影响中，流域性的环境影响要素及因子主要为水生生态，局部的主要环境影响要素及因子为社会环境、水环境、自然保护区和濒危鱼类栖息地。

5.1.2 规划河段环境影响因素分析

根据规划制定的各河段治理开发与保护的主要任务、主要工程，结合区域自然、社会环境特点，分河段识别规划可能引起的环境影响及影响性质、范围，见表5.1-2。

表 5.1-2 各河段主要规划内容环境影响识别

区域	国家相关定位	省区相关定位	河段及区域功能定位及保护要求	主要环境保护对象	规划内容		环境影响因子	影响范围及程度	影响性质
上游	国家限制开发区	青海省限制开发区,甘肃省限制开发区	以生态环境与水源涵养保护、生物多样性保护、源头水保护为主,在强化生态环境保护的基础上,合理进行供水工程建设	甘南黄河重要水源补给生态功能区,三江源草原湿地生态功能区,碌曲源头水保护区,青藏高原复合侵蚀生态脆弱区,珍稀濒危鱼类及其重要栖息地,尕海—则岔国家级自然保护区,洮河国家级自然保护区(大峪国家森林公园),冶力关国家森林公园,冶力关省级地质公园,则岔石林省级地质公园	水资源开发利用规划	引博济合、引洮入潭	社会环境	受水区,影响较大	长期有利
							水文水资源	调水工程引水口下游,影响较小	长期不利
							生态环境	引水口下游,影响较小	长期不利
					防洪规划	堤防工程、护岸工程	社会环境	洮河流域,影响较大	长期有利
							水文资源	影响较小	短期不利
							敏感区	濒危珍稀鱼类及其重要栖息地,影响较小	短期不利
					水能开发	取消 11 座规划电站、拆除扎古录电站,其余 19 座开展环境影响后评估	社会环境	洮河流域,影响较大	长期有利
							生态环境	河流廊道,影响较大	长期有利
							敏感区	濒危珍稀鱼类及其重要栖息地,影响较小	长期有利
					水土流失防治规划	新增水保林 31 676 hm^2	生态环境	生态脆弱区大面积增加水保林,会产生不利影响	长期不利
					水资源和水生态保护	①污水处理设施建设运行;②水源地保护;③生态保护与修复	水环境	上游,有利影响	长期有利
							生态环境	上游,有利影响	长期有利

续表 5.1-2

区域	国家相关定位	省区相关定位	河段及区域功能定位及保护要求	主要环境保护对象	规划内容		环境影响因子	影响范围及程度	影响性质
中游	国家限制开发区	甘肃省限制开发区	以合理开发、优化配置、全面节约、有效保护水资源为主，兼顾防洪减灾、水土流失治理，合理进行水力资源开发	甘南黄河重要水源补给生态功能区，甘肃莲花山国家级自然保护区（甘肃莲花山国家森林公园），和政古生物化石国家地质公园	水资源开发利用规划	引洮工程	社会环境	受水区，影响较大	长期有利
							水文水资源	调水工程引水口下游，影响较大	长期不利
							生态环境	引水口下游，影响较大	长期不利
					防洪规划	堤防工程、护岸工程	社会环境	中游，影响较大	长期有利
							水文资源	影响较小	短期不利
					水能开发	开展环境影响后评估	社会环境	洮河流域，影响较小	长期有利
							生态环境	河流廊道，影响较小	长期有利
					水土流失防治规划	新增基本农田 31 014 hm^2；新增水保林 98 088 hm^2	生态环境	生态脆弱区大面积增加水保林，会产生不利影响	短期不利
					水资源和水生态保护	①污水处理设施建设运行；②水源地保护；③生态保护与修复	水环境	中游，有利影响	长期有利
							生态环境	中游，有利影响	长期有利

续表 5.1-2

区域	国家相关定位	省区相关定位	河段及区域功能定位及保护要求	主要环境保护对象	规划内容		环境影响因子	影响范围及程度	影响性质
下游	—	—	以灌溉、水土保持、防洪为重点，建设一定数量的水资源开发利用、防洪减灾工程，实施水土保持综合治理，严格控制入河排污总量，加强饮用水水源保护	太子山国家级自然保护区（松鸣岩国家森林公园）	水资源开发利用规划	小牛圈水库；引洮济广；发展灌溉面积；节水设施	社会经济	下游，影响较大	长期有利
							水环境	增加面源污染，影响水环境，	长期不利
					防洪规划	堤防工程、护岸工程	社会环境	下游，影响较大	长期有利
							水文资源	影响较小	短期不利
							敏感区	濒危珍稀鱼类及其栖息地，影响较小	短期不利
					水能开发	取消白马浪、三滩、板桥等3座电站；拆除安家嘴、达坂等2座电站；其余5座开展环境影响后评估	社会环境	洮河流域，影响较小	长期有利
							生态环境	河流廊道，影响较小	长期有利
							敏感区	濒危珍稀鱼类及其栖息地，影响较小	长期有利
					水土流失防治规划	强化治理	生态环境	影响较大	长期有利
					水资源和水生态保护	①污水处理设施建设运行；②水源地保护；③生态保护与修复	水环境	有利影响	长期有利
							生态环境	有利影响	长期有利

5.2 环境目标

根据洮河流域生态环境功能定位及环境敏感区保护要求、重大工程环境影响、资源环境制约因素等,充分考虑洮河流域生态环境特征及其在国家生态安全、流域水资源安全中的地位和作用,依据国家和地方相关法律、法规、政策等规定,针对洮河流域自然环境特点和社会经济背景,确定了洮河流域环境目标。

(1)维护洮河流域上中游水源涵养功能,确保黄河流域水资源安全。

(2)维护洮河流域生态系统的稳定性、完整性和多样性,保护珍稀濒危动植物栖息和生存条件;保持重点河段河流廊道连通性,保护珍稀濒危鱼类及特有土著重要栖息地功能及规模,维护流域生态安全。

(3)合理开发利用和保护水资源,促进水资源持续利用,提高水资源利用效率,保障洮河中下游河段生态环境需水量和入黄水量要求。

(4)合理开发和保护土地资源,尽量减少对土地资源的破坏,预防水土流失加剧。

(5)保护重要环境敏感区域及保护对象,尽可能减少对自然保护区、珍稀濒危鱼类栖息地等环境敏感区域的直接或间接不利影响,维护环境敏感区域的结构和功能,保护敏感区域内的重点保护对象。

5.3 流域“三线一单”等约束性指标

根据《关于规划环境影响评价加强空间管制、总量管控和环境准入的指导意见(试行)》(环办环评〔2016〕14 号)的有关要求,规划环评应将空间管制、总量管控和环境准入作为评价成果的重要内容。洮河流域综合规划环评提出了生态保护红线、水资源利用上线、污染物总量底线划定的建议和意见。并把这些作为规划的约束性指标。

5.4 评价指标

评价指标是量化了的环境目标,本评价提出了洮河流域环境保护目标的评价指标选取原则:①体现国家生态文明建设、实施最严格水资源管理制度等要求;②符合洮河流域在国家生态安全及黄河流域水资源安全中的定位;③依据国家层面有关规划区划提出的资源环境目标及指标;④参考规划提出的控制性指标、生态环境保护目标及生态红线、水资源利用上线、污染物总量底线等约束性指标;⑤易于获取、便于统计和量化。根据以上原则,围绕洮河流域环境保护目标,充分考虑洮河流域生态环境特征及上、中、下游自然环境特点,从水资源、水环境、生态环境、社会环境等方面选取了 25 个指标作为洮河流域环境保护目标的评价指标。

洮河流域综合规划环境目标及表征指标如表 5.4-1 所示。

表 5.4-1　洮河流域综合规划环境目标及表征指标

环境要素		环境目标	表征指标	现状年	规划年目标
水资源	水资源利用上线	①优化水资源配置，促进水资源可持续利用；②提高水资源利用效率；③保障入黄水量	地表水资源开发利用率（%）	7.42	15～20
			地表水用水量（亿 m^3）	3.29	9.05
			万元工业增加值用水量（m^3/万元）	149	2030 年：31
			农田灌溉水利用系数	0.43	2030 年：0.6
			入黄断面（红旗）水量（亿 m^3/a）	46.1	40.6《黄河流域综合规划》［（2012—2030 年）要求］
	其他指标		水文变异程度	上游基本维持天然径流过程	上游基本维持天然径流过程
			地下水开采量（亿 m^3/a）	0.24	0.24
水环境	污染物总量底线	①满足水功能区水质要求；②控制水污染，改善下游部分支流水环境	COD 入河量（t/a）	1 711.5	2030 年：2 327.9
			氨氮入河量（t/a）	361.7	2030 年：297.9
	其他指标		水功能区水质达标率（%）	80	2030 年：95
水生态	河流生态红线（河段）	①维持珍稀濒危及特有土著鱼类栖息地规模及质量不下降，核心栖息地得到一定程度的修复；②保障重要断面生态流量；③保障河段生态流量	青走道水电站以上河段（保留河段）	在建水电站 1 座	禁止水电站开发
			上游碌曲至岷县西寨（禁止开发河段）	已建、在建水电站 19 座	控制 60%的自然连续河段
			下游白马浪水电站至入黄口河段（限制开发河段）	已建、在建水电站 6 座	禁止小水电开发
	生态需水		重要断面生态需水满足程度	近 10 年实测平均流量情况下可满足	多年平均、75%水平年情况下可以满足
			河段生态需水满足程度	多个河段脱流，无法满足河道生态需水	逐步消除脱流河段，改善上游重要河段生态需水满足状况
	其他指标		珍稀濒危及特有土著鱼类栖息地状况	生境萎缩且片段化	生境破坏趋势得到缓解

续表 5.4-1

环境要素		环境目标	表征指标	现状年	规划年目标
陆生生态	陆生生态红线(区域)	符合各环境敏感区的保护要求	国家重点生态功能区(保护区)		限制开发，天然草地、湿地、林地等绿色生态空间面积不减少(注：不因本规划实施而减少)
			自然保护区(禁止开发区)	分布有12个电站	禁止开发，依法整顿保护区内水电站
			森林公园(禁止开发区)		
	其他指标	①水源涵养功能及生物多样性保护功能不下降； ②防治流域水土流失	林草及湿地比例(%)	78	78 (林草及湿地比例不减少、质量不降低)
			水土流失治理度(%)	30.11	2030年：新增治理率达71
			治理面积(km^2)	4 269	新增6 390
社会环境		①完善防洪体系，提高流域防洪减灾能力； ②协调经济发展与资源环境保护的矛盾，促进社会可持续发展	干流河段防洪长度及标准	长度：113.54 km； 标准：不足10年一遇	长度：新增344.35 km； 标准：达到防洪标准要求
			供水量(亿m^3)	3.58	考虑经济社会发展需求与水环境承载力，适度增加
			灌溉面积(万亩)	94.36	2030年(南水北调西线未生效)：82.36； 2030年(南水北调西线生效后)：117.62

5.5 主要评价指标计算方法与标准

5.5.1 水文水资源

5.5.1.1 水资源开发利用程度

水资源生态安全可开发利用率是指基于流域生态安全的流域内各类生产与生活用水及河道外生态用水的总量占流域内水资源量的合理限度。

这里所用的水资源量的概念是传统的狭义水资源量,即降水所形成的地表和地下的产水量,是河川径流量与降水入渗补给量之和,计算可用地表水资源量与地下水资源量之和减去重复量得到。计算公式如下:

$$W_r = Q_s + P_r \quad 或 \quad W_r = W_S + W_G - D$$

式中:W_r 为水资源总量;Q_s 为河川径流量;P_r 为降雨入渗补给量;W_S 为地表水资源量;W_G 为地下水资源量;D 为重复量。

各流域水资源量在全国水资源评价中都有明确的数值以备查用。了解水资源开发利用状况,要对流域内的各类生产、生活用水量进行全面调查,扣除重复利用量,得到总的水资源开发利用量。

水资源开发利用率计算公式如下:

$$C = W_u / W_r$$

式中:C 为水资源开发利用率;W_r 为水资源总量;W_u 为水资源开发利用量,本规划水资源开发利用量指毛利用量。

综合各类研究成果,目前国际上公认的外流河保障流域生态安全的水资源可开发利用率为30%~50%,本次规划应根据各流域实际情况及水资源综合规划有关成果,初步确定各流域水资源生态安全可开发利用率 C_0。

水资源开发利用程度可用以下表达式评价:

$$N = C / C_0$$

水资源开发利用程度指标评价标准如表5.5-1所示。

表5.5-1 水资源开发利用程度指标评价标准

指标名称	评价标准(%)				
	优	良	中	差	劣
水资源开发利用程度	<50	50~80	80~120	120~150	>150

5.5.1.2 流量变异程度

流量过程变异程度指现状开发状态下,评估河段评估年内实测月径流过程与天然月径流过程的差异。反映评估河段监测断面以上流域水资源开发利用对评估河段河流水文情势的影响程度。

流量过程变异程度可按照评估年或丰、平、枯三种水期进行评价,由评估水期实测月径流量与天然月径流量的平均偏离程度表达。计算公式如下：

$$FD = \left\{ \sum_{m=1}^{n} \left(\frac{q_m - Q_m}{\overline{Q}_m} \right)^2 \right\}^{1/2} \qquad \overline{Q}_m = \frac{1}{n} \sum_{m=1}^{n} Q_m$$

式中：q_m 为评估水期实测月径流量；Q_m 为评估水期天然月径流量；$\overline{Q}_m$ 为评估水期天然月径流量平均值；n 为不同水期的月数（如评估水期为评估年，n 取 12；枯水期为 11 月、12 月、1 月、2 月，则 n 取 4）。天然径流量按照有关技术规范进行还原得到。

流量过程变异程度指标（FD）值越大，说明相对天然水文情势的河流水文情势变化越大，对河流生态的影响也越大。赋分标准根据全国重点水文站近 3～5 年（有条件的流域可适当延长系列）实测径流与天然径流计算获得。流量过程变异程度指标赋分见表 5.5-2。

表 5.5-2　流量过程变异程度指标赋分

FD	0.05	0.1	0.3	1.5	3.5	5
赋分	100	75	50	25	10	0

5.5.2　水环境

水功能区水质达标率是指在某水系（河流、湖泊），水功能区水质达到其水质目标的个数（河长、面积）占水功能区总数（总河长、总面积）的比例。水功能区水质达标率反映河流水质满足水资源开发利用和生态与环境保护需要的状况。

在评价子时段 T_j 内，各类别水功能区的个数（河长、面积）达标率（C_{jk}）的计算公式为：

$$C_{jk} = \frac{d_{jk}}{z_{jk}}$$

式中：C_{jk} 为在第 j 个评价子时段第 k 类水功能区个数（河长、面积）达标率（%）；d_{jk} 为第 k 类水功能区达到水质目标的个数（河长、面积）；z_{jk} 为第 k 类水功能区的总个数（总河长、总面积）。

水功能区达标率不再区分水功能一级区和二级区，即开发利用区各类水功能区个数、长度或面积与其他水功能一级区个数、长度或面积一并计算。

流域（区域）水功能区水质达标率评价分级标准如表 5.5-3 所示。

表 5.5-3　流域（区域）水功能区水质达标率评价分级标准

评价指标	标准分级				
	优	良	中	差	劣
水功能区达标率（%）	≥90	70～90	60～70	40～60	<40

5.5.3　生态环境评价指标

5.5.3.1　纵向连通性

纵向连通性是指在河流系统内生态元素在空间结构上的纵向联系,可从下述几个方面得以反映:水坝等障碍物的数量及类型;鱼类等生物物种迁徙顺利程度;能量及营养物质的传递。其纵向连通表达式可以表述成以下形式:

$$W = N/L$$

式中:W 为河流纵向连通性指数;N 为河流的断点或节点等障碍物数量(如闸、坝等),已有过鱼设施的闸坝不在统计范围之列;L 为河流的长度。

纵向连通性指标评价标准如表 5.5-4 所示。

表 5.5-4　纵向连通性指标评价标准

指标名称	评价标准(个/100 km)				
	优	良	中	差	劣
纵向连通性	<0.3	0.3~0.5	0.5~0.8	0.8~1.2	>1.2

5.5.3.2　鱼类生境状况

本次规划鱼类重点关注国家重点保护的、珍稀濒危的、土著的、特有的、重要经济价值的鱼类种,鱼类生境重点关注产卵场、索饵场、越冬场。

该指标为定性描述指标,通过国家或地方相关名录及水产部门调查成果,调查了解规划或工程影响范围内主要鱼类产卵场、索饵场、越冬场状况,调查内容包括鱼类“三场”的分布、面积、保护情况。评价方法宜定性,采用专家判断法,评定结果分为优、良、中、差、劣五个等级,如表 5.5-5 所示。

表 5.5-5　鱼类生境状况指标评价标准

指标名称	评价标准				
	优	良	中	差	劣
鱼类生境状况	鱼类“三场”及洄游通道保护完好,水分养分条件满足鱼类生存需求	鱼类“三场”及洄游通道保护基本完好,水分养分条件基本满足鱼类生存需求	鱼类“三场”及洄游通道受到一定保护,水分养分条件尚可维持鱼类生存需求	鱼类“三场”及洄游通道受到一定破坏,水分养分条件难以满足鱼类生存需求	鱼类“三场”及洄游通道完全遭受破坏,水分养分条件完全无法满足鱼类生存需求

第 6 章　环境影响预测与评价

6.1　水资源及水文情势影响预测与评价

洮河流域综合规划中的水资源开发利用规划中灌溉规划、节水规划和水资源配置规划等专项规划会对洮河干流水文水资源产生影响。其中，水资源配置会对水资源的时空变化、水资源开发利用率、重要断面的下泄径流量及重要断面的生态流量产生影响。

6.1.1　规划实施后上、中、下游水资源量变化

洮河流域水资源配置分为 4 种情景，现状年、2020 年、2030 年(南水北调西线工程未生效)及 2030 年(南水北调西线工程生效后)。

2030 年(南水北调西线工程未生效)，南水北调西线工程生效前，流域内用水由现状的 3.58 亿 m^3 减少为 2.5 亿 m^3，减少了 1.08 亿 m^3，和现状相比减少了 30.1%。流域内用水量减少区域主要是洮河下游，减少了 1.24 亿 m^3。上游和现状年相比，用水量增加了 0.11 亿 m^3；中游流域内用水量增加了 0.05 亿 m^3，但流域外调水 4.96 亿 m^3。和现状相比，流域内用水减少了 0.93 亿 m^3，流域外调水上游增加了 0.18 m^3，中游增加了 4.96 亿 m^3，总的供水量增加了 4.06 亿 m^3。

2030 年(南水北调西线工程生效后)，南水北调西线工程生效后，流域内用水由现状的 3.58 亿 m^3 增加为 3.98 亿 m^3，增加了 0.4 亿 m^3，和现状相比增加了 11.2%，总的供水量增加了 5.91 亿 m^3。受流域外调水影响，引水口九甸峡以下河段水量减少，将给水环境带来较大的压力。不同水平年水资源量变化分析见表 6.1-1。

表 6.1-1　不同水平年水资源量变化分析　(单位:亿 m^3)

区域	不同水平年水资源配置方案		流域内供水	流域外供水	总供水
上游	现状年	配置方案	0.17	0	0.17
	2020 年	配置方案	0.27	0.18	0.45
		水资源量变化	0.1	0.18	0.28
	2030 年(无西线)	配置方案	0.28	0.18	0.46
		水资源量变化	0.11	0.18	0.29
	2030 年(有西线)	配置方案	0.44	0.19	0.63
		水资源量变化	0.27	0.19	0.46

续表 6.1-1

区域	不同水平年水资源配置方案		流域内供水	流域外供水	总供水
中游	现状年	配置方案	0.25	0	0.25
	2020 年	配置方案	0.29	2.04	2.33
		水资源量变化	0.04	2.04	2.08
	2030 年(无西线)	配置方案	0.3	4.96	5.26
		水资源量变化	0.05	4.96	5.01
	2030 年(有西线)	配置方案	0.45	5.32	5.77
		水资源量变化	0.2	5.32	5.52
下游	现状年	配置方案	3.16	0	3.16
	2020 年	配置方案	1.88	0	1.88
		水资源量变化	-1.28	0	-1.28
	2030 年(无西线)	配置方案	1.92	0	1.92
		水资源量变化	-1.24	0	-1.24
	2030 年(有西线)	配置方案	3.09	0	3.09
		水资源量变化	-0.07	0	-0.07
洮河流域	现状年	配置方案	3.58	0	3.58
	2020 年	配置方案	2.43	2.22	4.65
		水资源量变化	-1.15	2.22	1.07
	2030 年(无西线)	配置方案	2.5	5.14	7.64
		水资源量变化	-1.08	5.14	4.06
	2030 年(有西线)	配置方案	3.98	5.51	9.49
		水资源量变化	0.4	5.51	5.91

6.1.2　规划实施后重要断面不同时段径流量变化

规划实施后,上游下巴沟和中游岷县断面不同水平年径流量几乎没有变化,受引洮工程外流域调水的影响,下游红旗断面相对影响较大。

2013 年南水北调一期工程生效后,红旗断面径流量由 45.6 亿 m^3 减少至 40.0 亿 m^3,减少了 12.2%;汛期由原来的 27.6 亿 m^3 减少到 24.1 亿 m^3,减少了 12.7%;非汛期由原来的 18 亿 m^3 减少到 16.9 亿 m^3,减少了 16.1%。不同时段径流量变化见表 6.1-2。

规划实施后,水资源配置变化主要对洮河下游产生影响,主要影响时段是汛期。

表 6.1-2　不同时段径流量变化

河段	断面	水平年	汛期	非汛期	全年
上游	下巴沟	多年平均	10.2	5.6	15.8
		2020 年	10.2	5.5	15.7
		2030 年(无西线)	10.1	5.6	15.7
		2030 年(有西线)	10	5.4	15.4
中游	岷县	多年平均	22.7	11.2	33.9
		2020 年	21.7	9.8	31.52
		2030 年(无西线)	21.6	9.7	31.3
		2030 年(有西线)	21	9.7	30.7
下游	红旗	多年平均	27.6	18	45.6
		2020 年	26.9	17.5	44.4
		2030 年(无西线)	24.4	17.2	41.5
		2030 年(有西线)	24.1	16.9	40.0

6.1.3　规划实施后水资源开发利用程度分析

洮河流域水资源利用程度较低,目前水资源利用率仅有 7.42%。规划近期,考虑流域外引洮一期供水工程建成生效,流域内供水 2.06 亿 m^3,外调水量 2.22 亿 m^3,洮河流域供水能力为 4.28 亿 m^3,水资源开发利用率为 8.85%;2030 年南水北调西线工程实施前,洮河内流域供水 2.06 亿 m^3,流域外调水量为 5.14 亿 m^3,水资源开发利用率为 14.88%;2030 年南水北调西线工程实施后,洮河内流域供水 3.54 亿 m^3,流域外调水量为 5.51 亿 m^3,水资源开发利用率为 18.71%。远期九甸峡以下外调水量增加,在促进当地经济发展的同时,对九甸峡以下河段的水环境、水生态保护产生一定的威胁。

洮河流域不同水平年地表水开发利用状况见图 6.1-1。

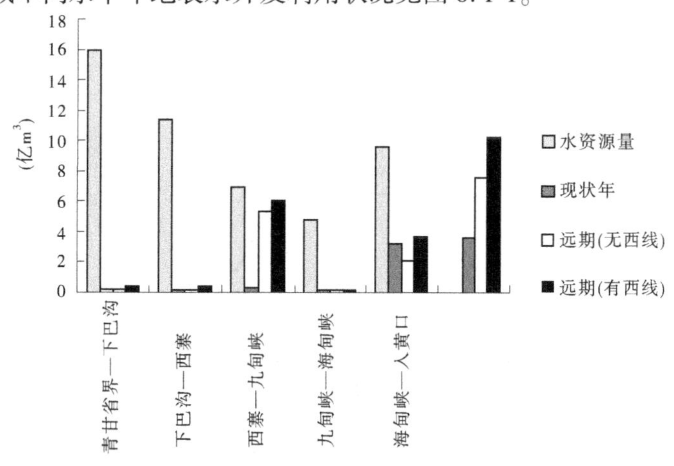

图 6.1-1　洮河流域不同水平年地表水开发利用状况

6.1.4　规划实施后重要断面流量过程变化

规划实施后的洮河干流重要断面月流量过程变化，见表6.1-3、图6.1-2，规划实施后可以满足生态流量的要求，洮河重要断面的生态流量可以得到保证。

表6.1-3　洮河干流重要断面流量过程满足程度分析　（单位：m^3/s）

断面		1月	2月	3月	4月	5月	6月	7月	8月	9月	10月	11月	12月
下巴沟	生态流量	12	12	12	22	22	22	47	47	47	47	22	12
	多年平均	20	21	23	30	39	48	71	85	93	75	44	27
	2020年	21	20	24	29	41	49	73	92	97	76	42	29
	2030年(有西线)	22	20	23	29	41	48	71	91	94	76	43	29
岷县	生态流量	18	18	18	32	58	58	103	103	103	103	38	18
	多年平均	35	35	42	63	106	125	169	181	195	161	83	47
	2020年	31	30	38	56	106	120	172	181	189	151	74	44
	2030年(有西线)	31	28	36	53	103	117	168	178	184	149	72	43
红旗	生态流量	32	32	32	38	70	70	140	140	140	140	64	32
	多年平均	49	51	63	92	153	178	228	278	228	140	74	149
	2020年	45	43	49	72	115	169	225	268	230	150	81	61
	2030年(有西线)	44	41	43	69	111	120	200	251	190	160	71	56

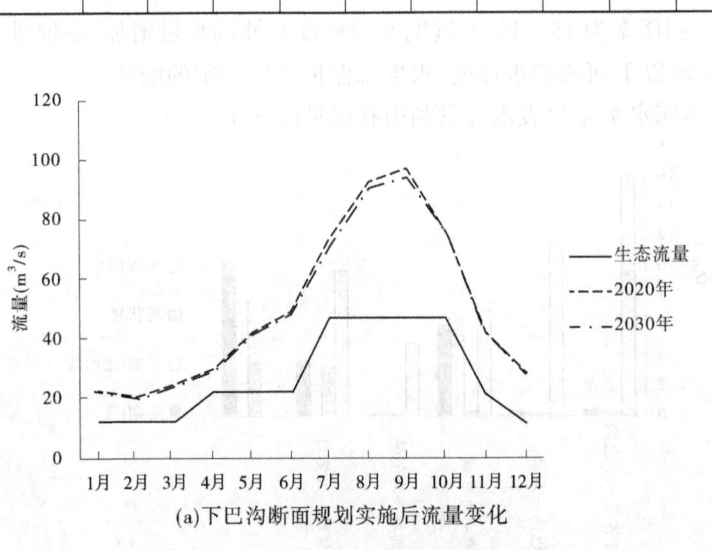

(a)下巴沟断面规划实施后流量变化

图6.1-2　规划后各控制断面流量变化过程

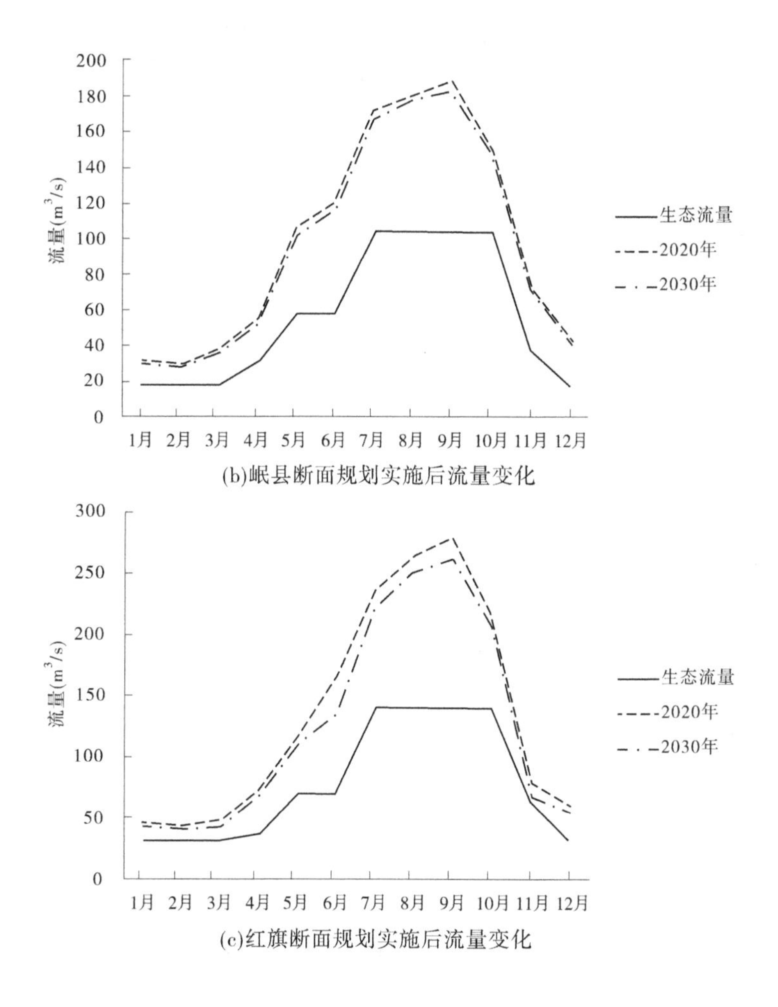

(b)岷县断面规划实施后流量变化

(c)红旗断面规划实施后流量变化

续图 6.1-2

6.1.5　规划实施后不同水文年水资源变化

洮河流域水资源利用程度低,社会经济发展落后,受分水指标限值,规划水平年,流域内水资源用水量增加不大。根据水文水资源影响预测可知,水资源利用规划对洮河流域水文情势影响程度有限。

对比分析洮河流域各规划年、各水平年(多年平均、20%、50%、75%、90%)重要断面径流量与生态需水量(见表 6.1-4)可知:基准年,90%水平年时,下巴沟和红旗断面的径流量为 8.18 亿 m^3、23.19 亿 m^3,不能满足生态环境需水量要求,其余水平年都可以满足要求;规划实施后,90%水平年时,下巴沟、九甸峡、红旗断面的径流量为 8.08 亿 m^3、11.95 亿 m^3、16.88 亿 m^3,不能满足河道内生态环境需水量要求,其余水平年都能满足要求。说明规划实施对生态需水量的满足程度会有影响,但影响不大。

表 6.1-4 洮河干流重要断面生态环境需水量满足程度分析 （单位：亿 m³）

水平年		下巴沟	岷县	九甸峡	红旗(入黄断面)
河道内生态环境需水量		8.55	17.7	17.7	24.56
现状年	多年平均	15.81	33.71	33.45	46.13
	20%水平年	20.02	42.24	41.98	57.8
	50%水平年	15.21	32.59	32.33	43.86
	75%水平年	11.97	26.01	25.75	34.39
	90%水平年	8.18	18.22	17.96	23.19
2020 年	多年平均	15.81	33.71	31.26	43.93
	20%水平年	19.97	42.24	39.79	55.29
	50%水平年	15.16	32.59	30.14	41.35
	75%水平年	11.92	26.01	23.56	31.88
	90%水平年	8.13	18.22	15.77	20.68
2030 年	多年平均	15.51	33.28	27.44	39.31
	20%水平年	19.92	41.81	35.97	51.49
	50%水平年	15.11	32.16	26.32	37.55
	75%水平年	11.87	25.58	19.74	28.08
	90%水平年	8.08	17.79	11.95	16.88

6.2 水环境影响预测与评价

规划对水环境的影响主要是由水资源开发利用规划和水资源保护规划引起的，水资源开发利用规划实施后水资源时空发生了什么变化，对水质会产生什么样的影响。水资源保护规划提出措施是否能保证目标可达，即水功能区、纳污能力、饮用水水源地水质是否能达到既定的保护目标。

6.2.1 用水结构变化对水环境的影响

未来洮河流域用水结构将发生很大的变化，以远期南水北调西线工程生效为分水岭，在规划近期及远期无西线，生活用水增加，工业用水维持现状或略微减少，农业用水减少较多，与现状年农业用水相比，2030 年无西线，农业用水由现状的 2.99 亿 m³ 减少为 1.5 亿 m³，减少了 49.8%，农业用水大幅度压缩，农田灌溉退水减少，入河污染物减少；2030 年南水北调西线生效后，和现状比，除农业用水，其他用水都有所增加，生活用水由现状的 0.32 亿 m³ 增加至 0.88 亿 m³，工业用水由现状的 0.25 亿 m³ 增加至 0.54 亿 m³，农业用水由现状的 2.99 亿 m³ 减少至 2.76 亿 m³，流域内用水和现状比变化不大，但是由于远期有西线，在九甸峡实施了 5.32 亿 m³ 的引洮调水工程，使得下游水环境压力增大。

洮河下游区域规划有 4 个工业园区,其中 2 个以皮革生产为主,本次规划明确提出了总量控制要求,要求工业园区必须达标排放。生活用水增加使得生活污水也相应增加,规划提出生活污水由污水处理厂处理后排放。通过以上措施保证水功能区达标,水源地保护达标。不同水平年用水结构变化对水环境影响分析见表 6.2-1。

表 6.2-1　不同水平年用水结构变化对水环境影响分析　(单位:亿 m^3)

分区/分省		水平年	生活用水量	工业用水量	农业用水量	生态用水量	水质目标及水环境影响分析
上游	河源—青甘省界	现状年	0.001	0	0.01	0	水质目标Ⅰ~Ⅱ类,生活用水量增加了,城市污水处理厂建设实施,可以避免水质恶化
		2020 年	0.02	0	0	0	
		2030 年(无西线)	0.02	0	0	0	
		2030 年(有西线)	0.02	0	0.01	0	
	青甘省界—下巴沟	现状年	0.009	0.01	0.03	0	水质目标Ⅱ~Ⅲ类,生活用水量增加了,城市污水处理厂建设实施,可以避免水质恶化
		2020 年	0.08	0.01	0	0	
		2030 年(无西线)	0.08	0.01	0.01	0	
		2030 年(有西线)	0.08	0.02	0.04	0	
	下巴沟—西寨	现状年	0.03	0.01	0.07	0	水质目标Ⅱ~Ⅲ类,生活用水增加,工业和农业用水都减少,对水环境影响较小;远期有西线工业用水和农业用水都增加,但增加不大。对水环境影响较小
		2020 年	0.08	0.01	0.07	0	
		2030 年(无西线)	0.10	0.01	0.06	0	
		2030 年(有西线)	0.10	0.06	0.11	0	
中游	西寨—九甸峡	现状年	0.05	0.02	0.16	0	水质目标Ⅱ~Ⅲ类,近期及远期无西线,工业用水基本维持现状,农业用水减少,生活用水增加;远期有西线,农业用水、工业用水及农业用水都有所增加,但增加不大。对水环境影响较小
		2020 年	0.1	0.02	0.15	0	
		2030 年(无西线)	0.14	0.02	0.12	0	
		2030 年(有西线)	0.14	0.08	0.18	0.01	
	九甸峡—海甸峡	现状年	0.003	0	0.02	0	水质目标Ⅱ~Ⅲ类,用水结构变化不大,对水环境影响较小
		2020 年	0.01	0	0.01	0	
		2030 年(无西线)	0.01	0	0.01	0	
		2030 年(有西线)	0.01	0	0.04	0	
下游	海甸峡—入黄口	现状年	0.22	0.22	2.71	0	水质目标Ⅱ~Ⅲ类,由于引洮工程的实施,该河段水量减少,水环境压力较大,应采取有效的保护措施,最大限度地保护水环境
		2020 年	0.41	0.22	1.38	0.01	
		2030 年(无西线)	0.53	0.22	1.30	0.01	
		2030 年(有西线)	0.53	0.38	2.38	0.03	

6.2.2 规划实施对水污染状况的影响

6.2.2.1 废污水排放及污染物入河量变化

洮河流域排污口为35个,2013年排放污水入河量为1 111.2万t,主要污染物COD入河量1 711.5 t,氨氮361.7 t。根据《黄河流域水资源综合规划》,流域2020年城市生活污水处理率达到80%,中水回用率达到30%,工业点污染源稳定达标排放,2030年流域城市生活污水处理率及中水回用率分别达到90%和40%。依据洮河流域水资源配置方案,预测2020年流域废污水、COD和氨氮入河量分别为1 723.1万t、1 416.3 t和201.4 t;2030年南水北调工程生效前分别为1 956.3万t、1 519.8 t和211.1 t,南水北调工程生效后分别为3 055.6万t、2 464.7 t和348.8 t。废水排放量变化见表6.2-2。

表6.2-2 废水排放量变化

水平年		排放污水入河量(万t)	COD入河量(t)	氨氮入河量(t)
现状年	入河量	1 111.2	1 711.5	361.7
2020年	入河量	1 723.1	1 416.3	201.4
	变化	611.9(55.1%)	-295.2(-17.2%)	-160.3(-44.3%)
2030年(无西线)	入河量	1 956.3	1 519.8	211.1
	变化	845.1(76.1%)	-191.7(-11.2%)	-150.6(-41.6%)
2030年(有西线)	入河量	3 055.6	2 464.7	348.8
	变化	1 944.4(175%)	753.2(44.1%)	-12.9(-3.6%)

由表6.2-2可知,2030年南水北调西线工程生效后,排放污水入河量较现状年增加了175%,其中COD入河量较现状年增加了44.1%,增加的区域主要分布在洮河甘南、定西、临夏开发利用区和苏集河、广通河;氨氮入河量较现状年减少了3.6%。根据以上分析,未来洮河流域水资源保护压力较大。

6.2.2.2 规划实施对水功能区纳污能力的影响

洮河流域水域纳污能力不应低于现状年水平,2020年和2030年洮河流域纳污能力均为COD 51 052 t/a,氨氮1 927.4 t/a,各水功能区纳污能力保持不变。

6.2.3 规划实施对重要断面水质的影响

规划根据洮河干流及主要支流水功能区达标要求,对入河水量提出了控制要求,规划实施后,不会使重要断面水质恶化,规划实施前后水质变化见表6.2-3。

表 6.2-3　规划实施后重要断面水质变化

序号	断面	河流	代表河长(km)	现状水质		2030 年规划实施后水质	
				汛期	非汛期	汛期	非汛期
1	如格	洮河	120	Ⅱ	Ⅰ	Ⅱ	Ⅰ
2	碌曲	洮河	217.8	Ⅱ	Ⅱ	Ⅱ	Ⅱ
3	术布	洮河		Ⅱ	Ⅱ	Ⅱ	Ⅱ
4	那瑞	洮河	10	Ⅱ	Ⅱ	Ⅱ	Ⅱ
5	卓尼	洮河	61	Ⅱ	Ⅱ	Ⅱ	Ⅱ
6	岷县	洮河	11	Ⅱ	Ⅱ	Ⅱ	Ⅱ
7	临洮	洮河	9.3	Ⅱ	Ⅱ	Ⅱ	Ⅱ
8	新添铺	洮河	88	Ⅱ	Ⅲ	Ⅱ	Ⅲ
9	下巴沟	博拉河	84.8	Ⅱ	Ⅱ	Ⅱ	Ⅱ
10	冶力关	冶木河	79.3	Ⅱ	Ⅱ	Ⅱ	Ⅱ
11	康乐	苏集河	38	Ⅱ	Ⅲ	Ⅱ	Ⅲ
12	苏集河口	苏集河	15	Ⅴ	Ⅴ	Ⅳ	Ⅳ
13	尧甸	东峪沟	68.8	Ⅳ	Ⅲ	Ⅳ	Ⅲ
14	五里铺	东峪沟		Ⅴ	Ⅴ	Ⅳ	Ⅳ
15	买家集	广通河	26	Ⅱ	Ⅱ	Ⅱ	Ⅱ
16	科才河口	科才河	66.5	Ⅱ	Ⅰ	Ⅱ	Ⅰ
17	括合曲口	括合曲	75.2	Ⅱ	Ⅱ	Ⅱ	Ⅱ
18	周科河口	周科河	82.1	Ⅱ	Ⅰ	Ⅱ	Ⅰ
19	车巴沟口	车巴沟	67.0	Ⅱ	Ⅰ	Ⅱ	Ⅰ
20	大峪河口	大峪河	63.3	Ⅱ	Ⅱ	Ⅱ	Ⅱ

6.3　生态影响预测与评价

6.3.1　规划实施对陆生生态的影响

6.3.1.1　对生态系统及功能的影响

洮河流域地貌类型丰富、气候环境多样、生境变化复杂,从而形成了独特的生态系统类型。主要包括森林生态系统、灌丛生态系统、草原生态系统、草甸生态系统、湿地生态系统、农田生态系统、城镇生态系统等。水资源规划利用中的水资源配置、灌区规划,水土保持规划及水资源保护规划中的水生态保护规划都会对湿地、草原及农田等生态系统产生影响。

生态系统类型影响分析如表 6.3-1 所示。

表 6.3-1 生态系统类型影响分析

生态系统类型	分布	服务功能	相关规划内容	影响
森林生态系统	主要分布在上游碌曲以下,岷县西寨以上的洮河南岸山区	涵养水源,保育土壤,调节气候,保育物种	水土保持规划新增水保林 1 487 km^2,新增经果林 220 km^2	水土保持的实施,使得林地面积增加,有利于森林生态系统服务功能的发挥
灌丛生态系统	高山灌丛生态系统主要分布在甘南高原海拔 3 700 m 以上的山地阴坡	涵养水源,保育土壤	水生态保护规划提出对源区以自然修复为主,尽量避免人为干扰	水生态提出的措施,有利于维护灌丛生态系统的服务功能
草原生态系统	主要分布在甘南高原	涵养水源,保育土壤,保育物种,防治风沙	灌区规划新增农田草场灌溉面积 36.73 km^2,水土保持规划新增人工种草 1 583 km^2	灌区规划及水土保持规划的实施,使得草地面积增加,有利于草原生态系统服务功能的发挥
草甸生态系统	高寒草甸生态系统分布在甘南高原海拔为 3 300~3 700 m 的广大高原面及山地阳坡	涵养水源,保育土壤	水生态保护规划提出对源区以自然修复为主,尽量避免人为干扰	水生态保护规划提出的措施,有利于维护草甸生态系统的服务功能
湿地生态系统	主要包括河流湿地生态系统、湖泊湿地生态系统和沼泽湿地生态系统,河流湿地生态系统是洮河流域干支流河流;湖泊湿地生态系统分布在洮河上游碌曲境内南部的尕海;沼泽湿地生态系统主要分布在洮河源区	涵养水源,保育土壤,调节气候,保育物种,净化环境	水生态保护规划提出加强河流湿地的保护,保障重要断面生态需水;严格保护源区沼泽湿地和湖泊湿地	水生态保护规划提出的措施,有利于维护湿地生态系统的服务功能
农田生态系统	主要分布在下游河谷阶地及各大支流谷地	提供农产品	灌溉规划新增农田灌区灌溉面积 15.9 km^2,水土保持规划新增基本农田 811 km^2	灌区规划及水土保持规划的实施,使得灌溉条件得到改善,生产力得到提高,有利于农田生态系统服务功能的发挥
城镇生态系统	洮河流域人口密集居住地	提供产品	—	—

6.3.1.2 对土地利用及景观格局的影响

规划实施不会对流域土地利用及景观格局产生明显影响,规划对土地利用及景观格局的影响主要包括三方面,一是灌溉规划实施将新增灌溉面积(但新增灌溉面积主要是将无灌溉条件的耕地发展为灌溉地,并不造成土地利用性质的改变);二是水土保持规划有利于增加流域的植被覆盖率;三是防洪、水资源配置等具体工程永久及临时占地的影响。防洪及水资源配置等具体工程占地对流域整体土地利用结构和方式基本不会造成影响,因此在此不进行具体分析。

1. 灌区规划对土地利用及景观格局的影响

流域内现有耕地面积334.04万亩；农田有效灌溉面积87.78万亩，灌溉率26.3%，农田实灌面积61.17万亩；林草灌溉面积6.59万亩。流域现有灌区1 390余处，其中万亩以上灌区30处，全部位于下游的临夏州和定西市各县。流域内自流引水全为无坝引水，以中小型为主，灌溉面积主要集中在干流中下游河谷川台地以及广通河、三岔河河谷川台地；提灌面积主要集中在干支流高阶地及少部分山坡地。

灌区规划根据洮河流域的地形及自然条件，上游的牧业区灌溉主要以满足冬春饲草不足的草场为主，适当发展一些人工牧草灌溉；中游主要以巩固现有林业、农业灌溉为主，适当发展灌溉面积；下游农业区主要发展灌溉农业，以农田灌溉为主。

本次水资源利用规划2030年南水北调西线工程未生效，洮河流域下游压缩灌溉面积12万亩；2030年南水北调西线工程生效后，洮河新增灌区面积23.26万亩。其中，农田灌溉面积17.75万亩，分布在洮河下游，草场灌溉面积5.51万亩，分布在洮河上中游。

灌区规划根据洮河流域的地形及自然条件，上游适当发展一些人工牧草灌溉；中游主要以巩固现有林业、农业灌溉为主，适当发展灌溉面积；下游农业区主要发展灌溉农业，以农田灌溉为主。基本符合洮河流域上、中、下游的景观特点。因此，灌区规划实施后，不会对流域景观格局产生大的影响。

灌区规划对土地利用及景观格局的影响如表6.3-2所示。

表6.3-2　灌区规划对土地利用及景观格局的影响

<table>
<tr><th>水平年</th><th>灌区面积</th><th>农业用水量（亿m³）</th><th>分布区域</th><th>土地利用影响</th><th>景观格局影响</th></tr>
<tr><td>现状年</td><td>现有灌溉面积94.36万亩，其中农田灌溉面积87.78万亩</td><td>3.02</td><td rowspan="4">主要集中在干流中下游河谷川台地及广通河、三岔河河谷川台地</td><td>—</td><td rowspan="4">灌区规划根据洮河流域的地形及自然条件，上游适当发展一些人工牧草灌溉；中游主要以巩固现有林业、农业灌溉为主，适当发展灌溉面积；下游农业区主要发展灌溉农业，以农田灌溉为主。基本符合洮河流域上、中、下游的景观特点。因此，灌区规划实施后，不会对流域景观格局产生大的影响</td></tr>
<tr><td>2020年</td><td>维持现状</td><td>1.46</td><td>无影响</td></tr>
<tr><td>2030年（无西线）</td><td>压缩12万亩灌溉面积，变为82.36万亩</td><td>1.36</td><td>灌溉面积压缩12万亩，但仍为耕地</td></tr>
<tr><td>2030年（有西线）</td><td>新增23.26万亩，变为117.62万亩</td><td>3.06</td><td>新增23.26万亩灌溉面积，没有改变耕地面积，部分其他耕地变为草地</td></tr>
</table>

2. 水土保持规划对土地利用的影响

水土保持规划对水源涵养、植被覆盖率及甘南水源涵养生态功能区都会产生影响，洮河流域水土保持以预防保护优先，因地制宜，突出重点，以涵养水源、生态维护为主要目的，开展重点江河源区水土保持，重点实施重点区域水土流失综合治理和侵蚀沟综合治理，结合坡耕地水土流失综合治理，发展农业特色产业，促进农村经济发展；保护和建设林草植被,巩固退耕还林还草成果,涵养水源。规划的实施将会对洮河流域陆生生态产生积极的影响,但在洮河流域青东甘南丘陵沟壑蓄水保土区的临洮县、渭源县分别布置有15座、10座骨干坝,全部安排在2020年施工,短时间内在局部区域同时实施骨干坝工程,施工期可能会因为植被破坏、废弃土堆放而造成水土流失短时段内加剧。因此,在规划实施阶段,应合理安排25座骨干坝实施时序,逐渐有序实施。

6.3.1.3　对陆生植物的影响

1. 规划实施对陆生植物的影响

洮河流域有国家重点保护植物57种,其中Ⅰ级保护植物5种,Ⅱ级保护植物52种。流域规划的实施对植物及植被的影响主要是规划中各项工程占地引起的植被破坏和生物量损失,包括灌区工程、防洪工程、水土保持工程、供水工程及水电站工程等。

灌区规划,是由旱耕地变为水浇地,依然是农作物和人工牧草。对植物物种的影响较小,而灌溉条件的改善对区域生物量会产生积极的影响。

水土保持工程,是把部分坡耕地、荒地改造成农田、草地、林地,对植被覆盖率及生物量有积极的作用。规划阶段水土保持工程的具体位置尚未确定,建议在规划实施阶段避开珍稀植物分布区域,以避免对珍稀植物的影响。水土保持工程的实施,会使得植被覆盖率增加。洮河流域陆生植物影响分析见表6.3-3。

2. 规划实施对国家级保护植物的影响

根据现状调查成果,国家级保护植物集中分布在甘肃尕海—则岔国家级自然保护区、洮河国家级自然保护区、甘肃莲花山国家级自然保护区和太子山国家级自然保护区等区域,本次规划只有个别防洪工程及小牛圈供水工程涉及该区域。在规划实施阶段,需采取有效措施,最大限度地减缓对保护植物的影响。

6.3.1.4　对陆生动物的影响

1. 规划实施对陆生动物的影响

洮河流域共有野生动物26目59科275种,共有国家重点保护动物63种,其中国家一级重点保护动物14种(兽类7种、鸟类7种),国家二级重点保护动物49种(兽类16种、鸟类33种)。流域规划的实施对动物的影响包括两方面,一方面是规划工程实施时,由于占地会对植被产生影响,从而影响到动物栖息生境;另一方面是施工活动对动物的扰动。规划工程包括灌区工程、防洪工程、水土保持工程、供水工程及水电站工程等。

灌区规划,是由旱耕地变为水浇地,依然是农作物和人工牧草。对植物的物种没有影响,而灌溉条件的改善会使生物量增加,使农田及草地生境得到改善,有利于栖息于农田生境的动物生存。

水土保持工程,是把部分坡耕地、荒地改造成农田、草地、林地,规划阶段水土保持工程的具体位置尚未确定。建议在规划实施阶段避开珍稀动物分布区域,以避免对珍稀动物的影响。水土保持工程的实施,会使植被覆盖率增加,使农田、林地、草地等生境得到改善,有利于动物生存。

防洪工程、供水工程及水电站工程,都是点状或现状分布在洮河干支流两岸,河岸是珍稀水禽及两栖爬行类的栖息生境,但由于占地面积小,对栖息生境的影响很小。洮河流域陆生动物影响分析见表6.3-4。

表 6.3-3 洮河流域陆生植物影响分析

区域	规划工程	工程分布及特点	区域特点及植被状况	对植被影响
碌曲以上区域	灌区工程	分散分布在远离河道的区域，草场灌溉面积1万亩，农田灌溉面积0.002万亩	碌曲以上为洮河源区，谷宽势平，草滩广布，植物种类丰富，植被覆盖率高。该区域分布有甘肃尕海—则岔国家级自然保护区	灌区配套供水工程建设可能会对植被产生不利影响，由于占地面积小，不会引起植物物种多样性变化，但会使得生物量降低。该区域生态环境脆弱，植被遭到破坏不宜修复
	防洪工程	分布有2处堤防工程，共11.28 km，1处护岸，5.2 km，1处加高加固，1.71 km。工程分布于河流两岸		该区域防洪工程布置较少，工程建设会对植被产生扰动，由于占地面积小，不会引起植物物种多样性变化，但会使得生物量降低。该区域生态环境脆弱，植被遭到破坏不宜修复
	水土保持工程	在该区域布置有生态修复工程		会改善植被状况
	水电站	分布有5座已建在建水电站，本次没有新规划水电站		无新规划工程，无影响
碌曲至岷县西寨	灌区工程	灌区分散分布在洮河干流临潭卓尼段，其中农田灌溉0.55万亩，草场灌溉2.2万亩	区域谷宽势平，是森林生态系统主要分布区，森林覆盖率高，以常绿阔叶、针叶林为主	灌区分布在洮河干流临潭卓尼段，取水条件较好，灌区工程建设改善了农田及草场的灌溉条件，有利于提高植被覆盖率。河流两岸多为常见植物物种，对植物多样性没有影响
	防洪工程	分布有1处堤防工程，5.3 km，3处护岸，共26.02 km（全部位于临潭县），1处加高加固，3.4 km		防洪工程分布于河流两岸，多为常见植物物种，由于工程分散，占地面积小，对植物物种及植被生物量影响很小
	水土保持工程	布置有水保林、人工种草及生态修复		水土保持规划的实施，使该区域植被覆盖率增加
	水电站	分布有14座已建、在建水电站，拆除1座。本次没有新规划水电站		无新规划工程，无影响

续表 6.3-3

区域	规划工程	工程分布及特点	区域特点及植被状况	对植被影响
岷县西寨至海甸峡	灌区工程	新增灌溉面积分散分布在支流，其中农田灌溉 0.58 万亩，草场灌溉 1.7 万亩	多峡谷，植被种类多样，森林覆盖率高，天然植被主要有云杉、华山松等	灌区分布在支流两岸，取水条件较好，灌区工程建设改善了农田及草场的灌溉条件，有利于提高植被覆盖率。河流两岸多为常见植物物种，对植物多样性没有影响
	防洪工程	分布有 2 处堤防工程，共 18.4 km，4 处护岸，共 106.37 km（位于岷县县城以下河段），2 处加高加固，共 5.5 km，4 处清淤疏浚工程，共 25 km		防洪工程分布于河流两岸，多为常见植物物种，由于工程分散，占地面积小，对植物物种及植被生物量影响很小
	水土保持工程	基本农田，主要分布在岷县县城以下河段两岸；人工种草及生态修复		水土保持规划的实施，使该区域植被覆盖率增加
	水电站	分布有 11 座已建、在建水电站，本次没有新规划水电站		无新规划工程，无影响
海甸峡至入黄口	灌区工程	新增灌溉面积主要分布在临洮河段两岸及苏集河，农田灌溉面积 14.79 万亩，草地 0.61 万亩	该区域多为温带草原、半荒漠草原植被，植被稀疏，覆盖率低。主要植物有青海云杉、祁连圆柏、山杨、白桦、油松、沙松青等	新增灌溉面积主要分布在临洮河段两岸及苏集河，配套供水工程建设会对植被产生不利影响，由于占地面积小，不会引起植物物种多样性变化，对生物量影响较小
	规划水库	规划有 8 座小型水库，多分布在和政和康乐		规划有 8 座小型水库，多分布在和政和康乐。水库工程使得土地利用发生了改变，但对于下游区域，占地面积不大，不会引起植物物种多样性变化，但会使生物量减少
	防洪工程	分布有 3 处堤防工程，共 45.31 km，5 处护岸，共 93.24 km（位于岷县县城以下河段），7 处加高加固，共 19.64 km，5 处清淤疏浚工程，共 14 km		防洪工程分布于河流两岸，多为常见植物物种，由于工程分散，占地面积小，对植物物种及植被生物量影响很小
	水土保持工程	基本农田，水保林。人工种草及生态修复		水土保持规划的实施，使该区域植被覆盖率增加
	水电站	分布有 6 座已建、在建水电站，本次新规划 1 座王家磨水电站		王家磨水电站是引水式水电站，无库容无调节，工程建设会对植被产生扰动，使生物量减少，但影响非常小

表 6.3-4　洮河流域陆生动物影响分析

区域	规划工程	工程分布及特点	区域特点及动物状况	对陆生动物的影响
碌曲以上区域	灌区工程	分散分布在远离河道的区域，草场灌溉面积1万亩，农田灌溉面积0.002万亩	碌曲以上为洮河源区，谷宽势平，草滩广布，生境多样，动物种类丰富	灌区配套供水工程建设占地面积小，不会影响动物生境，对动物影响很小
	防洪工程	分布有2处堤防工程，共11.28 km，1处护岸，5.2 km，1处加高加固，1.71 km。工程分布于河流两岸		该区域防洪工程布置较少，工程建设会对植被产生扰动，河岸是珍稀水禽及两栖爬行类的栖息生境，但由于占地面积小，对栖息生境的影响很小
	水土保持工程	在该区域布置有生态修复工程、水保林工程		水土保持工程措施使得植被生物量增加，动物栖息生境得到改善
	水电站	分布有5座已建在建水电站，本次没有新规划水电站		无新规划工程，无影响
碌曲至岷县西寨	灌区工程	灌区分散分布在洮河干流临潭卓尼段，其中农田灌溉0.55万亩，草场灌溉2.2万亩	区域谷宽势平，是森林生态系统主要分布区，生境多样，动物种类丰富	灌区分布在洮河干流临潭卓尼段，取水条件较好，灌区工程建设改善了农田及草场的灌溉条件，有利于提高植被覆盖率。是珍稀水禽及两栖爬行类的栖息生境，有利于动物保护
	防洪工程	分布有1处堤防工程，5.3 km，3处护岸，共26.02 km（全部位于临潭县），1处加高加固，3.4 km		防洪工程分布于河流两岸，是珍稀水禽及两栖爬行类的栖息生境，但由于工程分散，占地面积小，对栖息生境的影响很小
	水土保持工程	布置有水保林、人工种草及生态修复		水土保持规划的实施，使该区域植被覆盖率增加，动物栖息生境得到改善
	水电站	分布有14座已建、在建水电站，拆除1座。本次没有新规划水电站		无新规划工程，无影响

续表 6.3-4

区域	规划工程	工程分布及特点	区域特点及动物状况	对陆生动物的影响
岷县西寨至海甸峡	灌区工程	新增灌溉面积分散分布在支流,其中农田灌溉 0.58 万亩,草场灌溉 1.7 万亩	多峡谷,植被种类多样,森林覆盖率高,生境多样,动物种类丰富	灌区分布在支流两岸,取水条件较好,灌区工程建设改善了农田及草场的灌溉条件,有利于提高植被覆盖率。河流两岸多为珍稀水禽及两栖爬行类的栖息生境,有利于动物保护
	防洪工程	分布有 2 处堤防工程,共 18.4 km,4 处护岸,共 106.37 km(位于岷县县城以下河段),2 处加高加固,共 5.5 km,4 处清淤疏浚工程,共 25 km		防洪工程分布于河流两岸,是珍稀水禽及两栖爬行类的栖息生境,但由于工程分散,占地面积小,对栖息生境的影响很小
	水土保持工程	基本农田,主要分布在岷县县城以下河段两岸;人工种草及生态修复		水土保持规划的实施,使该区域植被覆盖率增加,动物栖息生境得到改善
	水电站	分布有 11 座已建、在建水电站,本次没有新规划水电站		无新规划工程,无影响
海甸峡至入黄口	灌区工程	新增灌溉面积主要分布在临洮河段两岸及苏集河,农田灌溉面积 14.79 万亩,草地 0.61 万亩	该区域多为温带草原、半荒漠草原植被,植被稀疏。动物多为广布物种	新增灌溉面积主要分布在临洮河段两岸及苏集河,配套供水工程建设会对植被产生不利影响,由于占地面积小,不会影响动物生境,对动物影响很小
	规划水库	规划有 8 座小型水库,多分布在和政和康乐		规划有 8 座小型水库,多分布在和政和康乐。水库工程使得土地利用发生了改变,但对于下游区域,占地面积不大,不会影响动物生境,对动物影响很小
	防洪工程	分布有 3 处堤防工程,共 45.31 km,5 处护岸,共 93.24 km(位于岷县县城以下河段),7 处加高加固,共 19.64 km,5 处清淤疏浚工程,共 14 km		防洪工程分布于河流两岸,多为常见植物物种,由于工程分散,占地面积小,对植物物种及植被生物量影响很小
	水土保持工程	基本农田,水保林。人工种草及生态修复		水土保持规划的实施,使该区域植被覆盖率增加,动物栖息生境得到改善
	水电站	分布有 6 座已建、在建水电站,本次新规划 1 座王家磨水电站		王家磨水电站是引水式水电站,无库容无调节,工程建设会对植被产生扰动,使生物量减少,但占地面积很小,对动物栖息生境影响很小

2. 规划实施对国家级保护动物的影响

根据现状调查成果，国家级保护动物集中分布在甘肃尕海—则岔国家级自然保护区、洮河国家级自然保护区、甘肃莲花山国家级自然保护区和太子山国家级自然保护区，本次规划主要是水土保持工程、分散分布的防洪工程。

本次规划只有个别防洪工程及小牛圈供水工程涉及该区域。在规划实施阶段采取有效措施可以减缓对国家保护动物的影响。

6.3.2　重要断面下泄生态流量

考虑水资源配置实现的可能性，结合自净需水及鱼类保护要求，综合提出洮河重要控制断面生态流量及流量过程。洮河重要断面生态需水量计算结果如表 6.3-5 所示。

表 6.3-5　洮河重要断面生态需水量计算结果

<table>
<tr><th rowspan="2">河段</th><th rowspan="2">需水对象</th><th rowspan="2">重要断面</th><th rowspan="2">月份</th><th colspan="3">生态需水量</th><th rowspan="2">水质要求</th></tr>
<tr><th>流量(m^3/s)</th><th>需水量(亿 m^3)</th><th>流量过程</th></tr>
<tr><td rowspan="4">源头至岷县</td><td rowspan="4">濒危鱼类</td><td rowspan="4">下巴沟</td><td>4~6 月</td><td>22</td><td rowspan="4">8.55</td><td>保证鱼类栖息生境要求</td><td rowspan="4">Ⅲ</td></tr>
<tr><td>7~10 月</td><td>47</td><td>—</td></tr>
<tr><td>11 月</td><td>22</td><td rowspan="2">保证鱼类越冬生境要求</td></tr>
<tr><td>12 月至翌年 3 月</td><td>12</td></tr>
<tr><td rowspan="5">岷县至海甸峡</td><td rowspan="5">土著鱼类河流基本生态功能</td><td rowspan="5">岷县</td><td>4 月</td><td>32</td><td rowspan="5">17.70</td><td rowspan="2">保证鱼类栖息生境要求</td><td rowspan="5">Ⅱ</td></tr>
<tr><td>5~6 月</td><td>58</td></tr>
<tr><td>7~10 月</td><td>103</td><td>—</td></tr>
<tr><td>11 月</td><td>38</td><td rowspan="2">保证鱼类越冬生境要求</td></tr>
<tr><td>12 月至翌年 3 月</td><td>18</td></tr>
<tr><td rowspan="5">海甸峡至入黄口</td><td rowspan="5">濒危鱼类河流基本生态功能</td><td rowspan="5">红旗</td><td>4 月</td><td>38</td><td rowspan="5">24.56</td><td rowspan="2">保证鱼类栖息生境要求</td><td rowspan="5">Ⅲ</td></tr>
<tr><td>5~6 月</td><td>70</td></tr>
<tr><td>7~10 月</td><td>140</td><td>—</td></tr>
<tr><td>11 月</td><td>64</td><td rowspan="2">保证鱼类越冬生境要求</td></tr>
<tr><td>12 月至翌年 3 月</td><td>32</td></tr>
</table>

6.3.3　规划实施对重要断面生态需水量满足程度的影响

洮河流域水资源利用程度低，社会经济发展落后，受分水指标限值，规划水平年，流域内水资源用水量增加不大。根据水文水资源影响预测可知，水资源利用规划对洮河流域水文情势影响程度有限。规划实施对生态需水量的满足程度会有影响，但影响不大。

洮河干流重要断面生态环境需水量满足程度分析如表6.3-6所示。流域重要断面生态需水量满足程度如图6.3-1所示。

表6.3-6　洮河干流重要断面生态环境需水量满足程度分析　（单位：亿 m^3）

不同水平年		下巴沟	岷县	九甸峡	红旗(入黄断面)
河道内生态环境需水量		8.55	17.7	17.7	24.56
现状年	多年平均	15.81	33.71	33.45	46.13
	20%水平年	20.02	42.24	41.98	57.8
	50%水平年	15.21	32.59	32.33	43.86
	75%水平年	11.97	26.01	25.75	34.39
	90%水平年	8.18	18.22	17.96	23.19
2020年	多年平均	15.81	33.71	31.26	43.93
	20%水平年	19.97	42.24	39.79	55.29
	50%水平年	15.16	32.59	30.14	41.35
	75%水平年	11.92	26.01	23.56	31.88
	90%水平年	8.13	18.22	15.77	20.68
2030年	多年平均	15.51	33.28	27.44	39.31
	20%水平年	19.92	41.81	35.97	51.49
	50%水平年	15.11	32.16	26.32	37.55
	75%水平年	11.87	25.58	19.74	28.08
	90%水平年	8.08	17.79	11.95	16.88

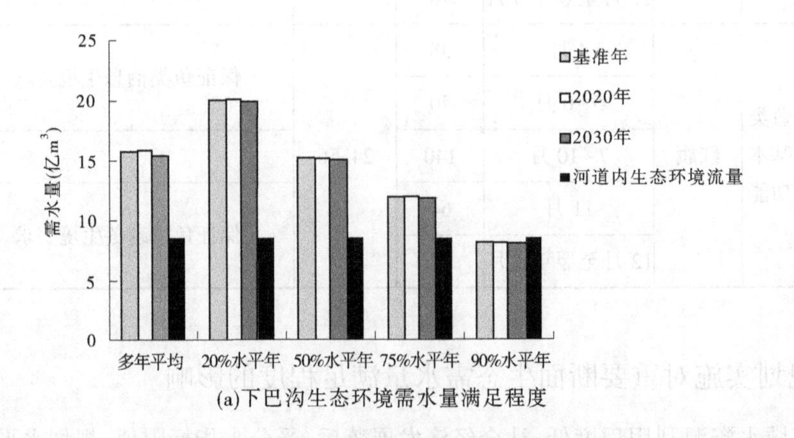

(a)下巴沟生态环境需水量满足程度

图6.3-1　流域重要断面生态需水量满足程度

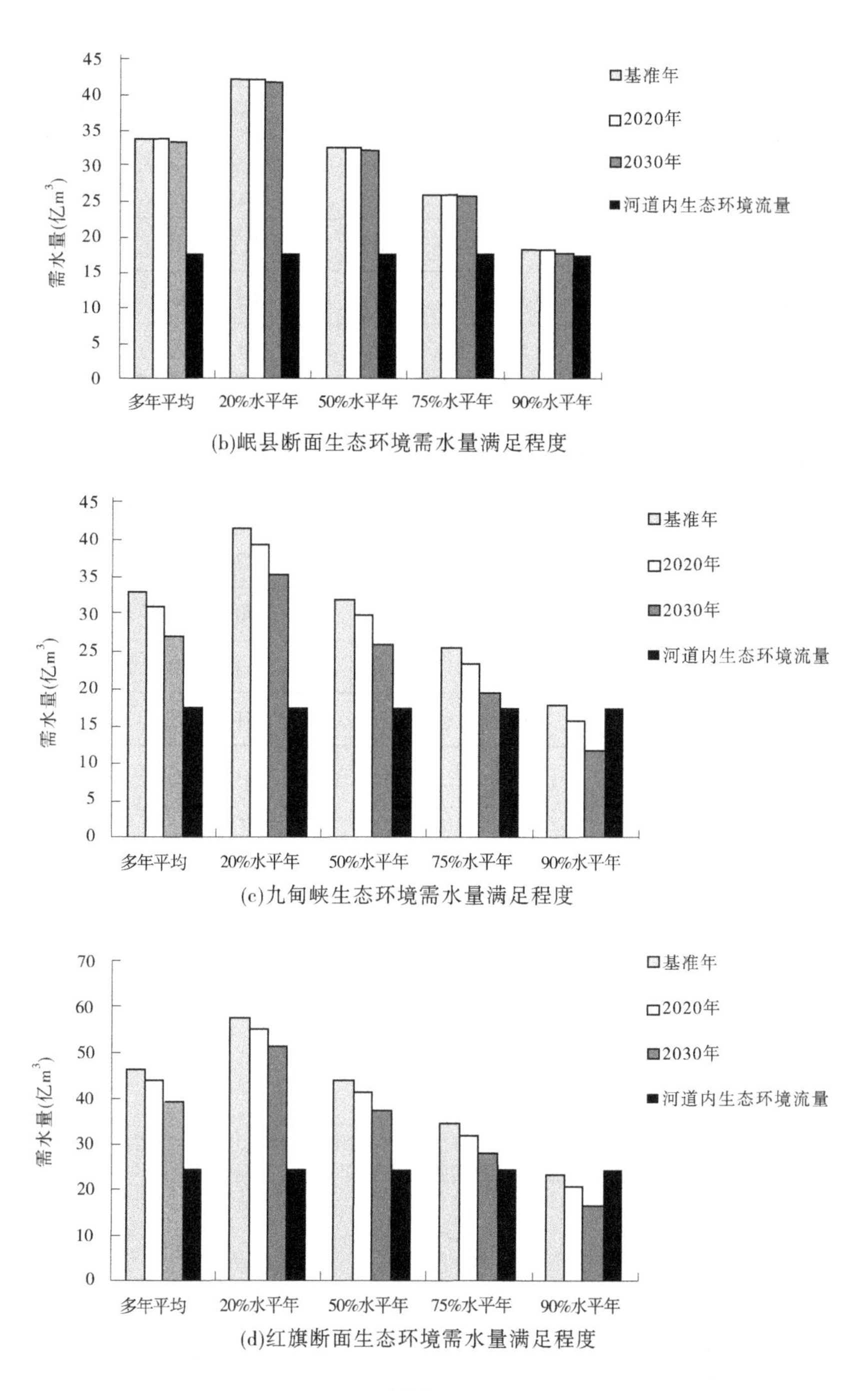

(b)岷县断面生态环境需水量满足程度

(c)九甸峡生态环境需水量满足程度

(d)红旗断面生态环境需水量满足程度

续图 6.3-1

6.3.4 规划实施对重要断面生态环境流量过程的影响

规划实施后的洮河干流重要断面月流量过程变化见表6.3-7和图6.3-2,对比重要断面生态流量过程,规划实施后可以满足生态流量的要求,洮河重要断面的生态流量可以得到保证。

表 6.3-7　洮河干流重要断面流量过程满足程度分析　　（单位：m^3/s）

断面		1月	2月	3月	4月	5月	6月	7月	8月	9月	10月	11月	12月
下巴沟	生态流量	12	12	12	22	22	22	47	47	47	47	22	12
	2020年	21	20	24	29	41	49	73	92	97	76	42	29
	2030年	22	20	23	29	41	48	71	91	94	76	43	29
岷县	生态流量	18	18	18	32	58	58	103	103	103	103	38	18
	2020年	31	30	38	56	106	120	172	181	189	151	74	44
	2030年	31	28	36	53	103	117	168	178	184	149	72	43
九甸峡	生态流量	18	18	18	32	58	58	103	103	103	103	38	18
	2020年	31	30	38	56	108	120	173	181	191	151	70	41
	2030年	29	25	35	48	91	103	162	172	179	140	60	40
红旗	生态流量	32	32	32	38	70	70	140	140	140	140	64	32
	2020年	45	43	49	72	115	163	234	263	279	219	81	61
	2030年	44	41	43	69	111	135	223	251	263	208	71	56

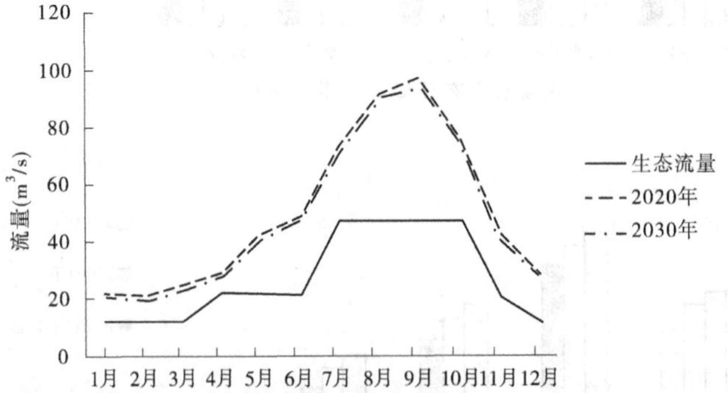

(a)下巴沟断面规划实施后流量变化

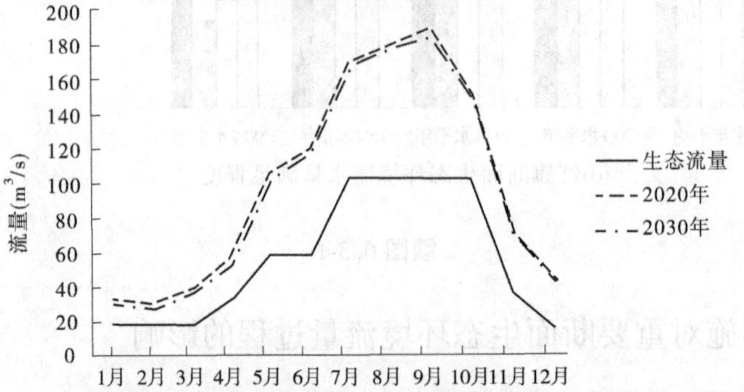

(b)岷县断面规划实施后流量变化

图 6.3-2　规划后各控制断面流量变化过程

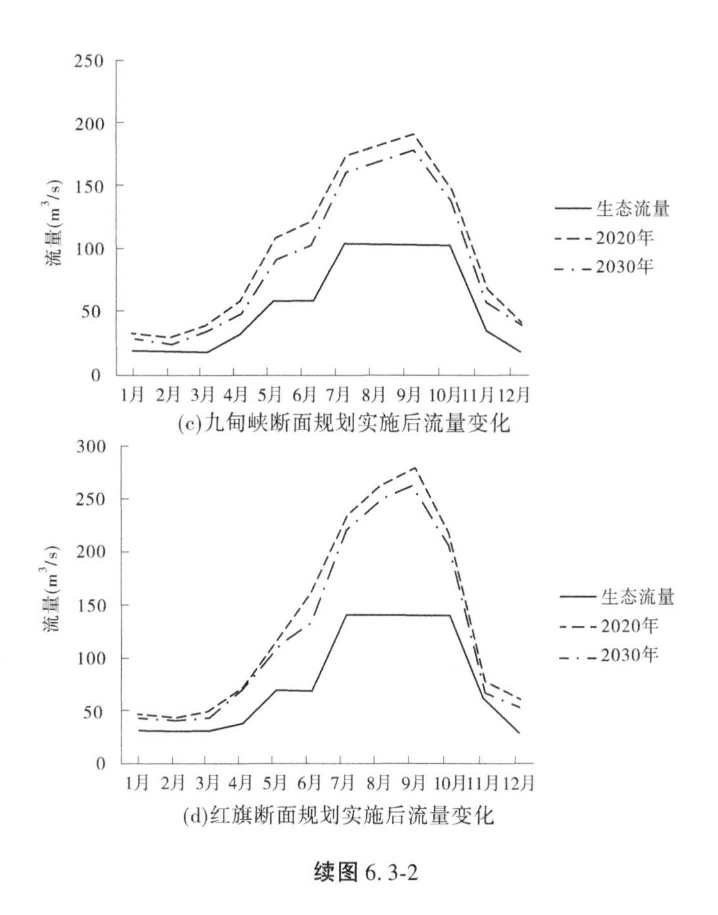

(c)九甸峡断面规划实施后流量变化

(d)红旗断面规划实施后流量变化

续图 6.3-2

6.3.5 规划实施对河流连通性的影响

6.3.5.1 对河流纵向连通性的影响

洮河流域河流生境多样且脆弱，水电站无序开发严重。目前已建、在建水电站37座，已对水生生态系统产生了胁迫效应，突出表现为大坝阻隔、河道减脱水、河流连通性受到影响，影响河流上游与下游、河流与两岸之间的联系，改变了局部河段的基本形态，水流连续性遭到了严重破坏，进而影响到生物多样性。

本次水电开发规划根据地形地貌、水资源条件，综合考虑流域内的自然保护区、国家森林公园、甘南黄河重要水源补给生态功能区、濒危珍稀鱼类保护等生态环境保护要求，以及当地经济社会发展需求等因素分河段分析洮河干流的水电开发条件。规划提出：其中已建、在建的37座电站中，本次拟保留电站1座(九甸峡电站)；停建电站1座(扎古录电站)；其余35座电站由当地政府委托有关机构开展环境影响后评估工作。未建的14座梯级电站，取消梯级电站12座，保留梯级布局2座(青走道、王家磨梯级电站)。在下一步工作中，按照相关法律法规和有关建设程序，提出恢复和保护生态环境的有关措施，研究已建、在建电站对鱼类保护区的补救措施。规划实施以后，可以缓解现有水能开发造成的上下游阻隔、断流，有利于河流形态、连通性的改善，但河流纵向连通性依然是劣，水流连续性依然很差。如果要使纵向连通性达到中等水平，青走道至岷县西寨河段只能保留

2 座水电站，岷县西寨至海甸峡河段及海甸峡至入黄口河段只能分别保留 1 座水电站，洮河干流只能保留 4 座水电站。

河流纵向连通性影响分析如表 6.3-8 所示。

表 6.3-8　河流纵向连通性影响分析

河段	现状			规划实施后		
	水电站个数	规划连通性指数	评价	水电站个数	规划连通性指数	评价
青走道以上	1	0.1	优	1	0.1	优
青走道至岷县西寨	19	7.2	劣	18	6.8	劣
岷县西寨至海甸峡	11	7.4	劣	11	7.4	劣
海甸峡至入黄口	6	4.2	劣	7	4.9	劣

6.3.5.2　对河流横向连通性的影响

洮河流域目前共有堤防及护岸工程 361.65 km，主要集中在洮河干流及广通河、牙塘河、三岔河、迭藏河等重点支流上。规划实施后干流河段新增 252.9 km，支流新增治理长度 504.48 km。防洪工程的修建尤其是堤防工程建设会造成河流横向连通性变差，在一定程度上阻隔水陆交错带之间的物质、信息、生物等联系。

6.3.6　规划实施对河流生态功能的影响

水资源配置、水能开发会对河流的水文情势产生影响，从而影响到河流生态功能。

6.3.6.1　水资源配置对河流生态功能的影响

由前述分析可知，水资源配置流域内水量配置增加不大，受洮河中游外流域调水工程的影响，洮河下游河段重要断面红旗断面的径流量及流量过程产生变化。下游河段干流是珍稀濒危鱼类重要分布区，下游产卵场主要分布在白马浪水电站至入黄口河段。已把白马浪水电站至入黄口河段划分为限制开发河段。

规划实施后，流域内水资源配置变化不大，由于引洮工程引水 5.32 亿 m^3，湿地下游河段径流量减少 12.2%，流量过程也发生了变化，下游河段本就存在着局部河段断流现象，规划实施后，水资源配置的变化会加剧生境破坏，鱼类生境受到胁迫。

水资源配置对河流生态功能的影响如表 6.3-9 所示。

由现状调查可知，洮河下游主要保护鱼类有厚唇裸重唇鱼、黄河裸裂尻鱼、嘉陵裸裂尻鱼、拟鲶高原鳅、黄河高原鳅、兰州鲶等冷水性土著鱼类。

其中，除黄河高原鳅生活于砾石底质急流河段外，其余几种鱼类都喜欢栖息于河流缓流处。引洮工程的建设，使得局部河段水流变慢，主要会对黄河高原鳅产生不利影响。

表6.3-9 水资源配置对河流生态功能的影响

影响区域	栖息地状况	产卵场分布河段	生态红线类型	影响
下游	干流是珍稀濒危鱼类重要分布区,该河段水电开发管理不善,尤其是春季3月、4月,存在河道断流现象,鱼类生境受到胁迫	白马浪水电站至入黄口河段	限制开发河段	规划实施后,流域内水资源配置变化不大,由于引洮工程引水5.32亿m^3,湿地下游河段径流量减少12.2%,流量过程也发生了变化,下游河段本就存在着局部河段断流现象,规划实施后,水资源配置的变化会加剧生境破坏,鱼类生境受到胁迫

6.3.6.2 水能开发对河流生态功能的影响

本次水能开发规划取消了12座规划未建水电站,对已建的35座水电站提出进行环境影响后评估的要求,并根据生态保护要求,由政府部门对小水电站进行整改,规划实施后将会改善鱼类生境。

水能开发对河流生态功能的影响如表6.3-10所示。

表6.3-10 水能开发对河流生态功能的影响

<table>
<tr><th colspan="2">河段</th><th>水生态保护规划定位</th><th>影响</th></tr>
<tr><td rowspan="2">源头至岷县西寨(上游)</td><td>青走道以上</td><td rowspan="2">上游以水源涵养和珍稀濒危鱼类保护为主,禁止和限制开发</td><td>本次规划提出取消该河段未建水电站3座,有利于水源保护和鱼类生境保护</td></tr>
<tr><td>青走道至西寨河段</td><td>规划对扎古录电站予以停建;对已建的16座电站应由当地政府委托有关机构开展环境影响后评估工作;在建的其余2座电站,要严格执行环评批复文件;对未建的7座电站予以取消。规划实施后,有利于鱼类生境保护与修复</td></tr>
<tr><td colspan="2">西寨至海甸峡</td><td>中游以维持河流廊道生态功能和土著鱼类栖息地保护为主,协调开发与保护关系,维持河流廊道连通性,确保河流生态流量和水流连续性</td><td>除九甸峡水利枢纽外,对已建的其余7座电站应由当地政府委托有关机构开展环境影响后评估工作;对在建的3座电站,严格按照环评批复文件执行。规划实施后,有利于维持鱼类栖息和河流廊道连通</td></tr>
</table>

续表 6.3-10

河段	水生态保护规划定位	影响
海甸峡以下	下游以濒危鱼类栖息地保护和入黄口生态功能维持为重点,保证河道内生态流量和入黄下泄水量要求,规范人为开发活动,禁止不合理开发和开垦,防范水污染风险	已建电站4座,在建电站2座,未建电站4座。对已建的4座电站,应由当地政府委托有关机构开展环境影响后评估工作;对在建的2座电站,严格按照环评批复文件执行;未建的4座电站,保留王家磨,对其余未建的3座予以取消。规划实施后,有利于鱼类栖息地保护

6.4 社会影响预测与评价

6.4.1 对流域土地资源影响

洮河流域整体上土地利用方式以草地为主,占流域面积的62.86%,主要分布在青海省河南县及甘肃省甘南自治州,且以高覆盖度草地和中覆盖度草地为主。洮河流域局部区域土地垦殖率和利用程度较高,耕地占流域总面积的21.97%,主要集中在洮河下游河谷阶地及各大支流谷地,如临洮盆地、广通河两岸谷地等。林地也占有一定的比例,占流域面积的13.16%,主要分布在洮河上游碌曲以下,岷县西寨以上的洮河南岸山区,且以有林地为主。

本次水资源利用规划2030年南水北调西线工程未生效前,洮河流域下游压缩农田灌溉面积12万亩;2030年南水北调西线工程生效后,洮河新增灌区面积23.262万亩,其中农田灌溉面积17.75万亩,分布在洮河下游;草场灌溉面积5.51万亩,分布在上中游。规划实施后,会对土地资源产生一定的影响。

水土保持规划实施以后,洮河流域新增综合治理面积63.90万 hm^2;新增基本农田8.11万 hm^2;新增乔木林2.97万 hm^2,灌木林10.41万 hm^2,乔灌混交林1.49万 hm^2,经果林2.21万 hm^2,人工种草10.23万 hm^2,生态修复30.62万 hm^2。本次水土保持规划,根据流域内不同土地利用分区土地利用现状、土地适宜性评价结果,结合农村经济发展方向和水土流失防治方向,对相应区域的土地利用结构进行了合理调整,其中新增农田、水保林、经果林及草地等由坡耕地、未利用地改造而成,这对于提高流域内土地利用效率、流域内人民群众生活水平及区域生态环境都具有重要意义,是经济效益、社会效益和环境效益的统一。

6.4.2 对人群健康的影响

规划对人群健康的影响主要包括两方面。一方面,水资源保护规划的实施,使得水功能区达标率得到提高,水质得到改善;规划外针对农村饮用水不安全的特点,规划安排集中供水工程、分散供水工程等,以全面解决流域内饮水安全问题,保障流域内农村生活用水安全。这对人群健康具有积极的促进作用。

另一方面,本次规划涉及防洪、灌溉、水电开发、调水、水资源保护和水土保持等大量工程建设内容。工程施工期间,大量的施工人员进驻施工场地,容易与当地居民发生疫病交叉感染,其日常生活将对当地卫生防疫带来一定影响,因此工程施工过程中要加强卫生防疫和食品卫生、饮用水及施工人员的管理,防止外源性传染源的输入和流行。

6.4.3　对农业生产的影响

流域内现有耕地面积 334.04 万亩;农田有效灌溉面积 87.78 万亩,灌溉率 26.3%,农田实灌面积 61.17 万亩;林草灌溉面积 6.59 万亩。流域现有灌区 1 390 余处,其中万亩以上灌区 30 处,全部位于下游的临夏州和定西市各县。流域内自流引水全为无坝引水,以中小型为主,灌溉面积主要集中在干流中下游河谷川台地及广通河、三岔河河谷川台地;提灌面积主要在干支流高阶地及少部分山坡地。

根据甘肃和青海两省有关规划成果、流域适宜的灌溉土地分析及洮河流域灌溉发展的方向及总体部署,规划实施新发展的灌区主要结合现有骨干工程建设、万亩以上灌区项目的续建配套与节水改造,增加供水能力,增大灌区灌溉面积。新增灌溉面积分为配套挖潜工程与新建灌溉工程两部分。规划实施后 2030 年洮河流域灌溉面积为 115.79 万亩,其中农田灌溉面积为 103.69 万亩,林草灌溉面积为 12.10 万亩。至 2030 年共新增灌溉面积 23.26 万亩。按总人口计算,人均农田灌溉面积由现状的 0.39 亩增加到 2030 年的 0.41 亩,随着灌溉面积、灌溉率的显著提高及农业生产设施的完善,流域内农业生产力将得到进一步的提高,流域内人民群众生活水平也将不断改善。

6.4.4　对流域内少数民族、宗教信仰和地区社会经济发展的影响

规划实施后,随着防洪体系不断的完善,水能资源得到合理、有序的开发利用,水资源供需矛盾显著改善,流域内社会经济不断发展,流域内各民族团结一致,共同发展,流域内少数民族生产、生活水平也将不断提高,特别是源区内生态环境将进一步得到保护,因此规划不会对流域内少数民族生产、生活产生大的不利影响,更不会影响少数民族人民群众的正常的宗教信仰。

6.5　重点功能区及环境敏感区影响预测与评价

根据国家及区域相关规划、区划对流域生态保护的要求,国家划定重要生态功能区(甘南黄河重要水源补给生态功能区、三江源草原草甸湿地生态功能区)、生态脆弱区(青藏高原复合侵蚀生态脆弱区)、生物多样性优先保护区(青藏高原高寒区)及重要水功能区等。

6.5.1 规划对环境敏感区的影响

6.5.1.1 环境敏感区及相关法律法规要求

针对环境敏感区,有以下相关法律法规要求见表6.5-1。

表6.5-1 法律法规相关要求

<table>
<tr><th>敏感区</th><th>法律法规名称</th><th>法律法规相关要求</th></tr>
<tr><td rowspan="5">自然保护区</td><td>《中华人民共和国野生动物保护法》</td><td>禁止在相关自然保护区域建设法律法规规定不得建设的项目。
建设项目可能对相关自然保护区域、野生动物迁徙洄游通道产生影响的,环境影响评价文件的审批部门在审批环境影响评价文件时,涉及国家重点保护野生动物的,应当征求国务院野生动物保护主管部门意见;涉及地方重点保护野生动物的,应当征求省、自治区、直辖市人民政府野生动物保护主管部门意见</td></tr>
<tr><td rowspan="4">《中华人民共和国自然保护区条例》</td><td>禁止任何人进入自然保护区的核心区。因科学研究的需要,必须进入核心区从事科学研究观测、调查活动的,应当事先向自然保护区管理机构提交申请和活动计划,并经省级以上人民政府有关自然保护区行政主管部门批准;其中,进入国家级自然保护区核心区的,必须经国务院有关自然保护区行政主管部门批准</td></tr>
<tr><td>禁止在自然保护区的缓冲区开展旅游和生产经营活动。因教学科研的目的,需要进入自然保护区的缓冲区从事非破坏性的科学研究、教学实习和标本采集活动的,应当事先向自然保护区管理机构提交申请和活动计划,经自然保护区管理机构批准</td></tr>
<tr><td>在自然保护区组织参观、旅游活动的,必须按照批准的方案进行,并加强管理;进入自然保护区参观、旅游的单位和个人,应当服从自然保护区管理机构的管理。
严禁开设与自然保护区保护方向不一致的参观、旅游项目</td></tr>
<tr><td>在自然保护区的核心区和缓冲区内,不得建设任何生产设施。在自然保护区的实验区内,不得建设污染环境、破坏资源或者景观的生产设施;建设其他项目,其污染物排放不得超过国家和地方规定的污染物排放标准。在自然保护区的实验区内已经建成的设施,其污染物排放超过国家和地方规定的排放标准的,应当限期治理;造成损害的,必须采取补救措施</td></tr>
</table>

续表 6.5-1

敏感区	法律法规名称	法律法规相关要求
森林公园	《森林公园管理办法》(林业部令第9号)	禁止在森林公园毁林开垦和毁林采石、采砂、采土以及其他毁林行为。 采伐森林公园的林木,必须遵守有关林业法规、经营方案和技术规程的规定
		占用、征用或者转让森林公园经营范围内的林地,必须征得森林公园经营管理机构同意,并按《中华人民共和国森林法》及其实施细则等有关规定,办理占用、征用或者转让手续,按法定审批权限报人民政府批准,交纳有关费用
饮用水水源保护区	《中华人民共和国水污染防治法》	在饮用水水源保护区内,禁止设置排污口
		禁止在饮用水水源一级保护区内新建、改建、扩建与供水设施和保护水源无关的建设项目
		禁止在饮用水水源二级保护区内新建、改建、扩建排放污染物的建设项目
水产种质资源保护区	《中华人民共和国野生动物保护法》	禁止在相关自然保护区域建设法律法规规定不得建设的项目。 建设项目可能对相关自然保护区域、野生动物迁徙洄游通道产生影响的,环境影响评价文件的审批部门在审批环境影响评价文件时,涉及国家重点保护野生动物的,应当征求国务院野生动物保护主管部门意见;涉及地方重点保护野生动物的,应当征求省、自治区、直辖市人民政府野生动物保护主管部门意见
	《中华人民共和国渔业法》	国家保护水产种质资源及其生存环境,并在具有较高经济价值和遗传育种价值的水产种质资源的主要生长繁育区域建立水产种质资源保护区。未经国务院渔业行政主管部门批准,任何单位或者个人不得在水产种质资源保护区内从事捕捞活动
		在鱼、虾、蟹洄游通道建闸、筑坝,对渔业资源有严重影响的,建设单位应当建造过鱼设施或者采取其他补救措施
	《水产种质资源保护区管理暂行办法》(农业部令2011年第1号)	在水产种质资源保护区内从事修建水利工程、疏浚航道、建闸筑坝、勘探和开采矿产资源、港口建设等工程建设的,或者在水产种质资源保护区外从事可能损害保护区功能的工程建设活动的,应当按照国家有关规定编制建设项目对水产种质资源保护区的影响专题论证报告,并将其纳入环境影响评价报告书
		省级以上人民政府渔业行政主管部门应当依法参与涉及水产种质资源保护区的建设项目环境影响评价,组织专家审查建设项目对水产种质资源保护区的影响专题论证报告,并根据审查结论向建设单位和环境影响评价主管部门出具意见

6.5.1.2 规划对自然保护区及森林公园的影响

洮河流域分布有4处国家级自然保护区，即甘肃洮河国家级自然保护区、甘肃尕海—则岔国家级自然保护区、甘肃莲花山国家级自然保护区及甘肃太子山国家级自然保护区等。洮河流域分布有4处国家森林公园，即甘肃松鸣岩国家森林公园(位于甘肃太子山国家级自然保护区内)、甘肃冶力关国家森林公园、甘肃大峪国家森林公园(位于洮河国家级自然保护区)和甘肃莲花山国家森林公园(位于甘肃莲花山国家级自然保护区)。

综合规划中的水资源开发利用规划、防洪规划、水能开发规划、水土保持规划及水资源保护规划会对自然保护区产生影响。

1. 水资源配置工程小牛圈水库对自然保护区的影响

原水资源开发利用规划中的小牛圈水库部分涉及甘肃省太子山国家级自然保护区核心区和缓冲区。根据《中华人民共和国自然保护区条例》，自然保护区核心区和缓冲区不允许新建工程，因此规划环评建议重新选址，调出甘肃省太子山国家级自然保护区核心区和缓冲区，在未调整前暂不列入本次规划。

2. 防洪规划对自然保护区及森林公园的影响

1) 防洪工程与自然保护区及森林公园的位置关系

防洪工程包括干流防洪工程和支流防洪工程。其中3处干流防洪工程、3处支流防洪工程位于洮河国家级自然保护区实验区，1处支流防洪工程位于冶力关国家森林公园。防洪工程与自然保护区及森林公园的位置关系如表6.5-2所示。

表6.5-2 防洪工程与自然保护区及森林公园的位置关系

<table>
<tr><th>规划</th><th>县</th><th>工程</th><th>保护区</th><th>工程内容</th><th>位置关系</th></tr>
<tr><td rowspan="3">干流防洪工程</td><td>夏河</td><td>勒秀乡段</td><td>一般保护区</td><td>新建护岸4.28 km</td><td rowspan="6">位于洮河国家级自然保护区实验区</td></tr>
<tr><td>碌曲</td><td>县城段</td><td>重点保护区</td><td>新建堤防5.3 km，加高加固3.4 km</td></tr>
<tr><td>临潭</td><td>术布段</td><td>一般保护区</td><td>新建护岸11.34 km</td></tr>
<tr><td rowspan="4">支流防洪工程</td><td>卓尼</td><td>大峪河</td><td>一般保护区</td><td>新建护岸5 km</td></tr>
<tr><td>卓尼</td><td>车巴河</td><td>一般保护区</td><td>新建护岸4.5 km</td></tr>
<tr><td>卓尼</td><td>卡车沟</td><td>一般保护区</td><td>新建护岸9 km</td></tr>
<tr><td>临潭</td><td>冶木河</td><td>一般保护区</td><td>加高加固5.68 km</td><td>位于冶力关国家森林公园</td></tr>
</table>

2) 防洪工程对自然保护区及森林公园的影响

由自然保护区及森林公园的位置关系可知，防洪工程涉及洮河国家级自然保护区的实验区和冶力关国家森林公园。

甘肃洮河国家级自然保护区位于洮河的中上游，地处青藏高原的东北边缘，甘南藏族自治州的卓尼、临潭、迭部、合作4县(市)境内，保护区总面积287 759 hm^2，是洮河的重要水源涵养区。主要保护对象为森林生态系统、湿地、珍稀野生动植物资源及其栖息地。在该区域内布置有防洪工程 6 处,分布于干流及支流两岸,防洪工程具有不连续、分散的特点,占地面积小,施工方式简单,工程占地主要在河流两岸。这 6 处防洪工程有 3 处位于洮河干流,3 处分别位于卓尼的大峪河、车巴河、卡车沟,工程分散,对自然保护区影响不大。考虑到自然保护区的敏感性及法律约束,应妥善处理规划防洪工程与自然保护区的关系,在规划实施阶段应按照有关法律法规要求开展防洪工程对自然保护区的影响专题研究。

甘肃冶力关国家森林公园位于青藏高原的东北边缘,甘南藏族自治州卓尼、临潭两县境内,东邻甘肃莲花山国家级自然保护区,西接合作市,北与临夏、康乐毗连,总面积 79 400 hm^2,森林覆盖率为 63%,植被覆盖率 92.0%。该区属湿润的高原气候,特点是高寒湿润,气温年差较小,月差较大,雨热同季,垂直差异显著。森林公园以高山暗针叶为主体,野生动物种类丰富。本次仅有冶木河 1 处工程位于甘肃冶力关国家级森林公园内,为加高加固工程,长度为 5.68 km,工程量很小,工程实施对甘肃冶力关国家级森林公园的影响很小。

3. 水能开发规划对自然保护区及森林公园的影响

1) 位置关系

本次在自然保护区及森林公园没有规划新建水电站,原有规划涉及国家及自然保护区的共有 14 座电站,其中未建水电站 2 座,已建、在建水电站 12 座;西仓水电站位于尕海—则岔国家级自然保护区的实验区,阿木去乎、峡村、安果儿、扎古录、录巴寺、独山子、扭子、多架山、俄吾多及木耳资堡等 10 处水电站位于洮河国家级自然保护区的实验区;莲麓一级、莲麓二级(峡城)及吉利等 3 座水电站位于甘肃莲花山国家级自然保护区实验区(见表 6.5-3)。

表 6.5-3　水电站与自然保护区及森林公园的位置关系

<table>
<tr><th>河段</th><th>电站名称</th><th>建设情况</th><th>是否有环评审批文件</th><th>规划建议</th><th>与自然保护区及森林公园的位置关系</th></tr>
<tr><td rowspan="12">上游</td><td>西仓</td><td>在建</td><td>有</td><td>后评估</td><td>位于尕海—则岔国家级自然保护区的实验区</td></tr>
<tr><td>阿木去乎</td><td>未建</td><td></td><td>取消</td><td rowspan="11">位于甘肃洮河国家级自然保护区的实验区</td></tr>
<tr><td>峡村</td><td>1994 年</td><td>无</td><td>整改</td></tr>
<tr><td>安果儿</td><td>2007 年</td><td>有</td><td>后评估</td></tr>
<tr><td>扎古录</td><td>在建</td><td>无</td><td>取消</td></tr>
<tr><td>录巴寺</td><td>2012 年</td><td>有</td><td>后评估</td></tr>
<tr><td>独山子</td><td>1978 年</td><td>无</td><td>整改</td></tr>
<tr><td>扭子</td><td>2010 年</td><td>有</td><td>后评估</td></tr>
<tr><td>多架山</td><td>1995 年</td><td>有</td><td>整改</td></tr>
<tr><td>俄吾多</td><td>2006 年</td><td>有</td><td>后评估</td></tr>
<tr><td>木耳资堡</td><td>未建</td><td></td><td>取消</td></tr>
<tr><td rowspan="3">中游</td><td>莲麓一级</td><td>在建</td><td>有</td><td>后评估</td><td rowspan="3">位于甘肃莲花山国家级自然保护区实验区</td></tr>
<tr><td>莲麓二级(峡城)</td><td>2012 年</td><td>有</td><td>后评估</td></tr>
<tr><td>吉利</td><td>在建</td><td>有</td><td>后评估</td></tr>
</table>

2）水能开发规划对自然保护区的影响

本次在自然保护区及森林公园没有新规划水电站，针对原有的规划及已建、在建水电站，本次规划提出了措施及建议。涉及国家及自然保护区的共有14座电站，对于未建的阿木去乎、木耳资堡等2座水电站，水能开发规划提出取消梯级布置；对于已建且取得环评审批手续的峡村、安果儿、录巴寺、独山子、扭子、多架山、俄吾多及莲麓二级电站，提出“由当地政府委托有关机构开展环境影响后评估工作，论证电站建设对生态环境、水生态的影响，以及电站运用方式的合理性，并上报有关部门审批。对不符合生态环境保护要求的电站，要提出生态恢复和保护的有关措施，予以改建、改变运行方式或关停、拆除”等建议；对在建且取得环评审批手续的莲麓一级电站，在其建设和运行的过程中，要严格执行环评批复文件所要求的环保措施，并保证下泄所要求的生态流量；对在建但未取得环评审批的扎古录电站。考虑以上电站所在河段的生态保护目标要求、电站建设及运行现状对水生态环境已造成一定的不利影响等情况，根据《中华人民共和国环境影响评价法》第二十五条和第三十一条、《建设项目环境保护管理条例》第二十四条和第二十五条、《中华人民共和国野生动物保护法》第十二条、《中华人民共和国渔业法》第三十二条以及《中华人民共和国水生野生动物保护实施条例》第七条等规定，对扎古录电站提出停止建设的意见。

已建、在建水电站不合理开发，已对水生态及自然保护区产生不利影响，本次规划也对位于自然保护区的电站提出了相应的规划措施，在严格落实水能开发规划措施的前提下，水能开发规划对自然保护区的影响是有利的。

4. 水土保持规划对自然保护区及森林公园的影响

1）工程与自然保护区及森林公园的位置关系

规划阶段，根据不同的类型区，水土保持布置有水土保持工程，但是工程的具体位置尚未明确。表6.5-4列出了不同类型区的工程内容及类型区与自然保护区的位置关系。

表6.5-4　水土保持类型区与洮河流域自然保护区及森林公园的位置关系

类型区	区域	工程内容	与自然保护区及森林公园的位置关系
若尔盖高原生态维护水源涵养区	合作、碌曲、夏河	预防规模：40 217 hm^2，其中封育34 185 hm^2，预防治理6 033 hm^2	分布有甘肃尕海—则岔国家级自然保护区
陇南山地保土减灾区	岷县、临潭、卓尼	预防规模：31 705 hm^2，其中封育29 122 hm^2，预防治理2 583 hm^2；坡改梯：2 521 hm^2；侵蚀沟治理：25 831 hm^2，其中水保林19 373 hm^2，人工草地15 526 hm^2	分布有洮河国家级自然保护区、甘肃莲花山国家级自然保护区、甘肃冶力关国家森林公园、甘肃莲花山国家森林公园
青东甘南丘陵沟壑蓄水保土区	康乐、广河、和政、临洮、渭源	坡改梯：14 635 hm^2；侵蚀沟治理：17 719 hm^2，其中经济林2 193 hm^2，人工草地6 457 hm^2	分布有甘肃太子山国家级自然保护区、甘肃松鸣岩国家森林公园

2) 工程对自然保护区及森林公园的影响

由于规划阶段,具体工程的位置尚未明确,目前无法明确具体工程与自然保护区的位置关系。但水土保持工程的实施,有利于提高洮河流域的水源涵养能力,提高植被覆盖度,减缓和有效控制水土流失,整体上,对流域的生态环境是有利的。局部工程,可能会对自然保护区和森林产生短暂的不利影响,但是可以通过一些措施得以减缓。

建议在以后的工程可研阶段,位于“陇南山地保土减灾区”的 2 521 hm^2 坡改地要避开甘肃洮河国家级自然保护区、甘肃莲花山国家级自然保护区、甘肃冶力关国家森林公园、甘肃莲花山国家森林公园等生态敏感区;位于“青东甘南丘陵沟壑蓄水保土区”的 14 635 hm^2 坡改梯,2 193 hm^2 的经济林要避开太子山国家级自然保护区、松鸣岩国家森林公园。

6.5.1.3　规划对饮用水水源保护区的影响

洮河流域分布有 9 处饮用水水源保护区,其中 4 处为河道型水源保护区,5 处为地下水水源保护区。本规划不涉及地下水水源保护区,仅有两处防洪工程距离地表饮用水水源保护区较近。规划工程与饮用水水源保护区的位置关系如表 6.5-5 所示。

表 6.5-5　规划工程与饮用水水源保护区的位置关系

规划	工程	工程内容	位置关系
防洪规划	支流斜藏沟	新建堤防 8 km	可能位于临潭斜藏沟大扎饮用水水源保护区
	支流迭藏河秦许段	新建护岸 13.6 km	可能位于岷县秦许乡马烨仓饮用水水源保护区

目前规划阶段防洪工程只有大致的位置,鉴于饮用水水源保护区的敏感性,建议在下一步的规划实施过程中,支流斜藏沟新建堤防工程和支流迭藏河秦许段新建护岸工程避开饮用水水源保护区,以最大限度地避免对饮用水水源保护区的影响。

6.5.1.4　规划对水产种质资源保护区及珍稀濒危鱼类的影响

综合规划中的防洪规划、水能开发规划及水资源与水生态规划,对珍稀濒危鱼类及其重要栖息地会产生影响。

1. 防洪规划对水产种质资源保护区及珍稀濒危鱼类影响

1) 位置关系

支流防洪工程中,碌曲县西仓乡段位于洮河碌曲段扁咽齿鱼水产种质资源保护区实验区,卓尼县县城段位于洮河特有鱼类国家级水产种质资源保护区实验区,临洮县辛店镇—太石镇段、红旗乡段位于洮河定西特有鱼类国家级水产种质资源保护区核心区。

支流防洪工程中,临潭县的羊沙河羊沙段、羊沙河段及冶木河冶力关风景区段位于洮河临潭冶木河羊沙河特有鱼类国家级水产种质资源保护区核心区;卓尼县的大峪河、车巴河及卡车沟位于洮河鱼类国家级水产种质资源保护区核心区。防洪工程与国家种质资源保护区的位置关系如表 6.5-6 所示。

表 6.5-6 防洪工程与国家种质资源保护区的位置关系

规划	县	工程	工程内容	与国家种质资源保护区的位置关系
干流防洪工程	碌曲	西仓乡段	新建护岸 5.20 km	位于洮河碌曲段扁咽齿鱼水产种质资源保护区实验区
	卓尼	县城段	新建堤防 5.30 km,工程加高加固 3.40 km	位于洮河特有鱼类国家级水产种质资源保护区实验区
	临洮	辛店镇—太石镇段	新建护岸 18.9 km	位于洮河定西特有鱼类国家级水产种质资源保护区核心区
		红旗乡段	新建护岸 12.66 km	
支流防洪工程	临潭	羊沙河羊沙段	新建护岸 9.36 km	洮河临潭县冶木河羊沙河特有鱼类国家级水产种质资源保护区核心区
		羊沙河段	新建护岸 5 km	
		冶木河冶力关风景区段	加高加固 5.68 km	
	卓尼	大峪河	新建护岸 5.00 km	位于洮河特有鱼类国家级水产种质资源保护区核心区
		车巴河	新建护岸 4.50 km	
		卡车沟	新建护岸 9.00 km	

2)工程对国家级水产种质资源保护区的影响

(1)对洮河碌曲段扁咽齿鱼特有鱼类国家级种质资源保护区的影响。

洮河碌曲段扁咽齿鱼特有鱼类国家级种质资源保护区位于甘肃省碌曲县境内,主要包括洮河碌曲段及其支流。核心区位于李恰如牧场的莫尔仓至玛艾镇达尔宗以及西仓乡新寺至小阿拉、拉仁关乡则岔至西仓乡贡去乎三段。核心区特别保护期为 4 月 1 日至 8 月 31 日。主要保护对象为扁咽齿鱼,其他保护物种包括厚唇裸重唇鱼、裸裂尻鱼、花斑裸鲤、拟鲶高原鳅、小眼高原鳅、硬刺高原鳅、黑体高原鳅、壮体高原鳅、水獭等。

本次规划的碌曲县西仓乡段位于该水产种质资源保护区的实验区。该工程的主要内容是新建护岸,工程长度为 5.20 km,工程对洮河碌曲段扁咽齿鱼特有鱼类国家级种质资源保护区产生的不利影响主要在施工期,由于工程量小,施工方式简单,工程建设对该水产种质资源保护区的影响较小。工程施工建设阶段施工期应避开特别保护期 4 月 1 日至 8 月 31 日。

(2)对洮河特有鱼类国家级水产种质资源保护区的影响。

洮河特有鱼类国家级水产种质资源保护区位于甘肃省甘南藏族自治州卓尼县境内,由洮河干流及其 12 条一级支流河段和两岸的滩涂、沼泽、沟谷以及草原、林地等水源涵养区构成,总面积为4 230 km^2。特别保护期为每年的4月20日至8月30日。核心区包括两部分,第一部分是洮河干流扎古录镇塔扎安果至麻路段,全长27.6 km;第二部分是从塔扎安果到纳浪乡西尼沟高石崖的12条支流和两岸1 500~2 500 m内的滩涂、沼泽沟谷及溪流、草原、林地等水源涵养区。主要保护对象为厚唇裸重唇鱼、裸裂尻鱼、扁咽齿鱼、中华裂腹鱼、花斑裸鲤和岷山高原鳅、硬翅高原鳅、状体高原鳅、黑体高原鳅及国家二级重点保护水生野生动物水獭、甘肃省重点保护水生动物西藏山溪鲵等。

本次规划的卓尼县城段位于洮河特有鱼类国家级水产种质资源保护区实验区;工程内容主要是新建堤防5.30 km,工程加高加固3.40 km。工程量小,施工方式简单,且不在水中作业,工程建设对该水产种质资源保护区的影响较小。支流的大峪河、车巴河及卡车沟位于洮河鱼类国家级水产种质资源保护区核心区,工程建设内容均为新建护岸,长度分别为5.00 km、4.50 km、9.00 km。工程量小,施工方式简单,且不在水中作业,工程对该水产种质资源保护区影响较小。工程施工建设阶段施工期应避开特别保护期4月20日至8月30日。

(3)对洮河定西特有鱼类国家级水产种质资源保护区的影响。

洮河定西特有鱼类国家级水产种质资源保护区洮河定西段土著鱼类水产种质资源保护区地处临洮县红旗乡扎马圈村至玉井镇下何家村,保护区河段全长100 km。核心区位于红旗乡扎马圈村—新店镇康家崖村,河段长55 km,占保护区河段全长的55%,核心区特别保护期为每年4~7月。主要保护对象为厚唇裸重唇鱼、拟鲶高原鳅、黄河高原鳅、黄河裸裂尻鱼、嘉陵裸裂尻鱼、兰州鲶等。

本次规划的临洮县辛店镇—太石镇段、红旗乡段位于洮河定西特有鱼类国家级水产种质资源保护区核心区,也是鱼类集中分布区域。工程建设内容均为新建护岸,长度分别为18.9 km、12.66 km,工程施工和运行都会对种质资源保护区产生不利影响。建议在规划实施阶段,严格落实有关法律法规的要求。

(4)对洮河临潭县冶木河羊沙河特有鱼类国家级水产种质资源保护区的影响。

冶木河、羊沙河是洮河在临潭境内的最大支流。保护区位于洮河上中游临潭县境内的冶木河和羊沙河及其支流处,总面积1 128 hm^2,主要为冶木河和羊沙河的干流;保护区为冶木河、羊沙河特有鱼类等洮河上中游高原冷水性鱼类栖息、繁衍、生长的重要场所。主要保护对象为花斑裸鲤、厚唇裸重唇鱼、黄河裸裂尻鱼、嘉陵裸裂尻鱼、极边扁咽齿鱼、黄河雅罗鱼、赤眼鳟、拟鲶高原鳅、黄河高原鳅等,其中花斑裸鲤为优势种群。

本次规划的临潭县的羊沙河羊沙段、羊沙河段及冶木河冶力关风景区段位于洮河临潭县冶木河羊沙河特有鱼类国家级水产种质资源保护区核心区。羊沙河羊沙段新建护岸9.36 km,羊沙河段新建护岸5 km,冶木河冶力关风景区段加高加固5.68 km。

工程施工和运行都会对种质资源保护区产生不利影响。建议在规划实施阶段,严格落实有关法律法规的要求。

防洪工程对水产种质资源保护区的影响如表6.5-7所示。

表 6.5-7 防洪工程与对水产种质资源保护区的影响

<table>
<tr><th>县</th><th>工程</th><th>工程内容</th><th>与国家种质资源保护区的位置关系</th><th>影响</th></tr>
<tr><td>碌曲</td><td>西仓乡</td><td>新建护岸 5.20 km</td><td>位于洮河碌曲段扁咽齿鱼特有鱼类国家级水产种质资源保护区实验区</td><td rowspan="10">护岸堤防工程可能会对水产种质资源保护区主要保护对象正常栖息及繁殖造成一定程度的影响，在具体项目建设时应妥善处理工程建设与生态保护的关系，确保水产种质资源保护区主要保护对象的安全</td></tr>
<tr><td rowspan="4">卓尼</td><td>县城段</td><td>新建堤防 5.30 km，
工程加高加固 3.40 km</td><td>位于洮河特有鱼类国家级水产种质资源保护区实验区</td></tr>
<tr><td>大峪河</td><td>新建护岸 5.00 km</td><td rowspan="3">位于洮河特有鱼类国家级水产种质资源保护区核心区</td></tr>
<tr><td>车巴河</td><td>新建护岸 4.50 km</td></tr>
<tr><td>卡车沟</td><td>新建护岸 9.00 km</td></tr>
<tr><td rowspan="2">临洮</td><td>辛店镇—太石镇段</td><td>新建护岸 18.9 km</td><td rowspan="2">位于洮河定西特有鱼类国家级水产种质资源保护区核心区</td></tr>
<tr><td>红旗乡段</td><td>新建护岸 12.66 km</td></tr>
<tr><td rowspan="3">临潭</td><td>羊沙河羊沙段</td><td>新建护岸 9.36 km</td><td rowspan="3">洮河临潭县冶木河羊沙河特有鱼类国家级水产种质资源保护区核心区</td></tr>
<tr><td>羊沙河段</td><td>新建护岸 5 km</td></tr>
<tr><td>冶木河冶力关风景区段</td><td>加高加固 5.68 km</td></tr>
</table>

2. 水能开发规划对水产种质资源保护区及珍稀濒危鱼类的影响

1) 位置关系

本次规划针对原有规划的 51 座水电站提出了相应的措施。

原有规划中的代富桑、李恰如、尕克、青走道等 4 座未建水电站位于洮河源头饮用水保护区、珍稀濒危鱼类重要栖息地保留河段；阿拉山、西仓、大庄及多松多等 4 座已建水电站位于洮河扁咽齿国家级水产种质资源保护区的实验区；如吾、扎古录 2 座已建水电站位于洮河特有鱼类国家级水产种质资源保护区核心区；鹿儿台、术布、录巴寺、独山子、扭子、多架山、俄吾多、木耳资堡、青石山、小族坪、郑旗、上川、巴杰、西尼沟等 14 座水电站位于洮河特有鱼类水产种质资源保护区的实验区；白马浪、三滩、达坂及板桥等 4 座水电站位于洮河定西特有鱼类水产种质资源保护区的实验区。

2) 工程对珍稀濒危鱼类及其栖息地的影响

与已有规划比较，本次规划考虑了国家及区域相关规划、区划对流域生态保护的要求，考虑到相关法律法规对自然保护区、珍稀濒危鱼类及其栖息地、重要湿地及干支流源区提出了严格的限制和禁止开发的要求。

针对目前洮河原有规划的 14 座水电站，本次规划明确提出全部取消；37 座已建水电站中，16 座水电站位于珍稀濒危鱼类重要栖息地。因此，规划提出了以下开发意见，见表 6. 5-8。

表 6. 5-8　洮河干流已建水电站与水产种质资源保护区的位置关系

<table>
<tr><th>河段</th><th>电站名称</th><th>建设情况</th><th>是否有环评审批文件</th><th>与国家水产种质资源保护区的关系</th><th>规划意见和建议</th></tr>
<tr><td rowspan="15">上游</td><td>阿拉山</td><td>2005 年</td><td>有</td><td rowspan="4">位于洮河扁咽齿国家级水产种质资源保护区的实验区</td><td rowspan="5">进行环境影响后评估</td></tr>
<tr><td>西仓</td><td>在建</td><td>有</td></tr>
<tr><td>大庄</td><td>2009 年</td><td>有</td></tr>
<tr><td>多松多</td><td>2011 年</td><td>有</td></tr>
<tr><td>如吾</td><td>2012 年</td><td>有</td><td rowspan="2">位于洮河特有鱼类水产种质资源保护区的核心区</td></tr>
<tr><td>扎古录</td><td>在建</td><td>无</td><td>停建</td></tr>
<tr><td>鹿儿台</td><td>2007 年</td><td>有</td><td rowspan="9">位于洮河特有鱼类水产种质资源保护区的实验区</td><td rowspan="10">进行环境影响后评估</td></tr>
<tr><td>术布</td><td>2008 年</td><td>有</td></tr>
<tr><td>录巴寺</td><td>2012 年</td><td>有</td></tr>
<tr><td>独山子</td><td>1978 年</td><td>无</td></tr>
<tr><td>扭子</td><td>2010 年</td><td>有</td></tr>
<tr><td>多架山</td><td>1995 年</td><td>有</td></tr>
<tr><td>俄吾多</td><td>2006 年</td><td>有</td></tr>
<tr><td>青石山</td><td>2001 年</td><td>有</td></tr>
<tr><td>上川</td><td>在建</td><td>有</td></tr>
<tr><td>下游</td><td>达坂</td><td>在建</td><td>无</td><td>位于洮河定西特有鱼类水产种质资源保护区的实验区</td></tr>
</table>

水能规划对原有不合理开发规划提出限制，规划的实施有利于缓解鱼类重要栖息地继续萎缩恶化的趋势，但是要改善和有效保护洮河珍稀鱼类重要栖息地，仍然需要政府部门严格按照法律程序，依法采取有效措施，对位于敏感区的水电站进行治理，工程实施后，可以在一定程度上减缓鱼类栖息地的萎缩趋势。

6. 5. 2　规划对国家重要功能区的影响

6. 5. 2. 1　国家各类重要功能区的保护要求

根据国家及区域相关规划、区划对流域生态保护的要求，国家划定的重要生态功能区（甘南黄河重要水源补给生态功能区、三江源草原草甸湿地生态功能区）、生态脆弱区（青藏高原复合侵蚀生态脆弱区）、生物多样性优先保护区域（青藏高原高寒区）及重要水功能区等。国家在相关规划、区划中明确提出了严格的保护要求（见表 6. 5-9）。

表 6.5-9　洮河流域各类功能区基本情况

<table>
<tr><th>功能区或者保护区</th><th>管制原则或者保护要求</th><th>发展方向</th></tr>
<tr><td>甘南黄河重要水源补给生态功能区</td><td rowspan="2">严格管制各类开发活动;开发矿产资源、发展适宜产业和建设基础设施,都要控制在尽可能小的空间范围之内;严格控制开发强度,腾出更多的空间用于维系生态系统的良性循环等;实行更加严格的产业准入环境标准,严把项目准入关</td><td>加强天然林、湿地和高原野生动植物保护,实施退牧还草、退耕还林还草、牧区定居和生态移民</td></tr>
<tr><td>三江源草原草甸湿地生态功能区(洮河流域的河南县位于该区域)</td><td>封育草原,治理退化草原,减少载畜量,涵养水源,恢复湿地,实施生态移民</td></tr>
<tr><td>水功能区保护区</td><td colspan="2">保护区内禁止进行不利于水资源及自然生态保护的开发利用活动</td></tr>
<tr><td>水功能区保留区</td><td colspan="2">保留区作为今后开发利用预留的水域,原则上应维持现状</td></tr>
<tr><td>青藏高原复合侵蚀生态脆弱区</td><td colspan="2">以维护现有自然生态系统完整性为主,全面封山育林,强化退耕还林还草政策,恢复高原山地天然植被,减少水土流失。同时,加强生态监测及预警服务,严格控制雪域高原人类经济活动,保护冰川、雪域、冻原及高寒草甸生态系统,遏制生态退化</td></tr>
<tr><td>生物多样性保护优先保护区域</td><td colspan="2">重点加强原生地带性植被的保护,以现有自然保护区为核心,按山系、流域建立自然保护区,形成科学合理的自然保护区网络。加强对典型高原生态系统、江河源头和高原湖泊等高原湿地生态系统的保护,加强对藏羚羊、野牦牛、普氏原羚、马麝、喜马拉雅麝、黑颈鹤、青海湖裸鲤、冬虫夏草等特有珍稀物种种群及其栖息地的保护</td></tr>
</table>

6.5.2.2　规划对国家重要生态功能区的影响

根据《全国主体功能区规划》,洮河流域内涉及甘南黄河重要水源补给生态功能区的碌曲、临潭、卓尼、夏河、合作、和政、康乐等县,三江源草原草甸湿地生态功能区的河南县,是国家限制开发区。综合规划中的水资源开发利用规划、水土保持规划及水资源保护规划会对国家重要生态功能区产生影响。

1. 灌区规划对国家重要生态功能区的影响

灌区规划有 8 处位于国家重点生态功能区内,共 8.48 万亩,其中农田灌溉面积共 5.31 万亩,草场灌溉面积 3.17 万亩。

赛尔龙乡尕克村草原节水灌溉,尕海牧场等草原节水灌溉,卓洮河灌区草场节水灌溉,长川乡、洮滨乡、新城镇等乡镇农田节水灌溉及羊沙河、王旗、八角、冶力关等洮河灌区农田水利灌溉等 5 处规划灌区位于洮河上游,3.17 万亩草场全部位于洮河上游,农田灌溉面积 1.13 万亩;其中河南县和碌曲县的 2 处灌区即赛尔龙乡尕克村草原节水灌溉、尕海牧场等草原节水灌溉位于洮河源区。

由前面灌区对土地利用的影响可知,本次规划新增农田灌区面积 23.26 万亩,主要分布在下游,下游新增农田灌溉面积 14.79 万亩,上中游灌区零星分布于洮河干流两岸。

规划灌区与重要生态功能区的位置关系如表 6.5-10 所示。

表6.5-10 规划灌区与重要生态功能区的位置关系

河段	县	规划工程	工程内容	与国家重点生态功能的位置关系
源区	河南	赛尔龙乡尕克村草原节水灌溉	草场1万亩	位于三江源草原草甸湿地生态功能区
	碌曲	尕海牧场等草原节水灌溉	草场0.5万亩	位于甘南黄河重要水源补给生态功能区
上游	卓尼	卓洮河灌区草场节水灌溉	草场1万亩	
	临潭	长川乡、洮滨乡、新城镇等乡镇农田节水灌溉	农田0.55万亩	
		羊沙河、王旗、八角、冶力关等洮河灌区农田水利灌溉	农田0.58万亩，草场0.67万亩	
中游	和政	吊滩西干渠、新庄乡等灌区工程	农田1.65万亩	
		新营乡灌区工程	农田0.75万亩	
	康乐	苏集、虎关、中砥、莲麓等灌区工程	农田1.78万亩	

分布在重要生态功能区的灌区，由于面积相对较小，土地利用性质由原来的旱地变为水浇地，并未改变土地利用性质，而灌溉条件的改善，对农田生态系统和草地生态系统均能产生积极的作用，使得生物量增加，有利于该区域水源涵养功能的发挥。但对位于洮河源区的赛尔龙乡尕克村草原节水灌溉、尕海牧场等草原节水灌溉等2处灌区，考虑该区域生态环境脆弱，洮河源区在维护洮河流域、黄河流域乃至全国生态安全方面发挥着重要作用，需要慎重处理灌区与源区的关系。

2. 水土保持规划对国家重要生态功能区的影响

水土保持规划提出了坡耕地治理、林草种植、生态修复等治理措施。其中，水土保持类型中的三江黄河源山地生态维护水源涵养区位于三江源草原草甸湿地生态功能区，水土保持类型中的若尔盖高原生态维护水源涵养区全部、陇南山地保土减灾区及青东甘南丘陵沟壑蓄水保土区部分区域位于甘南黄河重要水源补给生态功能区。

水土保持工程与国家重要生态功能区的位置关系如表6.5-11所示。

表6.5-11 水土保持工程与国家重要生态功能区的位置关系

类型区	区域	工程内容	与重要生态保护区的位置关系
三江黄河源山地生态维护水源涵养区	河南县	生态修复11 016 hm^2	位于三江源草原草甸湿地生态功能区
若尔盖高原生态维护水源涵养区	合作、碌曲、夏河	水保林31 676 hm^2，人工种草5 678 hm^2，生态修复68 108 hm^2	位于甘南黄河重要水源补给生态功能区
陇南山地保土减灾区	岷县、临潭、卓尼	农田31 014 hm^2，水保林99 893 hm^2，人工种草40 084 hm^2，生态修复153 499 hm^2	临潭、卓尼位于甘南黄河重要水源补给生态功能区

本次水土保持规划，其中新增农田、水保林、经果林及草地等由坡耕地、未利用地改造

而成,水土保持规划实施以后,洮河流域未利用地面积减少,但对土地利用影响较小,也不会影响景观格局。规划阶段水土保持工程的具体位置尚未确定。建议在规划实施阶段避开珍稀植物分布区域,以避免对珍稀植物的影响。水土保持工程的实施,会使得植被覆盖率增加。总体上,水土保持规划对国家重要生态功能区的影响较小,规划实施后,水保林、人工种草及生态修复面积增加,有利于水源涵养功能的发挥。

但其中三江黄河源山地生态维护水源涵养区和若尔盖高原生态维护水源涵养区位于洮河源区,该区域分布有甘肃尕海—则岔国家级自然保护区,生态环境极其脆弱,规划提出本区域水土保持以自然修复为主。三江黄河源山地生态维护水源涵养区规划生态修复 11 016 hm^2,符合该区域的保护要求;若尔盖高原生态维护水源涵养区水保措施包括新增水保林 31 676 hm^2,人工种草 5 678 hm^2,生态恢复 48 631 hm^2,环评认为,应该加强论证源区水保林措施的可行性。

3. 水资源保护规划对国家重要生态功能区的影响

水资源保护规划中的水生态保护规划提出了以下措施,一是严格保护源头区及上游高寒沼泽草甸、天然林灌等资源,对天然植被实施围栏封育保护;二是对各类开发活动进行严格管制,对因人类不合理活动造成的受损湿地实施封育、退牧禁牧、封沙育草、植被恢复、生态移民等综合措施;三是修复湿地生态系统及水源涵养功能,建立湿地生态环境监测体系、生态补偿机制,全面保护源头区及上游湿地资源,有效遏制沼泽草甸湿地萎缩。这些措施的落实可以有效提高洮河源区的水源涵养能力,对国家重要生态功能区具有积极的作用。

4. 具体的工程对国家重要生态功能区的影响

设计国家重要生态功能区的工程主要有防洪工程和水电站。位于重要生态功能区的水电站都是已建、在建的水电站,原规划的水电站全部取消。因此,水能开发对国家重要生态功能区的影响是有利的。本次重点评价防洪工程对重要生态功能区的影响。

干流防洪工程,涉及国家重要生态功能区的干流防洪工程有 8 处,工程措施主要有新建堤防 16.58 km,新建护岸 40.05 km,加高加固 5.11 km。支流防洪工程主要以护岸工程为主,位于重要生态功能区的新建护岸有 219.06 km,新建堤防 31.9 km,堤防护岸加高加固 9.54 km。

防洪工程与国家重要生态功能区的位置关系如表 6.5-12 所示。

表 6.5-12　防洪工程与国家重要生态功能区的位置关系

<table>
<tr><th>规划</th><th>县</th><th>规划工程</th><th>工程内容</th><th>位置关系</th></tr>
<tr><td rowspan="8">干流防洪工程</td><td>河南</td><td>赛尔龙乡段</td><td>新建堤防 2.54 km</td><td rowspan="8">洮河干流两岸,重要生态功能区之内</td></tr>
<tr><td rowspan="2">碌曲</td><td>县城段</td><td>新建堤防 8.74 km,加高加固 1.71 km</td></tr>
<tr><td>西仓乡</td><td>新建护岸 5.20 km</td></tr>
<tr><td>合作</td><td>勒秀乡段</td><td>新建护岸 4.28 km</td></tr>
<tr><td rowspan="2">卓尼</td><td>县城段</td><td>新建堤防 5.30 km,加高加固 3.40 km</td></tr>
<tr><td>术布段</td><td>新建护岸 11.34 km</td></tr>
<tr><td rowspan="2">临潭</td><td>洮滨段</td><td>新建护岸 10.40 km</td></tr>
<tr><td>王旗段</td><td>新建护岸 8.83 km</td></tr>
</table>

续表 6.5-12

规划	县	规划工程	工程内容	位置关系
支流防洪工程	河南	延曲河	新建护岸 3.00 km	洮河流域支流两岸,重要生态功能区之内
	碌曲	姜云隆沟	新建护岸 1.3 km	
		亚尔务隆沟	新建护岸 1.7 km	
	夏河	博拉河	分 2 段,阿木去乎镇新建护岸 2.4 km,博拉乡新建护岸 4.0 km	
		科才河	新建护岸 2.8 km	
		麦西河	新建护岸 5.0 km	
	临潭	长川河	新建护岸 5.68 km	
		干坎河	新建护岸 5.23 km,加固堤防、护岸 3.86 km	
		古战河	新建护岸 6.82 km	
		流顺河	新建护岸 4.35 km	
		洛藏河	新建护岸 1.51 km	
		戚旗沟河	新建护岸 5.64 km	
		南门河	新建护岸 5.57 km	
		斜藏沟	新建堤防 8 km	
		三岔河	3.84	
		羊沙河	分 2 段,羊沙河乡河段新建护岸 9.36 km,羊沙河下河段新建护岸 5.0 km	
		冶木河	加固堤防、护岸 5.68 km	
	卓尼	羊沙河	新建护岸 5.0 km	
		大峪河	新建护岸 5.00 km	
		车巴河	新建护岸 4.50 km	
		卡车沟	新建护岸 9.00 km	
		石窑沟	新建护岸 4.60 km	
	康乐	冶木河	新建护岸 6.00 km	
		流川河	分 2 段,流川乡段新建护岸 17.36 km,交嘴至曹家段新建护岸 10.88 km	
		苏集河	分 3 段,县城段新建堤防 4.00 km,八松段新建护岸 6.32 km,苏集段新建护岸 10.0 km	
		胭脂河	分 4 段,县城段新建堤防 6.4 km,中砥段新建护岸 8.0 km,马集段新建护岸 14.4 km,草滩段新建护岸 9.6 km	
	和政	大南岔河	分 2 段,三合至买家集段新建护岸 17.60 km,县城段新建堤防 6.0 km	
		牙塘河	分 2 段,达浪段新建护岸 17.60 km,吊滩段新建堤防 7.50 km	

防洪工程分布于洮河干流两岸，工程具有不连续、分散的特点，占地面积小，施工方式简单，防洪工程对土地利用方式、生态环境及珍稀植物的影响很小，施工期间，会对生态环境产生不利影响，但影响较小，不会影响生态功能的发挥，规划实施后防洪工程在保障生态安全方面发挥着积极的作用，有利于促进生态系统的正常演替。

本次防洪规划中的干流防洪工程中的河南县赛尔龙乡段、碌曲县城段、碌曲西仓乡段及支流防洪工程的河南县的延曲河、碌曲县的姜云隆沟、亚尔务隆沟均位于洮河源区，生态环境脆弱，生态地位突出，应尽量减少人为干扰，需要妥善处理防洪工程与源区的关系。

6.5.2.3 规划对生态脆弱区及生物多样性区域的影响

《全国生态环境保护纲要》流域内涉及青藏高原复合侵蚀生态脆弱区的河南县，《中国生物多样性保护战略与行动计划》(2011—2030)流域内也涉及青藏高原高寒区的河南县。综合规划中的水资源利用规划中的发展灌区、防洪规划、水土保持规划、水资源与水生态保护规划及水能开发规划都会对青藏高原复合侵蚀生态脆弱区和青藏高原高寒区产生影响。规划工程措施与生态脆弱区及生物多样性区域的位置关系见表6.5-13。

表6.5-13 规划工程措施与生态脆弱区及生物多样性区域的位置关系

<table>
<tr><th>规划</th><th>规划措施</th><th>工程内容</th><th>位置关系</th></tr>
<tr><td>水资源利用规划</td><td>赛尔龙乡尕克村草原节水灌溉</td><td>草场1万亩</td><td rowspan="10">位于青藏高原复合侵蚀生态脆弱区、青藏高原高寒区之内，同时也位于洮河源区</td></tr>
<tr><td rowspan="2">防洪规划</td><td>赛尔龙乡段</td><td>新建堤防2.54 km</td></tr>
<tr><td>延曲河</td><td>新建护岸3.00 km</td></tr>
<tr><td>水土保持规划</td><td colspan="2">生态修复1 016 hm²</td></tr>
<tr><td rowspan="2">水资源与水生态保护规划</td><td colspan="2">上中游加强畜牧业污染物综合利用技术，减少污染物入河量</td></tr>
<tr><td colspan="2">严格保护源头区及上游高寒沼泽草甸、天然林灌等资源</td></tr>
<tr><td rowspan="4">水能开发规划</td><td colspan="2">代富桑，原规划水电站，本次规划予以取消</td></tr>
<tr><td colspan="2">李恰如，原规划水电站，本次规划予以取消</td></tr>
<tr><td colspan="2">尕克，在建水电站</td></tr>
<tr><td colspan="2">青走道，原规划水电站，本次规划予以取消</td></tr>
</table>

其中，水资源利用规划中规划有赛尔龙乡尕克村草原节水灌溉，草场灌溉1万亩，考虑到区域的敏感性，需要妥善处理该灌区与敏感区的关系，进一步论证灌区实施的必要性。涉及生态脆弱区和生物多样性区的防洪工程有2处，干流赛尔龙乡段堤防工程(2.54 km)和支流延曲河护岸工程(3.00 km)。

6.5.2.4 规划对源头水保护区的影响

洮河流域分布有8处源头水保护区。综合规划中的防洪规划可能会对源头水保护区产生影响。其中有6处防洪工程位于源头水保护区，应妥善处理防洪工程与源头水保护区的关系。

规划工程与源头水保护区的位置关系如表6.5-14所示。

表 6.5-14　规划工程与源头水保护区的位置关系

规划	规划措施	工程内容	位置关系
防洪规划	赛尔龙乡防洪工程	新建堤防 2.54 km	位于碌曲源头水保护区
	支流科才河	新建护岸 2.8 km	位于科才河源头水保护区
	博拉河	分 2 段，阿木去乎镇新建护岸 2.4 km，博拉乡新建护岸 4.0 km	位于博拉河源头水保护区
	车巴沟	新建护岸 4.50 km	位于车巴沟卓尼源头水保护区
	大峪河	新建护岸 5.00 km	位于大峪河卓尼源头水保护区
	苏集河	分 3 段，县城段新建堤防 4.00 km，八松段新建护岸 6.32 km，苏集段新建护岸 10.0 km	位于苏集河康乐源头水保护区
水能开发规划	代富桑	原规划电站	位于碌曲源头水保护区
	李恰如		
	青走道		
	尕克	在建电站	

6.6　重大水利工程引洮工程对环境的影响

规划中已建、已批工程主要是引洮供水工程（已建并且已经运行），引洮（博）济合供水工程（已批）。

按照黄委批复的取水许可，引洮供水工程总引水量 5.32 亿 m^3，其中引洮供水一期工程和二期工程年取水量分别为 2.19 亿 m^3 和 3.13 亿 m^3。

根据甘肃省水利厅（甘水资源）申字〔2012〕第 A30270007 号，批复引洮（博）济合供水工程引水量为 0.19 亿 m^3。

引洮（博）济合供水工程引水量较小，对环境影响较小，规划中已建、已批复的引洮工程对环境的影响较大，主要是对下游的水环境、水生态产生胁迫。

引洮工程位于洮河中游，工程由九甸峡水利枢纽及供水工程两部分组成。工程建成后可向甘肃中部地区年调水 5.32 亿 m^3，工程分两期实施，其中一期工程年调水总量 2.37 亿 m^3，引洮一期工程主要建设内容为九甸峡水利枢纽及陇西县马河镇大营梁之前的总干渠及其所属渠系及配套工程,目前已全部建成;二期工程年调水总量 3.13 亿 m^3。主要建设内容是大营梁—党家砚段总干渠和其所属渠系和配套工程,重点分析引洮工程完全实施后(引水 5.32 亿 m^3)对调水区主要是洮河九甸峡以下河段的影响。

6.6.1　对调水区的环境影响

6.6.1.1　调水对下游用水的影响

根据洮河流域水资源分区,九甸峡引水工程下游影响地区主要为九甸峡—海甸峡和下游海甸峡—入黄口水资源分区,涉及甘南州、定西市、临夏州 3 市(州)的卓尼、临潭、临洮、广河、康乐、和政、东乡、永靖和渭源 9 个县。

2013 年,九甸峡引水工程下游地区总用水量 38 592 万 m^3,其中甘南州用水量为 252 万 m^3,临夏州用水量为 15 119 万 m^3,定西市用水量为 23 221 万 m^3;按用水对象统计,居民生活用水量为 2 285 万 m^3,农业用水量为 33 463 m^3,生产用水量为 2 204 m^3。

分析预测结果可知,由于甘肃省洮河流域灌区节水改造及适当控制农业发展、大力鼓励工业发展的政策,2030 年水平年该区域用水量为 3.93 亿 m^3,较现状年略有增加。

选用九甸峡断面 1956~2000 年水文资料系列,多年平均来水量为 33.9 亿 m^3。引洮工程实施后,2030 年多年平均来水量为 28.08 亿 m^3,90%保证率特枯年条件下,2030 年下泄水量为 17.21 亿 m^3。工程运行后,九甸峡断面来水量在保障下游流域生态用水的前提下,可满足下游九甸峡—入黄口区间用水户的用水要求。调水工程的实施不会影响到下游用水。

不同水平年九甸峡下游地区用水量情况如表 6.6-1 所示。

表 6.6-1　不同水平年九甸峡下游地区用水量情况　　(单位:万 m^3)

区域		水平年	生活用水	城市生产	牲畜用水	灌溉用水	城镇生态用水	合计
九甸峡—海甸峡	甘南	2013 年	34	10	26	182	0	252
		2030 年	53	29	67	346	1	497
海甸峡—入黄口	临夏	2013 年	1 219	450	335	13 069	45	15 119
		2030 年	2 577	1 167	645	10 453	153	14 995
	定西	2013 年	1 032	1 744	223	20 212	10	23 221
		2030 年	2 085	2 617	443	18 508	123	23 776
合计		2013 年	2 285	2 204	584	33 463	55	38 592
		2030 年	4 715	3 813	1 155	29 307	278	39 268

6.6.1.2　调水对入黄水量的影响

根据红旗断面 1956~2000 年水文资料系列,多年平均下泄水量为 48.3 亿 m^3。根据水资源配置成果，近期配置入黄水量为 44.48 亿 m^3，远期南水北调工程未生效前也为 41.56 亿 m^3。

《黄河流域综合规划(2012—2030 年)》中，对洮河主要控制断面的控制性指标要求为：洮河干流红旗断面多年平均下泄水量不低于 40.6 亿 m^3，红旗断面在规划水平年可基本满足《黄河流域综合规划(2012—2030 年)》中对洮河入黄水量的要求。

6.6.1.3　调水对生态环境需水量及生态流量的影响

1. 对生态环境需水量的影响

根据洮河流域的天然径流，九甸峡断面以上多年平均天然径流量为 33.89 亿 m^3。经长系列供需平衡分析计算，多年平均洮河流域的最大可外调水量为 15.13 亿 m^3。根据受水区水资源的时空分布特点及供水工程现状、生态环境需求等因素，考虑调水工程的布置及沿途损失等，受水区需外调水量 5.32 亿 m^3。规划实施后九甸峡以下断面生态需水满足程度见表 6.6-2。

表 6.6-2　规划实施后九甸峡以下断面生态需水满足程度　　(单位：m^3/s)

断面		1月	2月	3月	4月	5月	6月	7月	8月	9月	10月	11月	12月
九甸峡	生态流量	18	18	18	32	58	58	103	103	103	103	38	18
	2020 年	31	30	38	56	108	120	173	181	191	151	70	41
	2030 年	29	25	35	48	91	103	162	172	179	140	60	40
红旗	生态流量	32	32	32	38	70	70	140	140	140	140	64	32
	2020 年	45	43	49	72	115	163	234	263	279	219	81	61
	2030 年	44	41	43	69	111	135	223	251	263	208	71	56

规划实施后，引洮工程实施后，九甸峡断面的径流量有所减少，但能满足河道内生态环境需水量的要求。

2. 对河道内生态需水满足程度的影响

工程引水后，多年平均情况下，2020 年和 2030 年，全年 1~12 月平均下泄流量均大于坝下河段生态需水流量，九甸峡断面下游生态需水量可得到保证。

规划实施后，引入了引洮工程、引洮(博)济合工程。根据受水区的缺水形势，2020 年洮河流域的外调水由引洮供水一期工程调水 2.19 亿 m^3；2030 年洮河流域的外调水量为 5.51 亿 m^3，其中引洮(博)济合供水工程调水 0.19 亿 m^3，引洮供水工程调水 5.32 亿 m^3。规划对水文情势的影响主要为调水工程运行后造成的引水枢纽以下的河道水文情势发生改变。与调水前相比，九甸峡和红旗断面水量都有所减少，但能保证多年平均河道内关键需水期 4~6 月以及枯水期 11 月至翌年 3 月河道内用水要求。

规划后各控制断面流量变化过程如图 6.6-1 所示。

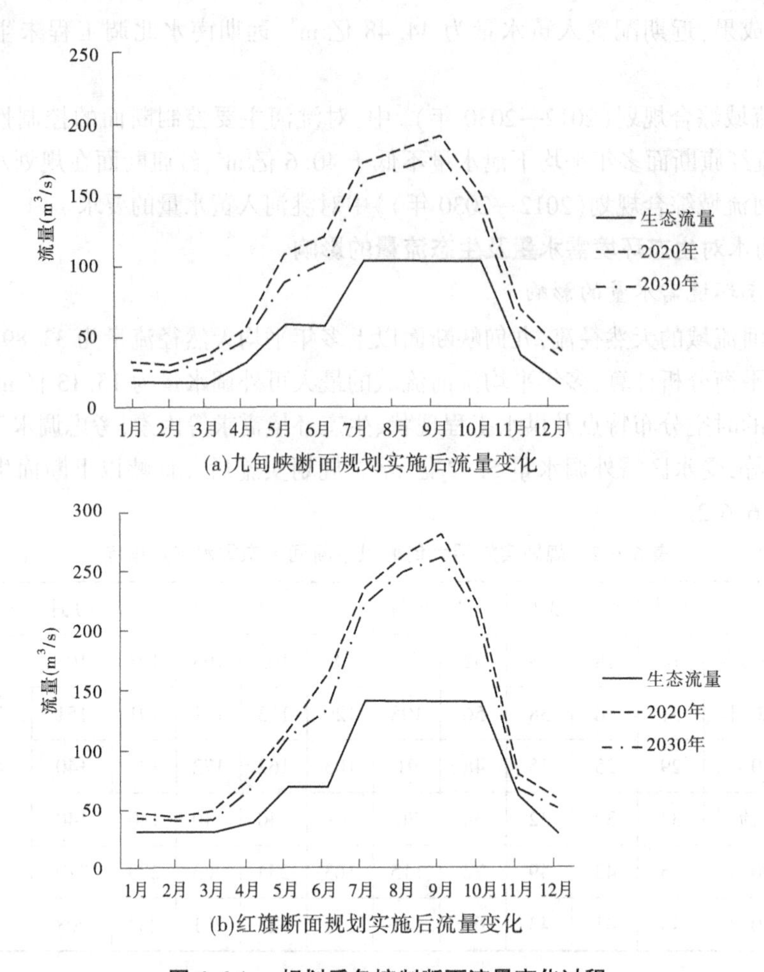

(a)九甸峡断面规划实施后流量变化

(b)红旗断面规划实施后流量变化

图 6.6-1　规划后各控制断面流量变化过程

6.6.1.4　调水对下游河道水环境的影响

根据洮河流域调水工程规划及建设方案，2030 年引洮工程二期投入运行。洮河流域引水工程与所在水功能区的对应关系如表 6.6-3 所示。

表 6.6-3　洮河流域引水工程与所在水功能区的对应关系

<table>
<tr><td rowspan="2">引水工程</td><td colspan="2">所在水功能区</td></tr>
<tr><td>水功能一级区</td><td>水功能二级区</td></tr>
<tr><td>引洮供水工程</td><td></td><td>洮河岷县、临潭、卓尼、康乐、渭源、临洮工业、农业用水区</td></tr>
</table>

洮河流域引水工程实施后，会对水功能区纳污能力产生一定的影响。根据洮河流域水功能区所处地理位置关系，对引水工程下游水功能区规划年纳污能力及污染物入河量进行对比，引水工程实施后，下游水功能区规划纳污能力可满足污染物入河量要求。规划水平年引水工程下游水功能区污染物入河量与纳污能力对照见表 6.6-4。

表 6.6-4　规划水平年引水工程下游水功能区污染物入河量与纳污能力对照　（单位：t/a）

引水工程下游水功能区	2020 年污染物入河量		2020 年纳污能力		2030 年污染物入河量		2030 年纳污能力	
	COD	氨氮	COD	氨氮	COD	氨氮	COD	氨氮
洮河岷县、临潭、卓尼、康乐、渭源、临洮工业、农业用水区	364.5	51.8	7 952	209	604.9	85.5	7 952	209
洮河临洮饮用水水源区	—	—	926	29	—	—	926	29
洮河临洮、广河、东乡、永靖工业、农业、渔业用水区	628.0	89.3	11 211	921	1 042.1	147.4	11 211	921

6.6.2　对受水区的环境影响

6.6.2.1　工程永久占地对区域土地利用的影响

引洮二期工程占地总面积为 1 181.05 hm^2，永久占地为 606.48 hm^2，占总占地面积的 51.35%。从工程占地类型来看，工程永久占地主要土地类型包括耕地、林地、草地、建设用地、水域及水利设施用地和裸地 6 种，其中占用耕地面积最大为 392.03 hm^2，其次为建设用地面积为 76.59 hm^2。

工程建设将使评价区内耕地减少 3.92 km^2，林地减少 0.68 km^2，裸地减少 0.09 km^2，水域及水利设施用地减少 0.24 km^2。减幅分别为 0.03%、0、0、0，因此工程建设对区域土地利用面积比例影响非常小，且工程建成后区域土地利用类型仍以草地和耕地为主，对土地利用结构也没有较大的影响。因此，永久占地对土地利用方式的影响较小。

6.6.2.2　对工程区域生态景观格局的影响

根据 2013 年评价范围的遥感资料分析，工程建成后评价区域景观指数变化情况见表 6.6-5。工程建设前后景观指数变化情况见表 6.6-6。

表 6.6-5　工程建成后评价区域景观指数变化情况

景观类型	斑块数	密度 R_d(%)	频率 R_f(%)	优势度指数 D_o(%)	破碎度指数	多样性指数
耕地景观	1 132	43.77	90.45	57.28	0.509 7	0.912 9
林地景观	221	8.55	10.02	6.22	0.036 1	
草地景观	772	29.85	91.78	53.99	0.445 2	
水域景观	18	0.70	7.52	2.16	0.000 6	
村镇建筑景观	434	16.78	10.45	7.78	0.021 0	
裸地景观	9	0.35	0.31	0.21	0.002 0	
总计	2 586	100.00				

表 6.6-6 工程建设前后景观指数变化情况

景观指数		耕地	林地	草地	水域	村镇、建筑用地	裸地
斑块数	建设前	1 144	231	786	11	409	11
	建设后	1 132	221	772	18	434	9
	变化	-12	-10	-14	7	25	-2
密度(%)	建设前	44.14	8.91	30.32	0.42	15.78	0.42
	建设后	43.77	8.55	29.85	0.70	16.78	0.35
	变化	-0.37	-0.36	-0.47	0.28	1.00	-0.07
频率(%)	建设前	91.11	10.04	92.46	0.84	8.16	0.36
	建设后	90.45	10.02	91.78	7.52	10.45	0.31
	变化	-0.66	-0.02	-0.68	6.68	2.29	-0.05
优势度指数(%)	建设前	57.63	6.34	54.29	0.41	6.84	0.24
	建设后	57.28	6.22	53.99	2.16	7.78	0.21
	变化	-0.35	-0.12	-0.30	1.75	0.94	-0.03
破碎化指数	建设前	0.508 9	0.037 2	0.444 4	0.000 7	0.020 4	0.002
	建设后	0.509 7	0.036 1	0.445 2	0.000 6	0.021 0	0.002
	变化	0.000 8	-0.001 1	0.000 8	-0.000 1	0.000 6	0
多样性指数	建设前	0.905 6					
	建设后	0.912 9					
	变化	0.007 3					

由表 6.6-5 可以看出，工程建成后，评价区内耕地斑块数最多，达 1 132 块，斑块密度达 48.77%，同时其破碎度指数为 0.509 7，也是最高的。草地景观类型斑块数目 772 块，斑块密度达 29.85%，但其频率最高为 91.78%。说明耕地和草地景观类型仍是本区域的主要景观类型，对本区域景观动态仍具有控制作用的生态组分。工程建设对维持项目生态环境质量的耕地和草地等主导景观影响程度较小，不影响其生态功能的正常发挥。

工程建设后，斑块数量总体没有发生较大变化，耕地的斑块数量仍然最多，耕地的斑块密度最大，景观空间结构依然最复杂；水域的破碎化程度和现状基本一样，水域的斑块密度仍为最小，表明其破碎化程度最小，工程建设对其未产生影响。说明工程建设对区域景观格局影响较小，对评价区景观异质性影响很小。

6.6.2.3 对农业生态系统的影响

1. 受水区的农业生态系统现状

本工程受水区现有耕地面积701万亩，设计灌溉面积32.83万亩，有效灌溉面积29.27万亩，实灌面积11.01万亩，耕地实灌率1.57%，人均灌溉面积0.07亩，现状实际灌溉用水量3 054万 m^3，灌溉水利用系数0.569，综合灌溉净定额158 m^3/亩。近年来，受区域气候变化和水资源条件变化影响，地表径流来水量减少，来水量多集中于洪水季节，区内中小型水库淤积严重，灌溉季节用水量不足等影响，众多水利工程不能正常运行或临近报废，灌区多数面积已经失灌。二期工程受水区内现状实际灌溉面积11.01万亩，多数面积只能灌溉1~2次水，基本无保灌面积。

目前，受水区林草种植面积在人工植被系统面积构成中所占比例小、产量低、产值低，林业总产值仅占农业总产值的2.1%，林草质量差，覆盖率低，尤其是丘陵地区，干旱缺水，灌溉条件差，林草生长受到很大限制，大部分土地呈裸露状态，保护农业生态系统的功能差，使整个农业生态系统表现脆弱，抵御自然灾害的能力差。

2. 对农业生产的影响

根据对工程区域农业生产情况的调查，由于水分缺乏，该区域主要以旱作农业为主，种植业主要分为粮食作物、经济作物、瓜果蔬菜三个大的类型，粮食作物种植面积占农作物种植面积的80%以上，夏粮以小麦为主，只有少量豌豆、扁豆等，秋粮以洋芋为主，另有少量糜子、谷子等，经济作物约占8%左右，以油料为主，另有少量的药材、瓜果蔬菜。

该区域基本都是雨养作物，产量较低。除安定区、陇西县、武山县、秦安县、静宁县和会宁县调查区域外，其他区域农作物小麦、玉米产量都较低，类比引洮一期工程工程项目环境影响复核报告，本工程运行后，武山、陇西、甘谷、秦安、定西、会宁和通渭等县的旱地将变为补水旱作农业，农业生产方式将发生较大改变，以往广种薄收将变为精耕细作，单位产量提高。同时，本次受水区大部分位于河川地和台地区，灌溉后河川地的粮食种植比重将会下降，经济效益高的小片蔬菜基地将逐步出现，其次是山坡地原先的旱作农业区，灌溉土地将会发展以小麦、玉米为主要种类，一些无法灌溉的土地，将会出现耐旱作物如土豆将成片种植，将会增加当地居民的经济收入，改善居民生活质量。

3. 对农业生态系统的影响

从对评价区域的土地利用现状分析可知，该区域以干旱农田为主导地位，属于旱作农业区，农业生态系统表现为干旱农业生态。受水分不足的制约，农田产量较低，农作物种类单一，经济效益低，因此水分的匮乏是该生态系统的重要制约因素。引洮供水工程运行后，可使区域农作物得到充分的灌溉，农作物的产量增加，从而增加该生态系统的生物量，对于荒漠化草原生态系统的改善和质量的提高有积极作用。

6.7 环境风险预测与评价

由规划分析、环境现状、影响预测等相关内容可知，洮河流域综合规划实施后带来的环境风险主要包括两方面,一方面是水能开发对河流生态带来的风险;另一方面是引洮工程实施对下游生态和水环境带来的风险。

6.7.1 生态风险预测与评价

洮河流域水量较为丰富,工农业用水相对较少,目前洮河干流水电开发,尤其是引水式电站的密集开发和不合理的运行,已经对水生态环境造成了不同程度的不利影响。本次水电开发规划考虑了自然保护区、珍稀濒危鱼类保护和重点生态功能区以及相关法律法规对工程兴建的制约。对于已有的51座规划、已建、在建水电站提出了规划建议。

洮河干流共规划布置51座梯级,其中已建、在建的37座电站中,本次拟保留电站1座(九甸峡电站);停建电站1座(扎古录电站);其余35座电站由当地政府委托有关机构开展环境影响后评估工作。未建的14座梯级电站,取消梯级电站12座,保留梯级布局2座(青走道、王家磨电站)。在下一步工作中,按照相关法律法规和有关建设程序,提出恢复和保护生态环境的有关措施,研究已建、在建电站对鱼类保护区的补救措施。

对于下一步需要由当地政府委托有关机构开展环境影响后评估工作的35座水电站,究竟采取哪些措施,是否能够保证水流连续性、满足水生态保护的要求,目前尚无法确定。这35座水电站的处置方式,直接影响着河流生态系统。

6.7.2 水环境风险预测与评价

工程引水后,洮河流域九甸峡以下河段径流量减少较多,导致该河段纳污能力下降,随着社会经济的进一步发展,该区域水资源利用程度提高,九甸峡以下河段水环境压力增大,如果污水处理、排污控制等防治措施落实不到位,将加重该河段的污染程度,可能会对2030年河流水功能区的水质目标产生影响。水质存在劣变风险,洮河流域必须严格执行国家相关的政策法规,加快城镇污水处理厂建设,争取在设计水平年城镇生活污水处理率达到90%,工业污水处理达标后与生活污水一并收集,用于周围山体绿化和农业灌溉。同时,加强受水区河流的水环境监测和监督管理力度,一旦发生水污染事件,应及时处置,保证区域水环境安全。

6.8 流域可持续发展影响预测与分析

(1)流域防洪能力明显提高,为社会经济可持续发展提供基础条件。

洮河干流河南县的赛尔龙乡段,碌曲县城区段,卓尼县城区段,临潭县术布镇、王旗和洮滨段,岷县西寨至维新段,渭源县磨沟至秋池湾段,临洮县城区段,南屏镇至红旗乡段,东乡族自治县的大坪至峡口段,广河县的马家湾至沙沟段等河段为干流防洪河段。规划治理河段全长252.9 km,其中重点保护河段28.2 km,一般保护河段224.7 km。规划安排工程措施主要有堤防及护岸的新建和加高加固、河道的清淤疏浚等,其中新建堤防87.28 km,新建护岸223.83 km,加高加固工程33.25 km,清淤疏浚63.93 km。

主要支流的迭藏河入洮河河口段、秦许段、多纳段,漫坝河渭源县会川镇段、新桥至水家窑段,东峪沟渭源县李家窑至临洮县龙门镇段,广通河和政县的县城段、广河县的三合镇至入洮河口段等,以及其他部分洪灾严重的支流列为主要支流防洪保护河段。规划安排防洪治理工程长504.48 km,以护岸形式为主,长427.97 km;堤防长58.27 km,其中在城市河段采用堤防防护形式,乡村河段采用护岸防护形式。部分支流入河口段采取清淤疏浚等工程措施,长43.37 km。

根据流域内水库存在的主要问题,结合当地灌溉、供水、发电等的实际需求,规划对康家峡、王家、药水、曹家、山庄、姚姚沟、吓滩滩及徐家水库等8座水库在近期完成除险加固任务。

防洪规划实施后,洮河流域防洪体系逐步完善,防洪能力显著提高,随着城市河段防洪工程建设的完善,干支流河段防洪工程的实施,加强病险水库除险加固和山洪灾害防治,显著提高干支流防洪能力,将有效保护流域内人民群众的生命财产安全,减少洪水灾害造成的生命财产损失,为流域人民创造一个良好的生产、生活和生态环境,对维护社会稳定,构建和谐社会,实现流域经济可持续发展具有重要意义。

(2)调整流域产业结构,改善流域生活、生产供水条件,促进流域经济社会可持续发展。

针对洮河流域水资源开发利用中存在的水资源供需矛盾、用水效率低等问题,在需水方面,大力推进节水型社会建设,通过产业结构调整和加大节水力度,加强蓄水控制,根据洮河流域各省市社会经济发展相关规划,预测2030年流域城镇人口93.57万人,2030年达到499.44亿元,人均GDP为1.99万元,城市化水平达到37.4%。

供水方面,规划2030年,配置河道内供水量4.47亿m^3,外调水量为5.69亿m^3,其中引洮供水工程5.5亿m^3、引洮(博)济合0.19亿m^3,

规划实施后将极大地缓解甘肃省部分地区严峻的缺水情况;饮用水水源工程的实施,进一步改善了流域生活、生产供水条件,将促进流域人民健康、人民生活水平的提高,有利于工农业稳定发展,对洮河流域甚至甘肃省的社会经济可持续发展提供了良好的基础。

(3)发展提高用水效率,促进节水型社会建设。

根据《节水灌溉工程技术规范》(GB/T 50363—2006)流域相关州(市)灌区续建配套与节水改造工程规划规模、灌区现状用水情况和节水措施安排等,灌区的灌溉水利用系数从现有的0.43提高到2030年的0.60,农田综合灌溉定额分别比基准年下降94 m^3/亩。与基准年相比,农业灌溉节水量为8 921万m^3,其中,渠灌节水量5 196万m^3,管灌节水量1 728万m^3,喷灌水量1 463万m^3,微灌节水量532万m^3;2030年万元工业增加值用水量下降至31 m^3,重复利用率提高到83%。2030年工业累计可节水量1 468万m^3。2030年节水器具普及率达到100%,管网输水漏失率降低为10%,可节约水量128万m^3。

规划实施后通过对农业、工业和城镇生活等行业采取相应的节水措施,2030年洮河流域累计节水量为10 516万m^3。这对于流域内构建节水型社会具有重大的意义。

(4)保障城乡供水需求及饮水安全,促进流域人群健康。

城镇供水洮河流域内8座县城集中供水水源地有10处,其中地表水和地下水水源地各5处,各水源地现状总供水量962.2万m^3,供水人口29.74万人。但目前洮河流域内城镇供水存在部分水源地水量不足、水质恶化、供水设施陈旧、供水管网老化失修、管网漏损率较高等一系列问题,难以满足日益增长的供水需求,根据洮河流域各县的城镇发展总体规划、十二五发展规划，基于水资源条件对城镇发展的承载能力，2030年流域各县城的供水人口规模为62.75万人。大部分城镇亟须改扩建现有水源地，或规划新建水源地，以满足新增供水需求。

据调查统计，流域现状农村饮水不安全人数为96.25万人，其中因水质不达标影响人口为20.69万人，占21.5%；水量不够、用水不方便、水源保证率不达标影响的人口分别为18.38万人、29.57万人、27.62万人，分别占不安全人口的19.1%、30.7%和28.7%。在饮水水质不达标人口中，氟超标、砷超标、苦咸水、污染水及其他水质超标的人口分别占饮水水质不达标人口的18.2%、0.4%、39.0%、9.9%和32.5%。

目前，流域内农村生活用水以分散式供水为主，多数为户建、户管、户用的微小工程，集中式供水多数为规模较小的单村供水工程，大多只有水源和管网，无净化设施和水质监测措施。2030年，针对水资源条件变化、工程运行管理不善等造成的人畜饮水工程破损、失效等问题，依据国家和地方政策、投资等情况，相机安排人畜饮水维修改造工程，解决约19.25万人贫困人口的饮水安全问题。

规划实施后，将全面解决城镇供水以及农村饮水安全问题，为流域人群健康提供基础的用水保障。

6.9 规划实施前后主要评价指标变化情况

综合以上分析，洮河流域综合规划实施前后流域水资源、水环境、生态环境及社会环境各评价指标变化情况见表6.9-1。

表6.9-1 规划实施前后主要评价指标的变化

<table>
<tr><th>系统</th><th colspan="2">环境要素</th><th>评价指标</th><th>现状</th><th>2020年</th><th>远期(有西线)</th></tr>
<tr><td rowspan="6">资源</td><td rowspan="6">水资源</td><td rowspan="5">地表水资源</td><td>水资源开发利用率(%)</td><td>7.42</td><td>8.85</td><td>18.71</td></tr>
<tr><td>水文变异程度</td><td>上游：保持天然径流过程；
中游：基本保持天然径流过程；
下游：相对天然径流过程发生一定程度的改变</td><td colspan="2">上游：基本保持天然径流过程；
中游：基本保持天然径流过程；
下游：由于外流域调水实施，相对天然径流过程发生了进一步的改变</td></tr>
<tr><td>入黄断面水量(亿m³)</td><td>45.59</td><td>44.42</td><td>39.97(西线工程生效后)</td></tr>
<tr><td>灌溉水利用系数</td><td>0.43</td><td>0.54</td><td>0.6</td></tr>
<tr><td>万元工业增加值用水量(m³)</td><td>149</td><td>61</td><td>31</td></tr>
<tr><td>地下水资源</td><td>地下水开采情况</td><td>0.24亿m³开采量</td><td colspan="2">基本维持了现状0.24亿m³开采量</td></tr>
</table>

续表 6.9-1

系统	环境要素		评价指标	现状	2020 年	远期(有西线)
环境系统	水环境	水质	水质达标率(%)	80	85	95
			水功能区纳污能力	COD:51 052 t/a; 氨氮:1 927.4 t/a	COD:51 052 t/a; 氨氮:1 927.4 t/a	COD:51 052 t/a; 氨氮:1 927.4 t/a
			饮用水水源地水质合格率(%)	88	100	
	生态环境	河流形态、连通性	河道连通性	河道连通性遭到严重破坏,河流连通性指数分别为: 上游:青走道以上 0.83,青走道—西寨 7.2; 中游:7.4 下游:4.2	控制河流连通性进一步破坏,上游重要河段维持 60%的自然连续河段,重点河段河流连通性得到一定程度的改善,河流连通性指数分别为: 上游:青走道以上 0.83,青走道—西寨 6.8; 中游:7.4; 下游:4.96	
		陆生生态	林草湿地比例(%)	78	89(水土保持规划中的生态修复等措施实施后,在一定程度上提高了林草面积比例)	
		水生生态	重要断面生态需水满足程度	除 90%水平年,其余水平年重要断面生态环境需水量可以满足要求	除 90%水平年,其余水平年重要断面生态环境需水量可以满足要求	
			河段生态流量满足程度	多个河段脱流,枯水期部分河段生态流量无法满足	改善上游重要河段生态流量满足状况	
			珍稀濒危及特有土著鱼类栖息地状况	生境萎缩且片段化	生境破坏趋势得到一定程度的缓解	
		环境敏感区	保护区主体功能正常发挥	自然保护区内分布有 17 座水电站、水产种质资源保护区及珍稀濒危鱼类栖息地分布有 20 多座水电站	依法整顿自然保护区及珍稀濒危鱼类栖息地集中分布河段水电站,上游保持 60%连续自然河段,有利于涉水类保护区主体功能正常发挥	
		国家重点生态功能区	天然草地、湿地、林地等绿色生态空间面积	15 516 km^2	本规划提出要对流域内现状天然稀疏荒草地实施封育措施,对流域内部分天然林地、疏幼林及稀疏草地实施补植补种措施,其中以上两项措施位于国家重点生态功能区面积约为 870 km^2,以上两项措施的实施将对国家重点生态功能区的退化天然林草及湿地具有一定的修复作用,天然林草及湿地面积和质量得到一定程度的扩大和提高	
		水土流失	水土流失治理率(%)	30.11	新增 32	新增 71
			治理面积(km^2)	4 269	新增 6 390	
	社会环境		防洪标准	城区段不足 20 年一遇; 乡村段不足 10 年一遇	城区段 20 年一遇;乡村段 10 年一遇	
			供水量(亿 m^3)	4.22	6.53	10.06
			保证率	农业灌溉供水保证率为 50%,工业及生活供水保证率为 95%		
			灌溉面积(万亩)	94.36	94.36	117.62

第7章 流域“三线一单”的建议和意见

7.1 流域生态空间及相应管控要求

7.1.1 生态保护红线划定范围

根据《生态保护红线划定技术指南》相关要求，依据《全国主体功能区规划》、《全国生态功能区划》、《全国生态脆弱区保护规划纲要》、《中国生物多样性保护战略与行动计划》(2011—2030年)等国家和相关空间规划，结合流域生态环境保护地位、环境影响预测结论，识别生态保护的重点区域，明确生态保护的空间范围。

(1)重点生态功能区。

根据《全国主体功能区规划》，洮河流域大部分位于国家重点生态功能区甘南黄河重要水源补给生态功能区、三江源草原草甸湿地生态功能区，是国家限制开发区，功能定位是保证国家生态安全的重要区域。

(2)生态敏感区/脆弱区。

根据《全国主体功能区规划》，洮河流域内的4个国家级自然保护区、4个国家森林公园等属于国家禁止开发区，其功能定位是我国保护自然资源的重要区域、珍稀动植物基因资源保护地，要根据相关法律法规规定实施强制性保护。

根据《全国生态脆弱区保护规划纲要》，洮河流域青海省河南县位于青藏高原复合侵蚀生态脆弱区，提出“以维护现有自然生态系统完整性为主，全面封山育林，强化退耕还林还草政策，恢复高原山地天然植被，减少水土流失。同时，加强生态监测及预警服务，严格控制雪域高原人类经济活动，保护冰川、雪域、冻原及高寒草甸生态系统，遏制生态退化。”

《中国生物多样性保护战略与行动计划》(2011—2030年)，综合考虑生态系统类型的代表性、特有程度、特殊生态功能，以及物种的丰富程度、珍稀濒危程度、受威胁因素、地区代表性、经济用途、科学研究价值、分布数据的可获得性等因素，划定了35个生物多样性保护优先区域，其中青海省河南县位于青藏高原高寒区，该区保护重点加强原生地带性植被的保护，以现有自然保护区为核心，按山系、流域建立自然保护区，形成科学合理的自然保护区网络。加强对典型高原生态系统、江河源头和高原湖泊等高原湿地生态系统的保护，加强对藏羚羊、野牦牛、普氏原羚、马麝、喜马拉雅麝、黑颈鹤、青海湖裸鲤、冬虫夏草等特有珍稀物种种群及其栖息地的保护。

(3)禁止开发区。

根据《全国主体功能区规划》，洮河流域内的4个国家级自然保护区、4个国家森林公园等属于国家禁止开发区，其功能定位是我国保护自然资源的重要区域、珍稀动植物基因资源保护地,要根据相关法律法规规定实施强制性保护。

综合以上分析,洮河流域识别的生态保护红线保护范围包括:甘南黄河重要水源补给生态功能区、三江源草原草甸湿地生态功能区、青藏高原复合侵蚀生态脆弱区、青藏高原高寒区(青海省河南县)、甘肃省洮河国家级自然保护区、甘肃省尕海—则岔国家级自然保护区、甘肃莲花山国家级自然保护区、甘肃太子山国家级自然保护区、甘肃大峪国家森林公园、甘肃松鸣岩国家森林公园、甘肃莲花山国家森林公园、甘肃冶力关国家森林公园。

(4)其他区域。

按照国家生物多样性和鱼类物种资源保护要求,根据鱼类濒危程度、土著意义、特有性、保护级别等,结合现状调查结果,确定拟鲶高原鳅、极边扁咽齿鱼、黄河裸裂尻鱼等为洮河重点保护鱼类。同时,将以上濒危珍稀鱼类的主要栖息地上游,中游支流入河口处,下游白马浪水电站以下河段列为重要保护区域。

7.1.2 生态保护红线划定

根据国家生态保护要求,从维持黄河、洮河流域生态安全的高度,以甘南黄河重要水源补给生态功能区及点状分布的与洮河干流有水力联系的国家禁止开发区为重点,以河流源头区及河流廊道为主线,构建洮河流域水生态保护格局,协调资源开发与生态修复、制定流域不同区域的开发与保护格局。

其中上游贯彻“生态优先,适度发展”的原则,以水源涵养和珍稀濒危鱼类保护为主,禁止和限制开发;中游贯彻“统筹考虑,适度开发”的原则,以维持河流廊道生态功能和土著鱼类栖息地保护为主,协调开发与保护关系,维持河流廊道连通性,确保河流生态流量和水流连续性;下游贯彻“协调开发,确保底线”的原则,以濒危鱼类栖息地保护和入黄口生态功能维持为重点,保证河道内生态流量和入黄下泄水量要求,规范人为开发活动,禁止不合理开发和开垦,防范水污染风险。

7.1.2.1 保护区域划分建议

对识别的生态保护红线划定范围进行初步分析, 其中洮河流域三江源草原草甸湿地生态功能区、青藏高原复合侵蚀生态脆弱区、青藏高原高寒区(青海省河南县)三个区域重合,在洮河流域都只涉及青海省河南县。

因此,建议洮河流域陆域生态保护红线划定区域如表7.1-1所示。

表7.1-1 洮河流域陆域生态保护红线划定区域

类型及名称		与洮河位置关系	保护类型
国家重点生态功能区	甘南黄河重要水源补给生态功能区	洮河上中游大部分区域	保护区
	三江源草原草甸湿地生态功能区	洮河源区青海省境内河南县	
自然保护区	甘肃尕海—则岔国家级自然保护区	洮河上游	禁止开发区
	甘肃洮河国家级自然保护区	洮河上游	
	甘肃莲花山国家级自然保护区	洮河中游	
	甘肃太子山国家级自然保护区	洮河下游	

续表 7.1-1

类型及名称		与洮河位置关系	保护类型
森林公园	甘肃大峪国家森林公园	洮河上游	禁止开发区
	甘肃莲花山国家森林公园	洮河中游	
	甘肃冶力关国家森林公园	洮河支流	
	甘肃松鸣岩国家森林公园	洮河中游	

7.1.2.2 保护河段划分建议

洮河珍稀濒危鱼类物种及种群保护对维系黄河上游鱼类物种资源至关重要，应根据我国《野生动物保护法》等相关法律法规要求，对珍稀濒危鱼类及栖息地实施严格保护，划定特殊保护河段和重点保护河段，禁止和限制开发。同时，对受损严重栖息地进行适当修复，确保其生态用水和特殊保护河段及重点保护河段的生境连通需求。

其中青走道以上，是源头水保护区，也是珍稀濒危鱼类重要栖息地，水生态环境尤为敏感，划为禁止河段，即保留河段的自然连续，禁止不利于鱼类栖息地保护的开发行为；上游碌曲至岷县西寨，是珍稀濒危鱼类重要栖息地，且分布有洮河碌曲段扁咽齿鱼水产种质资源保护区、洮河特有鱼类国家级水产种质资源保护区，划分为珍稀濒危鱼类栖息地保护河段，限制开发河段，即禁止不利于鱼类栖息地保护水电开发，限制不利于鱼类栖息地保护的开发行为；下游白马浪水电站至入黄口河段是珍稀濒危重要栖息地，且分布有洮河定西特有鱼类国家级水产种质资源保护区、黄河刘家峡兰州鲶国家级水产种质资源保护区，划为珍稀濒危鱼类重要分布河段，限制开发河段，即限制不利于鱼类栖息地保护的开发行为。洮河流域河流生态保护红线划定保护区域如表 7.1-2 所示。

表 7.1-2 洮河流域河流生态保护红线划定保护区域

河段	规划划分类型	保护类型	保护生态空间要求
青走道以上源头区	保留河段	禁止开发河段	保留河段的自然连续，禁止不利于鱼类栖息地保护的开发行为
上游碌曲至岷县西寨	珍稀濒危鱼类栖息地保护河段	限制开发河段	禁止水电开发，限制不利于鱼类栖息地保护的开发行为
下游白马浪水电站至入黄口河段	珍稀濒危鱼类重要分布河段	限制开发河段	禁止水电开发，限制不利于鱼类栖息地保护的开发行为

7.2 水资源利用红线及重点断面生态流量控制要求

7.2.1 用水总量及用水效率

2020 年、2030 年无西线和有西线工程时的地表水用水量控制在 4.28 亿 m³、7.20 亿

m³ 和 9.05 亿 m³，地表水耗水量控制在 3.30 亿 m³、5.54 亿 m³ 和 6.98 亿 m³，流域外调水量为 2.22 亿 m³、5.14 亿 m³ 和 5.51 亿 m³，万元工业增加值用水量控制在 60 m³/万元、31 m³/万元和 31 m³/万元，灌溉水利用系数达到 0.55、0.58 和 0.60。洮河流域用水量及用水效率控制指标见表 7.2-1。

表 7.2-1　洮河流域用水量及用水效率控制指标

水平年	用水量(亿 m³/a)					用水效率	
	地表水用水量			地表水消耗量		万元工业增加值用水量(m³/万元)	灌溉水利用系数
	流域内	流域外	合计	合计	流域外		
2020 年	2.06	2.22	4.28	3.30	1.69	60	0.55
2030 年(无西线)	2.06	5.14	7.20	5.54	3.93	31	0.58
2030 年(有西线)	3.54	5.51	9.05	6.98	4.21	31	0.60

7.2.2　主要断面下泄水量

洮河河道内生态需水主要是满足鱼类需水、河流基本生态环境功能维持需水等要求，流域主要控制断面红旗(入黄口)多年平均河道内生态环境需水量为 24.56 亿 m³。

2020 年红旗(入黄口)断面河道内下泄水量为 44.42 亿 m³/a；2030 年南水北调西线一期工程未生效和南水北调西线一期工程生效后红旗(入黄口)河道内下泄水量分别为 41.50 亿 m³/a 和 39.97 亿 m³/a。洮河流域河道内主要断面生态环境需水及下泄水量控制指标见表 7.2-2。

表 7.2-2　洮河流域河道内主要断面生态环境需水及下泄水量控制指标

控制断面	河道内生态环境需水量(亿 m³)	断面下泄水量(亿 m³)		
		2020 年	2030 年(南水北调西线一期工程未生效)	2030 年(南水北调西线一期工程生效)
红旗(入黄口)	24.56	44.42	41.50	39.97

7.2.3　水资源利用上线

以黄河流域水资源综合规划为依据，根据黄河流域及甘肃和青海两省的取水许可细化指标，考虑南水北调西线一期工程的建设安排，统筹协调河道外经济社会发展用水和河道内生态环境用水之间的关系，考虑维护河流健康的要求，参考本次规划提出的控制指标，提出水资源利用上线的建议和意见。水资源利用上线见表 7.2-3。

表 7.2-3　水资源利用上线

<table>
<tr><th colspan="2">指标</th><th>指标值</th></tr>
<tr><td colspan="2">水资源利用率(%)</td><td>15~20</td></tr>
<tr><td rowspan="2">用水量(亿 m³)</td><td>地表水用水量</td><td>9.05</td></tr>
<tr><td>地表水消耗量</td><td>6.98</td></tr>
<tr><td rowspan="2">用水效率</td><td>万元工业增加值用水量
(m³/万元)</td><td>31</td></tr>
<tr><td>灌溉水利用系数</td><td>0.55</td></tr>
<tr><td colspan="2">控制断面(入黄口)下泄水量(亿 m³)</td><td>40.6</td></tr>
</table>

7.3　流域环境质量底线及控制断面水质要求

7.3.1　环境质量底线

根据《国务院关于实行最严格水资源管理制度的意见》要求,严格控制入河排污总量,确定水功能区限制纳污红线。洮河流域主要污染物入河控制量指标:2020 年 COD 为 1 407.5 t/a,氨氮为 188.5 t/a;2030 年南水北调西线工程生效前 COD 为 1 551.6 t/a,氨氮为 184.9 t/a,西线工程生效后 COD 为 2 327.9 t/a,氨氮为 297.9 t/a。入河污染物总量底线见表 7.3-1。

表 7.3-1　入河污染物总量底线

指标	2020 年	2030 年(无西线)	2030 年(有西线)
COD 总量底线(t/a)	1 407.5	1 551.6	2 327.9
氨氮总量底线(t/a)	188.5	184.9	297.9

7.3.2　控制断面水质要求

根据《中国水功能区划》、甘肃省和青海省人民政府批复的水功能区划以及确定的规划目标,洮河干流及主要支流主要控制断面水质应达到其相应的水功能区水质目标要求。洮河干流重要水质断面水质目标见表 7.3-2。

表 7.3-2　洮河干流重要水质断面水质目标

河段	断面名称	断面性质	水质目标
源头至岷县	下巴沟	濒危珍稀鱼类重要栖息地	Ⅲ
岷县至海甸峡	岷县	土著鱼类、河流基本生态功能	Ⅱ
海甸峡至入黄口	红旗	濒危鱼类、河流基本生态功能	Ⅲ

7.4 环境准入负面清单

从洮河流域现状分析看,洮河流域生态地位重要,水资源丰富,水资源利用率较低。根据前述规划影响预测,规划实施后,洮河流域主要存在以下两个主要问题。

(1)洮河流域水质相对较好,水质类别为Ⅱ~Ⅲ类。洮河干流水质全部达标,洮河下游支流苏集河、东峪沟及广通河下游河段,是不达标的水功能区主要分布区域。规划实施后,由于引洮工程的实施,下游河段水量减少,随着社会经济的发展,会对下游河段尤其是下游支流河段的水环境产生胁迫。

(2)洮河流域小水电无序开发已经对生态系统产生了胁迫效应,水电站下游局部河段河道脱流、河段生态基流不能满足,河流纵向连通性、水流连续性受到影响。同时,洮河水电密集开发区域大部分位于国家珍稀濒危鱼类和黄河特有土著鱼类栖息地,水电站建设造成的阻隔、减水、脱流等使鱼类栖息地遭到破坏。

综合以上分析,分区域分河段提出了洮河流域环境准入负面清单(见表7.4-1)。

表7.4-1 洮河流域环境准入负面清单

<table>
<tr><th colspan="2">河段</th><th>水生态保护规划定位</th><th>与生态红线的关系</th><th>清单</th></tr>
<tr><td rowspan="2">源头至岷县西寨(上游)</td><td>青走道以上</td><td rowspan="2">上游以水源涵养和珍稀濒危鱼类保护为主,禁止和限制开发</td><td>河流河段划分为禁止开发河段;陆生区域划定为保护区</td><td>1. 允许以保护与修复为主的草场灌溉、水土保持防护工作、湿地保护与修复及水源涵养等工作。
2. 限制防洪工程建设。
3. 禁止水电开发</td></tr>
<tr><td>青走道至西寨河段</td><td>划定的限制开发河段</td><td>1. 对不涉及生态敏感区的防洪工程、农田灌溉工程及水土保持工程、供水工程,允许建设。
2. 对位于自然保护区、森林公园等生态敏感区的防洪工程,农田灌溉、水土保持防护与治理等工程、供水工程,严格限制建设。
3. 禁止水电开发</td></tr>
<tr><td colspan="2">西寨至海甸峡</td><td>中游以维持河流廊道生态功能和土著鱼类栖息地保护为主,协调开发与保护关系,维持河流廊道连通性,确保河流生态流量和水流连续性</td><td></td><td>1. 对不涉及生态敏感区的防洪工程、农田灌溉工程及水土保持工程、供水工程,允许建设。
2. 对位于自然保护区、森林公园等生态敏感区的防洪工程,农田灌溉、水土保持防护与治理等工程、供水工程,严格限制建设。
3. 在已有水电站没有整顿前,禁止水电开发</td></tr>
</table>

续表 7.4-1

河段	水生态保护规划定位	与生态红线的关系	清单
海甸峡以下	下游以濒危鱼类栖息地保护和入黄口生态功能维持为重点,保证河道内生态流量和入黄下泄水量要求,规范人为开发活动,禁止不合理开发和开垦,防范水污染风险	限制开发河段	1. 对不涉及生态敏感区的防洪工程、农田灌溉工程及水土保持工程、供水工程,允许建设。 2. 对位于自然保护区、森林公园等生态敏感区的防洪工程,农田灌溉、水土保持防护与治理等工程、供水工程,严格限制建设。 3. 在苏集河、广通河下游河段限制皮革工业、畜牧养殖业。 4. 禁止小水电开发

第8章　规划方案环境合理性论证与优化调整建议

本次规划环境合理性论证遵循“节约优先、保护优先、自然恢复为主”的方针。基于国家、流域及省区对洮河流域的发展定位和环境保护要求,综合论证规划目标与定位的合理性;基于规划实施后的环境影响预测结果,尤其是对生态环境、水环境的影响评价结论及对敏感保护目标的影响分析结论;基于“三线一单”的成果等内容,分析论证规划目标与发展定位的合理性。从开发布局、规模、方式、时序等方面提出规划方案的优化调整建议。

8.1　国家对洮河流域生态保护定位及要求

8.1.1　洮河流域生态保护定位及要求

洮河流域是我国生态安全战略格局的重要组成部分,是保障国家及西部生态安全的重要区域,是洮河流域及黄河流域重要水源涵养区,洮河是黄河上游重要支流,其来水量占上游总来水量的13.57%,对维持黄河水资源安全具有重要意义;洮河水系土著鱼类是黄河特有土著鱼类及中国珍稀濒危鱼类的重要组成部分,洮河土著鱼类及栖息生境保护对维系黄河上游鱼类物种资源至关重要,具有重要生态保护价值。

洮河流域相关规划、区划生态环境保护定位及要求见表8.1-1。

表8.1-1　洮河流域相关规划、区划生态环境保护定位及要求

规划及区划名称		生态环境保护定位及要求
国家	《全国主体功能区规划》	三江源草原草甸湿地生态功能区主要保护方向:封育草原,治理退化草原,减少载畜量,涵养水源,恢复湿地,实施生态移民。 甘南黄河重要水源补给生态功能区:主要保护方向加强天然林、湿地和高原野生动植物禁止开发区(自然保护区、森林公园、地质公园等),依据法律法规规定和相关规划实施强制性保护,严格控制人为因素对自然生态和文化自然遗产性、完整性的干扰,严禁不符合主体功能定位的各类开发活动。实现污染物“零排放”,提高环境质量
	《全国生态功能区划》	甘南水源涵养重要区和三江源水源涵养重要区:严格保护具有水源涵养功能的植被,限制各种不利于保护水源涵养功能的经济社会活动和生产方式;加强生态恢复与生态建设,提高草地、湿地等生态系统的水源涵养功能
	《全国重要江河湖泊水功能区划(2011—2030年)》	水功能区保护区:保持天然良好状态。 水功能区保留区:我国水资源主要储备区,维持水资源的良好状态
	《全国生态脆弱区保护规划纲要》	青藏高原复合侵蚀生态脆弱区:提出“以维护现有自然生态系统完整性为主,全面封山育林,强化退耕还林还草政策,恢复高原山地天然植被,减少水土流失。同时,加强生态监测及预警服务,严格控制雪域高原人类经济活动,保护冰川、雪域、冻原及高寒草甸生态系统,遏制生态退化”

续表 8.1-1

规划及区划名称		生态环境保护定位及要求
国家	《黄河流域综合规划(2012—2030年)》	洮河流域治理要以水资源合理开发利用为重点,加强水资源的节约与保护,加强黄土丘陵区水土流失治理。 根据河道内生态环境用水要求和水资源配置方案,主要控制断面应满足以下控制性指标要求:洮河干流红旗断面多年平均下泄水量不低于 40.6 亿 m^3,入黄口水质目标为Ⅲ类。干流主要污染物入河控制量指标:2020 年水平 COD 为 1 113 t/a,氨氮为 132 t/a;2030 年水平 COD 为 1 037 t/a,氨氮为 135 t/a。 针对洮河下游水土流失较为严重的情况,重点对下游黄土丘陵区进行治理。针对水电无序开发问题,在开发过程中要统一规划,加强监管,保证河道内生态环境用水需求
区域	《青海省主体功能区规划》	三江源草原草甸湿地生态功能区:把生态保护和建设作为主要任务,全力推进国家级生态保护综合试验区建设,建立生态补偿机制,创新草原管护体制,强化生态系统自然修复功能,建成全国重要的生态安全屏障
	《甘肃省主体功能区规划》	甘南黄河重要水源补给生态功能区:坚持生态优先,保护与发展并重的方针,以构建黄河上游生态屏障为重点,加快传统畜牧业发展方式转变,全面推行禁牧休牧轮牧、以草定畜等制度,加大生态修复和环境保护力度,加强草原综合治理和重点区段沙漠化防治,增强水源涵养能力;培育与生态环境适宜产业,加快发展旅游业等特色产业。减少人为因素对自然生态的干扰,实施牧民定居工程,引导超载人口逐步有序转移,建设全国重要水源涵养区和全省优质畜产品供给区
	《甘南黄河重要水源补给生态功能区生态保护与建设规划》	重点保护区:生态功能主要是涵养水源、汇集天然降水补给河流和保护生物多样性。对该区域生态保护的方式,以封禁管护等自然恢复为主,主要是开展禁牧、禁猎、禁伐和禁止一切开发利用活动,通过封禁管护等自然措施恢复林草植被。修复治理区:生态系统退化严重,但易于恢复、治理。以人工修复、治理为主,主要是减缓人为活动对原生生态的破坏,控制过牧等不良因素对生态环境的影响,通过修复提高其水源涵养、补给河流水资源的功能。恢复治理区要全面实施以草定畜,休牧轮牧,重点实施退化草原治理、森林植被恢复、湿地与野生动植物保护等措施,以修复林草植被

8.1.2 洮河流域敏感区的制约性

洮河流域位于青藏高原与黄土高原的生态过渡带,位于我国“两屏三带”生态安全战略格局的青藏高原和黄土高原—川滇两生态屏障之间,生境类型多样、生态环境脆弱、生态地位十分重要。根据《全国主体功能区规划》,洮河流域大部分区域位于国家限制和禁止开发区域,相关法律规划和相关规划对洮河流域生态环境提出了严格保护要求。

流域分布有甘南黄河重要水源补给生态功能区、三江源草原草甸湿地生态功能区等国家重点生态功能区,属于国家限制开发区,要严格管制各类开发活动,严格控制开发强度;分布有甘肃洮河国家级自然保护区、甘肃尕海—则岔国家级自然保护区、甘肃莲花山国家级自然保护区及甘肃太子山国家级自然保护区等 4 处国家级自然保护区,属于国家禁止开发区,《中华人民共和国自然保护区条例》和《全国主体功能区规划》等法律法规及规划对自然保护区提出了严格的保护要求,其中核心区、缓冲区严禁任何生产建设活动。

同时,洮河水系分布有厚唇裸重唇鱼、黄河裸裂尻鱼等 15 种珍稀保护鱼类和省级保护鱼类,其中上游碌曲段至岷县西寨是珍稀濒危鱼类重要栖息河段,下游白马浪水电站以下河段是珍稀濒危鱼类重要分布河段,具有重要保护价值,《中华人民共和国野生动物保护法》、《中华人民共和国渔业法》及《中华人民共和国水生野生动物保护实施条例》对珍稀保护鱼类及其栖息地保护提出了严格的保护要求。

8.2　规划河段治理开发任务及功能定位环境合理性

本次规划综合考虑各河段资源环境特点、经济社会发展要求、治理开发与保护的总体部署,明确了各河段治理开发与保护主要任务,具体如下。

一是"上游河段以生态环境与水源涵养保护、生物多样性保护、源头水保护为主,在强化生态环境保护的基础上,合理进行供水工程建设"体现了国家、流域及省区对上游生态保护的要求。二是"中游河段以合理开发、优化配置、全面节约、有效保护水资源为主,兼顾防洪减灾、水土流失治理,合理进行水力资源开发";与国家西部大开发战略部署、青藏开发相协调,体现了人水和谐相处的理念。三是"下游河段以灌溉、水土保持、防洪为重点,建设一定数量的水资源开发利用、防洪减灾工程,实施水土保持综合治理,严格控制入河排污总量,加强饮用水水源保护。"

规划河段治理开发任务及功能性定位环境合理性分析如表 8.2-1 所示。

表 8.2-1　规划河段治理开发任务及功能性定位环境合理性分析

规划区域(河段)划分	治理开发及功能定位	生态环境保护要求	环境合理性分析
上游:河源至岷县西寨	以生态环境与水源涵养保护、生物多样性保护、源头水保护为主,合理进行供水工程建设	属于国家重点生态功能区、生态脆弱区、国家限制开发区,分布有多处国家级自然保护区和水功能保护区,该区域以水源涵养功能为主,以自然保护和自我修复为主,严格控制开发活动和开发强度,加强天然林、湿地和高原野生动植物保护,实施退牧还草、退耕还林还草、生态移民,封育草原、恢复湿地	该河段治理开发任务和功能定位基本符合国家生态环境保护定位和要求,供水工程建设要妥善处理与生态环境保护关系,控制在尽可能小的空间范围之内

续表 8.2-1

规划区域(河段)划分	治理开发及功能定位	生态环境保护要求	环境合理性分析
中游:岷县西寨至海甸峡	合理开发、全面节约、有效保护水资源,注重水生态保护,兼顾防洪减灾、水土流失治理,合理进行水力资源开发	部分区域位于国家重点生态功能区,分布有土著鱼类栖息地保护,应协调开发与保护关系,保障生态用水和国家生态功能区水源涵养功能发挥	该河段治理开发任务和功能定位基本符合生态环境要求
下游:海甸峡至入黄口	以灌溉、水土保持、防洪为重点,建设一定数量的水资源开发利用、防洪减灾工程,实施水土保持综合治理,严格控制入河排污总量,加强饮用水水源保护	该区域是流域社会经济、农业生产及人口的集中分布区,部分区域位于国家重点生态功能区、分布有珍稀濒危鱼类栖息地,水土流失严重,部分支流水污染严重。应贯彻"协调开发,确保底线"的原则,以濒危鱼类栖息地保护和入黄口生态功能维持为重点,规范人为开发活动,治理水土流失,禁止不合理开发和开垦	该河段治理开发任务和功能定位基本符合生态环境要求,但要做好珍稀濒危鱼类栖息地保护,防范水污染风险,保证入黄口生态环境安全

8.3　规划目标及控制性指标环境合理性

8.3.1　规划目标的合理性分析

通过流域综合规划的实施,协调好流域内用水、外调水及入黄水量的关系,实现水资源合理配置和高效利用;重要城镇和防洪保护区河段达到设防标准,防洪工程体系进一步完善;水土流失得到基本控制;入河污染物得到有效控制,水环境状况得以维持并改善;水能资源得到合理开发利用;流域管理水平显著提高,从而实现流域人口、资源、环境与经济社会的协调发展。

(1)解决农村饮水安全问题,保障城镇供水安全;稳步推进节水型社会建设,加大现有灌区的节水力度,使流域节水灌溉率由40%提高到72.8%,灌溉水利用系数由现状的0.43提高到0.6;工业用水重复利用率由现状的45%左右提高到80%以上;供水管网漏失率控制在10%以下。

本项规划目标将促进水资源的高效利用和节水型社会的建设,为实施最严格的水资源管理制度提供支撑,该规划目标与国家有关水资源管理的政策一致,符合国家环境保护的要求。

(2)沿河重要城镇及工业园区防洪工程达到设计防洪标准要求,完成病险水库的除险加固,流域防洪能力明显提高。

本项治理目标将全面提高流域的防洪能力，使城市河段及干流城镇防洪工程全面达标，支沟洪水及山洪灾害得到进一步控制，可有效保障生态安全，目标设置合理。

（3）新增综合治理面积达到63.90万hm^2，水土流失新增治理率达到71%，新增林草覆盖率达到11%，流域内形成完善的预防监督体系，各级水土保持监督队伍健全。

本项规划目标可有效改善洮河下游区域水土流失状况，目标设置基本合理。但规划确定的林草覆盖率目标较低，因现状年洮河流域林草及湿地比例高达78%。

（4）流域水功能区水质达标率达到95%以上，重要水功能区水质全面达标，建立完善的水功能区监督管理体系，水生态环境得到进一步改善。

本项规划目标可改善洮河流域水环境和水生态系统恶化趋势，改善重点河段及区域水环境及水生态状况，符合国家环境保护的相关要求，对比分析黄河流域及与洮河流域自然环境特点相似的湟水流域相关指标，目标设置基本合理。

洮河流域规划目标合理性分析如表8.3-1所示。

表8.3-1　洮河流域规划目标合理性分析

洮河流域规划目标		国家相关要求	黄河流域规划目标	湟水流域规划目标	环境合理性分析
灌溉水利用系数	2020年，由现状的0.43提高到0.54；2030年灌区灌溉水利用系数达到0.60	2020年农田灌溉水有效利用系数提高到0.55以上，2030年0.6以上	2020年由现状的0.49提高到0.56；2030年提高到0.61	2020年由现状的0.41提高到0.53，2030年达到0.58	对比洮河流域与国家及黄河流域、湟水流域，灌溉水利用系数目标基本合理
工业用水重复利用率	2020年由现状的45%左右提高到65%以上；2030年达到80%以上	—	2020年由现状的65%左右提高到71%以上；2030年达到88%以上	2020年由现状的60%左右提高到75%~80%；2030年达到85%	对比洮河流域与国家及黄河流域、湟水流域，洮河流域工业重复利用率目标合理
水功能区达标率	2020年水功能区水质达标率由现状的76.5%提高到85%，2030年水功能区水质达标率达到95%	2020年重要江河湖泊水功能区水质达标率提高到80%以上。2030年水功能区水质达标率提高到95%以上	黄河干流等重要水功能区水质达到或优于Ⅲ类，重要支流水质达到或优于Ⅳ类	2020年水质达标率达到80%，2030年水功能区水质达标率达到95%以上	对比洮河流域与国家及黄河流域、湟水流域，洮河流域水功能区规划目标合理

续表 8.3-1

	洮河流域规划目标	国家相关要求	黄河流域规划目标	湟水流域规划目标	环境合理性分析
水土保持	2020年新增综合治理面积28.40万hm^2,水土流失新增治理率32%,新增林草覆盖率5%;2030年新增综合治理面积达到63.90万hm^2,水土流失新增治理率达到71%,新增林草覆盖率达到11%	—	流域水土流失初步治理面积4452 km^2,治理程度为32.4%。针对洮河下游水土流失较为严重的情况,重点对下游黄土丘陵区进行治理	2020年水土流失治理度提高至13%以上,2030年水土流失治理度提高至30%以上,林草覆盖率提高至9%,流域水土流失问题得到显著改善	洮河流域水土保持目标基本合理

8.3.2 规划控制性指标的合理性分析

为了规范流域不同河段的开发利用活动、控制开发强度,为实施流域综合管理提供依据,必须划定经济社会发展活动不可逾越的"红线"。针对不同河段及区域治理开发与保护的任务,考虑维护河流健康的要求,从水资源管理、河道内生态环境用水及断面下泄水量方面,选择了地表水用水量、地表水耗水量、地下水开采量、万元工业增加值用水量、大中型灌区灌溉水利用系数、水质目标、COD入河量、氨氮入河量、断面下泄水量等9项主要控制指标。

8.3.2.1 水资源管理控制指标

2020年、2030年无西线和有西线工程时的地表水用水量控制在4.25亿m^3、7.17亿m^3和9.29亿m^3,地表水耗水量控制在3.30亿m^3、5.54亿m^3和7.17亿m^3,流域外调水量为2.04亿m^3、4.96亿m^3和5.51亿m^3,万元工业增加值用水量控制在60 m^3/万元、31 m^3/万元和31 m^3/万元,灌溉水利用系数达到0.55、0.58和0.60。

洮河供水及用水效率指标的制定,以黄河流域水资源综合规划为依据,考虑了流域水资源量的变化,统筹协调河道外经济社会发展用水和河道内生态环境用水之间的关系,提出的控制指标基本合理可行。

8.3.2.2 水质目标及入河污染物总量

根据《中国水功能区划》、甘肃省和青海省人民政府批复的水功能区划及确定的规划目标,2020年洮河干流及主要支流主要控制断面水质应达到其相应的水功能区水质目标要求。洮河干流重要水质断面水质目标见表8.3-2。

表 8.3-2　洮河干流重要水质断面水质目标

河段	断面名称	断面性质	水质目标
源头至岷县	下巴沟	濒危珍稀鱼类重要栖息地	Ⅲ
岷县至海甸峡	岷县	土著鱼类、河流基本生态功能	Ⅱ
海甸峡至入黄口	红旗	濒危鱼类、河流基本生态功能	Ⅲ

根据《黄河流域综合规划(2012—2030 年)》,洮河主要控制断面应满足以下控制性指标要求:入黄口水质目标为Ⅲ类。洮河干流主要污染物入河控制量指标:2020 年水平 COD 为 1 407.5 t/a,氨氮为 188.5 t/a;2030 年南水北调西线工程生效前 COD 为 1 551.6 t/a,氨氮为 184.9 t/a,西线工程生效后 COD 为 2 327.9 t/a,氨氮为 297.9 t/a。水质目标的确定主要根据断面所在水功能区的水质目标,所选取的断面均为重要水功能区控制断面,断面设置合理。

为实现流域水功能区目标,必须实行最严格的水域纳污“红线”控制制度。以流域水功能区纳污能力为约束条件,考虑区域经济社会发展、布局和污染治理水平,评价认为提出的水质目标及入河污染物总量控制指标基本合理可行。

8.3.2.3　河道内主要断面下泄水量控制指标

考虑流域水资源状况和供需矛盾日趋尖锐的情况,统筹协调经济社会发展用水和河道内生态环境用水关系,经供需平衡分析,确定红旗(入黄口)控制断面下泄水量控制指标。2020 年红旗(入黄口)断面河道内下泄水量为 44.48 亿 m^3/a;2030 年南水北调西线工程未生效和南水北调西线工程生效后红旗(入黄口)河道内下泄水量分别为 41.56 亿 m^3/a 和 39.78 亿 m^3/a。

《黄河流域综合规划(2012—2030 年)》中,要求洮河入黄口红旗断面应满足多年平均下泄水量不低于 40.6 亿 m^3 的控制性指标,本次规划 2030 年南水北调西线工程生效后洮河入黄水量控制性指标为 39.37 亿 m^3,规划明确提出“可在 2030 年水平黄河流域水资源配置方案的框架内,根据甘肃省水资源配置水量增加情况,通过水量置换增加洮河流域水资源利用量”的要求,基本满足《黄河流域综合规划(2012—2030 年)》提出的控制要求。

8.4　规划布局的环境合理性分析

从主体功能区域、水功能区划、生态功能区划等相关功能区域的保护要求、环境敏感区的制约性、流域生态安全、景观生态格局、环境风险等方面论证规划布局的环境合理性。

8.4.1　水资源开发利用

水资源开发利用又分为水资源配置、灌区规划、节水规划等相关内容。水资源开发利用规划布局合理性分析见表 8.4-1。

由表 8.4-1 分析可知,水资源开发利用布局符合洮河流域相关规划、区划生态环境保

表 8.4-1 水资源开发利用规划布局合理性分析

规划名称	布局	合理性分析
水资源配置	实行最严格的水资源管理制度,提高用水效率。根据不同水平年耗水控制指标,严格用水总量控制、加强用水定额管理,促进经济结构调整和经济增长方式的转变。建设一部分中小水库解决和保障城乡生活用水需求,改善灌区灌溉条件,提高供水保证率;加大非常规水源的利用,有效缓解流域内水资源供需矛盾。继续实施引洮供水后续工程	由前述水资源配置结果可知,与基准年相比,2020 年,各个水资源分区的水资源配置变化不大,2030 年,受引洮工程调水的影响,洮河九甸峡以下区域水资源配置变化较大。水资源配置的重点区域是洮河九甸峡断面以下。而洮河流域的敏感目标和重要生态功能区主要分布在洮河中上游。因此,环评认为,水资源配置的布局较合理
节水规划	以城市供水、农村安全饮水和灌区节水改造为重点,全面推行节水措施,建设节水型社会。以下游的洮惠渠、溥济渠等万亩以上灌区为重点,调整种植结构,解决灌区渠道防渗工程,发展田间喷滴灌工程,加强灌区节水改造,建设节水型农业;加快城镇供水管网改造速度,以各县的工业园区及开发区为重点,大力扶植低耗水、低耗能和高产出的产业,严禁发展高耗水工业,建设节水型城市和工业	节水规划的重点主要分布在洮河下游,而洮河流域的敏感目标和重要生态功能区主要分布在洮河中上游。因此,环评认为,节水规划的布局较合理
灌区规划	根据洮河流域的地形及自然条件,可将其划分为三个经济作业区,上游河南县、碌曲县、夏河县、合作市及卓尼县的一少部分为牧业区;卓尼县大部分及临潭、岷县为农、林、牧区;临洮、渭源、广河、康乐、东乡、和政等县为下游农业区。上游的牧业区灌溉主要以满足冬春饲草不足的草场为主,适当发展一些人工牧草灌溉;中游主要以巩固现有林业、农业灌溉为主,适当发展灌溉面积;下游农业区主要发展灌溉农业,以农田灌溉为主	本次灌区规划的重点在下游农业区,而洮河流域的敏感目标和重要生态功能区主要分布在洮河中上游。本次新发展的农田灌溉面积土地利用现状全部为旱耕地,新发展的草场灌溉面积除河南县和碌曲县土地利用现状为草场外,其他各县土地利用现状全部为旱耕地。因此,灌区规划的布局基本合理

护定位;灌区布局及供水工程充分考虑了环境敏感区的制约性,避开了甘肃尕海-则岔国家级自然保护区、甘肃洮河国家级自然保护区、甘肃莲花山国家级自然保护区及甘肃太子山国家级自然保护区,规划布局比较合理。

8.4.2 防洪规划

防洪规划分为干流防洪工程、支流防洪工程、病险水库除险加固及山洪灾害防治等内容。防洪规划布局合理性分析见表 8.4-2。

表 8.4-2　防洪规划布局合理性分析

规划名称	布局	合理性分析
干流防洪工程	根据干流经济社会发展情况和洪灾情况,结合地形特点,考虑以沿岸县城、市区以及靠河较近的工业园区为重点保护区,根据其建成区情况及城市发展情况,并留有一定发展空间,建设堤防与护岸相结合的防洪工程。河道两岸人口相对密集乡镇、耕地较多的地区,工矿企业所在地及重要设施所在河段为一般保护区,主要修建以保镇护滩为目的的护岸工程。山区型河道比降大,洪水淹没范围小,仅对有洪水威胁及易冲河段进行防护	干流防洪的重点是人口较为集中,社会经济较为发达的县城、市区及靠河较近的工业园区。其中,有 3 处工程位于洮河国家级自然保护区,4 处工程位于水产种质资源保护区。考虑到防洪工程建设的必要性、工程性质及对敏感区域的影响,涉及敏感区的工程主要为护岸工程,对环境的影响相对较小,布局基本合理
支流防洪工程	主要支流的治理要突出重点地区及重点河流(河段),重点地区主要是指位于中小河流沿岸易发洪涝灾害的地区,包含人口较多的县、乡、重要工矿区等,或有较集中连片基本农田万亩以上,洪涝灾害对市、县行政区经济社会发展影响较大的区域	支流防洪的重点是社会经济发展较大的区域。其中有 3 处工程涉及甘肃洮河国家级自然保护区,1 处涉及甘肃冶力关国家森林公园,考虑到防洪工程建设的必要性、工程性质及对敏感区域的影响,涉及敏感区的工程主要为护岸工程,对环境的影响较小,布局基本合理
病险水库除险加固	康家峡、王家、药水、曹家、山庄、姚沟、吓滩滩及徐家水库等 8 座小型水库经安全鉴定为病险水库,但还未实施除险加固。根据这 8 座水库存在的主要问题,结合当地灌溉、供水、发电等的实际需求,规划安排在近期完成除险加固任务	病险水库基本都位于洮河下游,不涉及敏感区。布局基本合理
山洪灾害防治	以小流域综合治理为重点加强山丘区河流山洪灾害防治,采取“以防为主,防治结合,非工程措施与工程措施相结合”的综合治理措施,有效减轻山洪灾害	山洪灾害主要以防为主,对敏感区不会产生不利影响,布局基本合理

由表 8.4-2 可知,防洪布局符合洮河流域相关规划、区划生态环境保护定位;工程布置、工程内容考虑了环境敏感区的制约性,规划布局基本合理。

8.4.3　水土保持规划

根据洮河流域水土保持“两区”划分情况和水土保持区划结果,实施分区防治战略。预防保护优先,因地制宜,突出重点,上游以预防保护和自然修复为主,中、下游强化治理,促进经济社会可持续发展。水土保持规划总体布局见第 3 章相关内容。具体见表 8.4-3。

表 8.4-3 水土保持规划布局合理性分析

分区	市(县)	布局	合理性分析
三江黄河源山地生态维护水源涵养区	河南蒙古族自治县	本区水土保持重点是涵养水源、调节径流,维护生态稳定,促进生态与经济和谐发展。主要防治措施布局:采取封山与抚育相结合的办法,实施生态修复,提高水源涵养能力;加强草场管理,发展围栏养畜,合理轮牧,休牧育草,防止草场退化和沙化,促进牧业发展和牧民增收	该区域位于洮河源区,国家重点生态功能区(水源涵养型),应以自然修复为主,本次规划布局符合国家相关要求
若尔盖高原生态维护水源涵养区	合作市、碌曲县、夏河县	本区水土保持重点是维护草场生态,保护湿地,涵养水源,加强森林保护等。主要防治措施布局:在高原山区,加强植被保护与建设,实施封育治理,保护天然林,营造水土保持林和水源涵养林,提高水源涵养能力,减少水土流失和山洪泥石流等灾害。在谷底丘陵区,加强草场保护,避免超载放牧,改良牧草,建立人工饲料基地,防止草场退化、沙化	该区域大部分位于洮河源区、国家重点生态功能区(水源涵养型),应以自然修复为主,本次规划布局基本符合国家相关要求
陇南山地保土减灾区	临潭县、卓尼县、岷县	在低山丘陵区,加强坡耕地改造,注重地埂保护和利用,提高土地生产力,改善农业生产条件;加强植被建设,实施退耕还林,恢复林草植被,防治山洪泥石流等灾害;建设以谷坊、水窖为主的小型蓄水保土工程。在中高山区,加强植被保护与建设,实施封育治理,保护天然林,营造水土保持林和水源涵养林,提高水源涵养能力,减少水土流失和山洪泥石流等灾害	该区域大部分位于甘南黄河重要水源补给生态功能区,本次规划布局基本符合国家相关要求
青东甘南丘陵沟壑蓄水保土区	康乐县、广河县、和政县、临洮县、渭源县	水土保持重点是以土壤保持和蓄水保水为主,改善农牧业生产基本条件,使土地利用结构趋于合理,维护区域的生态安全。主要防治措施布局:加强坡面水土流失治理,实施坡改梯,发展地埂经济,建立坡面拦蓄系统,蓄水保土;大力建设护坡林和牧草基地;辅以沟道淤地坝建设,发展小片水浇地;支毛沟建设谷坊群和沟底防冲林;加强封山育林,恢复植被,提高水源涵养能力	该区域部分位于甘南黄河重要水源补给生态功能区,本次规划布局基本符合国家相关要求

续表 8.4-3

分区	市(县)	布局	合理性分析
陇中丘陵沟壑蓄水保土区	永靖县、东乡族自治县	本区水土保持重点是增强蓄水、保水能力,加强植被建设与保护,控制坡面和沟道侵蚀,发展综合农业和特色产业。主要防治措施布局:巩固和发展水平梯田,建设基本农田,提高粮食单产;大力营造水土保持林、经果林,增加植被,固坡保土;兴修涝池、水窖等小型蓄水工程,改善用水条件;在沟头布设沟头防护措施,在支毛沟修建柳谷坊、土谷坊等谷坊群	该区域以发展农业为主,本次规划布局基本符合国家相关要求

由表 8.4-3 分析可知,水土保持规划布局考虑了洮河流域相关规划、区划生态环境保护定位及重要生态功能区的要求,规划布局基本合理。

8.4.4　水资源和水生态保护

洮河水资源和水生态保护的基本思路是:保护优先,源头治理,强化监管。

洮河流域水资源保护以恢复流域水域功能、保障供水安全和生态安全为目标,以流域水环境承载能力为约束条件,以污染物入河控制量为控制红线。加强流域水资源保护监控能力和手段,完善流域水质监测体系,明确和落实水功能区保护目标责任制和考核机制,提升突发水污染事件的应急处置能力。

水生态保护以甘南黄河重要水源补给生态功能区及点状分布的国家禁止开发区为重点,以河流源头区及河流廊道为主线,构建洮河流域水生态保护格局,在流域保护优先的前提下,协调资源开发与生态修复,制定流域不同区域的开发与保护格局。

水资源与水生态保护布局合理性分析见表 8.4-4。

表 8.4-4　水资源与水生态保护布局合理性分析

规划名称		布局	合理性分析
水资源	上游	加强水源涵养,维持流域天然水资源量	洮河上游以水源涵养为主,规划提出的布局符合国家相关保护要求
	中游	进一步论证洮河流域调水合理性和规模,合理制定调水工程管理制度,保障洮河干流入黄水量及纳污能力	中游的重点是引洮工程,调水规模直接影响到中下游的河流生态环境。规划提出的要求基本合理
	下游	下游地区加大流域城镇生活污水治理力度,减少和控制污染物的排放和入河	洮河下游支流污染严重,水污染问题突出。规划提出的布局基本合理

续表 8.4-4

规划名称		布局	合理性分析
水生态	上游	以水源涵养和珍稀濒危鱼类及生物多样性保护为主,禁止和限制开发	水生态保护规划就是以国家相关规划及敏感区为依据提出规划布局
	中游	以维持河流廊道生态功能和土著鱼类栖息地保护为主,协调开发与保护关系,维持河流廊道连通性,确保河流生态流量和水流连续性	
	下游	以濒危鱼类栖息地保护和入黄口生态功能维持为重点,保证河道内生态流量和入黄下泄水量要求,规范人为开发活动,禁止不合理开发和开垦,防范水污染风险	

由表 8.4-4 分析可知,水资源保护规划符合洮河流域相关规划、区划生态环境保护定位,并充分考虑了自然保护区、森林公园及水产种质资源保护区等环境敏感区的制约性,规划布局比较合理。

8.4.5 水能开发规划

目前,洮河存在的水电梯级无序开发、各电站没有统一协调的调度规则、不当的运行方式造成局部河段脱水等问题,洮河流域水能开发的基本思路是:强化监督管理,有序适度开发。总布局详见第 3 章相关内容。水能开发规划布局合理性分析见表 8.4-5。

由表 8.4-5 可知,水能开发规划布局符合洮河流域相关规划、区划生态环境保护定位;并考虑了自然保护区、森林公园及水产种质资源保护区等环境敏感区的制约性,提出了相应的措施,对于以前规划的 14 座水电站,全部取消。这一措施可以使得水生态环境得到一定的改善。

对于已建、在建的 37 座水电站,除明确提出停建扎古录水电站,保留九甸峡水电站外,对其余 27 座已建且取得环评批复的水电站,提出"由当地政府委托有关机构开展环境影响后评估工作,补充论证电站建设对生态环境、水生态的影响以及电站运用方式的合理性,对于不符合生态环境保护要求的电站,要提出补救措施,并上报有关部门审批"的建议。对于在建的其余 8 座电站,在其建设和运行的过程中,要严格执行环评批复文件所要求的环保措施,并保证下泄所要求的生态流量。其中,对于 27 座已建水电站建议的落实情况存在着很大的不确定性,是否能够遏制河流生态环境恶化趋势尚无法定论。

表 8.4-5　水能开发规划布局合理性分析

河段		开发定位及工程布局	合理性分析
源头至岷县西寨（上游）	青走道以上	规划将洮河源头至青走道河段作为特殊保留河段，提出应保证自然河流廊道连通性及水流连续性，禁止水电站建设。 本次规划暂不考虑规划新的梯级电站	符合国家对该区域生态保护定位和保护要求
	青走道至西寨河段	规划将国家级水产种质资源保护区核心区分布河段作为珍稀濒危鱼类栖息地特殊保护河段，严格禁止水电站开发。其余河段保障鱼类繁殖栖息所需基本生境条件，采取下泄生态流量保障、增殖放流、水电站运行方式调整等措施修复受损鱼类栖息地。 本次规划对扎古录电站予以拆除；对其他的18座已建、在建电站应由当地政府委托有关机构开展环境影响后评估工作；取消原有规划的6座水电站，加强论证青走道水电站	基本符合国家相关要求
西寨至海甸峡（中游）		规划提出该河段是土著鱼类栖息地分布河段，应协调开发与保护关系，保障生态用水及水流连续性。 规划提出除九甸峡电站外，对其他10座已建、在建电站应由当地政府委托有关机构开展环境影响后评估工作	符合国家相关要求
海甸峡以下（下游）		规划将河段划为珍稀濒危鱼类重要分布河段，禁止水电开发。对于已建6座电站应由当地政府委托有关机构开展环境影响后评估工作。取消位于濒危珍稀鱼类栖息地的3座原有规划水电站，保留1座	基本符合国家相关要求

8.5　规划方案及规模环境合理性分析

本节从资源和环境承载力、生态与环境保护要求、经济社会与环境的协调性等方面论证规划方案及规模的合理性。根据规划协调性分析和环境影响预测评价结果，考虑洮河流域自然环境特点，主要分析水资源配置、防洪、水土保持、水资源保护等方案及规模的环境合理性。

8.5.1　水资源规划方案及规模的环境合理性

8.5.1.1　水资源配置方案环境合理性

1. 水资源配置原则合理性分析

规划提出洮河流域水资源配置要与《黄河可供水量分配方案》、《黄河流域综合规划（2012—2030年）》、《黄河流域水资源综合规划》以及《黄河取水许可总量控制指标细化研究》等成果的水资源总体配置方案相协调,协调好生活、生产和生态环境用水的关系,优先保证城镇生活和农村人畜用水,协调好流域内、外用水的关系,合理确定洮河适宜外调水规模等。洮河流域水资源配置符合水法原则要求,遵守黄河可供水量方案和黄河流域水资源配置方案,优先保证生活用水,充分考虑生态环境用水需求,从环境角度是合理的。

2. 河道外需水预测合理性分析

规划在充分考虑节约用水的前提下,根据水资源承载能力、开发利用条件和工程布局等因素,对流域内国民经济各部门不同水平年的需水进行预测。为客观评价洮河流域河道外需水预测的合理性,规划环评将洮河流域河道外需水预测指标与黄河流域及湟水等黄河重要支流河道外预测指标进行了对比分析(见表 8.5-1~表 8.5-3)。

表 8.5-1　洮河流域生活与工业需水预测指标对比分析

流域	城镇生活用水定额 [L/(人·d)]			农村生活用水定额 [L/(人·d)]			工业用水定额 (m^3/万元)		
	基准年	2020 年	2030 年	基准年	2020 年	2030 年	基准年	2020 年	2030 年
洮河	59	80	103	37	50	60	149	61	31
湟水	110	117	127	59	64	70	66	45	30
伊洛河	89			55				27	16
无定河	83	89	95	35	45	55	24.9	14.7	11.3
黄河流域	103	115	124	51	63	72	104	53	30
指标分析	与其他流域相比,洮河流域现状生活需水偏低,工业用水定额偏大,考虑到洮河流域社会经济水平较低的现实情况,评价认为规划需水指标基本合理								

表 8.5-2　洮河流域农业需水预测指标对比分析

流域	现状		2020 年		2030 年	
	灌溉定额	农田灌溉水利用系数	灌溉定额	农田灌溉水利用系数	灌溉定额	农田灌溉水利用系数
洮河	416	0.43	323	0.54	280	0.6
湟水	526	0.41	476	0.5	424	0.58
伊洛河	79.92	0.55	220.4	0.6	344.7	0.64
无定河	220~300	0.52	192~220	0.6	175~200	0.67
黄河流域	434	0.49		0.56	359	0.61
指标分析	与其他流域相比,需水预测指标基本合理					

表 8.5-3　洮河流域工业、建筑业和第三产业需水预测指标对比分析

流域	工业需水预测指标						建筑业和第三产业需水预测指标		
	现状年		2020 年		2030 年		用水定额（m^3/万元）		
	工业增加值用水定额（m^3/万元）	重复利用率（%）	工业增加值用水定额（m^3/万元）	重复利用率（%）	工业增加值用水定额（m^3/万元）	重复利用率（%）	基准年	2020 年	2030 年
洮河	149	45	61	65	31	83	16.5	8.8	5.7
湟水	66	60	45	75~80	30	85	10.6	7.2	5.1
伊洛河		70	49		33				
无定河	81	70	34.8	80	14.9	86	14.8	9.4	6.6
黄河流域	104	61	53	74	30	88	103		124
指标分析	与其他流域相比，洮河流域现状工业增加值用水定额偏大，2030 年基本上与其他流域持平，指标较合理								

3. 河道内生态环境需水合理性及满足程度分析

规划根据洮河干流水生态保护目标以及与洮河干流的水力联系和补给关系，洮河河道内需水主要为满足鱼类及河流基本生态环境功能维持所需要的水量。考虑流域水资源条件和水资源配置实现的可能性，结合自净需水，综合提出下巴沟、岷县、红旗等断面河道内生态需水量。

规划考虑洮河流域是黄河上游的重要支流，洮河是黄河特有鱼类的重要分布区，生态地位十分突出，从生态保护的角度，对洮河流域生态需水量提出了更高的要求。提出的洮河干流重要断面生态环境需水量占多年径流量的比例为 52%~54%，高于黄河生态环境需水量所占比例，同时高于与洮河自然环境特点相似的湟水及支流大通河生态环境需水量比例。根据规划对水文水资源及水生态环境影响预测评价结果，基准年和 2020 年、2030 年，多年平均及 20%、50%、75%水平年洮河干流生态环境需水量均能得到满足，总体上满足程度较高。但 90%水平年部分断面生态环境需水量不能满足。

洮河干流重要断面生态需水量结果合理性分析如表 8.5-4 所示。

表 8.5-4　洮河干流重要断面生态需水量结果合理性分析

<table>
<tr><th rowspan="2">洮河干流</th><th rowspan="2">需水对象</th><th rowspan="2">重要断面</th><th rowspan="2">生态需水量（亿 m^3）</th><th colspan="3">占多年平均径流量比例（%）</th><th rowspan="2">生态需水满足程度分析</th></tr>
<tr><th>洮河</th><th>黄河</th><th>湟水</th></tr>
<tr><td>源头至岷县</td><td>濒危鱼类</td><td>下巴沟</td><td>8.55</td><td>54</td><td rowspan="3">丰水期：黄河生态环境需水量占其多年平均径流量的40%；
枯水期：黄河生态环境需水量占其多年平均径流量的20%</td><td rowspan="3">湟水及支流大通河生态环境需水量占其多年平均径流量的40%</td><td>多年平均及20%、50%、75%水平年生态需水量能得到满足，但90%水平年该断面生态环境需水量不能得到满足</td></tr>
<tr><td>岷县至海甸峡</td><td>土著鱼类
河流基本生态功能</td><td>岷县</td><td>17.70</td><td>52</td><td>多年平均及20%、50%、75%、90%水平年生态环境需水量均能满足</td></tr>
<tr><td>海甸峡至入黄口</td><td>濒危鱼类
河流基本生态功能</td><td>红旗</td><td>24.56</td><td>53</td><td>多年平均及20%、50%、75%水平年生态需水量均能得到满足，但90%水平年该断面生态环境需水量不能得到满足</td></tr>
</table>

4. 外调水量合理性分析

甘肃省提出的引洮工程有引洮供水工程、引洮（博）济合等调水工程，引洮供水工程年调水量 5.5 亿 m^3，其中引洮一期工程年调水量 2.37 亿 m^3，二期工程年调水量 3.13 亿 m^3。引博济合工程年调水量 1 910 万 m^3。

本次规划根据《黄河可供水量分配方案》、《黄河流域综合规划（2012—2030 年）》以及《黄河取水许可总量控制指标细化研究》等成果的水资源总体配置方案，考虑黄河径流衰减后，在南水北调西线工程生效前，引洮供水工程总引水量 5.13 亿 m^3，其中一期和二期分别为 2.21 亿 m^3 和 2.92 亿 m^3。南水北调西线一期工程生效后，通过水量置换可增加洮河流域的外调水量，引洮供水工程的引水量可达到 5.5 亿 m^3。引博济合供水工程调水 0.19 亿 m^3 按 2030 年西线工程生效后考虑。

本次规划提出的洮河流域外调水量符合相关规划及分水指标要求，适当减少了甘肃省提出的调水规模，并且提出的南水北调西线一期工程生效后，通过水量置换可增加洮河流域的外调水量，引洮供水工程的引水量可达到 5.5 亿 m^3。引博济合供水工程调水 0.19 亿 m^3 按 2030 年西线工程生效后考虑。为洮河流域自身生态环境需水及生态环境安全提供了基本保障，从环境角度上是可行的。

5. 水资源开发利用程度环境合理性分析

洮河流域现状年水资源开发利用率 7.42%,2020 年、2030 年(无西线)、2030 年(有西线)水资源开发利用程度分别为 9.79%、15.77%、21.1%,低于国际上公认的保障流域生态安全的水资源可开发利用率 30%～50%,同时远低于黄河流域水资源开发利用程度,也低于湟水流域水资源开发利用程度(湟水是黄河上游第二大支流)。

洮河流域水资源开发利用程度环境合理性分析如表 8.5-5 所示。

表 8.5-5　洮河流域水资源开发利用程度环境合理性分析

<table>
<tr><th rowspan="2">流域</th><th colspan="3">水资源开发利用率(%)</th><th rowspan="2">水资源生态安全开发利用程度(国际上公认)(%)</th><th rowspan="2">黄河流域水资源生态安全开发利用程度(%)</th><th colspan="3">水资源开发利用程度(%)(评价结果)</th></tr>
<tr><th>现状年</th><th>2020 年</th><th>2030 年</th><th>现状年</th><th>2020 年</th><th>2030 年</th></tr>
<tr><td>洮河流域</td><td>7.42</td><td>9.79</td><td>21.1
(有西线)</td><td rowspan="3">30～50</td><td rowspan="3">40</td><td>16
(评价结果为优)</td><td>26.5
(评价结果为优)</td><td>27
(评价结果为优)</td></tr>
<tr><td>黄河流域</td><td>75</td><td>77</td><td>76</td><td>188
(评价结果为劣)</td><td>192
(评价结果为劣)</td><td>190
(评价结果为劣)</td></tr>
<tr><td>湟水流域</td><td>34</td><td>40</td><td>40
(无西线)</td><td>84
(评价结果为中)</td><td>99
(评价结果为中)</td><td>99
(评价结果为中)</td></tr>
</table>

6. 水资源配置方案环境合理性分析

综合以上分析,洮河流域水资源配置方案原则遵守水法要求,优先保证生活用水,充分考虑生态环境用水需求;河道外社会经济需水预测各项指标基本合理,河道内生态环境需水量比例高于黄河流域及湟水流域,规划水平年生态环境需水量满足程度相对较高;外调水量符合《黄河可供水量分配方案》和《黄河流域水资源配置方案》等流域层面分配方案;规划水平年,洮河流域水资源开发利用程度仍保持在较低水平,低于国际上公认的水资源生态安全可开发利用率。因此,洮河流域水资源配置方案从环境角度上是合理的。

8.5.1.2　新增灌区环境合理性

规划 2030 年新增灌溉面积 23.36 万亩,其中新增农田灌溉面积 17.75 万亩,主要位于下游地区,占总新增面积的 90%以上;其中临洮县新发展的 7.5 万亩灌溉面积大部分为对现有电力提灌站进行改扩建,增加其供水灌溉面积,目前提灌站扬程 10～60 m。新增草场灌溉面积 5.51 万亩,主要位于上中游地区。

新发展的农田灌溉面积土地利用现状全部为旱耕地;新发展的草场灌溉面积除河南县和碌曲县土地利用现状为草场外,其他各县土地利用现状全部为旱耕地,即实施退耕还草。将旱耕地发展为水浇地和草场灌溉的土地,改善了土地的灌溉条件,符合退耕还草要求,将有利于区域生态环境系统的改善。新增灌溉规划基本符合生态环境保护要求。

根据 6.5.2 中分析,新增灌区有 8 处位于国家重点生态功能区内,共 8.48 万亩,其中农田灌溉面积共 5.31 万亩,草场灌溉面积 3.17 万亩。有 6 处位于洮河上游(非源头区),此 6 处新发展的农田灌溉面积和新发展的草场灌溉面积土地利用现状全部为旱耕地,基本符合该区域实施退耕还草国家定位。

新增灌区中有赛尔龙乡尕克村草原节水灌溉、尕海牧场等草原节水灌溉两处位于洮河源区,面积共 1.5 万亩。根据国家相关定位和要求,洮河源区位于三江源草原草甸湿地生态功能区、甘南黄河重要水源补给生态功能区、源头水保护区、生态脆弱区,具有重要水源涵养功能,对保障国家生态安全和黄河流域生态安全、水资源安全具有重要意义,该区域需维持现有自然生态系统完整性,禁止进行不利于水资源及自然生态保护的开发利用活动。从生态环境角度看,本区域不适宜发展灌区。但考虑到该区域实际现状,由于过度放牧,大面积的天然草场退化、沙化,产草量下降,优质牧草逐年减少,畜草矛盾进一步显现,严重制约着畜牧的发展,牧民生活水平较低。目前,碌曲县已建饲草料基地喷灌面积 0.25 万亩,对当地的畜牧发展起到了积极的作用。因而,结合该区域的畜牧业发展,发展小面积的高新节水饲草料基地面积可适当解决畜草矛盾,在一定程度上可以减缓因超载放牧造成的草场破坏。但鉴于本区域地理位置,生态地位重要,建议洮河源区新增灌溉草场放在远期实施,先小规模实施,成熟后在确保生态安全基础上逐步实施。

8.5.1.3 供水工程规划的环境合理性

本次规划提出新建一批水库工程,如小牛圈、康乐县石板沟、和政县小峡、东乡族自治县关卜等中小型水库,以及一些引提水工程。其中,小牛圈水库位于和政县大南岔河上游的小牛圈沟,属于洮河下游广通河支流,为农村饮水安全工程,设计供水人口 24.85 万人。根据“规划对环境敏感区影响评价”结果,小牛圈水库涉及太子山国家级自然保护区核心区和缓冲区,按照《中华人民共和国自然保护区条例》,自然保护区的核心区和缓冲区禁止新建任何工程,小牛圈水库坝址不符合《中华人民共和国自然保护区条例》的要求,规划环评建议对小牛圈水库坝址重新选址,调出甘肃省太子山国家级自然保护区的核心区和缓冲区,在未调整前暂不列入本次规划。

8.5.2 水土保持规划方案及规模环境合理性

根据规划目标与任务,结合区域经济社会发展规划及相关行业规划纲要,确定水土流失防治规模为:到 2030 年对存在水土流失潜在危险的区域全面实施预防保护,综合防治水土流失面积 63.90 万 hm^2,其中到 2020 年水平年对重点预防区全面实施预防保护,完成水土流失综合防治面积 28.40 万 hm^2。

(1)三江黄河源山地生态维护水源涵养区水保方案及规模环境合理性分析。

规划提出该区域采取封山与抚育相结合的办法,实施生态修复,提高水源涵养能力,水土保持措施以封育为主。该区域位于国家重点生态功能区三江源草原草甸湿地生态功能区,该区以水源涵养功能保护为主,保护要求是封育草、涵养水源、恢复湿地。规划提出的该区域水土保持措施方案符合该区功能定位和保护要求。

(2)若尔盖高原生态维护水源涵养区水保方案及规模环境合理性分析。

规划提出该区域加强植被保护与建设,实施封育治理,保护天然林,营造水土保持林和水源涵养林,提高水源涵养能力;加强草场保护,改良牧草,建立人工饲料基地,防止草场退化、沙化。水土保持措施主要是封育、水保林建设等。该区域位于国家重点生态功能区甘南黄河重要水源补给生态功能区,以水源涵养功能保护为主,要求加强天然林、湿地保护,实施退牧还草、退耕还林还草等。规划提出的封育、治理等水土保持预防措施基本符合该区功能定位和保护要求。

(3)陇南山地保土减灾区水保方案及规模环境合理性分析。

规划提出对该区域的低山丘陵区,加强坡耕地改造;加强植被建设,实施退耕还林,恢复林草植被;建设以谷坊、水窖为主的小型蓄水保土工程。在中高山区,加强植被保护与建设,实施封育治理,保护天然林,营造水土保持林和水源涵养林,提高水源涵养能力。主要水保措施是封育、水保林、基本农田,其中封育措施占绝对优势。该区临潭县、卓尼县属于甘南黄河重要水源补给生态功能区。根据“规划对国家生态功能区影响评价”结果,从环境保护角度,本区域水土保持方案规模基本合理。

(4)青东甘南丘陵沟壑蓄水保土区水保方案及规模环境合理性分析。

规划提出该区域加强坡面水土流失治理,实施坡改梯,发展地埂经济,建立坡面拦蓄系统,蓄水保土;大力建设护坡林和牧草基地;辅以沟道淤地坝建设,发展小片水浇地;支毛沟建设谷坊群和沟底防冲林;加强封山育林,恢复植被,提高水源涵养能力。该区域的主要水土保持措施是基本农田建设、封育、经果林建设、骨干坝建设。根据“甘肃省主体功能区规划”,该区域属于“中部重点旱作农业区”和“沿黄农业产业带”农产品主产区,以基本农田、经果林建设、封育等为主的水土保持措施基本符合该区域功能定位。

(5)陇中丘陵沟壑蓄水保土区。

规划提出本区域巩固和发展水平梯田,建设基本农田,提高粮食单产;大力营造水土保持林、经果林,增加植被,固坡保土;兴修涝池、水窖等小型蓄水工程,改善用水条件。该区域的主要水土保持措施是水保林建设、基本农田建设、封育、经果林建设、人工种草等。根据甘肃省主体功能区规划,该区域属于沿黄农业产业带农产品主产区,以基本农田、经果林建设、封育等为主的水土保持措施基本符合该区域功能定位。

洮河流域规划期内新增水土保持措施方案及规模合理性分析如表 8.5-6 所示。

表 8.5-6　洮河流域规划期内新增水土保持措施方案及规模合理性分析

三级区	省	县(市)	规划规模	方案及规模环境合理性分析
三江黄河源山地生态维护水源涵养区	青海	河南县	预防规模:7 882 hm^2,其中封育7 347 hm^2,治理 534 hm^2	符合环境保护要求
若尔盖高原生态维护水源涵养区	甘肃	合作市、碌曲县、夏河县	预防规模:40 217 hm^2,其中封育 34 185 hm^2,治理 6 033 hm^2	符合环境保护要求
陇南山地保土减灾区	甘肃	岷县、临潭县、卓尼县	预防规模:31 705 hm^2,其中封育 29 122 hm^2,预防治理 2 583 hm^2;坡改梯:2 521 hm^2;侵蚀沟治理:25 831 hm^2,,其中水保林 19 373 hm^2,人工草地 6 458 hm^2	符合环境保护要求
青东甘南丘陵沟壑蓄水保土区	甘肃	康乐县、广河县、和政县、临洮县、渭源县	坡改梯:14 635 hm^2;侵蚀沟治理:17 719 hm^2,其中经济林 2 193 hm^2,人工草地 15 526 hm^2。淤地坝 25 座	符合环境保护要求
陇中丘陵沟壑蓄水保土区	甘肃	永靖县、东乡族自治县	坡改梯:3 967 hm^2;侵蚀沟治理:7 647 hm^2,其中水保林 1 688 hm^2,经济林 5 298 hm^2,人工草地 661 hm^2	符合环境保护要求

8.5.3　水资源保护规划方案及规模环境合理性

为实现水功能区水质目标,洮河流域须在执行国家城镇污水集中处理、回用和达标排放,以及循环经济等要求的基础上,实行更为严格的水资源管理制度,规划确定洮河流域主要污染物入河控制量指标:2020 年水平年 COD 为 1 407.5 t/a,氨氮为 188.5 t/a;2030 年南水北调西线工程生效前 COD 为 1 551.6 t/a,氨氮为 184.9 t/a,西线工程生效后 COD 为 2 327.9 t/a,氨氮为 297.9 t/a。

需要各个水平年削减的 COD、氨氮见表 8.5-7,由表 8.5-7 可知,本次规划提出的入河总量控制方案较合理可行。

表 8.5-7 洮河流域规划期内控制方案合理性分析

（单位：t/a）

水功能一级区	水功能二级区	COD									氨氮								
		2020年			2030年（无西线）			2030年（有西线）			2020年			2030年（无西线）			2030年（有西线）		
		入河量	控制量	削减量	入河量	控制量	削减量	入河量	控制量	削减量	入河量	控制量	削减量	入河量	控制量	削减量	入河量	控制量	削减量
洮河甘南、定西、临夏开发利用区	洮河碌曲、合作、卓尼、临潭工业、农业用水区	48.8	48.8	0	49	49	0	129.5	129.5	0	6.8	6.8	0	6.8	6.8	0	19	19	0
	洮河卓尼、临潭、岷县工业、农业用水区	68.5	68.5	0	76.2	76.2	0	201.4	201.4	0	9.5	9.5	0	10	10	0	27.8	27.8	0
	洮河岷县、临潭、卓尼、康乐、渭源、临洮工业、农业用水区	364.5	364.5	0	395.3	395.3	0	604.9	604.9	0	51.8	51.8	0	55	55	0	85.5	85.5	0
	洮河临洮、广河、东乡、永靖工业、农业、渔业用水区	628	628	0	681.1	681.1	0	1 042.1	1 042.1	0	89.3	89.3	0	94.9	94.9	0	147.4	147.4	0
广通河合作、和政、广河开发利用区	广通河和政、广河工业、农业用水区	270.9	270.9	0	281.3	281.3	0	430.4	332	98.4	38.9	28.1	10.8	39.3	17.3	22	61	17.3	43.7
苏集河（三岔河）康乐、临洮开发利用区	苏集河（三岔河）康乐、临洮工业、农业用水区	35.5	26.75	8.75	36.9	18	18.9	56.4	18	38.4	5.1	3	2.1	5.2	0.9	4.3	8	0.9	7.1

8.5.4　水能开发规划方案及规模环境合理性

根据洮河干流珍稀濒危鱼类分布情况、产卵场分布情况、野生动物保护法、渔业法、水生生物养护行动计划等相关法律法规规定、水产种质资源保护区核心区分布情况、生态环境特点及水生生物专业部门建议，综合划定珍稀濒危鱼类重要栖息地特殊保留、保护河段。水能开发规划根据不同河段的保护要求，针对洮河干流原有规划布置 51 座梯级，对于未建的 14 座梯级电站，取消梯级电站 12 座，建议加强环境影响论证 2 座（青走道、王家磨）；对于已建、在建的 37 座电站，本次规划拟保留电站 1 座（九甸峡电站）；停建电站 1 座（扎古录电站）；对 27 座已建电站由当地政府委托有关机构开展环境影响后评估工作；对 8 座在建电站，在其建设和运行的过程中，要严格执行环评批复文件所要求的环保措施，并保证下泄所要求的生态流量。水能开发规划方案及规模基本合理。

洮河水能开发规模环境合理性分析如表 8.5-8 所示。

表 8.5-8　洮河水能开发规模环境合理性分析

<table>
<tr><th>河段</th><th>电站名称</th><th>水能开发意见</th><th>水电开发限制条件</th><th>河流连通性</th><th>合理性分析</th></tr>
<tr><td rowspan="4">青走道以上</td><td>代富桑</td><td rowspan="2">取消</td><td rowspan="3">洮河源头水保护区、青藏高原复合侵蚀生态脆弱区、三江源草原草甸湿地生态功能区</td><td rowspan="4">现状：0.83，规划后：0.83；评价为中</td><td rowspan="4">规划将洮河源头至青走道河段作为特殊保留河段，提出应保证自然河流廊道连通性及水流连续性，禁止水电站建设。取消了原规划的 3 座水电站，开发规划基本合理</td></tr>
<tr><td>李恰如</td></tr>
<tr><td>尕克</td><td>进行环境影响后评估</td></tr>
<tr><td>青走道</td><td>取消</td><td>洮河源头水保护区、濒危珍稀鱼类保护栖息地及产卵场、甘南黄河重要水源补给生态功能区</td></tr>
</table>

续表 8.5-8

<table>
<tr><th>河段</th><th>电站名称</th><th>水能开发意见</th><th>水电开发限制条件</th><th>河流连通性</th><th>合理性分析</th></tr>
<tr><td rowspan="26">青走道—岷县西寨</td><td>碌曲</td><td>取消</td><td rowspan="2">濒危珍稀鱼类保护栖息地及产卵场、甘南黄河重要水源补给生态功能区</td><td rowspan="26">现状:7.2,
规划后:6.8;
评价为劣</td><td rowspan="26">规划将国家级水产种质资源保护区核心区分布河段作为珍稀濒危鱼类栖息地特殊保护河段，严格禁止水电站开发。其余河段保障鱼类繁殖栖息所需基本生境条件，采取下泄生态流量保障、增殖放流、水电站运行方式调整等措施修复受损鱼类栖息地。
本次规划对扎古录电站予以拆除；对其他的18座已建、在建电站应由当地政府委托有关机构开展环境影响后评估工作；取消原有规划的7座水电站。但规划后河流连通性仍然为劣。鉴于此河段生态地位突出，在规划实施阶段应严格执行规划提出的环评影响后评估工作，并根据评估结果，对水电站开发、运行进一步优化</td></tr>
<tr><td>阿拉山</td><td rowspan="5">进行环境影响后评估</td></tr>
<tr><td>西仓</td><td>濒危珍稀鱼类保护栖息地及产卵场、尕海—则岔国家级自然保护区甘南黄河重要水源补给生态功能区</td></tr>
<tr><td>大庄</td><td rowspan="3">濒危珍稀鱼类保护栖息地及产卵场、甘南黄河重要水源补给生态功能区</td></tr>
<tr><td>多松多</td></tr>
<tr><td>吾乎扎</td></tr>
<tr><td>阿木去乎</td><td>取消</td><td rowspan="12">濒危珍稀鱼类保护栖息地及产卵场、洮河国家级自然保护区、甘南黄河重要水源补给生态功能区</td></tr>
<tr><td>峡村</td><td rowspan="4">进行环境影响后评估</td></tr>
<tr><td>安果儿</td></tr>
<tr><td>赛吾多</td></tr>
<tr><td>如吾</td></tr>
<tr><td>扎古录</td><td>停建</td></tr>
<tr><td>鹿儿台</td><td rowspan="6">进行环境影响后评估</td></tr>
<tr><td>术布</td></tr>
<tr><td>录巴寺</td></tr>
<tr><td>独山子</td></tr>
<tr><td>扭子</td></tr>
<tr><td>多架山</td></tr>
<tr><td>俄吾多</td><td>进行环境影响后评估</td><td>濒危珍稀鱼类保护栖息地及产卵场、甘南黄河重要水源补给生态功能区</td></tr>
<tr><td>木耳资堡</td><td>取消</td><td rowspan="2">濒危珍稀鱼类保护栖息地及产卵场、洮河国家级自然保护区、甘南黄河重要水源补给生态功能区</td></tr>
<tr><td>青石山</td><td>进行环境影响后评估</td></tr>
<tr><td>小族坪</td><td>取消</td><td rowspan="5">濒危珍稀鱼类保护栖息地及产卵场、甘南黄河重要水源补给生态功能区</td></tr>
<tr><td>郑旗</td><td>取消</td></tr>
<tr><td>上川</td><td>进行环境影响后评估</td></tr>
<tr><td>巴杰</td><td>取消</td></tr>
<tr><td>西尼沟</td><td>取消</td></tr>
</table>

续表 8.5-8

<table>
<tr><th>河段</th><th>电站名称</th><th>水能开发意见</th><th>水电开发限制条件</th><th>河流连通性</th><th>合理性分析</th></tr>
<tr><td rowspan="11">西寨—海甸峡</td><td>坎峰</td><td rowspan="7">进行环境影响后评估</td><td rowspan="7">土著鱼类栖息地、保障河流基本生态功能栖息地</td><td rowspan="11">现状:7.4,
规划后:7.4;
评价为劣</td><td rowspan="11">规划提出该河段是土著鱼类栖息地分布河段,应协调开发与保护关系,保障生态用水及水流连续性。基本符合要求</td></tr>
<tr><td>刘家浪</td></tr>
<tr><td>清水</td></tr>
<tr><td>冰桥湾</td></tr>
<tr><td>龙王台</td></tr>
<tr><td>古城</td></tr>
<tr><td>九甸峡</td></tr>
<tr><td>莲麓一级</td><td rowspan="4">进行环境影响后评估</td><td rowspan="3">土著鱼类栖息地、甘肃莲花山国家级自然保护区实验区</td></tr>
<tr><td>莲麓二级(峡城)</td></tr>
<tr><td>吉利</td></tr>
<tr><td>海甸峡</td><td>土著鱼类栖息地、保障河流基本生态功能</td></tr>
<tr><td rowspan="10">海甸峡—入黄口</td><td>三甲</td><td rowspan="3">进行环境影响后评估</td><td rowspan="6">保障河流基本生态功能</td><td rowspan="10">现状:4.2,
规划后:4.9;
评价为劣</td><td rowspan="10">规划将河段划为珍稀濒危鱼类重要分布河段,禁止水电开发。在规划实施阶段应严格执行规划提出的环评影响后评估工作,并根据评估结果,对水电站开发、运行进一步优化</td></tr>
<tr><td>杨家河</td></tr>
<tr><td>杨家河二级</td></tr>
<tr><td>王家磨</td><td>取消</td></tr>
<tr><td>齐家坪</td><td rowspan="2">进行环境影响后评估</td></tr>
<tr><td>新民滩</td></tr>
<tr><td>白马浪</td><td rowspan="2">取消</td><td rowspan="4">濒危珍稀鱼类保护栖息地及产卵场</td></tr>
<tr><td>三滩</td></tr>
<tr><td>达坂</td><td>进行环境影响后评估</td></tr>
<tr><td>板桥</td><td>取消</td></tr>
</table>

8.6 规划实施时序的环境合理性分析

8.6.1 水资源开发利用规划实施时序环境合理性分析

水资源利用规划近期主要安排人饮水源工程、节水用水、适当发展水资源开发利用等工程,灌区节水改造 5.4 万亩,加大工业、城镇生活节水力度,兴建小牛圈、石板沟、小峡、关卜、扎子河等 9 座中小型水库工程,兴建引洮入潭及提水灌溉工程。远期结合水资源供需要求,进一步加大节约用水改造力度,修建引洮济广等引提水水源工程。本次规划优先安排人饮水源工程和节水工程,实施时序符合相关法律法规要求和环境保护要求。

但规划提出的小牛圈水库涉及太子山国家级自然保护区的核心区和缓冲区,按照《中华人民共和国自然保护区条例》相关规定,在自然保护区的核心区和缓冲区内,不得建设任何生产设施。因此,规划环评建议必须调整小牛圈水库位置,调出甘肃省太子山国家级自然保护区的核心区和缓冲区,在工程未调整之前暂不列入本次规划。

水资源开发利用规划实施时序环境合理性分析如表 8.6-1 所示。

表 8.6-1　水资源开发利用规划实施时序环境合理性分析

实施时序	规划实施内容	合理性分析
近期	1. 灌区节水改造 5.4 万亩; 2. 加大工业、城镇生活节水力度; 3. 兴建小牛圈、石板沟、小峡、关卜、扎子河等 9 座中小型水库工程; 4. 兴建引洮入潭及提水灌溉工程	规划实施时序基本合理。其中小牛圈水库位于太子山国家级自然保护区的核心区和缓冲区,按照《中华人民共和国自然保护区条例》相关规定,自然保护区的核心区、缓冲区禁止新建任何工程,因此环评建议必须调整小牛圈水库位置,调出甘肃省太子山国家级自然保护区的核心区和缓冲区,在工程未调整之前暂不列入本次规划
远期	1. 进一步加大节约用水改造力度; 2. 修建引洮济广等引提水水源工程	

8.6.2　防洪规划实施时序环境合理性分析

防洪规划近期重点建设干流城市河段及部分乡村河段防洪工程、重点支流防洪工程,完成病险库除险加固工程,选择对人民群众生命财产影响较大的山洪沟实施治理,非工程措施基本建设完成。远期继续开展干流部分乡村河段防洪工程、主要支流防洪工程建设,安排山洪沟治理工程建设,并进一步完善防洪非工程措施,基本完成流域防洪工程建设。实施时序基本符合环境保护要求,对位于洮河源区的干流防洪工程赛尔龙乡段、县城段、西仓乡段,支流防洪工程延曲河段、姜云隆沟段及亚尔务隆沟段,考虑到生态敏感性,建议远期实施。

防洪规划实施时序环境合理性分析如表 8.6-2 所示。

表 8.6-2　防洪规划实施时序环境合理性分析

实施时序	规划实施内容	合理性分析
近期	重点建设干流城市河段及部分乡村河段防洪工程、重点支流防洪工程,完成病险库除险加固工程,选择对人民群众生命财产影响较大的山洪沟实施治理,非工程措施基本建设完成	防洪规划实施时序基本合理,建议继续优化工程实施时序。对位于洮河源区的干流防洪工程赛尔龙乡段、县城段、西仓乡段,支流防洪工程延曲河段、姜云隆沟段及亚尔务隆沟段,考虑到生态敏感性,建议远期实施
远期	远期继续开展干流部分乡村河段防洪工程、主要支流防洪工程建设,安排山洪沟治理工程建设,并进一步完善防洪非工程措施。基本完成流域防洪工程建设	

8.6.3　水土保持规划实施时序环境合理性分析

近期根据防洪保安的迫切程度、水土流失的危害严重程度和治理迫切程度，优先实施骨干坝改建工程、骨干坝和坡改梯建设、生态修复等。实施水土保持综合治理总面积 54.21 万 hm^2，其中生态修复 31.17 万 hm^2，建设骨干坝 25 座，改建骨干坝 12 座，中小型淤地坝 21 座，建设小型蓄水保土工程 13 156 处，建设基本农田 5.27 万 hm^2，水土保持林 9.44 万 hm^2，经果林 1.43 万 hm^2，人工种草 6.61 万 hm^2。

远期实施水土保持综合治理总面积 12.26 万 hm^2，建设小型蓄水保土工程 7 082 处，建设基本农田 8.11 万 hm^2，水土保持林 14.52 万 hm^2，经果林 2.21 万 hm^2，人工种草 3.56 万 hm^2。

洮河流域生态环境脆弱、环境敏感点分布较多，目前规划提出的水土保持措施尤其对生态环境有一定影响，骨干坝、坡改梯建设全部放在近期实施，可能存在一定的环境风险，建议分近远期逐步实施。

水土保持规划实施时序环境合理性分析如表 8.6-3 所示。

表 8.6-3　水土保持规划实施时序环境合理性分析

实施时序	规划实施内容	合理性分析
近期	实施水土保持综合治理总面积 54.21 万 hm^2，其中生态修复 31.17 万 hm^2，建设骨干坝 25 座，改建骨干坝 12 座，中小型淤地坝 21 座，建设小型蓄水保土工程 13 156 处，建设基本农田 5.27 万 hm^2，水土保持林 9.44 万 hm^2，经果林 1.43 万 hm^2，人工种草 6.61 万 hm^2	洮河流域生态环境脆弱、环境敏感点分布较多，目前规划提出的水土保持措施尤其对生态环境有一定影响，骨干坝、坡改梯建设全部放在近期实施，可能存在一定的环境风险，建议分近远期逐步实施
远期	实施水土保持综合治理总面积 12.26 万 hm^2，建设小型蓄水保土工程 7 082 处，建设基本农田 8.11 万 hm^2，水土保持林 14.52 万 hm^2，经果林 2.21 万 hm^2，人工种草 3.56 万 hm^2	

8.7　环境目标可达性分析

根据规划环境影响分析评价结果及规划实施前后主要评价指标变化情况，结合规划方案调整和环境保护措施，充分考虑洮河流域生态环境现状及社会经济背景，评价论证了洮河流域综合规划环境保护目标可达性(见表 8.7-1)。

表 8.7-1　洮河流域综合规划环境保护目标可达性

环境要素		环境目标	表征指标	规划年目标	可达性分析
水资源	水资源利用上线	1. 优化水资源配置，促进水资源可持续利用。 2. 提高水资源利用效率。 3. 保障入黄水量	地表水资源开发利用率(%)	15~20	2020 年 9.55%、2030 年 20.1%(有西线)，可以达到目标要求
			地表用水量(亿 m^3)	9.05	可达
			万元工业增加值用水量(m^3/万元)	2030 年:31	可达
			农田灌溉水利用系数	2030 年:0.6	可达
			入黄断面(红旗)水量(亿 m^3/a)	40.6《黄河流域综合规划(2012—2030)要求》	2020 年及 2030 年水平年西线工程生效前可以达到入黄水量要求
	其他指标		地下水开采量(亿 m^3/a)	0.24	可达
水环境	污染物总量底线	1. 满足水功能区水质要求。 2. 控制水污染，改善下游部分支流水环境	COD 入河量(t/a)	2030 年:2 327.9	可达
			氨氮入河量(t/年)	2030 年:297.9	可达
	其他指标		水功能区水质达标率(%)	2030 年:95	可达
水生态	河流生态红线(河段)	1. 维持珍稀濒危及特有土著鱼类栖息地规模及质量不下降，核心栖息地得到一定程度的修复。 2. 保障重要断面生态流量。 3. 保障河段生态流量	青走道水电站以上河段(保留河段)	禁止水电站开发	可达
			上游碌曲至岷县西寨(禁止开发河段)	控制 60% 的自然连续河段	上游是水电站梯级开发集中分布河段，虽然规划提出了该河段保护要求和水电站的开发意见，考虑到水电站涉及问题复杂、利益相关者较多，有待政府部门及机构进行逐步清理和整顿，在实际操作中难度较大，因此该目标实现存在较大困难及风险
			下游白马浪水电站至入黄口河段(限制开发河段)	禁止小水电开发	可达
	生态需水		重要断面生态需水满足程度	多年平均、75% 水平年情况下可以满足	可达
			河段生态需水满足程度	逐步消除脱流河段，改善上游重要河段生态需水满足状况	可达
	其他指标		珍稀濒危及特有土著鱼类栖息地状况	生境破坏趋势得到缓解	严格按照水生态提出珍稀濒危鱼类保护措施，基本可以实现环境保护目标

续表 8.7-1

环境要素		环境目标	表征指标	规划年目标	可达性分析
陆生生态	陆生生态红线（区域）	符合各环境敏感区的保护要求	国家重点生态功能区（保护区）	限制开发，天然草地、湿地、林地等绿色生态空间面积不减少（注：不因本规划实施而减少）	可达
			自然保护区（禁止开发区）	禁止开发，依法整顿保护区内水电站	可达
			森林公园（禁止开发区）		可达
	其他指标	1. 水源涵养功能及生物多样性保护功能不下降。 2. 防治流域水土流失	林草及湿地比例（%）	78（林草及湿地比例不减少、质量不降低）	可达
社会环境		1. 完善防洪体系，提高流域防洪减灾能力。 2. 协调经济发展与资源环境保护的矛盾，促进社会可持续发展	水土流失治理度	2030 年：新增治理率达 71	可达
			供水量（亿 m^3）	考虑经济社会发展需求与水环境承载力，适度增加	可达
			灌溉面积（万亩）	2030 年（南水北调西线未生效）：82.36； 2030 年（南水北调西线生效后）：117.62	可达

8.8　规划方案优化调整建议及规划采纳情况

洮河流域生态环境脆弱、生态地位特殊，流域大部分区域位于国家限制和禁止开发区。规划方案应协调流域治理开发与生态环境保护关系，尽可能减少对流域自然生态系统的干扰，确保流域生态安全及水资源安全。

洮河流域综合规划环评从国家生态安全和黄河流域水资源安全等高度、角度全面审视了洮河流域综合规划，分析了本次规划与国家相关法律法规及相关规划的符合性，论证规划方案环境可行性、合理性，对规划协调性分析中不符合相关法律法规要求的具体规划方案(包括规模)和对黄河流域及洮河流域生态安全及水资源安全可能产生重大环境影响或者存在一定环境风险的具体规划方案，从生态环境保护角度提出规划方案优化调整意见与建议。

规划环评根据早期介入原则要求，从规划编制初期开始全程介入，在规划编制过程中，规划环评对重要敏感区产生明显影响的规划方案，提出了优化调整建议，根据优化调整建议，规划进行了多次优化和调整。以下是规划方案优化调整过程：

(1)水资源配置方案的优化调整过程。

《黄河流域综合规划(2012—2013年)》提出的入黄水量不低于40.6亿m^3的要求，本次规划过程中，根据环评提出优化调整建议，规划进一步复核了需水预测、供水能力。根据《黄河可供水量分配方案》《黄河流域综合规划(2012—2013年)》《黄河取水许可总量控制指标细化研究》等规划成果的要求，为统筹兼顾经济社会发展和维护河流生态健康的各项需求，协调好生活、生产和生态环境用水的关系，水资源利用规划对配置方案多次优化和调整。目前，水资源配置方案充分考虑了河道生态环境用水，配置方案符合分水指标，南水北调西线工程生效前，入黄水量满足《黄河流域综合规划》的要求。

(2)水能开发规划方案优化调整过程。

目前，洮河流域原规划水电站51座，已建水电站37座，16座水电站位于自然保护区，18座水电站位于珍稀濒危鱼类重要栖息地，使得河流连通性遭到破坏、河流生态功能下降，对河流生态系统、珍稀濒危鱼类产生很大的威胁，因此规划环评根据河流生态系统保护的要求，对水电站开发方案提出了优化调整建议。

根据环评提出的优化调整建议，规划对水能开发布局进行了调整，原来规划布局：对于“规划”未建的水电站提出全部保留梯级开发；对于没有环评批复且位于自然保护区的扎古录水电站提出拆除,对其余已建水电站提出由当地政府委托有关机构开展环境影响后评估工作的建议。优化调整后的方案是:对于未建的14座水电站全部取消;对于没有环评批复且位于自然保护区的扎古录电站提出拆除;其余已建35座电站由当地政府委托有关机构开展环境影响后评估工作。

(3)水土保持规划布局优化调整过程。

根据洮河流域水土保持"两区"划分情况和水土保持区划结果,实施分区防治战略。预防保护优先,因地制宜,突出重点,上游以自然修复为主,中、下游强化治理,促进经济社会可持续发展。

洮河流域新增综合治理面积6 390 km^2,水土保持规划原来在若尔盖高原生态维护水源涵养区布置有45 183 hm^2 的水保林,考虑到源区以自然修复为主,应尽量减少人为干扰,环评认为在源区不应以水保林为主,建议论证实施水保林的可行性。水土保持规划采纳了环评建议,取消了该区域水保林措施。

(4)新增灌溉面积布局优化调整过程。

在规划开展过程中,规划环评明确提出灌区规划应规避源区、自然保护区等敏感区域。根据规划环评建议,碌曲县尕海牧场调出了尕海—则岔国家级自然保护区。目前,规划方案中新增灌溉面积全部避开了自然保护区、森林公园等生态敏感区。

(5)防洪工程布局优化调整过程。

根据干流经济社会发展情况和洪灾情况,结合地形特点,考虑以沿岸县城、市区以及靠河较近的工业园区为重点保护区,规划根据敏感区分布及保护要求,对防洪规划工程布局、工程内容进行优化调整,河道清淤疏浚由原来的63.9 km调整为39 km,最后取消清淤疏浚工程。

(6)水资源保护规划调整过程。

根据洮河流域水资源利用率低、社会经济亟待发展的特点,结合水污染现状及不同功能区的纳污能力,规划对不同河段的污染物入河量、不同规划年的水环境纳污能力进行预测并进行多次优化;对于污染较严重的支流苏集河、广通河提出了明确的削减控制要求,体现了兼顾发展与环境保护的要求。

规划方案优化调整过程一览如表8.8-1所示。

表 8.8-1　规划方案优化调整过程一览

规划方案名称	调整前	环评提出的建议	规划采纳情况	落实后分析
水资源配置方案	规划水平年分为 2020 年和 2030 年，其中 2030 年入黄水量为 39.19 亿 m^3，低于《黄河流域综合规划(2012—2030 年)》提出的“入黄水量不低于 40.6 亿 m^3”的要求	环评建议对 2030 年的水资源配置方案进一步优化，以满足《黄河流域综合规划(2012—2013 年)》提出的“入黄水量不低于 40.6 亿 m^3”的要求	落实规划环评提出的调整建议，规划水平年细化为 2020 年、远期南水北调西线工程生效前、远期南水北调西线工程生效后，经优化调整后入黄水量为可满足入黄水量要求	
水能开发规划方案	对于原规划未建的 14 座水电站提出全部保留梯级开发；对于没有环评批复且位于自然保护区的扎古录水电站提出拆除，保留已建九甸峡水电站，对其余 35 座已建水电站提出由当地政府委托有关机构开展环境影响后评估工作的建议	目前洮河干流水电开发，尤其是引水式电站的密集开发和不合理运行，已经对水生态环境造成了不同程度的不利影响。因此，水电开发时，应充分考虑自然保护区、珍稀濒危鱼类保护和重点生态功能区以及相关法律法规对工程的制约。提出以下建议： (1)对于未建电站，在已有水电站未整顿前，一律停止建设。 (2)对于位于自然保护区、种质资源保护区内的已建水电站，依法由当地政府部门进行整顿	(1)对于原规划未建的 14 座水电站，全部取消。 (2)对于位于甘肃洮河国家级自然保护区、种质资源保护区等敏感区域的扎古录水电站提出停建的。 (3)对已建的 35 座水电站，当由地政府委托有关机构开展环境影响后评估	规划调整后可以减缓水生态环境进一步恶化，但若使得水生态环境得到改善，在规划实施过程中，仍需要当地政府对已建水电站进行整顿
水土保持	洮河流域新增综合治理面积 63.90 万 hm^2，原有 45 183 hm^2 的水保林位于源区	考虑到源区以自然修复为主，应尽量减少人为干扰，环评建议取消该区域水保林措施或论证在源区实施水保林的可行性	取消该区域水保林措施	

续表 8.8-1

规划方案名称	调整前	环评提出的建议	规划采纳情况	落实后分析
防洪工程	有6处防洪工程位于源区，布置有69 km的河道疏浚工程	(1)论证位于源区6处防洪工程建设的必要性。 (2)论证69 km河道疏浚工程的规模合理性	(1)对位于源区的6处防洪工程进行论证。 (2)取消了69 km的河道疏浚工程	位于源头的6处工程，其中位于干流的3处主要保护城乡河段的居民、公路；位于支流的3处主要保护乡村居民，认为可以保留6处防洪工程
新增灌区	规划方案中新增灌溉面积全部避开了自然保护区、森林公园等生态敏感区。源区有4处灌区	考虑到源区的敏感性，建议进一步论证在源区发展灌区的必要性	(1)取消了临近甘肃尕海—则岔国家级自然保护区的2处灌区。 (2)对其余2处灌区建设的必要性进行论证	该区域为牧业区，由于过度放牧，大面积的天然草场退化、沙化，产草量下降，优质牧草逐年减少，发展小面积的高新节水饲草料基地面积可适当解决畜草矛盾，对改善生态环境是有意义的
小牛圈水库	小牛圈水库地处和政县大南岔河上游的小牛圈沟，总库容为1 020万m^3，设计供水人口24.85万人，灌溉面积1.99万亩，部分工程位于太子山国家级自然保护区的核心区	调整工程坝址，调出太子山国家级自然保护区的核心区和缓冲区	取消了小牛圈水库	

第 9 章　环境保护对策措施与跟踪评价计划

9.1　环境影响减缓措施规划原则

(1)以人为本原则。

从规划方案上,通过优化调整,并广泛开展公众参与调查,征求公众对规划的意见和建议。

(2)生态优先原则。

维护区域生物多样性和生态系统结构与功能的稳定性,将生态影响作为规划实施的重要指标,优化规划方案,促进区域生态系统的良性发展。

(3)协调性原则。

充分考虑本规划与社会、经济、生态保护等其他规划的相互影响,力求与相关规划协调、一致。

(4)预防为主原则。

对规划可能造成不良环境影响的规划方案、工程布局、工程内容,本着预防为主的原则,对规划方案进行优化调整,避免或减轻影响程度。

(5)最小化原则。

综合规划应尽量减小对洮河流域水生生态系统的破坏,尽量减小对区域农田、草场、森林的占用和对植被的破坏。

(6)修复补救原则。

针对规划实施过程中可能出现的不良环境影响,结合工程特点和区域环境特点采取积极有效的补救措施,争取把环境的影响降到最小。

(7)重建原则。

对于已经退化或受到破坏的生态系统和脆弱生境,要按照退化生态学和恢复生态学的原理恢复重建。

9.2　水环境保护对策措施

9.2.1　水质保护措施

洮河流域综合规划中的水资源保护规划中,进行了水功能区划;根据水功能区的纳污能力,制订了污染物总量控制方案;规划了修建污水厂和整治排污口等水环境保护工程措施;规划了水环境监测体系、提出了加强重点污染源和排污口综合整治、强化水源地安全保障措施、监测和管理相结合、开展宣传教育提高全社会的水环境保护意识等环境管理措施。根据规划内容、水质现状评价及影响预测,水功能区的保护措施主要包括流域水污染监测与管理措施、流域水污染治理重点区域保护措施及流域水污染防治措施等三个方面。

9.2.1.1　流域水污染监测与管理措施

(1)统筹协调黄河、洮河水资源保护,严格入河排污管理,进一步强化黄河流域入河排污口登记和审查制度,加强对排污口的监督管理。

(2)为逐步落实最严格的纳污红线监督管理制度,提出洮河流域水资源保护监督管理体系框架意见,主要包括建立健全水功能区监测、评估管理体系,水功能区限制排污总量控制监督管理,入河排污口设置审批管理,饮用水水源安全保障及水生态系统保护与修复等措施。

(3)根据水资源保护规划确定的水功能区限制纳污红线总量控制方案,实施严格的水污染排放总量控制制度,满足水资源保护的要求。

(4)严重超出水功能区纳污"红线"的区域,实施核减取水量或限制审批新增取水,限制审批入河排污口。

(5)全面强化洮河流域水质监测体系,有效监控水功能区水质、省(区)界断面、饮用水水源地水质、污染物入河总量,基本实现洮河流域规划功能区水质及纳污总量常规监测工作,全面掌握洮河干流及重要支流、地下水、水源地水质、污染物入河量等状况。

(6)加强规划方案实施过程中具体工程建设、施工,运行中生产、生活废污水排放管理。

(7)加强宣传工作,提高流域居民的水资源保护和水资源节约利用意识。

9.2.1.2　流域水污染治理重点区域保护措施

根据2013年洮河流域水质评价结果,洮河天然水质情况较好,泥沙含量少,洮河上中游地区水功能区水质目标相对较高,洮河下游广通河、苏集河污染相对严重,是洮河流域水环境综合治理的重点区域。建议甘肃省和青海省有关部门根据水资源与水环境保护的总体目标要求,进一步提高水污染防治和水资源保护工作力度,尽快增加和落实城市污水处理规划,确保水功能区划水质目标如期实现。主要采取以下措施:

(1)根据水功能区纳污能力计算结果,结合国家产业政策的要求、清洁生产和循环经济的标准,以及《加强黄河流域工业园区水资源保护工作的指导意见》等内容,根据工业污染的调查,以工业园区为重点加强流域内水污染防治工作,将水功能区污染物排放总量和削减目标分解落实到每个企业和单位,在全流域工业污染实现达标排放,控制广通河、苏集河入洮口水质达标。

(2)严格按照《黄河中上游流域水污染防治规划》要求,限期治理重点工业污染,积极推进清洁生产,大力发展循环经济,改进生产工艺,提高工业企业清洁生产水平,最大限度地减少污染物排放量和入河量。

(3)强化重点企业环境监管,环保部门对达标排放且排放的水污染总量在允许范围内的工业企业单位,核发排污许可证,对达标排放但总量超过控制指标的,当地政府下达限期治理要求。对建设项目试生产期间可核发临时许可证,竣工验收后核发正式许可证。对污染严重、不符合产业政策的企业实施关闭;对不能满足总量控制和水环境质量目标要求的企业进行深度治理。加强新建项目的环境管理,并加强对重点污染企业的监控。

(4)加强工业企业用水管理,优先安排污染小、低耗水的项目,严格限制发展高耗水、重污染产业,提高工业用水重复利用率。

(5)加强洮河下游灌区节水措施,大力发展中水回用系统,提高城市污水再生水利用率。

9.2.1.3　流域水污染防治措施

(1)洮河流域上中游以畜牧业养殖、加工为主,上中游居住牧民夏季沿河放牧,面源污染相对严重,对于上中游需加强畜牧业污染物综合利用技术,推广干清粪,发展沼气、发电等综合利用途径,减少污染物入河量。

(2)洮河流域下游临洮县以蔬菜、农业为主,下游洮河干流、广通河沿岸农田大量地使用成本低廉的农药,牲畜污染物、农业施用农药相当一部分进入水体。可采取提高农业用水效率,减少农田径流,加强优化农药品种结构,改变传统大面积、大群体的农药喷洒,大力发展精确施药技术,扩大有机绿肥种植等措施,有效控制农药、化肥污染。

(3)洮河流域目前仅临洮县、和政县、碌曲县、渭源县会川镇污水处理厂处于试运行和正常运行状态,流域其他各县(市)污水处理设施均为在建或空白阶段,急需加快污水处理设施建设,完善配套污水收集管网,满足流域排放废污水处理的需求。根据《黄河流域中上游水污染防治规划(2011—2015)》和《甘肃省环境保护"十二五"规划》,新增或改扩建流域城镇污水处理设施、中水回用及管网建设。加强污水处理厂的运营与监管,实现污水处理厂的稳定达标和动态监督管理,现有城镇生活污水处理设施负荷率达到 90%以上,新建城镇生活污水处理设施负荷率达到 70%以上,积极推进污水再生利用。新建工业园区必须配套建设集中处理设施,提高园区集中处理规模和排放标准,加强园区企业排水监督,确保集中处理设施稳定达标。

(4)对于水源保护区、自然保护区、珍稀濒危鱼类栖息地等敏感目标所在河段,规划实施过程中应实现废水零排放。

(5)在不影响防洪和河道整治工程的前提下,实施洮河干流下游及临洮、和政、康乐、广河等城镇河段入河排污口截污、改造和调整工程。结合城市景观改造,开展重点污染河段水污染生态修复、清淤工程。

(6)应制订好风险应急预案,及时应对,如采取工程调度、化学药剂处理等措施保证供水安全。

9.2.2　水源地安全保障措施

洮河流域综合规划的水资源保护规划中,按照《全国城市饮用水水源地安全保障规划》,结合水源地实际情况提出饮用水水源保护区划分方案,洮河流域城市饮用水水源保护区 9 个全部位于甘肃省,其中地下水饮用水水源地 4 个,河道饮用水水源地 5 个。综合规划对水源地安全从预防为主提出了隔离防护、水污染防治等工程措施,以及加强城镇饮用水水源地监管能力建设,强化饮用水水源保护区监督管理等措施。

9.2.2.1　地下水水源地隔离防护工程

地下水水源地污染后恢复周期较长,对 7 处地下水水源地均采取隔离防护措施,隔离区面积共计 13.00 km^2,主要采取物理、生物隔离措施。洮河流域地下水水源地隔离防护工程措施见表 9.2-1。

表 9.2-1　洮河流域地下水水源地隔离防护工程措施

省区	城市	水源地	重要地下水水源保护区隔离工程			
			隔离工程	类型	隔离区面积(km^2)	投资(万元)
甘肃省	临洮县	南门	护栏	物理隔离工程	0.29	10.4
	岷县	西门	护栏	物理隔离工程	0.5	20.7
	广河县城	南沟	南沟水源地保护工程	物理隔离工程	5.27	50
	康乐县城	新集	生物隔离工程	生物隔离工程	3.3	37
	临潭县	卓洛河	护栏、防护林	物理隔离工程	3.5	175
	卓尼县	上河井	护栏	物理隔离工程	0.124	26.4
	碌曲县	玛艾	护栏、防护林带	物理、生物隔离工程	0.029	45
合计					13.00	364.5

9.2.2.2　水源地水污染防治工程

根据现场查勘和走访调查，多数水源地均位于郊区，有农村居民，养殖、施肥、农药等污染，如临洮南门水源地、岷县西郊水源地、上河井水源地等，需对保护区范围内点源进行治理，对居民进行搬迁。另外，流域经济欠发达，以畜牧业、农业为主，需加强水源地周边面源污染控制。洮河流域水源地水污染防治工程如表 9.2-2 所示。

表 9.2-2　洮河流域水源地水污染防治工程

省区	城市	水源地	水污染防治措施
甘肃省	卓尼县	上河井水源地	保护区内 5 户牧民搬迁
	碌曲县	玛艾水源地	取水口上游 600 m 至 2 km 范围内 2 座加油站、2 座汽车修理厂搬迁
	临洮县	斜藏沟大扎水源地	水源保护区内主要是草场和少量耕地，防止农牧业面源污染
	临潭县	卓洛水源地	对居民进行搬迁并控制农业面源污染
	康乐县	石板沟水源地	位于景区范围内，进行物理隔离防止人为垃圾污染

9.2.2.3　健全水源地保护管理法规体系

根据相关法律法规制定《洮河流域饮用水水源保护区保护管理条例》，切实加强水源地保护工作。加快水源地信息采集、传输和监控体系建设。尽快建立水源地监测站网，建设监测实验室和监测队伍，提高水源地水量、水质监测的能力和快速反应的能力；建设水质预报和突发水污染事故的预警预报系统，加强城市饮用水水源地监管能力建设。强化饮用水水源保护区监督管理。禁止在饮用水水源保护区内设置排污口。

9.2.2.4　制定城市饮用水安全保障的应急预案

地方各级人民政府应根据水资源条件,制定城市饮用水安全保障的应急预案,成立应急指挥机构,建立技术、物资和人员保障系统,落实重大事件的值班、报告、处理制度,形成有效的预警和应急救援机制。当水源地、供水水质发生重大变化或供水水量严重不足时,供水单位必须立即采取措施并报请当地人民政府及时启动应急预案。

9.2.2.5　加强监测能力建设

目前,洮河流域水源地多数没有开展定期监测工作,洮河流域水质在临洮分中心进行监测,分中心以水文监测为主,水质监测设备落后,实验室面积有限,急需配备水质常规监测必备的仪器设备,扩大实验室面积,满足洮河流域及水源地水质监测需求,地下水水源地水质每年监测 1 次,地表水水源地水质每年监测 2 次,能够掌握水源地水质安全状况,保障洮河流域饮水安全。

9.3　生态保护对策措施

洮河流域综合规划中水资源保护规划中的水生态保护规划,根据国家生态保护要求,从维持黄河、洮河流域生态安全的高度,以甘南黄河重要水源补给生态功能区及点状分布的与洮河干流有水力联系的国家禁止开发区为重点,以河流源头区及河流廊道为主线,构建洮河流域水生态保护格局,在流域保护优先的前提下、协调资源开发与生态修复、制定流域不同区域的开发与保护格局。其中上游以水源涵养和珍稀濒危鱼类保护为主,禁止和限制开发;中游以维持河流廊道生态功能和土著鱼类栖息地保护为主,协调开发与保护关系,维持河流廊道连通性,确保河流生态流量和水流连续性;下游以濒危鱼类栖息地保护和入黄口生态功能维持为重点,保证河道内生态流量和入黄下泄水量要求,规范人为开发活动,禁止不合理开发和开垦,防范水污染风险。

9.3.1　陆生生态保护措施

9.3.1.1　生态系统保护措施

(1)对规划的项目,进一步优化规划方案,最大限度地减少植被破坏与水土流失。

(2)下游灌区应进行地下水位和植被监测,如对地下水位和植被影响较大,需采取相应的措施加以控制。

(3)根据水生态保护总体意见要求,严格保护源头区及上游高寒沼泽草甸、天然林灌等资源,对天然植被实施围栏封育保护,对各类开发活动进行严格管制,对因人类不合理活动造成的受损湿地实施封育、退牧禁牧、封沙育草、植被恢复、生态移民等综合措施,修复湿地生态系统及水源涵养功能,建立湿地生态环境监测体系、生态补偿机制,全面保护源头区及上游湿地资源,有效遏制沼泽草甸湿地萎缩。

(4)禁止河道内采石挖沙、倾倒垃圾,保护沿岸植被;加强甘肃省尕海—则岔国家级自然保护区管理,严格保护保护区的沼泽草甸湿地、湖泊湿地,禁止开垦、开矿等不合理人为活动。

(5)做好地表设施周围的绿化工作。绿化时,应做到乔、灌、草相结合,增加景观多样性,杜绝引入外来物种。适宜考虑增加其观赏性,使其与规划区风景景观相协调。

9.3.1.2 土地利用保护措施

(1)对规划的项目,进一步优化规划方案,最大限度地减少占用土地,尤其是减少占用耕地。

(2)加强洮河下游大型灌区的地下水观测。

9.3.1.3 陆生植物保护措施

(1)规划实施过程中,应尽量避免对现有植被的破坏,保护好现有植被,只进行卫生性、抚育性择伐,严禁生产性采伐。加强生态脆弱区尤其是洮河源区植被的保护。

(2)加强对水源涵养区的保护与管理,严格保护具有重要水源涵养的自然植被。限制或禁止各种不利于保护生态系统水源涵养功能的社会经济活动和生产方式,如过度放牧、无序采矿、毁林开荒及开垦草地等。

(3)严格限制流域内的开荒现象,监督禁牧、封育和退耕还林草等生态保护措施的落实。

(4)调整产业结构,改变牧区的传统放牧方式,以降低草地超载率,减轻区内畜牧业对水源和生态系统的压力,促进生态植被的恢复。

(5)在流域内加强生态保护宣传工作,提高全流域人民的生态保护意识,减少对生态植被的破坏。

(6)人工种植林草,应选择适应当地环境的品种,以利于植被的存活。

9.3.1.4 陆生动物保护措施

(1)优化施工方案,利用先进的施工技术和方法,控制和减少工程开挖等活动对当地地表植被和地质景观带来的影响和破坏,在一定程度上减少对动植物生长地和栖息地的破坏。同时,应合理安排施工时间,尽量缩短施工工期,减少对当地自然植被及野生动物的影响。

(2)大力开展生态保护宣传活动,加强野生动植物保护法规、条例的宣传和执行。加强对各施工单位和施工人员的环保宣传教育工作,制定规章制度,设立有关标志,严格控制施工影响范围,禁止捕杀野生动物。

(3)对因工程建设占地、开挖、堆渣等地表扰动区域,采取及时的植被恢复或工程治理措施,达到水土保持要求。对于工程建设影响涉及的珍稀植物分布地段,应根据影响范围和程度采取降低损害和弥补损失的修复性措施,采取客土、补植和引种的方法,修复或扩大珍稀保护植物生长地和野生动物栖息地。

9.3.2 水生生态保护措施

9.3.2.1 河流生态系统保护措施

(1)加强流域水资源统一管理和调度,实行严格的水资源管理制度,保证河流合理生态流量;加强用水管理,实行严格的取用水管理制度,建设节水型社会,强化生活和工业节水,因地制宜发展节水农业,提高用水效率,保障生态用水。

(2)根据河流生态保护要求优化引洮工程调水过程,保证鱼类产卵繁殖期4~6月及越冬期11月至次年3月红旗以下河段鱼类栖息、越冬生境要求。

(3)制定基于生态环境保护的水电站运行调度方案,将水电站下泄生态水量纳入水电站日常运行管理,优化水电站的运行方式,确保水电站下泄生态流量。

(4)清理整顿生态保护重点河段洮河上游引水式小水电站,不符合生态环境保护要求的小水电站按照相关法律法规规定处理,保持洮河上游重点河段河道水流自然连续性;对于洮河中游协调开发与保护关系河段,采取引水口建立基流墩、挡水建筑物设置泄水装置、建设基流管道、安装下泄生态流量在线监控和远程传输装置等措施,确保水电站下泄生态流量;枯水年份,当实际来水量小于下泄生态流量时,电调服从水调,禁止水电站引水发电,来水全部下泄。

(5)严格管理水资源的调配,杜绝生产用水挤占生态用水的现象发生。

(6)加强河流湿地的保护,保障重要断面生态需水,防止河道断流、脱流,基本满足河流湿地需水要求。

(7)严格禁止小水电站无序开发对河流湿地的破坏,对因小水电站建设运用而受损的河流湿地,综合采取河岸带植被恢复、河流廊道恢复、河流生境修复,水环境保护等多种措施修复河流湿地。

9.3.2.2　水生生物保护措施

(1)严格执行《中华人民共和国野生动物保护法》及《中华人民共和国渔业法》等相关法律法规对水生生物的保护要求和有关规定。

(2)优先保护重点保护对象,保护珍稀濒危鱼类及鱼类种质资源。

根据鱼类生态习性及受影响程度,优先保护种群数量少、抗逆能力差的珍稀濒危保护鱼类,其次保护对环境要求较敏感的洄游性鱼类,再次保护适应流水生活环境的鱼类,最后保护适应静水或缓流水环境的鱼类。洮河流域重要保护鱼类及生态习性具体见第4章4.3~4.11相关内容,在规划实施过程中,应根据有关法律法规的要求,加强保护与管理,并积极实施人工增殖放流的保护措施。

(3)珍稀濒危鱼类重要栖息地保护措施。

洮河上游为珍稀濒危鱼类重要栖息地,严格禁止新的水电开发,保持河流廊道连通性,对鱼类的栖息生境、产卵场进行有效保护。

(4)规划实施阶段,要处理好工程项目建设与珍稀濒危鱼类保护的关系。

为了有效保护洮河流域内土著鱼类,在规划实施阶段,规划实施单位应与渔业部门密切协作,共同制定相关的保护措施,尽量避开鱼类的繁殖产卵期。对于洮河中上游区域,鱼类的繁殖期主要在5~7月,对于洮河下游,鱼类的繁殖期主要在4~6月。

9.4　敏感环境保护目标保护措施

9.4.1　国家重要生态功能区

(1)根据水生态保护总体意见要求,严格保护源头区及上游高寒沼泽草甸、天然林灌等资源,对天然植被实施围栏封育保护,对各类开发活动进行严格管制。

(2)对因人类不合理活动造成的受损湿地实施封育、退牧禁牧、封沙育草、植被恢复、生态移民等综合措施,修复湿地生态系统及水源涵养功能。

(3)建立湿地生态环境监测体系、生态补偿机制,全面保护源头区及上游湿地资源,有效遏制沼泽草甸湿地萎缩。

9.4.2 自然保护区及森林公园

(1)认真落实《中华人民共和国自然保护区条例》、《关于涉及自然保护区的开发建设项目环境管理工作有关问题的通知》及《国家森林公园管理办法》等相关法律法规的要求。

(2)在规划阶段,规划的灌区、供水工程、防洪工程、水土保持及水电站尽量避开自然保护区和森林公园,避免由此带来的不利影响。

(3)在规划实施阶段,涉及自然保护区和森林公园的工程,按照有关法律法规的要求和程序开展专题影响评价工作,并征得相关管理部门的批复。

(4)规划实施过程中,对位于自然保护区的工程,施工期间不在其中设置渣场、料场及其他地面施工设施等,尽量减少地表扰动,避免由此带来的不利影响。

(5)规划实施过程中,对位于自然保护区或森林公园的工程,应严格落实专题报告提出的保护措施,最大限度降低对自然保护区及森林公园的影响。

9.4.3 水产种质资源保护区及珍稀濒危鱼类保护措施

(1)认真落实《水产种质资源保护区管理暂行办法》《中华人民共和国野生动物保护法》及《中华人民共和国渔业法》等相关法律法规的要求。

(2)对于位于种质资源保护区和珍稀濒危鱼类产卵场的水电站,水能开发规划提出了委托当地政府部门开展环境影响评估的建议。应严格落实规划提出的措施,并对不满足河流生态保护要求的水电站提出限期整改或拆除的要求。

(3)在规划实施阶段,对于涉及国家级水产种质资源保护区的工程,按照有关法律法规的要求和程序开展专题影响评价工作,并征得相关管理部门的批复。应严格落实报告提出的保护措施,以最大限度降低对国家级水产种质资源保护区的影响。

(4)根据河流生态保护要求优化引洮工程调水过程,保证鱼类产卵繁殖期4~6月及越冬期11月至次年3月红旗以下河段鱼类栖息、越冬生境要求。

9.5 生态需水保障措施

(1)重要断面生态水量保障对策。

加强流域水资源统一管理和调度,实行严格的水资源管理制度,保证河流合理生态流量;加强用水管理,实行严格的取用水管理制度,建设节水型社会,强化生活和工业节水,因地制宜发展节水农业,提高用水效率,保障生态用水。

根据河流生态保护要求,优化引洮工程调水过程,保证鱼类产卵繁殖期4~6月及越冬期11月至次年3月红旗以下河段鱼类栖息、越冬生境要求。

(2)水电站下泄生态流量保障措施。

制定基于生态环境保护的水电站运行调度方案,将水电站下泄生态水量纳入水电站日常运行管理,优化水电站的运行方式,确保水电站下泄生态流量;清理整顿生态保护重点河段洮河上游引水式小水电站,不符合生态环境保护要求的小水电站按照生态保护要求和相关法律法规规定处理,保持洮河上游重点河段河道水流自然连续性;对于洮河中游协调开发与保护关系河段,采取引水口建立基流墩、挡水建筑物设置泄水装置、建设基流管道、安装下泄生态流量在线监控和远程传输装置等措施,确保水电站下泄生态流量;枯水年份,当实际来水量小于下泄生态流量时,电调服从水调,禁止水电站引水发电,来水全部下泄。

9.6　水电开发的生态保护要求及措施

9.6.1　水电开发生态保护要求

根据国家对洮河流域生态保护定位及要求、落实国家关于水电开发的生态保护原则,上游坚持"生态优先",中游坚持"适度开发",下游坚持"确保底线",统筹考虑水电开发与生态保护关系,适度有序开发水电资源,对自然保护区、源头水保护区、濒危鱼类栖息地等法律法规明确保护的区域,禁止开发小水电,确保河流生态系统健康的底线,维护河流生态系统功能的基本完整和稳定。

针对水电无序开发造成的生态破坏现象,必须实施有效的生态保护与修复:

(1)对《建设项目环境保护管理条例》(1999年11月)颁布后建设且未取得环评审批文件的违法水电站,按照有关法律法规进行全面的整顿和处理,违法、违规建设项目不得纳入规划许可内容。

(2)对于取得环评审批文件的水电站,根据流域生态保护的原则,对规划布局的水电开发与生态保护进行协调,国家明确限制开发区域和生态敏感区域,对河段保留水电的规划协调性进行分析,整改和调整不能满足生态底线要求的电站及运行方式,实现河流保护与开发的协调。

(3)根据流域和分河段的生态保护要求,提出流域保留电站的重点保护措施,通过过鱼设施改建、生态流量的保证及监控设施建设,制定基于生态优先的运行方式等,修复受损鱼类栖息生境和河流连通性。

青走道水电站以上河段,为特殊保留河段,禁止建设小水电站和规划新的水电开发,该河段目前有在建水电站1座,已依法取得环评手续,需从濒危保护鱼类栖息生境保护角度对其环境合理性和功能相符性进行系统研究和论证。

青走道水电站至岷县西寨河段,为濒危及地方保护鱼类栖息地重点保护和修复河段,把国家级水产种质资源保护区核心区分布自然连续河段作为珍稀濒危鱼类栖息地的特殊保护河段,禁止水电站开发。违法建设项目纳入省级政府清理整改范围,对依法取得环评手续的小水电站,从保护濒危鱼类栖息生境保护角度对其环境合理性和功能相符性进行系统研究和论证。

岷县西寨至海甸峡河段,把握好水电开发强度和尺度,为土著鱼类保留必要的栖息环境，依法取得环评手续的水电站应制定河流修复措施，确保生态环境流量，保障鱼类栖息生境条件。

海甸峡至入黄口河段，分布有中国濒危及地方保护鱼类栖息地，原则上不再规划新的水电开发。对依法取得环评手续的小水电站，进行环境合理性论证和环境影响回顾性评价，不符合该河段生态功能定位的水电站，按照相关法律法规规定处理；其他小水电站，制订补偿和补救方案，采取工程和非工程措施修复因水电建设破坏的鱼类栖息地。

洮河水电站开发的生态保护要求见表 9.6-1。

表 9.6-1　洮河水电站开发的生态保护要求

河段	水电站	生态保护对象	国家地方相关规划定位或者相关法律法规要求	本规划生态保护和开发功能定位	生态保护要求	水电开发的保护要求
源头至青走道	在建1座，原有规划3座	1. 源头水保护区； 2. 中国易危及地方重点保护鱼类栖息地	禁止不利于原自然生态保护的开发活动；禁止破坏地方重点保护的水生野生动物生息繁衍水域	特殊保留河段	以水源涵养功能和河流自然连通性保护为主	禁止建设小水电站和规划新的水电开发
青走道至岷县西寨	已建、在建19座，原有规划7座	中国濒危、地方重点保护、黄河特有鱼类栖息地，国家级自然保护区2个	1. 禁止破坏地方重点保护的水生野生动物生息繁衍水域； 2. 重点保护鱼类栖息地，严禁建设小型水利水电工程	濒危及地方保护鱼类栖息地重点保护和修复河段	以鱼类栖息地规模及功能保护和河流廊道连通性及水流连续性修复为主	1. 禁止规划新的水电开发； 2. 维持 60% 的自然连续河段； 3. 违法水电站列入省级政府清理整改范围；其他水电站，对其环境合理性和功能相符性进行论证
岷县西寨至海甸峡	已建、在建11座	黄河特有鱼类及土著鱼类栖息地	1. 水利水电等建设工程，必须开展水生生物环评工作，征求渔业行政主管部门意见； 2. 对水生生物资源等造成破坏的，进行补救	协调开发与河流基本生态功能的保护关系	确保生态环境流量，保障鱼类栖息基本生境条件	对依法取得环评审批文件的小水电站实施生态修复措施，保障下泄生态流量

续表 9.6-1

河段	水电站	生态保护对象	国家地方相关规划定位或者相关法律法规要求	本规划生态保护和开发功能定位	生态保护要求	水电开发的保护要求
海甸峡至入黄口	已建、在建6座，原有规划4座	中国易危、地方重点保护、黄河特有鱼类栖息地	1. 禁止破坏国家及地方重点保护的水生野生动物生息繁衍水域； 2. 重点保护鱼类栖息地，严禁建设小型水利水电工程	濒危及地方保护鱼类栖息地保护河段	以鱼类生境条件和河口段生态功能保护为主	对依法取得环评审批文件的小水电站开展环境论证及回顾性评价，符合保护要求的实施生态修复措施

9.6.2　水电开发生态保护对策

系统开展小水电站群开发对河流生态系统乃至流域生态系统的累积影响评估，针对因水电无序开发造成的河流生态系统破坏和生态功能退化，制定系统的河流生态修复方案和实施计划。

对于保留水电站，根据鱼类繁衍生境条件要求，采取建设过鱼措施、鱼类增殖站等措施，修复受损鱼类栖息地；通过建设基流墩、安装下泄生态水量在线监控装置等工程措施，恢复河流水流连续性。

尽快制定洮河流域小水电资源开发管理的相关法律法规，按照“谁开发谁保护，谁破坏谁恢复，谁受益谁补偿”的原则，探索建立小水电站开发的生态补偿机制。

9.7　流域重大环境风险防范对策

9.7.1　水污染风险防范措施

根据洮河流域产业结构，未来各类新型工业园区的兴起和发展也将进一步加大流域突发水污染事件的发生风险。

(1)运输风险防范。

①按照《危险化学品安全管理条例》有关要求，运输危险品须由具有危险品运输资质的企业运输。上路前必须事先通知道路管理部门，接受上路安全检查，由公安管理部门、公安消防部门对危险货物运输车辆制定行驶区域和路线。

②运输危险品的车辆不得在沿途饮用水水源保护区范围内进行装卸作业或临时停车。

③强化应急预警手段。

在公路进出水库的关键位置竖立警示标志，并设置预警通信设施。加强水库饮用水水源保护区的监督管理。

在公路进出水库的位置处应设置管理站，对往来车辆进行宣传教育和管理。水库水源保护区内，禁止运载有毒有害危险化学物品的车辆通行；确需通行的，应当依照《危险化学品安全管理条例》有关规定执行。

(2)加强对坝库及堆放场所的规划和监督管理，避免流域内的重大水污染事故。

(3)工业企业应在入河排污口入河前设置能够储存事故排水的储存设施，包括事故池、事故罐，事故处理池做好防渗处理，便于发生故障或泄漏事故时，对废液的收集和处理。

9.7.2 生态风险防范措施

根据洮河干流河道内的水生态环境现状和保护目标，对于引水式电站，禁止将全部天然径流引水发电，应制定水电站下泄生态流量运行方案及管理办法，并设置专门泄水洞、基流管道等工程设施，安装下泄流量在线监控装置等措施；并按照“电调服从水调”的原则，综合考虑工农业用水和河道生态流量要求，合理安排调度运行方式，以确保电站下泄最低生态流量要求，维持水生生物的生长条件和天然河流的水域景观。

根据河道内水生态环境保护要求，各电站应采取工程措施和非工程措施，使洮河干流河段的下巴沟、九甸峡、红旗等断面的最小河道内流量达到 12 m^3/s、18 m^3/s、32 m^3/s。

9.8 环境监测与跟踪评价方案

根据国家相关法律法规对流域规划环境影响评价的要求，在规划实施过程中，将根据规划方案各类工程项目特点、流域内生态环境特征及环境保护要求，对洮河流域按生态、水环境及其他环境要素提出监测方案，并对规划方案及规划方案所含具体重点项目的合理性、协调性和各项环保措施的有效贯彻实施情况进行跟踪评价，从环保角度对规划方案和环境保护措施提出改进意见和建议。

9.8.1 监测与跟踪评价原则

9.8.1.1 重点突出原则

监测和跟踪评价项目应是伊洛河流域综合规划影响的重点环境因子，代表性较强，能反映流域环境受影响的程度和变化趋势。

9.8.1.2 全面性原则

监测和跟踪评价范围、对象和时段应覆盖规划影响地区，以便全面了解规划河段和周围环境的变化。

9.8.1.3 协调一致原则

监测和跟踪评价应与本次规划紧密结合，力求监控规划方案实施全过程中主要环境因子的动态变化，以协调伊洛河流域综合规划与环境保护之间的关系。

9.8.1.4 经济性与可操作性原则

按照相关技术规范，监测项目、频次、时段和方法以满足本监测和跟踪任务为前提，尽量利用现有监测机构成果，力求以较少的投入获得较为完整的环境监测数据。

9.8.2　环境监测计划

9.8.2.1　环境监测的目的和任务

洮河流域生态保护是一个持续不断的动态保护过程，同时洮河流域综合规划实施后的影响也是一个不断累积、综合、叠加的过程，其影响历时长、范围广、错综复杂，为此，有必要在洮河流域建立与完善生态与环境监测体系与评估制度，对规划实施后的影响进行不间断的监测、识别、评价，以验证规划环评结论及环保措施效果，并根据实际环境影响变化调整、修正原有环保措施，总结规划环评的经验与教训，为洮河流域生态与环境保护工作提供决策依据，最终达到减免对环境的不利影响的目的。

9.8.2.2　水环境监测

1. 水功能区水质

选择重要水功能区水质监测代表断面共20个进行水质常规因子监测，代表断面分别为：

洮河干流：如格、碌曲、术布、那瑞、卓尼、岷县、临洮、新添铺、李家村、红旗。

支流：买家集、三甲基、下巴沟、冶力关、康乐、苏集河口、尧甸、五里铺、科才河口、括合曲口等。

2. 九甸峡水质监测

每年的丰、平、枯进行三期水质监测，每期连续监测3天。

布设3个监测断面：水库淹没区回水末端上游1 000 m处、水库坝址上游500 m处（回水小于1 000 m时，设置在库区回水中间位置）、水库出水口下游1 000 m处。

3. 水温监测

对于九甸峡水库，应监测水库水温和下泄水温。每月监测1期，每期连续监测7天，各监测断面同时监测。

每个水库布设3个监测断面：水库淹没区回水末端上游1 000 m处、水库坝址上游500 m处（库区回水小于1 000 m时，设置在库区回水中间位置）、水库出水口下游1 000 m处。

9.8.2.3　生态流量监测

生态流量监测包括干流重要断面生态流量和九甸峡水库及小水电站下泄生态流量，其中水库和水电站均应建立下泄流量自动测报和远程传输系统，确保生态流量数据获取的真实性和完整性，以便于工程生态流量泄放调度管理和环保主管部门监督。同时，可以在下泄生态流量测报的基础上，根据河道生态保护情况的监测结果，适时优化泄水调度。

9.8.2.4　生态监测

1. 土地利用遥感调查

运用遥感技术和地理信息系统技术，对规划实施前后洮河流域土地利用结构、规模等变化情况进行宏观层面的遥感调查。

2. 天然林草及湿地调查

洮河依托遥感技术和地理信息技术等高新技术，分阶段、分区域逐步构建洮河流域天然林草及湿地监测体系，建设洮河天然林草及湿地数据库，建立洮河流域天然林草及湿地信息管理平台。

3. 水生生物及栖息地调查

水生生物调查计划包含流域层面水生生物调查和人工增殖放流效果跟踪调查评估，以便随时掌握流域和建设项目水生生物种群变化情况，发现问题及时采取补救措施。

1) 水生生物监测断面设置

珍稀濒危鱼类栖息地重要分布河段，包括洮河上游碌曲段、卓尼段和下游白马浪以下河段、洮河入黄段等；规划梯级电站上下游河段；重要支流河口段；九甸峡水利枢纽下游河段。

2) 调查与监测内容

鱼类区系组成、种群结构、资源量、繁殖习性；珍稀濒危鱼类及特有土著鱼类种类、数量及生态习性；珍稀濒危及特有土著鱼类产卵场、索饵场、越冬场等重要栖息地分布情况；浮游植物、浮游动物、底栖动物和水生维管束植物的种类、分布密度和生物量等。

洮河水生态监测管理体系建设内容如表 9.8-1 所示。

表 9.8-1　洮河水生态监测管理体系建设内容

监测河段	监测项目
源头至青走道	湿地、水生生物和濒危土著鱼类种群及数量、栖息地环境、河道形态、生态流量
青走道至多架山	湿地、天然林、水生生物及濒危土著鱼类种群及数量、栖息地环境、河道形态、生态流量、水电站下泄流量
多架山至岷县西寨	湿地、天然林、水生生物及濒危土著鱼类种群及数量、栖息地环境、河道形态、生态流量、水电站下泄流量、水质因子
岷县西寨至海甸峡	湿地、天然林、土著鱼类种群及数量、栖息地环境、河道形态、生态流量、水电站下泄流量、水质因子
海甸峡至入黄口	湿地、濒危土著鱼类种群及数量、栖息地环境、生态流量、水电站下泄流量、水质因子

3) 调查频率

规划实施前监测 1 次，规划实施后每两年调查 1 次，连续调查 5 次。

4) 调查方法

按照《内陆水域渔业自然资源调查试行规范》、《水库渔业资源调查规范》(SL 167—2014) 等相关方法进行。

9.8.2.5　水土保持监测

洮河流域水土保持监测规划在现有水土保持监测工作基础上，根据流域上、中、下游的地形地貌及水土流失特点，分为全流域监测和典型小流域水土流失监测。具体监测内容按照洮河流域综合规划实施。

9.8.2.6 社会环境调查

在规划实施前后,分别对规划涉及区域的社会经济情况进行调查,调查内容主要包括:流域内不同区域的能源结构及供求情况、交通、产业结构特征、财政收入状况、经济发展速度、GDP总量、建设项目区域居民的就业状况、人均收入、人均粮食产量、人均耕地面积、有效灌溉面积、防洪工程治理程度、节水水平等。

9.8.3 跟踪评价方案

9.8.3.1 跟踪评价目的

开展跟踪评价,是对规划实施所产生的环境影响进行分析、评价,用以验证规划环境影响评价的准确性和判断减缓措施的有效性,并提出改进措施的过程。

对规划项目实施后产生的实际环境影响进行评价,验证环境影响预测的准确程度,分析产生预测偏差的因素;评价环境减缓措施是否得到了有效实施及实施后的效果;根据规划项目实施后的环境效果,适时提出对规划方案进行优化调整的建议,改进相应的对策措施;总结规划环评中存在的问题和经验。另外,调查并预测流域是否有新的环境问题产生,并提出更全面的补救措施。

9.8.3.2 水环境跟踪评价

调查水环境保护措施执行情况、污水处理厂建设情况、入河污染物总量等,根据水质监测结果,跟踪评价地表水和地下水水环境功能区达标情况、水质变化情况、地下水超采情况。

9.8.3.3 生态环境跟踪评价

1. 评价范围

陆生生态环境跟踪评价范围为整个洮河流域,包括生态地位突出、生态环境脆弱的上游,防洪压力大,分布有外流域调水引洮工程的中游及水资源开发利用程度相对较高、分布有大面积灌区的下游。水生生态的评价重点为洮河干流。

2. 评价内容

1) 生态修复效果评价

跟踪评价上、中、下游生态修复工程、水土保持工程的实施情况,评价实施的效果,包括林地、草地面积、林草恢复面积、植被覆盖度、景观格局变化、生产力等。

2) 九甸峡水库放水过程跟踪评价

通过九甸峡水库放水过程的监测,积累长期的数据,以此评价重大水库调水对水温情势、河流生态的影响。

3) 水生生态环境跟踪评价

根据水生生物监测结果,跟踪评价规划实施,特别是梯级规划实施对水生生物的积累影响,评价鱼类增殖放流的效果,提出改进建议。

3. 实施时机

跟踪评价应当在规划实施后即开展工作,紧密结合规划的实施进度,和环境监测成果相结合,并真实反映规划的环境影响。

9.8.3.4 社会环境跟踪评价

社会环境跟踪评价指标如下：

(1)供水：主要评价缺水率、水源地水质达标率、农村饮水安全达标率等。

(2)节水：主要包括灌溉水利用系数、农田灌溉亩均用水量、工业水重复利用率、万元工业增加值取水量、城镇供水管网综合漏失率、万元GDP用水量等。

(3)经济社会：主要包括有效灌溉面积、水电年发电量等。

(4)区域安全：防洪工程治理长度等。

通过跟踪调查，验证规划目标和环境目标的实现程度，及时发现并解决问题，同时验证环境影响预测的准确程度，如果存在预测偏差，分析产生的原因。

9.9 规划具体建设项目的环境影响评价要求

规划的具体建设项目，在可行性研究阶段必须严格按照环境影响评价的法律法规和建设项目保护管理的规定，进行各单项建设项目的环境影响评价，提出项目实施具有可操作性的环境保护措施，将项目实施产生的不利影响减小到最低。

根据规划项目的特点，规划中具体项目环境影响评价关注点建议如下。

9.9.1 防洪规划

防洪规划中的主要建设工程包括干流堤防、护岸工程及河道疏浚工程、支流入河口河段治理、病险水库除险加固等。在防洪规划中的具体项目建设时，需对具体项目进行环评，建议具体项目环评应重点关注以下几点：

(1)堤防、护岸、险工工程、病险水库除险加固等应重点关注施工期对水环境、水生生态、陆生生态、环境敏感区的影响。

(2)支流入河口河段治理项目环评重点关注项目建设对河势、水文情势、水生生态、环境敏感区的影响。

9.9.2 水资源利用规划和灌溉规划

水资源利用规划中的主要建设项目是供水水库、调水工程等水资源配置工程。这些工程将对水资源分配、水文情势、水生生态、鱼类“三场”等产生一定影响，应在项目环评阶段重点关注。

灌溉规划中的灌溉工程的实施将提高水资源利用率，但由于灌溉水平的提高将导致区域化肥、农药用量增加，灌溉退水量增加，灌溉退水污染负荷增加，建议具体项目环评时，应特别关注农业面源污染问题，制订灌溉和退水渠道的跟踪评价计划。

9.9.3 水能开发规划

在水电项目环评中，应重点关注项目建设对水文情势、河流连续性、水生生态、鱼类“三场”等的影响。

第10章 公众参与

10.1 公众参与的目的

公众参与是环境影响评价的重要组成部分,也是完善民主、科学决策的一种有效途径。按照《中华人民共和国环境影响评价法》、《规划环境影响评价条例》(国务院令第559号)、《环境影响评价公众参与暂行办法》等相关法律法规要求,本次规划环境影响评价开展了公众参与工作。

洮河流域总面积2.55万km^2,流域范围涉及青海省黄南藏族自治州的河南县,甘肃省甘南藏族自治州的碌曲、临潭、卓尼、夏河、合作、迭部6县(市),临夏回族自治州的和政、广河、东乡、康乐、永靖5县,定西市的岷县、渭源、临洮3县,共计15个县(市)。洮河流域综合规划具有影响范围广、涉及环境要素多,对自然、生态、社会环境的作用具有累积性、长期性和区域性的特点。规划可能带来的环境影响是社会公众广泛关注的问题,特别是规划涉及区域,其社会经济发展、居民生活利益等与规划方案密切相关,区域各行业及广大公众不仅对本规划有知情权,也有参与权。

公众参与是规划环境影响评价的重要内容,按照规划环境影响评价规定的要求,要让流域社会各界公众尽可能了解规划方案,调查并听取公众对规划方案的看法,以及公众认为规划方案实施可能给他们的生产、生活带来的利与弊,并调查了解公众对规划方案实施可能产生的环境影响、所采取的环保措施等方面的意见,弥补环境影响评价中可能存在的遗漏和疏忽,提高该规划为削弱环境负面影响所采取各种措施的合理性和社会可接受性,采纳公众的合理化建议和要求,使规划方案更加完善、合理,从而尽可能地减少规划实施产生的负面影响,促进流域经济、社会、生态可持续发展,同时也为有关部门决策提供科学依据。

根据洮河流域综合规划的宏观性、前瞻性、专业性、不确定性的特点,本次公众参与着重采取专家咨询和相关部门间沟通协调的方式开展,这将对实现规划环评的目的起到重要的保障作用。

10.2 公众参与概况

洮河综合治理规划的公众参与工作贯彻了早期介入、全程参与的原则,贯穿于规划和规划环评工作的始终。洮河流域综合规划编制过程中,多次、反复和两省(区)所在州(市)、县沟通,并在规划编制过程中,多次以召开咨询会、座谈会及走访相关部门的形式听取社会各界及专家的意见。其中以专家咨询和相关部门走访为主,充分发挥规划编制单位、环境影响评价单位与公众之间的桥梁纽带作用,及时了解、反映公众关心的规划及环境相关问题,征询解决方法,以确保规划编制及规划环评工作更加全面、客观、公正。

此外,规划及环评编制过程中还通过网络媒体对公众公开本次规划的基本信息,并公开征求公众的意见和建议。

10.3 专家咨询、相关部门意见征询及审查

规划编制过程中,以专家咨询的方式体现公众参与早期介入、全程参与的特点。在规划任务书、大纲、规划报告初稿、规划报告征求意见稿、规划报告送审稿及规划环评任务书、规划环评篇章、规划环评初稿等各个阶段开展了多轮、多层次、多学科的专家咨询、各部门意见征询及各级审查。规划及规划环评充分吸纳了这些意见和建议,对规划和规划环评报告书进行了修改完善。具体情况见表10.3-1。

表10.3-1 专家咨询、各部门意见征询及各级审查概况

序号	时间(年-月)	咨询情况
1	2013-07	黄委对《洮河综合规划》(初稿)及环评篇章进行专家咨询
2	2013-12	黄委对《洮河综合规划》(征求意见稿)及环评篇章进行审查
3	2013-12	两省(区)意见征询
4	2014-10	水利部对综合规划及规划环评进行了预审
5	2015-03	环保部与水利部对规划环评联合预审
6	2015-07	黄委征求了甘肃和青海两省人民政府的意见
7	2015-12	水利部对规划及规划环评进行了复审
8	2016-05	水利部征求国家发改委、国土资源部、环境保护部等9个部委意见
9	2016-09	黄委召开洮河流域综合规划协调会

10.4 相关部门走访座谈

10.4.1 相关部门走访意见与建议

为了解流域内各政府机构对规划及环评的意见,流域综合规划环境影响评价单位对多部门进行了走访和座谈。走访概况见表10.4-1。相关部门走访及座谈如图10.4-1所示。

表 10.4-1　走访概况

序号	时间(年-月)	走访情况
1	2012-05	(1)走访省级水利、环保、林业、农牧、发改委等相关部门。 (2)走访各个自然保护区、国家级水产种质资源保护区、森林公园管理部门。 (3)在洮河流域 15 个县(市)召开了座谈会,参加座谈的部门有水利、环保、林业、农牧、发改委、景区等相关管理部门
2	2012-12	水资源与水生态等相关资料收集,水电站、水质、敏感区现状查勘及监测
3	2013-01	分别在临夏、定西召开座谈会,对各个专业规划方案的初稿征询地方意见和建议

图 10.4-1　相关部门走访及座谈

相关部门的意见和建议主要包括:

(1)洮河流域水电站较多,不合理开发严重,局部河段春季非汛期存在脱流现象。规划要明确已建水电站如何处理。

(2)洮河流域大部分县区污水处理厂尚未投入使用,也没有专门的垃圾处理厂,下游河段垃圾占用河道问题严重,规划及规划环评应提出相应的措施。

(3)建议洮河流域规划的定位为上游涵养水源,中游适度开发,下游节水治污。

(4)洮河流域支流防洪问题突出,规划应给予重视。

(5)洮河流域规划水能开发及各种工程建设需符合《中华人民共和国自然保护区条例》及《全国主体功能区规划》的要求,避免破坏生态环境。

10.4.2　意见反馈与处理

根据公众调查结果,结合洮河流域实际情况,本次综合规划对公众提出的 5 条建议全部采纳。公众意见采纳情况如表 10.4-2 所示。

表 10.4-2　公众意见采纳情况

序号	公众意见	采纳情况
1	洮河流域水电站较多,无序开发严重,局部河段春季非汛期存在脱流现象。规划要明确已建水电站如何处理	采纳,本次规划从生态保护角度,对不同河段的水电站提出了相应的要求和措施
2	洮河流域大部分县区污水处理厂尚未投入使用,也没有专门的垃圾处理厂,下游河段垃圾占用河道问题严重,规划及规划环评应提出相应的措施	采纳,本次规划水资源保护规划中提出了相应的保护措施
3	建议洮河流域规划定位为上游涵养水源,中游适度开发,下游节水治污	采纳,规划充分考虑了该条意见,综合其他要求,提出了上游生态保护优先,中游适度开发,下游确保底线的定位
4	洮河流域支流防洪问题突出,规划应给予重视	采纳,本次支流防洪是规划重点内容之一
5	洮河流域规划水能开发及各种工程建设需符合《中华人民共和国自然保护区条例》及《全国主体功能区规划》的要求,避免破坏生态环境	采纳,本次规划充分考虑了生态保护要求

10.5　规划环评两省会商情况

根据《关于开展规划环境影响评价会商的指导意见(试行)》(环发〔2015〕179 号)的有关要求,2016 年 12 月 19 日,黄委在郑州主持召开了洮河流域综合规划环境影响评价会商会,参加会议的有黄河水利委员会规划计划局、黄河流域水资源保护局,青海省水利厅、农牧厅、林业厅,甘肃省环保厅、水利厅、林业厅,黄河水资源保护科学研究院及黄河勘测规划设计有限公司的领导和代表。

会议经过讨论,形成以下意见:

(1)严格落实最严格的水资源管理制度,严格控制河流主要断面下泄水量,严格落实本规划提出的控制红线,促进《青海省人民政府办公厅关于实行最严格水资源管理制度的实施意见》(国发〔2012〕3 号)、《甘肃省实行最严格的水资源管理制度办法》制定的用水总量、用水效率、重要水功能区水质达标率等目标的实现。

(2)在规划实施过程中,青海省、甘肃省应将入河污染物总量控制方案作为洮河流域水污染防治和污染减排工作的重要依据,通过加快流域重点城镇污水处理厂建设和提标改造力度、加大工业污染源治理力度、加强面污染源治理与控制等,实施并落实有关任务,确保入河污染物总量控制方案的实现,确保流域重要水功能区水质达标。

(3)在规划的实施过程中,依法对现有水电站进行整改。对《建设项目环境保护管理条例》(1998年)颁布后建设且未取得环评审批文件的水电工程,由当地政府依法进行整改;对1998年之前建成的水电站,以及1998年后建设且已取得环评审批文件的水电站,应由当地政府开展环境影响回顾性评价,并根据洮河流域不同河段的保护要求,对各水电站进行整改和调整。

10.6　信息公开

按照《环境影响评价公众参与暂行办法》中对信息公开的规定,本次环评于2013年1月和2013年10月进行了两次信息公开,第一次、第二次信息分别发布在甘肃省人民政府网、青海省人民政府网上。

网上公示内容主要向公众公告规划的主要内容,规划实施过程中可能出现的环境问题,并列出项目征求公众意见的主要事项和公众提出意见的主要方式等,第二次公告时链接了环境影响报告书简本。

洮河流域综合规划环境影响评价第一次公众参与公示

根据《中华人民共和国环境影响评价法》及《环境影响评价公众参与暂行办法》(环发〔2006〕28号)的相关规定,现将洮河流域综合规划环境影响评价有关内容进行公示。

一、规划名称及概要

(一)规划名称

洮河流域综合规划

(二)流域概况

洮河是黄河上游第二大一级支流,发源于青海省河南蒙古族自治县西倾山东麓,流经甘肃省碌曲、临潭、卓尼、岷县、临洮等县,在永靖县境汇入黄河。流域面积2.55万km^2(其中青海省面积为0.16万km^2,占6.3%;甘肃省面积为2.39万km^2,占93.7%),干流河道长673 km。洮河流域多年平均径流量为47.78亿m^3,输沙量为2 696万t。洮河流域属经济欠发达地区,以农牧业为主,工业发展水平较低。上游以牧民为主;中游为农林牧区,农业对灌溉的依赖性比较小;下游主要为农业区。

洮河流域水资源相对丰富,水质良好,地表水资源量47.78亿m^3,流域人均达到2 276 m^3,并且含沙量相对较低,当地用水量也较少,是黄河干流的重要清水来源河流之一。

(三)规划范围

规划范围为洮河流域,总面积2.55万km^2,包括甘肃、青海两省的15个县(市)。

(四)规划水平年

现状水平年为2010年,近期水平年为2020年,远期水平年为2030年。

(五)规划主要任务及主要内容

根据洮河流域资源、环境和经济社会协调发展的客观需要,在以往工作的基础上,分析流域治理开发与保护存在的突出问题,制定流域水资源开发利用、防洪减灾、水土保持、水资源和水生态保护、干流水电梯级工程布局等规划的目标和总体部署,提出流域综合管理的政策措施,并对规划方案进行环境影响评价和实施效果评价。

针对洮河流域存在的主要问题,突出水资源合理配置及利用、水资源保护等规划工作重点,主要开展以下工作内容:流域治理现状调查评价、流域综合治理的总体规划、水资源利用规划、防洪规划、水土保持规划、干流水能规划、水资源和水生态保护规划、环境影响评价、流域综合管理、实施效果及近期实施意见等。

二、规划编制组织机构名称和联系方式

单位名称:黄河水利委员会规划计划局。

通信地址:河南省郑州市金水路11号。

邮编:450003。

联系人:赵××。

电话:0371-66020642。

传真:0371-66024472。

邮箱:yrccghc@163.com。

三、规划环境影响评价单位名称和联系方式

单位名称:黄河水资源保护科学研究所。

通信地址:郑州市城北路东12号。

邮编:450004。

联系人:娄××。

电话:0371-66028248。

传真:0371-66360668。

邮箱:lougy1979@126.com。

四、规划环境影响评价的工作程序和主要评价内容

(一)工作程序

环评单位接受委托,在现场初步查勘和收集资料的基础上,公示规划基本情况并编制规划评价方案;分析《洮河流域综合规划》与相关法律法规、环境政策、规划区划的协调性;开展流域生态环境现状的分析、调查与评价,识别规划的主要影响,分析预测规划实施对流域生态、环境、社会等的综合影响,从生态环境保护角度进行规划方案的综合论证;针对存在的环境不利影响,提出合理的规划优化调整建议和环境影响减缓措施,以及监测和跟踪评价计划。

(二)主要工作内容

本次规划环境影响评价主要内容包括:

(1)规划概况及规划分析;

(2)流域环境现状调查与评价;

(3)环境影响预测与评价;

(4)重大工程环境可行性分析;

(5)规划方案环境比选及环境影响减缓措施;

(6)环境监测与跟踪评价计划;

(7)公众参与。

五、征求公众意见的主要事项

(1)您认为洮河流域的环境状况如何,主要的环境问题有哪些?

(2)您对洮河流域综合治理开发与保护有哪些意见和建议?

(3)您希望通过规划的实施使哪些环境问题得到改善?

(4)您对本规划开展和实施中的生态环境保护问题有什么意见和建议?

六、公众提出意见的时间

自公告之日起15日内。

七、公众提出意见的主要方式

公众可以以书面形式,通过信函、传真、电子邮件等方式将意见反馈给规划编制机构或环评单位。

洮河流域综合规划环境影响评价第二次公众参与公示

根据《中华人民共和国环境影响评价法》及《环境影响评价公众参与暂行办法》(环发〔2006〕28号)的相关规定,为进一步了解公众对规划的意见,现将洮河流域综合规划环境影响评价有关内容进行第二次公示,公开本规划及其环境影响评价的有关信息,并征求公众意见。

一、规划概述

(一)规划背景

洮河是黄河上游一级支流,发源于青海省河南蒙古族自治县西倾山东麓,由西向东在岷县折向北流,至永靖县境内汇入黄河刘家峡水库,干流河道全长673 km。流域范围涉及青海省黄南藏族自治州、甘肃省甘南藏族自治州、临夏回族自治州、定西市内15个县(市)。洮河流域总面积2.55万 km^2,其中甘肃省内流域面积为2.39万 km^2,占93.7%。

近年来,随着流域经济社会的快速发展,工业化和城镇化进程加快,工程性缺水、水资源利用效率低、洪水灾害频繁、水能资源无序开发、人为水土流失及水污染状况加剧等问题日益突出。为进一步合理开发利用洮河流域水资源,防治水旱灾害,加强水资源保护与管理,促进区域经济社会的协调发展,水利部印发了《关于洮河流域综合规划等3项前期项目任务书的批复》(水规计〔2011〕640号),同意黄河水利委员会组织编制《洮河流域综合规划》。

(二)规划范围

洮河流域,包括青海、甘肃两省15个县(市)。洮河流域总面积2.55万 km^2。

(三)规划水平年

现状水平年为2010年,近期水平年为2020年,远期水平年为2030年。

(四)规划主要任务及主要内容

主要任务:根据洮河流域自然资源特点、战略地位、国家和区域经济社会发展要求,洮河流域治理开发与保护的主要任务是:加大节水力度,优化配置当地水资源,缓解水资源供需矛盾,保障供水安全;完善防洪工程布局,进一步提高流域防洪能力,确保干支流防洪安全;加大流域水土流失治理力度,改善生态环境和群众生产生活条件;加强水资源保护,严格控制污染物入河总量,保障水质安全;完善非工程措施,提高流域综合管理能力。通过综合治理,实现洮河流域经济社会可持续发展,生态环境持续改善。

主要内容:根据洮河流域资源、环境和经济社会协调发展的客观需要,在以往工作的基础上,分析流域治理开发与保护存在的突出问题,制定流域水资源开发利用、防洪减灾、水土保持、水资源和水生态保护、干流水电梯级工程布局等规划的目标和总体部署,提出流域综合管理的政策措施,并对规划方案进行环境影响评价和实施效果评价。

针对洮河流域存在的主要问题,突出水资源合理配置及利用、水资源保护等规划工作重点,主要开展以下工作内容:流域治理现状调查评价、流域综合治理的总体规划、水资源利用规划、防洪规划、水土保持规划、干流水能规划、水资源和水生态保护规划、环境影响评价、流域综合管理、实施效果及近期实施意见等。

二、规划编制组织机构名称和联系方式

单位名称:黄河水利委员会规划计划局。

通信地址:河南省郑州市金水路11号。

邮编:450003。

联系人:赵×。

电话:0371-66020642。

传真:0371-66024472。

邮箱:yrccghc@163.com。

三、规划环境影响评价单位名称和联系方式

单位名称:黄河水资源保护科学研究所。

通信地址:郑州市城北路东12号。

邮编:450004。

联系人:娄××。

电话:0371-66028248。

传真:0371-66360668。

邮箱:lougy1979@126.com。

四、规划环境影响评价主要内容。

洮河流域综合规划实施后,将对洮河流域的水文水资源、水环境、生态环境、社会环境等产生影响。本报告的编制目的,就是针对规划提出的各项工程措施和管理措施,从规划层面上,针对规划方案的协调性、工程布局的合理性、规划目标的可达性进行分析,对规划方案的环境影响进行预测和评价,从环境保护角度论证规划方案的可行性,针对规划方案建设和运行中可能带来的不利环境影响提出控制和减免措施,预防和减少规划方案实施对环境造成的不利影响,协调经济发展、社会进步和生态环境保护之间的关系。

(1)总则:通过对洮河流域综合规划的分析,明确可能的直接或间接影响,确定环境保护目标与标准、评价范围和评价方法。

(2)流域概况:介绍流域的自然概况、社会概况及水资源及其开发利用现状。

(3)规划分析:包括规划的概述和规划协调性分析。

(4)环境现状调查与评价:通过收集流域的自然条件和环境本底资料,结合现场调查与监测,对流域的水文水资源、水环境、生态环境、环境敏感区、社会环境等进行全面调查评价。

(5)规划环境影响识别:确定环境可行的规划方案实施后可能导致的主要环境影响及其性质,编制环境影响识别表,并结合环境目标确定评价指标体系。

(6)环境影响预测与评价:综合分析流域综合规划实施过程中及实施后可能对流域的水文水资源、水环境、生态环境、环境敏感区、社会环境造成的影响,并进行环境风险评价。

(7)规划方案环境合理性论证与优化调整建议:从规划布局、规模、实施时序等论证规划方案的环境合理性,并分析环境保护目标的可达性,提出规划方案的优化调整建议。

(8)环境保护对策措施:针对规划造成的各项环境影响提出相关的环境保护措施。

(9)公众参与:以走访、发放调查表、网上公示和座谈会等形式征求公众的意见与建议。

五、规划的主要环境影响

(1)规划的水资源配置方案实施后,洮河干流及支流水文情势将发生一定的改变,各断面下泄水量较现状减少;规划水平年需水量增加,流域水资源开发利用率提高,会对水资源的时空变化、水资源开发利用率、重要断面的下泄径流量及重要断面的生态流量产生影响。

(2)根据本次规划布局、规划工程与环境敏感区之间的水力联系,水能开发规划、水土保持规划、防洪规划及水资源利用规划的一些具体工程,会对自然保护区、珍稀濒危鱼类及其栖息地、重要湿地及干支流源区产生影响。

(3)通过规划的水资源保护方案,规划水平年污染物排放及入河量大幅度减少,可基本实现洮河干流及支流水功能区水质目标。

(4)规划在总体目标、布局及具体内容中贯彻了生态保护的理念,且提出了水资源优化配置方案、生态保护及水土保持措施、水环境综合治理措施等,为改善流域陆生生态环境、保障重要断面的生态环境水量、促进流域生态系统良性发展创造有利条件。规划实施后,流域生态系统得到修复和改善,但对局部河段的生态环境带来了一定的不利影响,可以通过工程或非工程措施给予减缓、减免及保护。

(5)规划的实施,全面提高了洮河流域的防洪能力,为洮河流域人民维持一个较为安定的生产、生活和生态环境,为国民经济的持续发展和社会安定提供防洪安全保障。改善流域生活、生产供水条件,促进流域经济社会发展,将促进流域人群健康、人民生活水平的提高,有利于工农业稳定发展,对洮河流域甚至甘肃省的社会经济可持续发展提供了良好的基础。洮河用水效率提高,有利于协调生活、生产和生态用水,有利于实现社会经济与水资源保护协调发展。规划实施后,将全面解决城乡饮水安全问题,为流域人群健康提供基础的用水保障。

六、综合评价结论

洮河流域综合规划全面贯彻了科学发展观，落实了构建社会主义和谐社会的国家宏观政策，基本综合考虑了各河段的自然环境特点、经济社会发展需求和生态环境保护要求，治理开发与保护并重，科学合理地确定了各河段治理开发与保护任务、规划总体布局和规划目标及水资源管理的控制性指标。规划过程中，多次沟通、协调、调整，综合考虑并规范了经济社会对资源环境的开发活动，避免了对生态环境的不利影响，有利于促进流域经济社会与生态环境的协调发展。

规划方案实施后，将有利于提高用水效率，促进节水型社会建设，有利于促进干支流水质达到水功能区目标，保障流域及相关地区供水安全，促进经济社会的稳定快速发展；有利于全面提高流域的防洪能力，有效减免洪水灾害；有利于提高流域林草植被覆盖率，涵养水源，减轻下游区域水土流失，使流域生态环境恶化趋势得到缓解，为流域及相关地区经济社会的可持续发展及西部大开发战略的顺利实施提供保障。

鉴于洮河流域生态环境脆弱、生态地位特殊，流域大部分区域位于国家限制和禁止开发区，规划实施过程中，应协调流域治理开发与生态环境保护关系，严格保护流域湿地、草甸、森林等自然植被和珍稀濒危动物栖息地及土著鱼类栖息地，尽可能减少对流域敏感区自然生态系统的干扰；严格控制调水规模、优化调水过程，确保入黄水量和调水下游河段生态环境需水量；加强监测、监督和管理，积极探索建立生态补偿机制，促进流域生态系统的良性循环。

七、征求公众意见的主要事项

本次公示主要征求内容包括：

(1)您对该规划的态度?

(2)您认为规划区环境质量现状如何?

(3)您对当前流域环境问题的看法?

(4)您认为该规划的实施对流域环境是否会产生不利影响，能否接受?

(5)您在规划实施过程中所关心的主要环境问题是什么?

(6)您对规划实施及环保措施的建议是什么?

(7)您对本规划的实施有什么意见和建议?

八、公众提出意见的时间

自公告之日起15日内。

九、公众提出意见的主要方式

公众可以以书面形式，通过信函、传真、电子邮件等方式将意见反馈给规划编制机构或环评单位。

在两次信息公开工程中，未收到公众反馈意见。

热烈祝贺 华夏文明传承创新区获得国务院正式批复

您当前的位置 ： 中国甘肃网 ＞ 甘肃新闻 ＞ 本网原创 正文

洮河流域综合规划环境影响评价第一次公众参与公示

来源：中国甘肃网　2012-12-31 10:37　进入论坛

根据《中华人民共和国环境评价法》及国家环境保护部《环境影响评价公众参与暂行办法》(环发[2006]28号文)的相关规定，现将洮河流域综合规划环境影响评价有关内容进行公示。

一、规划名称及概要

(1)规划名称

洮河流域综合规划

(2)流域概况

洮河是黄河上游第二大一级支流，发源于青海省河南蒙古族自治县西倾山东麓，流经甘肃省碌

洮河流域综合规划环境影响评价第二次公众参与公示

发布时间：2013-10-29 09:43

[illegible]

一、规划概述

[illegible]

信息公开

10.7　公众参与调查结论

洮河流域生态地位重要，生态环境脆弱，易因自然和人为活动干扰而受到破坏。为发挥规划及规划环评的战略指导作用，规划及环评单位主要采取了专家咨询、相关部门走访座谈等方式开展了广泛而积极的公众参与工作。在规划及规划环评报告书编制过程中多次召开各个阶段的专家咨询会，多学科、多角度、多层次地听取各个部门对规划及规划环评的意见和建议，并在规划编制过程中予以贯彻落实。同时，对于重要的，公众关心的环境问题和不利影响，在本次规划环评中给予充分重视，通过采取调整、优化规划方案，制定保护措施等方式规避、减缓不利影响。本次全过程、积极互动的公众参与工作为洮河流域综合规划及环评工作提供了坚实的工作基础。

第 11 章　执行总结及建议

11.1　评价内容和重点

11.1.1　评价内容

(1)阐明流域综合规划任务、规划目标,并分析洮河综合规划与国家相关政策与法律法规的符合性,与国家上位规划的符合性,与区域地方相关规划的协调性及规划内部的协调性。

(2)在收集洮河流域相关资料的基础上,对洮河流域的水文水资源、水环境、生态环境、环境敏感区现状分河段分区域进行调查与评价;对流域环境影响进行回顾性评价,并对洮河流域的环境发展趋势进行分析;在以上工作基础上,识别流域主要生态环境问题,分析流域综合规划实施的资源环境制约因素。

(3)结合洮河生态地位突出,敏感区众多的特点,及具体规划方案,对洮河流域综合规划环境影响因素进行分析,初步识别环境影响,并查阅相关标准、规划,结合综合规划目标,合理设置评价指标体系。

(4)预测流域综合规划实施对水文水资源、水环境、生态环境、社会及环境敏感区的影响,对规划实施产生的环境风险进行识别与预测。

(5)从布局的环境合理性、规划规模的环境合理性、规划时序合理性及环境保护目标的可达性论证流域综合规划方案的合理性,并从法律制约、资源制约、生态保护制约等方面提出规划实施存在的障碍,并提出规划方案进行优化调整建议。

(6)在规划环境影响预测、规划方案环境合理性分析的基础上,结合洮河流域环境特点、生态地位和现状评价结果,对规划实施后的不利影响提出可行的环境保护对策措施,并制订跟踪评价计划。

(7)从环境保护角度,对流域综合规划实施的可行性做出结论,并对规划实施过程中存在的问题提出合理性建议。

11.1.2　评价重点

(1)规划与国家及省区相关政策、生态保护规划、社会经济发展规划、敏感区域等的符合性和协调性分析。

(2)规划已实施和正在实施环境影响回顾评价,洮河流域已有环境现状、环境问题及发展趋势分析评价。

(3)规划实施对水环境的影响,主要是水资源重新配置以后洮河流域的水资源时空分配、水文情势、水环境功能和纳污能力的影响。

(4)规划实施对生态环境的影响，主要包括水资源开发利用规划中灌区规划、水土保持规划及水资源保护规划中水生态保护规划的实施，对洮河流域陆生生态的影响；水资源开发规划中引洮工程、水能开发规划及水资源保护规划中水生态保护规划的实施，对水生生态的影响。

(5)规划实施对社会环境的影响，主要为对区域水资源配置、人群健康、流域产业布局、水资源利用格局、土地利用格局及其承载力的影响。

11.2　评价范围与时段

水文情势：水文情势评价范围为洮河干流。

水环境评价范围：涵盖洮河流域内的干流及博拉河、冶木河、苏集河、东峪沟、广通河、科才河、括合曲等支流。

生态环境评价范围：陆生生态的评价范围为洮河流域，包括青海、甘肃两省15个县(市)。洮河流域总面积2.55万km^2。

社会环境：评价范围为洮河流域。

评价时段与规划时段一致。

现状年：2013年。

水平年：2030年。

11.3　环境保护目标

(1)流域重要功能区及生态敏感区。

根据国家及区域相关规划、区划对流域生态保护的要求，国家划定的重要生态功能区(甘南黄河重要水源补给生态功能区、三江源草原草甸湿地生态功能区)及重要水功能区等；洮河流域内的27处环境敏感区，其中国家级自然保护区4处，(上游分布有2处，均和干流有水力联系，中游分布有1处，和干流有水力联系，下游分布有1处，位于洮河支流)，饮用水水源保护区9个(上游4个，中游2个，下游2个)，国家水产种质资源保护区6处(主要分布于洮河上游及下游白马浪水电站以下河段)，森林公园4处(上游分布有2处，中游分布有1处，下游分布有1处)及国家地质公园4处。

(2)洮河流域环境保护目标。

维护洮河流域上中游水源涵养功能，确保黄河流域水资源安全；维护洮河流域生态系统的稳定性和多样性，保护特有土著和珍稀濒危物种栖息环境，保持重点河段河流廊道连通性，维持流域生态安全；合理开发利用和保护水资源，促进水资源持续利用，提高水资源利用效率，保障洮河中下游河段水环境功能要求和生态需水量；合理开发和保护土地资源，尽量减少对土地资源的破坏，预防水土流失加剧；保护重要环境敏感区域及保护对象，尽可能减少对自然保护区、森林公园、种质资源保护区等环境敏感区域的直接或间接不利影响，维护环境敏感区域的结构和功能，保护敏感区域内的重点保护对象。

11.4 规划分析

11.4.1 与国家相关政策、法律法规及相关规划的符合性分析

11.4.1.1 与国家相关政策的符合性分析

本次洮河流域综合规划以党的十八大提出的“大力推进生态文明建设”为指导贯彻落实《水利部关于加快推进水生态文明建设工作的意见》(水资源〔2013〕1 号)、《中共中央 国务院关于加快水利改革发展的决定》(2011 年中央一号文件)、《国务院关于实行最严格水资源管理制度的意见》(国发〔2012〕3 号)、《国务院关于进一步推进西部大开发若干意见》(国发[2004]6 号)及《国务院办公厅关于进一步支持甘肃经济社会发展的若干意见》(国办发〔2010〕29 号)等相关精神，与国家西部大开发战略部署相协调，坚持人水和谐相处的理念，把推动民生水利新发展放在首要位置，全面规划、统筹兼顾、标本兼治、综合治理，符合国家宏观发展战略和新时期的治水方针政策。

(1)本次规划的指导思想就是“坚持人水和谐，大力发展民生水利，坚持全面规划、统筹兼顾、标本兼治、综合治理，坚持与区域经济社会发展相协调。针对洮河流域治理开发与保护存在的主要问题和经济社会发展新要求，以水资源的合理开发、优化配置、全面节约、有效保护为核心，进一步巩固和完善防洪工程布局，加强水土保持生态建设，注重流域综合管理能力的提升。大力推进资源节约型、环境友好型社会建设，促进区域经济发展方式良好转变，保障流域供水安全、防洪安全和生态安全，以水资源可持续利用保障洮河流域经济社会可持续发展。”就是对以上政策的贯彻。

(2)规划提出供水工程、引洮工程，以及解决农村饮水安全问题，保障城镇供水安全的目标；符合 2011 年中央一号文件力争通过 5 年到 10 年努力，从根本上扭转水利建设明显滞后的局面。

(3)规划提出的稳步推进节水型社会建设，加大现有灌区的节水力度，2020 年使流域节水灌溉率由 40%提高到 72.8%，灌溉水利用系数由现状的 0.43 提高到 0.53，2030 年灌区灌溉水利用系数达到 0.60；2020 年工业用水重复利用率由现状的 45%左右提高到 65%以上，2030 年达到 80%以上；供水管网漏失率控制在 15%以下。符合《国务院进一步推进关于西部大开发若干意见》(国发[2004]6 号)“坚持把水资源的合理开发利用和节约保护放在首要位置，加快推行节水技术和节水措施，加强各类节水设施建设”。

(4)流域水土流失治理上游达到 78%，中游达到 74%，下游达到 65%，林草覆盖率上游达到 72%，中游达到 36%，下游达到 32%。流域内形成完善的预防监督体系，各级水土保持监督队伍健全，执法能力和素质显著增强。河流生态水量及河道水流连续性基本得到保障，水功能区水质达标率达到 95%，水质明显好转，建立完善的水功能区监督管理体系。符合《国务院关于进一步推进西部大开发若干意见》(国发[2004]6 号)“推进重点流域综合治理、水资源科学调配、水源涵养地保护”。

11.4.1.2　与国家相关法律法规的符合性分析

规划编制以《中华人民共和国水法》、《中华人民共和国防洪法》、《中华人民共和国水土保持法》、《中华人民共和国防沙治沙法》、《中华人民共和国环境保护法》、《中华人民共和国水污染防治法》、《中华人民共和国渔业法》、《中华人民共和国自然保护区条例》及《黄河水量调度条例》等有关法律法规为依据，规划指导思想、总体目标、主要工程布局等基本符合国家相关法律法规的要求。但有一些具体规划的工程，涉及自然保护区和珍稀濒危鱼类重要栖息地等敏感区，需妥善处理与这些敏感区域的协调与保护关系。

11.4.1.3　与国家、流域等相关规划的符合性分析

本次规划根据洮河流域自然资源特点、战略地位、国家和区域经济社会发展要求，综合考虑洮河主体功能区划要求，以及各河段资源环境特点、经济社会发展要求、治理开发与保护的总体部署，明确各河段治理开发与保护主要任务：上游河段以生态环境与水源涵养保护、生物多样性保护、源头水保护为主，在强化生态环境保护的基础上，合理进行供水工程建设。中游河段以合理开发、优化配置、全面节约、有效保护水资源为主，兼顾防洪减灾、水土流失治理，合理进行水力资源开发。下游河段以灌溉、水土保持、防洪为重点，建设一定数量的水资源开发利用、防洪减灾工程，实施水土保持综合治理，严格控制入河排污总量，加强饮用水水源保护。符合《全国主体功能区规划》、《全国生态功能区划》、《全国生态脆弱区保护规划纲要》等国家相关规划对洮河流域的定位和要求。本次规划的规划目标、工程布局、控制指标符合《中华人民共和国国民经济和社会发展第十三个五年规划纲要》、《黄河流域综合规划(2012—2030年)》，符合国家相关规划对社会经济发展和生态保护的要求。但在针对规划的具体工程时，需慎重处理与敏感区的关系。

11.4.2　与地方相关规划的协调性分析

《甘肃省国民经济和社会发展第十三个五年规划纲要》指出，“推进以‘两州两市’为重点的扶贫开发攻坚。实行甘南、临夏、定西、陇南等集中连片扶贫开发攻坚，加大政策扶持力度，加强基础设施和生产生活设施建设……支持甘南、临夏发展畜牧业及畜产品加工和矿产资源开发。加强自然保护区和重点生态工程建设”及“继续推进大型跨区域、跨流域骨干水利工程建设，提高水资源配置能力”。“实施以饲草基地建设、草场灌溉工程为重点的牧区水利建设。积极推进生态建设。”

《青海省国民经济和社会发展第十三个五年规划纲要》指出，“按照发展定位明确，开发秩序规范，各类要素协调的总体要求，注重产业、人口、环境三大要素在空间上的合理分布和均衡发展，形成合理的空间开发格局……国家级三江源草甸湿地生态功能区是全国最重要的生态安全屏障。”

本次规划的治理开发任务是：加大节水力度，优化配置当地水资源，缓解水资源供需矛盾，保障供水安全；完善防洪工程布局，进一步提高流域防洪能力，确保干支流防洪安全；加大流域水土流失治理力度，改善生态环境和群众的生产生活条件；加强水资源保护，严格控制污染物入河总量，保障水质安全；完善非工程措施，提高流域综合管理能力。通过综合治理，实现洮河流域经济社会可持续发展，生态环境持续改善。与地方相关规划基

本协调。

11.4.3 规划内部的协调性分析

洮河流域综合规划包括水资源开发利用规划、防洪规划、水土保持规划、水资源与水生态保护规划及水能开发规划等各个专项规划。综合规划通过以上各种规划的实施,减少水资源浪费、保障生态用水、科学配置水资源、加快流域内生态环境保护,逐步形成流域水资源的统一管理调度体系。洮河流域综合规划各个规划之间是相辅相成、相互关联的。

水资源开发利用规划提出的水资源配置方案为流域生态用水提供了保障,节水规划提高了用水效率,可以有效缓解水资源供需矛盾,供水工程的修建改善了供水条件,有利于改善农田生态系统;防洪规划为流域社会经济发展和生态安全提供了保障;水土保持规划可以提高流域尤其是中下游的水源涵养能力,而水资源与水生态保护规划使得水资源和河流生态得到保护。这些规划相互协调,才能实现流域人口、资源、环境与经济社会的协调发展,从而使流域的生态环境逐渐步入良性循环。

洮河流域水量较为丰富,工农业用水相对较少,水资源利用程度低;由于洮河流域位于我国“两屏三带”生态安全战略格局的青藏高原和黄土高原—川滇两生态屏障之间,生境类型多样、生态环境脆弱、生态地位十分重要。规划内部的矛盾主要集中在水能开发与水生态保护之间,水资源开发规划与水资源、水生态保护之间。本次水能开发规划兼顾水生态保护,水资源开发规划已统筹兼顾社会经济发展和维护河流生态健康的需求,水能开发与水生态保护,水资源开发规划与水资源、水生态保护规划基本是相协调的。

11.4.4 小结

综上所述,洮河流域综合规划以党的十八大提出的“大力推进生态文明建设”为指导,深入贯彻落实 2011 年中央一号文件精神。坚持人水和谐,大力发展民生水利,坚持全面规划、统筹兼顾、标本兼治、综合治理,坚持与区域经济社会发展相协调。符合国家宏观发展战略和新时期的治水方略。规划以《中华人民共和国水法》、《中华人民共和国防洪法》、《中华人民共和国水土保持法》、《中华人民共和国防沙治沙法》、《中华人民共和国环境保护法》、《中华人民共和国水污染防治法》、《中华人民共和国渔业法》及《黄河水量调度条例》等有关法律法规为依据,基本符合相关法律法规的要求。洮河流域综合规划要充分吸收以往规划的成功经验、利用已有专项规划,总体上与国家、黄河流域、区域等有关规划成果相协调。但具体到局部规划方案、规划工程,涉及自然保护区、生态脆弱区、水源涵养生态功能区等敏感区域,需要妥善处理工程与敏感区的关系。

11.5 环境现状及其主要问题

11.5.1 环境现状

11.5.1.1 水资源现状

洮河流域 1956~2000 年系列的多年平均水资源总量为 48.38 亿 m^3,其中地表水水资源量 48.25 亿 m^3,地下水与地表水的不重复量为 1 256 万 m^3。受降雨条件、河流的补给类型及自然地理条件的影响,洮河流域地表水资源量的年内分配差异较大,径流集中在 5~10 月,占年径流量的 75.4%。

截至 2010 年,流域共建成水库 13 座(包括大型水库 1 座、中型水库 1 座、小型水库 11 座),塘堰坝 86 座,引提水工程 1 267 处;13 座水库中,九甸峡水库总库容 9.4 亿 m^3(其中调节库容 5.2 亿 m^3),其他 12 座水库的总库容 0.27 亿 m^3(其中兴利库容 0.06 亿 m^3);地表水供水工程设计供水能力 6.64 亿 m^3,现状供水能力 4.65 亿 m^3。地下水井 4.57 万眼,其中配套的机电井 1.32 万眼,现状供水能力 0.25 亿 m^3;集雨工程 10.18 万处,雨水利用量 0.07 亿 m^3。

11.5.1.2　水环境现状

洮河干流水质整体较好,下游的苏集河、广通河水质较差。污染最严重的是支流苏集河洮阳镇三岔河大桥附近河段与东峪沟洮阳镇北五里铺村附近河段,水质均为劣Ⅴ类,其中,苏集河洮阳镇三岔河大桥附近河段总氮超标 3.39 倍,粪大肠杆菌超标 1.4 倍,氨氮超标 1.2 倍;东峪沟洮阳镇北五里铺村附近河段 COD 超标 2.6 倍,总氮超标 1.85 倍,BOD_5 超标 0.8,氨氮超标 0.5 倍。

根据洮河流域水质站常规监测资料,洮河流域排污口为 35 个,2011 年排放污水入河量为 1 111.2 万 t,主要污染物 COD 入河量 1 711.5 t,氨氮 361.7 t。

洮河流域现状仅临洮县、和政县、碌曲县、渭源县会川镇污水处理厂处于试运行和正常运行状态,其他各县(市)污水处理设施均为在建或空白阶段。目前缺乏完善的配套污水收集管网,无法满足流域排放废污水处理的需求。洮河下游广通河、苏集河污染相对严重,主要是接纳生活、农业及工业废污水所致。据调查,广通河 90%以上的废污水未经处理直接入河,皮革、洗毛、淀粉等 10 家工业企业污水处理不达标或不经处理直接入河,严重污染广通河水质。和政县、康乐县畜牧业发展迅速,畜牧业养殖及加工业废污水量增加迅猛,直接威胁苏集河水质。

11.5.1.3　生态环境现状

1. 土地利用

洮河流域总面积,其土地利用类型可分为 6 个一级类型和 12 个二级类型。其中草地面积最大,为 16 035.11 km^2,占流域总面积的 62.86%,主要为高覆盖度草地和中覆盖度草地;其次为耕地,面积为 5 605.54 km^2,占流域总面积的 21.97%;再次为林地,面积为 3 357.93 km^2,占流域总面积的 13.16%。三者之和约占流域总土地面积的 97.99%。

2. 陆地生态系统

洮河流域地处甘南高原和陇西黄土高原两大地貌单元,地形高差大,气候有明显的垂直分带,中上游降水较多,下游干旱。由于地貌类型丰富、气候环境多样、生境变化复杂,从而形成了独特的生态系统类型。主要包括森林生态系统、灌丛生态系统、草原生态系统、草甸生态系统、湿地生态系统、农田生态系统、城镇生态系统等。

3. 湿地资源

洮河流域湿地具有重要水源涵养功能,其中沼泽化草甸是典型的高原湿地,具有重要的水源涵养功能。河流、湖泊湿地是洮河水系鱼类重要栖息地。2010年洮河流域湿地面积780.13 km^2,占洮河流域总面积的2.93%,主要分布于洮河上游及源头区,支流冶木河源头区湿地分布也较集中。在湿地结构中,沼泽化草甸占有较大比重,占总湿地面积的46.70%,其次是河流湿地,占总湿地面积的28.15%,草本沼泽面积占总湿地面积的18.78%,占有一定的比例。

4. 河流廊道状况

洮河河流上下游、左右岸构成一个完整的体系,河流连通性是河流基本生态功能正常发挥的关键因子。随着流域社会经济的发展,人类生产活动对洮河河流连通性造成了不同程度的破坏,主要表现为阻隔、脱流、河道侵占等。

洮河干流已建、在建水电站37座,水电站建设在促进经济可持续发展方面发挥了积极的作用,但是,也对河流生态系统造成了胁迫效应,不同程度地改变了河流的连通性,造成水电站上下游阻隔及水电站下游河段脱流。阻隔了上下游、水陆交错带之间的物质、信息、生物等联系。

中华人民共和国成立以来,在各级政府的安排部署下,洮河流域修建了一批防洪减灾工程,据初步统计,洮河流域目前共有堤防及护岸工程361.65 km。防洪工程对保障洮河流域经济社会可持续发展发挥了十分重要的作用。同时,也影响横向连通性。

5. 水生生物

洮河流域是拟鲶高原鳅、厚唇裸重唇鱼、极边扁咽齿鱼等土著鱼类的重要分布区,根据以往调查,洮河干流分布有厚唇裸重唇鱼、黄河裸裂尻鱼、嘉陵裸裂尻鱼、扁咽齿鱼等14种土著鱼类。其中列入《中国濒危动物红皮书》2种,列入《中国物种红色名录》4种,地方重点保护鱼类8种。

11.5.2 主要问题

(1)洮河干流水电站不合理开发及中下游河段河道挖沙现象严重,河流生态系统及重要鱼类栖息地遭到严重破坏。

洮河上游碌曲、临潭、卓尼、西寨及中游岷县等河段水电站群建设,对河流生态系统及其相邻河岸带生态系统、陆地生态系统产生了严重胁迫效应,河流水文泥沙特征、地貌形态特征及生态特征发生了较大改变,河道脱流、生态基流不能满足,河流纵向连通性、水流连续性、物质能量信息交流遭到破坏。河流生境片断化、破碎化,原有物种适应的原有天然径流和水文条件等生物栖息环境丧失,原有河道作为生物和营养元素交流廊道的功能退化,以河流维系的沿岸生物群落衰退。同时,洮河水电密集开发区域大部分位于国家珍稀濒危鱼类和黄河特有土著鱼类栖息地,水电站建设造成的阻隔、减水、脱流等使鱼类栖息地遭到严重破坏,其中洮河临潭、卓尼、西寨等河段,鱼类生境条件发生了较大改变,鱼类生境萎缩,濒危保护及土著鱼类物种资源衰退,生物多样性降低。

同时,洮河中下游段(尤其是岷县段)河道非法挖砂现象严重,导致洮河河床下降、水位降低、河岸破坏,特有土著鱼类栖息地及沿河湿地、河岸带林草破坏严重,河流生态系统功能下降。

(2)洮河下游部分支流污染物超标排放现象严重、部分河段河道垃圾堆弃现象严重，水污染形势不容乐观，水污染风险加大。

洮河下游是流域社会经济活动的中心，尤其是苏集河与广通河下游是洮河流域社会经济相对发达地区，人类活动频繁，水资源保护和水污染防治基础薄弱，入河污染物超标排放现象严重，现状年废污水排放量远超过其水域纳污能力，目前洮河流域污染最严重的是支流苏集河洮阳镇三岔河大桥附近河段与东峪沟洮阳镇北五里铺村附近河段，水质均为劣Ⅴ类。随着流域工业化和城市化的发展，污染物排放量增加，存在水质污染的风险。随着引洮调水工程的逐步实施、洮河流域水量将逐渐减小，也可能会对河流纳污能力产生影响。

同时，洮河流域大量城镇和村庄沿河分布，城镇垃圾与污水处理设施落后，农村部分地区仍是空白，生活与建筑垃圾在两岸随处堆放，再加上牲畜放养产生的面源污染，随水流冲入河道，成为水体污染的重要源头之一。

(3)洮河上游尤其是源头区沼泽草甸湿地萎缩。

洮河流域是黄河重要水源涵养区，生态环境脆弱，由于近年来的无序开发，如超载放牧、草原滥采滥挖、采矿等人类活动，再加上气候变化等不利影响，洮河上游尤其是源头区生态环境面临严重威胁，沼泽湿地萎缩，天然草场退化，局部地区水土流失加剧，河流湿地面积萎缩，水源涵养功能降低，生物多样性减少。为保护洮河流域黄河重要水源涵养区生态环境，国家先后在洮河流域实施了青海省三江源自然保护区生态保护和建设总体规划和甘肃甘南黄河重要水源补给生态功能区生态保护与建设规划，这对洮河上游生态环境起到了拯救性的积极作用，洮河上游生态环境得到了不同程度的修复和恢复。

(4)洮河下游水土流失严重，局部地区水土流失防治任务艰巨。

洮河下游地区属典型的黄土高原区，地貌类型以丘陵沟壑为主，属半干旱地区，生态环境脆弱，地形破碎，且暴雨集中，水土流失严重。近年来虽得到一定程度治理，但是整体防护效益差，持续治理投入不足，加之边治理边破坏现象依然存在，后续林草措施抚育更新、小型水利水保工程管护与维修等管理工作无法落实，林草措施存活率和保存率低，治理成果得不到巩固，不利于水保工程效益的持续发挥。

(5)局部河段防洪形势严峻，防洪安全无法保障。

青海河南段及下巴沟以下防洪形势严峻，中游的卓尼、岷县和下游的临洮、广河、东乡，由于防洪工程薄弱，一遇较大洪水，就会造成冲毁堤防、淹没农田和房屋、破坏基础设施、河岸坍塌、人畜伤亡和较大的财产损失，生态安全也无法得到保障。

11.6 规划的主要环境影响

11.6.1 水文水资源影响

11.6.1.1 水资源时空变化分析

2030年南水北调西线工程未生效前，流域内用水由现状的3.58亿m^3减少为2.5亿

m^3,减少了1.08亿m^3,和现状相比减少了30.1%。流域内用水量减少区域主要是洮河下游,减少了1.24亿m^3。上游和现状年相比,用水量增加了0.11亿m^3;中游流域内用水量增加了0.05亿m^3,但流域外调水4.96亿m^3。近期和现状相比,流域内用水减少了0.93亿m^3,流域外调水增加了4.96亿m^3,总的供水量增加了4.06亿m^3。

2030年南水北调西线工程生效后,流域内用水由现状的3.58亿m^3增加为3.98亿m^3,增加了0.4亿m^3,和现状相比增加了11.2%,上、中、下游用水量分别增加了,总的供水量增加了5.91亿m^3。受流域外调水影响,引水口九甸峡以下河段水量减少,将给水环境带来较大的压力。

11.6.1.2 水资源利用程度影响分析

洮河流域水资源利用程度较低,目前水资源利用率仅有7.42%。规划近期,考虑流域外引洮一期供水工程建成生效,流域内供水2.58亿m^3,外调水量2.04亿m^3,洮河流域供水能力为4.62亿m^3,水资源开发利用率为9.55%;远期南水北调西线工程实施前,洮河内流域供水2.65亿m^3,流域外调水量为4.96亿m^3,水资源开发利用率为15.73%;远期南水北调西线工程实施后,洮河内流域供水4.22亿m^3,流域外调水量为5.51亿m^3,水资源开发利用率为20.10%。远期九甸峡以下外调水量增加,在促进当地经济发展的同时,对九甸峡以下河段的水环境、水生态保护产生了一定的威胁。

11.6.1.3 对重要断面生态环境用水影响分析

规划实施以后,下巴沟和岷县断面不同水平年径流量几乎没有变化;九甸峡断面和红旗断面有明显变化。规划近期、2030年南水北调生效前、2030年南水北调生效后九甸峡断面由现状的41.37亿m^3分别减少为39.19亿m^3、36.27亿m^3、35.4亿m^3,分别减少了5.5%、12.5%、14.5%;规划近期、规划远期南水北调生效前、规划远期南水北调生效后红旗断面由现状的45.61亿m^3分别减少为44.44亿m^3、41.52亿m^3、39.37亿m^3,分别减少了2.6%、8.9%、13.7%。这主要是引洮工程向外流域调水使得九甸峡以下河段用水量增加,导致这两个断面下泄水量明显减少。根据水资源保护章节计算成果,下巴沟、岷县、九甸峡及红旗(入黄断面)的河道内生态环境需水量分别为8.55亿m^3、17.7亿m^3、17.7亿m^3及24.56亿m^3。规划实施以后,虽然各个重要断面的径流量有所减少,但均能满足河道内生态环境需水量要求。

11.6.2 水环境影响

11.6.2.1 水功能区及饮用水水源地水质影响分析

未来洮河流域用水结构将发生很大的变化,以远期南水北调西线工程生效为分水岭,在规划近期及远期无西线,生活用水增加,工业用水维持现状或略微减少,农业用水减少较多,与现状年农业用水相比,2030年无西线,农业用水由现状的2.99亿m^3减少为1.36亿m^3,减少了53.5%,农业用水大幅度压缩,农田灌溉退水减少,入河污染物减少;2030年南水北调西线生效后,和现状比,用水都有所增加,生活用水由现状的0.32亿m^3增加至0.87亿m^3,工业用水由现状的0.25亿m^3增加至0.55亿m^3,农业用水由现状的2.99亿m^3增加至3.06亿m^3,流域内用水和现状比变化不大,但是由于远期有西线,在九甸峡实施了引洮调水工程,使得下游水环境压力增大。

洮河下游区域规划有 4 个工业园区,其中 2 个以皮革生产为主,本次规划明确提出了总量控制要求,要求工业园区必须达标排放。生活用水增加使得生活污水也相应增加,规划提出生活污水由污水处理厂处理后排放。通过以上措施保证水功能区达标,水源地保护达标。

11.6.2.2　水污染状况影响分析

根据《黄河流域水资源综合规划》,流域 2020 年城市生活污水处理率达到 80%,中水回用率达到 30%,工业点污染源稳定达标排放,2030 年流域城市生活污水处理率及中水回用率分别达到 90%和 40%。依据洮河流域水资源配置方案,预测 2030 年流域废污水、COD 和氨氮入河量分别为 3 251.3 万 m^3、3 173.1 t 和 388.7 t。其中,生活废水及主要污染物排放量占流域总量的 55%左右。

2030 年洮河流域纳污能力为 COD 52 265.4 t/a,氨氮 1 960.5 t/a。与现状年相比,2020 年和 2030 年洮河流域纳污能力 COD 分别增加 2.9%和 2.4%,氨氮分别增加 2.1%和 1.7%,各水功能区纳污能力 COD、氨氮的增加比例为 0.6%~4.2%。

规划水平年 2030 年洮河干流各功能区纳污能力均大于污染物入河预测量,但下游支流广通河与苏集河水功能区纳污能力则小于污染物入河预测量,规划对广通河和苏集河水功能区污染物入河量进行削减和控制。水资源保护规划提出了严格控制洮河流域污染物入河总量,加快流域污水处理设施建设运行,加大洮河下游污染相对严重广通河、苏集河等支流的水污染治理力度,按照国家产业政策的要求制定工业园区发展规划及加强面源治理与控制等措施,通过这些措施,可以使水功能区达标率达到 95%,地表饮用水水源地将满足水质标准要求,地表水环境将得到改善。

11.6.2.3　重要断面水质影响分析

规划根据洮河干流及主要支流水功能区达标要求,对入河水量提出了控制要求,规划实施后,不会使重要断面水质恶化。

11.6.3　生态环境

11.6.3.1　对陆生生态的影响

1. 土地利用

对流域土地利用的影响,包括三方面,一是灌区规划及水土保持规划的实施可能会在宏观尺度上对土地利用的格局产生影响;二是流域供水工程、防洪工程、水电站工程等具体工程建设,会改变土地利用方式,但由于工程是零星分布,占地面积有限,对土地利用方式的影响较小。

本次水资源利用 2030 年南水北调西线工程未生效前,洮河流域下游压缩农田灌溉面积 12 万亩;2030 年南水北调西线工程生效后,洮河新增灌区面积 23.26 万亩,其中农田灌溉面积 17.75 万亩,分布在洮河下游,5.51 万亩草场灌溉面积,分布在洮河上中游。土地利用方式依然为耕地,没有改变土地利用类型,在规划近期及远期南水北调西线工程未生效前,由于压缩了洮河下游 12 万亩农田灌溉面积,并采取了严格的农田节水措施,农业用水大幅度减少，灌溉退水也相应减少，入河污染物相应减少；远期南水北调西线工程实施后，农业用水比现状增加了 400 万 m^3，用水量增加较少，灌溉退水增加也较少，虽然灌溉面积增加，但由于采取了严格的节水措施，入河污染物增加较少。

水土保持规划对水源涵养、植被覆盖率及甘南水源涵养生态功能区都会产生影响，洮河流域水土保持总体布局以预防保护优先，因地制宜，突出重点，以涵养水源、生态维护为主要目的，开展重点江河源区水土保持，重点实施重点区域水土流失综合治理和侵蚀沟综合治理，结合坡耕地水土流失综合治理，发展农业特色产业，促进农村经济发展；保护和建设林草植被，巩固退耕还林还草成果，涵养水源。规划的实施将会对洮河流域陆生生态产生积极的影响，但在洮河流域青东甘南丘陵沟壑蓄水保土区的临洮县、渭源县分别布置有 15 座、10 座骨干坝，全部安排在近期施工，短时间内在局部区域同时实施骨干坝工程，施工期可能会因为植被破坏、废弃土堆放而造成水土流失短时段内加剧，因此在规划实施阶段，应合理安排 25 座骨干坝实施时序，逐渐有序实施。

2. 规划实施对陆生植物的影响

流域规划的实施对植物及植被的影响主要有规划中各项工程占地引起的植被破坏和生物量损失，包括灌区工程、防洪工程、水土保持工程、供水工程及水电站工程等。

灌区规划是由旱耕地变为水浇地，依然是农作物和人工牧草。对植物的物种没有影响，而灌溉条件的改善，会使得生物量增加。

水土保持工程是把部分坡耕地、荒地改造成农田、草地、林地，规划阶段水土保持工程的具体位置尚未确定。建议在规划实施阶段避开珍稀植物分布区域，以避免对珍稀植物的影响。水土保持工程的实施会使得植被覆盖率增加。

防洪工程、供水工程及水电站工程都是点状或现状分布在洮河干支流两岸。工程所在区域没有珍稀植物分布，工程建设会使得植被生物量减少，但由于占地面积很小，影响非常小。

3. 规划实施对陆生动物的影响

流域规划的实施对动物的影响包括两方面，一方面是规划工程实施后，由于占地会对植被产生影响，从而影响到动物栖息生境；另一方面是施工活动对动物的扰动。规划工程包括灌区工程、防洪工程、水土保持工程、供水工程及水电站工程等。

灌区规划是由旱耕地变为水浇地，依然是农作物和人工牧草。对植物的物种没有影响，而灌溉条件的改善，会使得生物量增加，使农田及草地生境得到改善，有利于动物生存。

水土保持工程是把部分坡耕地、荒地改造成农田、草地、林地，规划阶段水土保持工程的具体位置尚未确定。建议在规划实施阶段避开珍稀动物分布区域，以避免对珍稀动物的影响。水土保持工程的实施会使得植被覆盖率增加，使农田、林地、草地等生境得到改善，有利于动物生存。

防洪工程、供水工程及水电站工程，都是点状或现状分布在洮河干支流两岸，河岸是珍稀水禽及两栖爬行类的栖息生境，但由于占地面积小，对栖息生境的影响很小。

11.6.3.2　规划对水生生态的影响

1. 对河流生态流量的影响

洮河流域水资源利用程度低，社会经济发展落后，受分水指标限制，规划水平年，流域内水资源用水量增加不大。水资源利用规划使得重要断面的下泄水量减少，使得重要断面的流量过程发生了变化。规划实施以后，虽然改变了洮河干流水文情势，但是仍然可以满足生态流量的要求，洮河重要断面的生态流量可以得到保证。

2. 对河流纵向连通性的影响

洮河流域河流生境多样且脆弱，水电站无序开发严重。目前已建、在建水电站 37 座，已对水生生态系统产生了胁迫效应，突出表现为大坝阻隔、河道减脱水、河流连通性受到影响，影响河流上游与下游，及河流与两岸之间的联系，改变了局部河段的基本形态，水流连续性遭到了严重破坏，进而影响到生物多样性。

综合规划提出：在已建、在建的 37 座电站中，本次拟保留电站 1 座（九甸峡电站）；拆除电站 1 座（扎古录电站）；其余已建并取得审批手续的 27 座水电站由当地政府委托有关机构开展环境影响后评估工作；对在建的 8 座取得审批手续的电站，要严格落实环评要求。未建的 14 座梯级电站，全部取消。在下一步工作中，按照相关法律法规和有关建设程序，提出恢复和保护生态环境的有关措施，研究已建、在建电站对鱼类保护区的补救措施。规划实施以后，可以缓解现有水能开发造成的上下游阻隔、断流，有利于河流形态、连通性的改善，但河流纵向连通性依然是劣，水流连续性依然很差。

3. 对河流横向连通性的影响

洮河流域目前共有堤防及护岸工程 361.65 km，主要集中在洮河干流以及广通河、牙塘河、三岔河、迭藏河等重点支流上。规划实施后，干流河段新增治理长度 252.9 km，支流河段新增治理长度 504.48 km。防洪工程的修建使得河流横向连通性变差，阻隔水陆交错带之间的物质、信息、生物等联系。

4. 规划对水生生物的影响

水资源配置、水能开发及防洪工程都会对河流的水文情势产生影响，从而影响到水生生物。水资源配置流域内水量配置增加不大，受洮河中游的外流域调水工程的影响，洮河九甸峡以下断面的径流量及流量过程产生了变化，但变化不大。本次水能开发规划明确提出拆除上游扎古录水电站，并在下游新规划王家磨水电站，由前述分析可知，水能开发规划对河流连通性影响不大。本次防洪规划提出的工程主要为堤防、护岸及清淤疏浚等三种工程类型，没有布置控导工程，防洪规划对河流的水文情势影响不大。由此，规划实施后对水生生物的影响主要是引洮工程引起的。

引洮工程位于洮河中游，工程由九甸峡水利枢纽及供水工程两部分组成。工程建成后可向甘肃中部地区年调水 5.5 亿 m^3，工程分两期实施，其中一期工程年调水总量 2.04 亿 m^3，引洮一期工程主要建设内容为九甸峡水利枢纽及陇西县马河镇大营梁之前的总干渠及其所属渠系和配套工程，目前已全部建成；二期工程年调水总量 3.31 亿 m^3，主要建设内容是大营梁—党家砚段总干渠及其所属渠系及配套工程。本次主要分析引洮二期实施后对下游水生生物的影响。

实施调水后洮河下游河段水量有所减少，浮游植物总量也相对减少。由于河流水体中营养盐含量及透明度等环境条件不会有太大变化，因此浮游植物种类仍然以硅藻类占优势。

引洮二期工程实施后，河流下游水体环境条件没有太多的变化，浮游植物种类、数量也未发生突跃性变化，因此浮游动物的种类也不会有太大的变化，但数量将有所减少。原生动物中刺胞虫、沙壳虫，轮虫中的针簇多肢轮虫、螺形龟甲轮虫等河道原有种类会继续存在，并依然是浮游动物的优势种。

底栖动物是底食性鱼类重要的天然饵料，底栖动物的多寡直接影响底食性鱼类的生长发育。工程实施后，下游河段水量有所减少，水流减缓，更适合底栖动物的生存和繁殖，河道内底栖动物种类和数量会有所变化。其中，适应急流的种类和数量减少，喜静水的种类和数量有所增加。

根据现状调查结果，在减水河段捕到裂腹鱼亚科的鱼类，同时黄河高原鳅和拟鲶高原鳅也在上述河段正常生长繁殖，而且九甸峡水利枢纽工程环境影响评价及相关报告、原国家环保总局的批复意见明确要求九甸峡水电工程运行最小生态下泄流量不小于12.13 m^3/s，在充分考虑下游农业灌溉、工业用水、水电站运行的下泄流量，要求平水年最小不少于51.4 m^3/s，因此引洮二期工程的建成运行，从整体上来看，下泄流量可以满足保护鱼类的正常生长、繁殖的需要，但由于流量的减小，河流水面面积相应减小，部分原植被裸露在外，饵料生物的种类、结构、生物量发生变化。同时，支流入河口的位置发生变化，其产卵繁殖场的位置也相应发生了变化，对保护鱼类的摄食、繁殖和栖息等生活习性产生了一定的不利影响。

11.6.4　规划对经济社会的影响

(1)保障流域防洪安全，为经济社会和生态系统稳定发展提供基础条件。

规划的实施，全面提高了洮河流域的防洪能力。城市河段防洪工程建设的完善，干支流河段防洪工程的实施，病险水库除险加固和山洪灾害防治的加强，显著提高了干支流防洪能力，有效控制了山洪沟灾害，为洮河流域人民维持一个较为安定的生产、生活和生态环境，为国民经济的持续发展和社会安定提供了防洪安全保障。

(2)改善流域生活、生产供水条件，促进流域经济社会发展。

规划2030年，配置河道内供水量为4.47亿 m^3，外调水量为5.69亿 m^3，其中引洮供水工程5.5亿 m^3、引洮(博)济合0.19亿 m^3，这极大地缓解了甘肃省部分地区严峻的缺水形势；饮用水水源工程的实施，进一步改善了流域生活、生产供水条件，促进了流域人群健康、人民生活水平的提高，有利于工农业的稳定发展，对洮河流域甚至甘肃省的社会经济可持续发展提供了良好的基础。

(3)提高用水效率，促进节水型社会建设。

规划的节水措施实施后，灌溉水利用系数由0.44提高到2030年的0.60，2030年农田综合灌溉定额分别比基准年下降80 m^3/亩；通过一系列的节水措施，提高了工业用水效率，降低了万元工业增加值的用水量，到2030年万元工业增加值取水量由149 m^3 下降至31 m^3,重复利用率由35%提高到83%;2030年节水器具普及率由40%~50%提高到100%,管网输水漏失率由20%降低为10%。流域内用水效率显著提高,促进流域节水型社会建设。

(4)保障城乡饮水安全,促进人群健康。

目前,洮河流域农村饮水不安全人数为96.25万人,其中因水质不达标人口为20.69万人,占21.5%;水量不够、用水不方便、水源保证率不达标的人口分别为18.38万人、29.57万人、27.62万人。规划实施后,将全面解决城乡饮水安全问题,为流域人群健康提供基础的用水保障。

11.6.5 规划对敏感区的影响

11.6.5.1 规划对重要生态功能区的影响

1.灌区规划

本次规划新增灌区面积23.26万亩,主要分布在下游,下游新增灌溉面积17.75万亩,上中游灌区零星分布于洮河干流两岸。

分布于重要生态功能区的灌区,由于面积相对较小,土地利用性质由原来的旱地变为水浇地,并未改变土地利用性质,而灌溉条件的改善,对农田生态系统和草地生态系统均能产生积极的作用,使得生物量增加,有利于该区域水源涵养功能的发挥。但对位于洮河源区的赛尔龙乡温室大棚、赛尔龙乡尕克村草原节水灌溉、尕海牧场等草原节水灌溉及红科、李恰如、拉仁关乡等牧场灌溉等4处灌区,考虑该区域降雨量充沛,水资源丰富,但生态环境脆弱,环评认为应加强论证源区发展灌区的必要性。

2.防洪工程

工程措施主要有新建堤防16.58 km,新建护岸工程40.05 km,加高加固工程5.11 km。涉及的防洪工程主要以护岸工程为主。

防洪工程分布于洮河干流两岸,工程具有不连续、分散的特点,占地面积小,施工方式简单,防洪工程对土地利用方式、生态环境及珍稀植物的影响很小,施工期间,会对生态环境产生不利影响,但影响较小,不会影响生态功能的发挥,规划实施后,防洪工程在保障生态安全方面发挥着积极的作用,有利于促进生态系统的正常演替。

本次防洪规划中的干流防洪工程中的河南县赛尔龙乡段、碌曲县城段、碌曲西仓乡段及支流防洪工程的河南县的延曲河、碌曲县的姜云隆沟、亚尔务隆沟均位于洮河源区,生态环境脆弱,生态地位突出,应尽量减少人为干扰,妥善处理防洪工程与源区的关系。

3.水土保持规划

水土保持类型中三江黄河源山地生态维护水源涵养区和若尔盖高原生态维护水源涵养区大部分区域位于洮河源区,是重要的水源涵养功能区。本次水土保持规划提出的布局以保护水源涵养功能为主,这两个区域全部为封山、抚育等预防性保护措施,对源区水源涵养功能的保护维持具有积极作用。

11.6.5.2 规划对自然保护区及森林公园的影响

1. 水资源开发利用规划

水资源配置工程小牛圈水库位于甘肃太子山国家级自然保护区的核心区和缓冲区，根据《中华人民共和国自然保护区条例》，核心区禁止新建任何工程，规划取消了小牛圈水库。

2. 防洪规划

防洪规划工程包括干流防洪工程和支流防洪工程。其中3处干流防洪工程、3处支流防洪工程位于洮河国家级自然保护区实验区，1处支流防洪工程位于冶力关国家森林公园。

由防洪工程与自然保护区及森林公园的位置关系可知，防洪工程涉及洮河国家级自然保护区的实验区和冶力关国家森林公园。

甘肃洮河国家级自然保护区位于洮河的中上游，地处青藏高原的东北边缘，甘南藏族自治州的卓尼、临潭、迭部、合作四县(市)境内，保护区总面积287 759 hm^2，是洮河的重要水源涵养区。主要保护对象为森林生态系统、湿地、珍稀野生动植物资源及其栖息地。防洪工程有6处分布于干流及支流两岸，工程具有不连续、分散的特点，占地面积小，施工方式简单，工程占地主要在河流两岸，不涉及林地，不会影响森林生态系统；占地面积小，会影响河流湿地，但影响较小；河流两岸分布有珍稀鸟类，但鸟类生境可选择范围较大，在积极采取措施的情况下，对珍稀动植物影响较小。总之，防洪工程的实施，对洮河国家级自然保护区的主要保护对象会有影响，但影响较小。考虑到自然保护区的敏感性及法律约束，应妥善处理规划防洪工程与自然保护区的关系，在规划落实阶段按照有关法律法规要求开展防洪工程对自然保护区的影响专题研究。

甘肃冶力关国家森林公园位于青藏高原的东北边缘，甘南藏族自治州卓尼、临潭两县境内，东邻甘肃莲花山国家级自然保护区，西接合作市，北与临夏、康乐毗连，总面积79 400 hm^2，森林覆盖率为63%，植被覆盖率为92.0%。该区属湿润的高原气候，特点是高寒湿润，气温年差较小，月差较大，雨热同季，垂直差异显著。森林公园以高山暗针叶为主体，野生动物种类丰富。本次仅有冶木河1处工程位于甘肃冶力关森林公园内，为加高加固工程，长度为5.68 km，工程量很小，工程实施对甘肃冶力关国家森林公园的影响很小，不会影响到森林公园水源涵养及维护生物多样性、调节气候等生态功能的发挥。

3. 水能开发规划

本次在自然保护区及森林公园没有新规划水电站，针对原有的规划及已建、在建水电站，本次规划提出了措施及建议。涉及国家及自然保护区的共有17座电站，根据规划建设的时间及环评审批情况，对于已取得环评批复的16座水电站，规划提出了“由当地政府委托有关机构开展环境影响后评估工作，论证电站建设对生态环境、水生态的影响，以及电站运用方式的合理性，并上报有关部门审批”。

对不符合生态环境保护要求的电站，要提出生态恢复和保护的有关措施，予以改建、改变运行方式或关停、拆除等建议。对于未取得环评批复的峡村水电站和扎古录水电站，考虑到甘肃洮河国家级自然保护区2005年由甘肃省政府批准成立，2007年升级为国家级自然保护区,而峡村水电站的建设时间为 1994 年,因此没有明确提出取消的措施,扎古录水电站是在建工程,并未取得环评批复,不符合现有的保证政策,明确提出给予拆除的措施。水能开发规划对自然保护及森林公园环境的改善具有积极意义。

4. 水土保持规划

规划阶段,具体工程的位置尚未明确,目前无法明确具体工程与自然保护区的位置关系。但水土保持工程的实施,有利于提高洮河流域的水源涵养能力,提高植被覆盖度,减缓和有效控制水土流失,整体上,对流域的生态环境是有利的。局部的工程,可能会对自然保护区和森林产生短暂的不利影响,但是可以通过一些措施得以减缓。

建议在以后的工程可研阶段,位于陇南山地保土减灾区的 2 521 hm^2 的坡改地要避开甘肃洮河国家级自然保护区、甘肃莲花山国家级自然保护区、甘肃冶力关国家森林公园、甘肃莲花山国家森林公园等生态敏感区;位于青东甘南丘陵沟壑蓄水保土区的 14 635 hm^2 的坡改梯,2 193 hm^2 的经济林要避开甘肃太子山国家级自然保护区、松鸣岩国家森林公园。

11.6.5.3　规划对种质资源保护区的影响

1. 防洪工程

支流防洪工程中,碌曲县西仓乡段位于洮河碌曲段扁咽齿鱼水产种质资源保护区实验区,卓尼县县城段位于洮河特有鱼类国家级水产种质资源保护区实验区,临洮县辛店镇—太石镇段、红旗乡段位于洮河定西特有鱼类国家级水产种质资源保护区核心区。支流防洪工程中,临潭县的羊沙河羊沙段、羊沙河段及冶木河冶力关风景区段位于洮河临潭县冶木河羊沙河特有鱼类国家级水产种质资源保护区核心区;卓尼县的大峪河、车巴河及卡车沟位于洮河鱼类国家级水产种质资源保护区核心区。

工程建设内容均为新建护岸,工程量小,施工方式简单,且不在水中作业,工程对该水产种质资源保护区影响较小。工程施工建设阶段施工期应避开特别保护期。

2. 水能开发规划

与已有规划比较,本次规划考虑了国家及区域相关规划、区划对流域生态保护的要求,考虑到相关法律法规对自然保护区、珍稀濒危鱼类及其栖息地、重要湿地及干支流源区提出了严格的限制和禁止开发的要求。

本次水能开发规划保留水电站 1 座,针对目前洮河 37 座已建水电站中,16 座水电站位于自然保护区,17 座水电站位于珍稀濒危鱼类重要栖息地。本次规划实施以后,对于敏感区所在河段生态系统及其相邻河岸带生态系统、陆地生态系统将产生积极影响,开展已建、在建水电站的环境影响后评估工作并加强现有水电站的管理,研究水生态恢复和保护的可能性和相应措施,对于敏感区的保护将产生积极有利的影响。

3. 水资源与水生态保护规划

水资源与水生态保护规划提出了重要断面水量保障措施、水电站下泄生态流量保障措施及珍稀濒危鱼类保护与修复措施。这些措施的落实,可以使得河流生态系统得到改善,水流连续性得到保障,对珍稀濒危鱼类保护将产生积极的作用。

11.7 规划环境合理性分析及优化调整建议

11.7.1 规划环境合理性分析

11.7.1.1 水资源开发利用规划环境合理性分析

规划提出洮河流域水资源配置要与《黄河可供水量分配方案》、《黄河流域综合规划(2012—2030年)》、《黄河流域水资源综合规划》及《黄河取水许可总量控制指标细化研究》等成果的水资源总体配置方案相协调,协调好生活、生产和生态环境用水的关系,优先保证城镇生活和农村人畜用水,协调好流域内、外用水的关系,合理确定洮河适宜外调水规模等。洮河流域水资源配置符合水法原则要求,遵守《黄河可供水量方案》和《黄河流域水资源配置方案》,优先保证生活用水,充分考虑生态环境用水需求,从环境角度是合理的。

11.7.1.2 防洪规划环境合理性分析

防洪布局符合洮河流域相关规划、区划生态环境保护定位;工程布置、工程内容考虑了环境敏感区的制约性,规划布局基本合理。

对位于源区的6处防洪工程,应论证工程建设的必要性;对位于自然保护区(6处)、鱼类重要栖息地(7处)的防洪工程,在规划实施阶段,应严格按照有关法律要求履行相关手续。

11.7.1.3 水土保持环境合理性分析

根据规划目标与任务,结合区域经济社会发展规划及相关行业规划纲要,确定水土流失防治规模为:到2030年对存在水土流失潜在危险的区域全面实施预防保护,综合防治水土流失面积63.90万hm^2,其中到2020年对重点预防区全面实施预防保护,完成水土流失综合防治面积28.40万hm^2。

洮河流域水土保持总体布局:预防保护优先,因地制宜,突出重点,以涵养水源、生态维护为主要目的,开展重点江河源区水土保持,重点实施重点区域水土流失综合治理和侵蚀沟综合治理,结合坡耕地水土流失综合治理,发展农业特色产业,促进农村经济发展;保护和建设林草植被,巩固退耕还林还草成果,涵养水源。

水土保持规划根据不同分区的特点,对于若尔盖高原生态维护水源涵养区、甘南黄河重要水源补给生态功能区主要以预防为主;对青东甘南丘陵沟壑蓄水保土区、陇中丘陵沟壑蓄水保土区主要以治理为主,规划提出的布局和方案较合理。

11.7.1.4 水能开发意见环境合理性分析

水能开发规划布局符合洮河流域相关规划、区划生态环境保护定位;并考虑了自然保护区、森林公园及水产种质资源保护区等环境敏感区的制约性,提出了相应的措施。对于以前规划的14座水电站,全部取消。这些措施可以使得水生态环境得到一定的改善。但是规划对于已建、在建的37座水电站,除了明确提出拆除扎古录水电站、保留九甸峡水电站外,对其余35座水电站提出“由当地政府委托有关机构开展环境影响后评估工作,补充论证电站建设对生态环境、水生态的影响以及电站运用方式的合理性，对于不符合生态环境保护要求的电站，要提出补救措施，并上报有关部门审批”的建议，这一建议的落实情况存在着很大的不确定性，是否能够遏制河流生态环境恶化趋势尚无法定论。

11.7.1.5　水资源与水生态保护规划环境合理性分析

洮河干流规划年比现状年的污染物入河量大幅度增加，但在污染物纳污能力范围之内。支流苏集河和广通河现状污染严重，是功能区不达标区域，也是工业污染物超标排放河段，目前虽然提出了入河控制量，但下游不达标功能区需要水生态保护规划。为了改善重要河段生态环境恶化趋势，减少珍稀濒危鱼类重要栖息地萎缩，在洮河干流划定了珍稀濒危鱼类保留河段、珍稀濒危鱼类保护河段和珍稀濒危鱼类重要分布河段，规划方案基本合理。

规划目标提出，改善上游重要河段水流连续性，但目前洮河上游河道分布有 20 座已建、在建水电站，全部位于珍稀濒危鱼类栖息地和产卵场的河段，同时有 14 座水电站位于上游区域的自然保护区，本次水能开发意见明确提出停建 1 座水电站（扎古录），对于上游其余的 19 座水电站，提出“由当地政府委托有关机构开展环境影响后评估工作，论证电站建设对生态环境、水生态的影响，以及电站运用方式的合理性，并上报有关部门审批。对不符合生态环境保护要求的电站，要提出生态恢复和保护的有关措施，予以改建、改变运行方式或关停”的要求。这一建议的落实情况存在着很大的不确定性。因此，水生态目标的实现具有一定的风险。

总之，洮河流域综合规划的实施，将使流域生产、生活用水和生态用水的矛盾得到缓解，流域生态环境得到一定的修复和保护，水资源保护、防洪、水能资源的开发等问题得到解决，有效保障洮河流域经济社会的可持续发展。规划方案基本合理。

11.7.2　优化调整建议及落实情况

规划环评根据早期介入原则要求，从规划编制初期开始全程介入，在规划编制过程中，对规划协调性分析中不符合相关法律法规要求的具体规划方案（包括规模）和对黄河流域及洮河流域生态安全及水资源安全可能产生重大环境影响或者存在一定环境风险的具体规划方案，从生态环境保护角度提出规划方案优化调整意见与建议。根据优化调整建议，规划进行了多次优化和调整。结果如下：

（1）取消了小牛圈水库。

小牛圈水库地处和政县大南岔河上游的小牛圈沟，总库容为 1 020 万 m^3，设计供水人口 24.85 万人，灌溉面积 1.99 万亩，部分工程位于太子山国家级自然保护区的核心区和缓冲区。

根据《中华人民共和国自然保护区条例》，自然保护区核心区和缓冲区不允许新建工程，因此规划环评建议重新选址，调出甘肃省太子山国家级自然保护区核心区和缓冲区，在未调整前暂不列入本次规划。

规划根据环评提出的意见和建议，取消了小牛圈水库。

（2）取消了未建的 14 座梯级电站。

洮河流域原规划水电站 51 座,已建水电站 37 座,17 座水电站位于自然保护区,21 座水电站位于珍稀濒危鱼类重要栖息地。规划环评根据河流生态系统保护的要求,环评提出取消未建的 14 座梯级电站,规划采纳了环评建议。

11.8 主要环境保护对策

11.8.1 落实规划提出的措施

11.8.1.1 落实水资源保护措施

干流以岷县以上、广通河及苏集河源头区等区间为重点,进一步加强流域水资源保护和水环境综合治理措施;实现洮河流域水功能区水质目标的要求。建立洮河流域水质监测体系,有效监控水功能区水质、省(区)界断面、饮用水水源地水质、污染物入河总量;加快污水处理设施建设,完善配套污水收集管网,满足流域排放废污水处理的需求;加强污染严重的广通河、苏集河等支流的污染治理。

11.8.1.2 落实重要断面生态水量保障措施

尽快加强流域水资源统一管理和调度,加强用水管理,严格实施规划提出的取水用额,保障重要断面生态水量;制定基于生态环境保护的水电站运行调度方案,将水电站下泄生态水量纳入水电站日常运行管理,优化水电站的运行方式,确保水电站下泄生态流量。

11.8.1.3 落实水电站梯级开发回顾性评价措施

水能开发规划提出对 34 座电站由当地政府委托有关机构开展环境影响后评估工作。应尽快按照相关法律法规和有关程序,落实水电站梯级开发回顾性评价措施,并根据评价结果,提出恢复和保护生态环境的有关措施,研究已建、在建电站对鱼类保护区的补救措施。

11.8.2 保护对策措施

在规划编制过程中,已经针对可能产生的不利影响提出了预防和减缓措施。规划实施过程中,应严格贯彻落实规划提出的水环境、水生态、水土保持等措施,尽可能从源头上规避可能造成的重大环境影响。某些局部河段、区域,规划部分工程的实施仍然会对环境生态产生一定的不利影响。建议在规划实施中,落实以下对策措施:

(1)建立和完善洮河流域生态与环境监测体系。

洮河流域生态与环境保护是一个持续不断的动态保护过程,其影响历时长、范围广、错综复杂,需要在洮河流域建立与完善生态与环境监测体系与评估制度,对规划实施后的影响进行不间断的监测、识别、评价,为规划的环境保护对策实施和洮河流域生态与环境保护工作提供决策依据。

(2)建立跟踪评价制度,制订跟踪评价计划。

规划实施过程中应根据统一的生态与环境监测体系,对各专业规划和具体工程项目的实施进行系统的环境监测与跟踪评价,针对环境质量变化情况及跟踪评价结果,适时提出对规划方案进行优化调整的建议,改进相应的对策措施。

(3)严格执行建设项目的环境影响评价审批制度。

洮河流域综合规划的具体建设项目,必须严格按照环境影响评价法和建设项目保护管理的规定,进行建设项目的环境影响评价,进一步论证建设项目的环境可行性,编制相应的环境评价报告,提出项目实施具有可操作性的环境保护措施,将项目实施产生的不利影响减小到最低。对重要和敏感性的环境问题,在环境影响评价中应进行专题评价。

(4)加强洮河流域生态补偿机制研究。

针对洮河流域上游水源涵养、生物多样性保护及引洮工程实施后产生的损益关系,建立生态补偿框架体系,主要包括水电开发生态补偿、水源涵养保护生态补偿、引洮工程生态补偿等,并提出相应的生态补偿主体与客体、生态补偿的范围、生态补偿的内容与方式,确定生态补偿标准,提出了多元化的生态补偿方式、补偿资金来源及补偿政策建议。

11.9 公众参与主要意见和处理结果

洮河综合治理规划的公众参与工作贯彻了早期介入、全程参与的原则,贯穿于规划和规划环评工作的始终。洮河流域综合规划编制过程中,多次、反复和两省(区)所在州(市)、县沟通,并在规划编制过程中,多次以召开咨询会、座谈会及走访相关部门的形式听取社会各界及专家的意见。其中,以专家咨询和相关部门走访为主,充分发挥规划编制单位、环境影响评价单位与公众之间的桥梁纽带作用,及时了解、反映公众关心的规划及环境相关问题,征询解决方法,以确保规划编制及规划环评工作更加全面、客观、公正。此外,规划及环评编制过程中还通过网络媒体对公众公开本次规划的基本信息,并公开征求公众的意见和建议。

对于重要的、公众关心的环境问题和不利影响,在本次规划环评中给予充分重视,通过采取调整、优化规划方案,制定保护措施等方式规避、减缓不利影响。本次全过程、积极互动的公众参与工作为洮河流域综合规划及环评工作提供了坚实的工作基础。

11.10 规划环评成果与规划方案的对接反馈

本次规划环评充分贯彻了早期介入、全程参与的原则。在工作过程中及时对规划提出建议,并把工作过程中走访、咨询、审查等需要规划落实的意见和建议及时反馈给规划编制单位,与规划进行了充分对接。

洮河流域综合规划环评于2016年12月召开了省区会商会,并将“三线一单”作为会商的重点之一,并在评价结论中充分考虑会商意见。规划编制机关也应将规划环评结论与规划方案进行充分对接,规划已经把会商的意见和建议纳入其中,进行了修改完善。

11.11 综合评价结论与建议

洮河流域综合规划贯彻了科学发展观、生态文明建设及最严格的水资源管理制度,基本综合考虑了各河段的自然环境特点、经济社会发展需求和生态环境保护要求。分析并明确流域开发功能定位和生态环境保护定位,规划过程中多次沟通协调调整,综合考虑了经济社会对资源环境的开发活动,最大限度地减缓对生态环境的不利影响,确保了规划方案与流域定位相协调。

规划环评根据流域生态定位、存在的主要环境问题、"三线一单"的成果等内容,分析论证规划目标与发展定位的环境合理性。从开发布局、规模、方式、时序等方面提出规划方案的优化调整建议。对已明确判定环境影响较大甚至环境影响难以接受的规划内容,应提出明确的优化调整建议;对现状开发强度较高、生态系统退化趋势明显的流域、河段,应提出有效的补救措施。

规划方案实施后,将有利于提高用水效率,促进节水型社会建设;有利于提高流域的防洪能力,保障人民生命财产安全;在一定程度上有利于减缓洮河支流苏集河和广通河水质污染程度,促进干支流水功能区目标的实现;有利于治理和控制流域水土流失,减轻下游区水土流失,改善区域生态环境;在一定程度上有利于减缓河流生态系统的恶化趋势,有利于促进流域经济的可持续发展和水资源的可持续利用。

由于洮河流域生态环境脆弱、生态地位特殊,流域大部分区域位于国家限制和禁止开发区,生态地位突出。2016 年 12 月,在郑州召开了规划环评会商会,将"三线一单"作为会商的重点之一,并在评价结论中充分考虑会商意见。

在规划实施过程中,应落实"三线一单"提出的要求,应妥善处理流域治理开发与生态环境保护关系,尽可能减少对流域敏感区自然生态系统的干扰,严格保护流域湿地、草甸、森林等自然植被和国家保护动物栖息地及珍稀濒危保护鱼类栖息地,确保流域生态安全及水资源安全;严格控制调水规模、优化调水过程,确保入黄水量和下游生态环境需水量;严格洮河下游干流及部分支流污染物入河总量控制,防范可能出现的水污染风险,确保洮河下游及入黄口的水质安全;加强监测、监督和管理,积极探索建立生态补偿机制,促进流域生态系统的良性循环。

参考文献

[1] 水利部黄河水利委员会. 黄河流域综合规划(2012—2030年)[M]. 郑州:黄河水利出版社,2013.

[2] 李常斌,杨林山,杨文瑾,等. 洮河流域土地利用/土地覆被变化及其驱动机制研究[J]. 地理科学,2014,34(7):848-855.

[3] 刘贵云,赵鑫.《规划环境影响评价技术导则 总纲》评析[J]. 环境影响评价,2014(5):6-8.

[4] 生态环境部. 规划环境影响评价技术导则 总纲:HJ 130—2019[S]. 北京:中国环境出版社,2019.

[5] 包存宽,林健枝,陈永勤,等. 可持续性导向的规划环境影响评价技术标准体系研究:基于规划环境影响评价技术导则实施有效性的分析[J]. 城市规划学刊,2013(2):23-29.

[6] 包存宽. 环境影响评价制度改革应着力回归环评本质[J]. 中国环境管理,2015(3):33-39.

[7] 李天威,周卫峰,谢慧,等. 规划环境影响评价管理若干问题探析[J]. 环境保护,2007,35(22):22-25.

[8] 徐鹤. 规划环境影响评价技术方法研究[M]. 北京:科学出版社,2012.

[9] 张玉环,刘晓文. 流域综合规划环境影响评价关键技术研究[M]. 北京:中国环境出版社,2017.

[10] 陈庆伟,刘昌明,郝芳华. 水利规划环境影响评价指标体系研究[J]. 水利水电技术,2007(4):8-11.

[11] 周永红,赵言文,施国庆,等. 水利规划环境影响评价[J]. 水资源保护,2008(5):79-82.

[12] 张玉环,许乃中,龙颖贤,等. 流域综合规划环境影响评价主要技术问题和评价指标体系构建[J]. 环境与发展, 2017(2):34-38.

[13] 傅慧源,张江北. 流域综合规划生态环境影响评价内容与方法研究[J]. 人民长江,2013,44(17):9-13.

[14] 杨常青,宣昊. 浅谈我国规划环评现状与问题及对策建议[J]. 环境与可持续发展,2015,40(6):176-178.

[15] 杨美临,朱艺,郝红升. 流域水利水电开发环境影响回顾性评价案例分析[J]. 水利发电,2018(5):1-5.

[16] 吴利桥,葛晓霞. 流域综合利用规划环境影响回顾性评价研究思路探讨[J]. 人民珠江,2014(4):1-3.

[17] 王成林,任为,张奕,等. 流域水电开发规划回顾性评价技术方法探讨[J]. 环境科学与技术,2016(S1):438-441.

[18] 姚立英,王伟,李璠,等. 规划环评实施空间管制探析[J]. 环境影响评价,2017(3):27-30.

[19] 陈派超. 论"三线一单"在规划环评中的应用及对项目环评的指导意义[J]. 环境与发展,2017,29(8):46-47.

[20] 荣烨,魏科技,刘斌,等. 流域综合规划环评中生态敏感目标识别研究[J]. 水电能源科学,2014(12):114-118.

[21] 闫业庆,胡雅杰,孙继成,等. 水电梯级开发对流域生态环境影响的评价——以白龙江干流(沙川坝—苗家坝河段)为例[J]. 兰州大学学报(自然科学版),2010(S1):42-47,53.

[22] 何景亮. 水利行业类规划环评与项目环评工作方法的差异分析[J]. 人民珠江,2011(2):55-57.

[23] 韩龙喜,朱党生,蒋莉华. 中小型河道纳污能力计算方法研究[J]. 河海大学学报,2002,30(1):35-38.

[24] 李红亮,李文体. 水域纳污能力分析方法研究与应用[J]. 南水北调与水利科技,2006,4(S):58-60,97.

[25] 路雨,苏保林. 河流纳污能力计算方法比较[J]. 水资源保护,2011,27(4):5-9,47.

[26] 巴亚东,潘德元,雷明军. 地理信息系统在流域规划环境影响评价中的应用[J]. 人民长江,2013(15):77-79,85.

[27] 孙淑清. 规划环境影响评价中的公众参与探讨[J]. 污染防治技术,2009(2):54-57.

[28] 李绅豪,龚晶晶,恽晓雪,等. 基于利益相关方分析法的规划环评公众参与研究[J]. 环境污染与防治,2008(2):68-71,76.

[29] 彭应登,王华东. 战略环境评价与项目环境评价[J]. 中国环境科学,1995,15(6):452-455.

[30] 李明光,龚辉,李志琴,等. 开展规划环境影响评价的若干问题探讨[J]. 环境保护,2003(1):32-33.

[31] 吴静. 累积环境影响评价在战略环评中的应用[J]. 城市环境与城市生态,2007,20(4):44-46.

[32] 王宪恩,张海华. 模糊模式识别理论在规划环境影响评价中的应用[J]. 吉林大学学报,2006(1):56-59.

[33] 邹家祥,李志军,刘金珍. 流域规划环境影响评价及对策措施[J]. 水资源保护,2011,27(5):7-12.

[34] 牟忠霞. 流域规划环境影响评价方法研究[D]. 成都:西南交通大学,2006.

[35] 杨宏. 流域水电梯级开发累积环境影响评价研究[D]. 兰州:兰州大学,2007

[36] 罗颖,张钰,路阳,等. 近50年洮河干流径流量分布特征及变化趋势分析[J]. 兰州大学学报(自然科学版),2015,51(2):153-158 .

[37] 段炳文. 洮河流域降水量的多时间尺度特征及趋势分析[J]. 人民黄河,2015,37(11):11-14.